개정·증보

# 건설경영 이렇게 하라
A New Approach to Construction Management

남진권 지음

도서출판 금 호

# 머리말

건설업은 타 산업에 비하여 다양한 특색을 지니고 있다. 주문생산성으로 인해 자체적인 생산체계 수립이 곤란하며, 결과적으로 경기변동이나 정부정책에 절대적인 영향을 받게 된다. 생산 장소가 건별로 달라 지리적, 계절적인 영향을 받고 있으며, 표준원가 설정이 상대적으로 곤란하여 구조물이나 시공목적물의 내용에 따라 공사비가 변하는가 하면, 생산의 장기성으로 인해 시장조건이 일정하지 않은 특성이 있다.

생산체계는 프로젝트를 기획하는 단계에서 출발하여, 설계자의 설계를 거쳐 건설업체의 시공과 완공 후 유지관리에 들어가게 된다. 이러한 업무는 엔지니어링업체, 건축사사무소, 자재 및 장비 업체, 건설공사의 하도급전문업체 등이 협업형태로 이루어지고 있어, 상호간의 이해관계 또한 매우 복잡하게 얽혀있다. 기업이 성장 발전하기 위해서는 성장전략과 로드맵을 세워 지속적으로 추진해야 할 것이나, 이러한 요인과 특색으로 인해 이를 효과적으로 실현하는데 한계가 있다는 것이다.

건설업은 최근 국내외적으로 매우 급속한 환경변화에 직면해 있다. 가격경쟁력에 의한 도급공사 위주에서 프로젝트 발굴, 타당성 조사, 설계, 감리, 시공 등 종합 EC화 기능이 강화되고 있으며, 종래의 인위적인 경쟁구조가 시장원리에 입각한 경쟁환경으로 변화하고 있는바, 이는 종래의 단순시공 위주에서 새로운 지식산업화로 이행되고 있음을 의미한다. 이러한 여건 하에서는 기업이 어떠한 형태로 경영을 해야 하며, 이를 위해서 어떤 전략이 요구되는가에 귀착된다. 따라서 이러한 환경에 능동적으로 대응하기 위해서는 보다 체계적인 경영의식과 전략이 필요한 때라 생각된다.

이 책은 기존에 필자가 쓴 『건설경영 이렇게 하라』를 증편, 보완하면서 개정과 추가를 가미하는 형태로 편집하였다. 건설업의 경영에 대한 접근방법과 내용 및 사례 등을 포함하고, 중소건설업체를 중심으로 위기사항에 대한 대응전략과 방법을 실무적인 차원에서 접근하여 기술하였다. 물론 현실적으로 수행하기 어려운 분야나 이론적인 측면에서 기술한 내용이 없지 않으나, 이를 응용하는 사람에 따라 그 쓰임새가 달라질 것이다. 이 책자는 건설업의 경영을 보다 효율적이고 체계적으로 접근하기 위한 기술과 방법에 초점을 두고 전체 7개의 장으로 구성하고 있다.

제1장은 건설업의 과거와 현재를 살펴보고 이와 관련된 건설산업의 문제점을 살펴보았다. 제2장은 이러한 건설업의 환경에서 앞으로의 변화와 대응전략을 설계할 수 있도록 구성하였다. 제3장은 업계에서 실질적인 경영혁신과 변화를 위해서는 그에 따른 일정한 도구(skill)가 필요한데, 이것이 기존에 업계에서 많이 활용되거나 인용되었던 경영혁신의 방법과 내용을 정리하였다. 제4장은 경영변화와 혁신을 실행하기 위한 실무사항으로 건설경영의 문제점을 점검하는 한편, 이를 통해 장래를 대비하는 전략으로 구성하였다. 제5장은 기업재건을 위해 필요한 전략과 실무적인 내용을 기술하였다. 기업을 재건시키기 위한 다양한 방법과 절차를 제시하고 기업에 알맞은 방법을 선택하도록 하였다. 제6장은 합리적인 관리기법으로 기업을 구축하는 데 초점이 있다. 이는 원가, 재무, 인력 및 조직관리 등 주로 관리적인 측면을 부각하였다. 끝으로 제7장은 이상의 제반 전략과 기법을 통한 결과물로서 기업의 실천방안을 담았다. 기업의 사회적 책임은 물론 건설산업의 윤리적인 문제를 통해 새로운 건설문화를 창조하는 방향으로 마무리하였다.

이 책은 학문적 이론에 그치지 않고 누구라도 효율적인 건설경영에 용이하게 접근할 수 있도록 도표와 그림을 많이 인용하였다. 필자는 시공회사를 포함한 건설 및 용역관련 사업자 단체 등에서 근무한 연유로 관련 업계의 실상을 비교적 폭넓게 접할 수 있었다. 특히 회사 근무시 맥킨지(Mckinsey)와의 경영혁신과 신인사제도 등에 대한 컨설팅과, 사회에서는 경영지도사로서 기업체의 컨설팅 프로젝트를 수행한 경험이 책을 집필하는데 많은 도움이 되었다. 이 책을 통해 오늘날과 같이 어려운 건설 환경에서 보다 슬기롭게 대응할 수 있는 방법을 제시하는 지침서로서의 역할을 기대한다.

이 책이 출간되기까지는 많은 분들이 노고를 함께해주셨다. 업계 및 학계에 계신 지인은 물론, 도서출판 금호의 성대준 사장님과 다수의 표와 그림을 세심하게 정리해주신 편집담당자 및 출판 관계자 모두에게도 깊이 감사드린다.

2022년 3월 연구실에서

저자 남 진 권 씀

## 목 차

### 제1장 건설업의 현주소를 진단한다 • 15

1. 건설업의 경영과 사명 • 17
2. 건설업의 특성 • 19
3. 건설산업의 어제와 오늘 • 23
4. 건설산업의 생산체계와 관련 법규 • 26
5. 건설산업의 구조와 시장진입 • 30
6. 건설산업의 현황 • 39
7. 건설산업의 문제점 • 51

### 제2장 건설업의 환경변화와 대응전략 • 55

1. 건설환경변화와 업계의 영향 • 57
2. 건설산업의 선진화 전략과 추진방향 • 60
3. 정부의 건설산업진흥기본계획의 이해 • 64
4. 건설기술진흥기본계획 • 71
5. 우리나라의 건설관련 계약제도 • 74
6. 외국의 건설관련 계약제도 • 77

### 제3장 경영혁신의 개념과 기법을 이해한다 • 95

1. 경영을 혁신한다 • 97
2. 경영혁신을 위한 컨설팅의 이해 • 102
3. 경영전략을 수립한다 • 106
4. 경영혁신과 경영전략의 실행 • 113
5. 경영전략 실행을 위한 다양한 활용기법 • 117
6. 문재해결에 필요한 Basic Skill • 130
7. 경영개선 사례 • 137

## 목 차

### 제4장 경영상의 문제점을 점검하여 장래를 대비하는 전략 • 141

1. 기업의 애로요인을 분석한다 • 145
2. 재무제표를 통해 기업체질을 진단한다 • 151
3. 신 시장 조사 • 159
4. 3C분석과 FAW • 161
5. SWOT분석으로 경쟁력을 파악한다 • 175
6. 리스크 분석과 관리 • 180
7. 경쟁력강화에 활용되는 회사분할 제도 • 188

### 제5장 경영의 내실화를 통한 기업재건 전략 • 193

1. 기업재건을 위한 프로세스 • 195
2. 기업재건을 위한 다양한 방안 시도 • 215
3. 종합적인 판단을 한다 • 234
4. 공적평가에 관한 판단도 중요하다 • 244
5. 다양한 방법 중에서 장래의 방향을 선택해야 • 246
6. 기업재건의 요체 • 248
7. 기업회생에 대한 법적 검토 • 251
8. 리스크관리를 철저히 한다 • 258
9. 외부와 제휴를 모색한다 • 268

### 제6장 합리적인 관리기법을 통한 기업기반 구축전략 • 279

1. 원가관리에 철저해야 • 281
2. 재무관리에 유의해야 • 289
3. 프로젝트 파이낸싱(PF)을 활용한다 • 299
4. 효율적인 공사관리를 위한 실행방안 모색 • 305
5. 조직을 재구축한다 • 308
6. 인재육성은 필요한 인재상에서 도출해야 • 317
7. 직무분석을 통해 인력을 적재적소에 배치한다 • 322
8. 핵심인재를 육성한다 • 327

## 제7장 일류회사를 지향한 기업의 실천경영 전략 • 335

1. 전 직원이 수주요원이다 • 337
2. 건설산업의 정보화를 구축한다 • 341
3. 확대경영도 필요하다 • 350
4. 신규 사업과 틈새시장 진출을 모색한다 • 354
5. 신규분야 진출 사례 • 365
6. 전문건설업의 혁신 전략 • 376
7. 기업경영과 사회적 책임 • 384
8. 건설산업의 윤리문제를 생각한다 • 389
9. 새로운 건설문화를 창출하자 • 398

| 표목차 |

[표 1-01] 산업별 생산유발계수 • 21
[표 1-02] 연도별 건설공사 수주액(공종별 및 발주기관별) • 22
[표 1-03] 토목공사와 건축공사의 대비 • 22
[표 1-04] 연대별 건설산업의 환경변화 • 23
[표 1-05] 건설생산과정과 관련된 법령체계 • 29
[표 1-06] 건설산업의 생산체계와 시장진입 • 31
[표 1-07] 종합건설업종과 전문건설업종 • 32
[표 1-08] 종합건설업과 전문건설업의 비교 • 33
[표 1-09] 종합건설업의 업종 및 등록기준 • 33
[표 1-10] 전문건설업의 건설업종 및 업무분야 • 35
[표 1-11] 국민경제와 건설산업 • 39
[표 1-12] 건설업계 현황 • 40
[표 1-13] 건설업의 주요 경영지표 • 41
[표 1-14] 해외건설 연도별 수주실적 • 42
[표 1-15] 건설기술용역업체 현황 • 44
[표 1-16] 건설업체에 소속(등록)된 건설기술자 현황 • 44
[표 1-17] 엔지니어링 기술 • 45
[표 1-18] 엔지니어링사업자 현황 • 46
[표 1-19] CM실적 추이 • 50
[표 1-20] 건설경쟁력, 세계 1위 국가 대비 한국 건설사 점수 • 52
[표 1-21] 주요 OECD 국가의 2013년 시간당 노동생산성 비교 • 53
[표 2-01] 건설관련 예상수요의 구체적 내용 • 58
[표 2-02] 40대 이상 건설기능인력 및 전체 취업자 비율 • 68
[표 2-03] 일본의 현행 표준청부계약약관 • 88
[표 3-01] 혁신활동의 성공조건 • 101
[표 3-02] 컨설팅 프로세스 • 104
[표 3-03] 벤치마킹의 방식 • 121
[표 3-04] D사의 경영개선 계획안(예시) • 140
[표 4-01] 대차대조표의 구성 • 153
[표 4-02] 이익잉여금처분계산서 양식요약 • 156
[표 4-03] 영업활동으로 인한 현금의 유·출입의 예 • 157

[표 4-04] 공사원가계산서 • 158
[표 4-05] 21세기 건설관련 분야별 유망시장 • 159
[표 4-06] 건설관련 단체 및 공제조합 등 • 160
[표 4-07] 3C분석 • 162
[표 4-08] 외부환경 요인(FAW) • 162
[표 4-09] 자사(체질)분석표 • 166
[표 4-10] 연도별 종합건설업체 경영상태 평균자료 및 평균비율 • 169
[표 4-11] 고객동향분석 • 170
[표 4-12] 동업자 분석표 • 172
[표 4-13] 외부 환경변화 분석표(예시) • 173
[표 4-14] 안정성 분석표 • 173
[표 4-15] 경영전략 선택 • 178
[표 4-16] 리스크 연관표 • 181
[표 4-17] 리스크 유형별 특색 • 182
[표 4-18] 신 시장 조사표(예) • 184
[표 5-01] 회사위기에 대한 징후 사례표 • 198
[표 5-02] 부도발생 징후 사례표 • 199
[표 5-03] 일일 자금집계표(예시) • 206
[표 5-04] 경영악화의 원인 • 207
[표 5-05] Cash flow의 개선책 • 208
[표 5-06] 분식조사 체크리스트(예) • 213
[표 5-07] 전략적 인건비 삭감 방안 • 215
[표 5-08] 인원삭감의 성공조건 • 216
[표 5-09] 원가별 재구축비용 항목 • 222
[표 5-10] 수익성판단과 장래방향 모색 • 236
[표 5-11] 기업체종합평가표(예시) • 238
[표 5-12] 업종별 평가기준 예시(건설업) • 239
[표 5-13] 은행의 거래선 관리표 • 240
[표 5-14] 조합원별 제출자료(외부감사를 받지 않는 법인) • 241
[표 5-15] 선택방안 • 246
[표 5-16] 선택에 따른 경영과제 • 247
[표 5-17] 퇴출기업 처리프로그램 • 252
[표 5-18] 법정관리와 워크아웃 • 253
[표 5-19] 워크아웃, 개인회생, 개인파산의 구분 • 257

[표 5-20] 기업의 리스크와 종류 • 259
[표 5-21] 비즈니스 리스크 매니지먼트 변천(개요) • 262
[표 5-22] 기업이 위기관리를 통해 대응해야 하는 주요 제도 • 263
[표 5-23] 자력진출과 연휴 • 269
[표 5-24] M&A의 특징 • 272
[표 5-25] 기업합병에 기대되는 효과 • 273
[표 5-26] 연휴의 효과 • 276
[표 6-01] 5가지의 관리항목과 4가지의 관리수단 • 285
[표 6-02] 프로젝트 파이낸스와 기업금융기법의 비교 • 301
[표 6-03] 시공발표계획의 주요내용(예시) • 305
[표 6-04] 한국·일본·미국의 건설업체 조직구조 비교 • 315
[표 6-05] 기업인사의 변화 • 329
[표 6-06] 유형별 인재요건 및 관련 직무 • 331
[표 7-01] 수주에서 준공까지의 절차 • 340
[표 7-02] 건설CALS 단계별 정보화 대상 • 345
[표 7-03] 기업이윤 극대화를 위한 방안 • 350
[표 7-04] GDP대 건설투자 동향(당해년 가격) • 352
[표 7-05] 신규 사업의 개념도 • 355
[표 7-06] 신규분야 진출의 패턴 • 355
[표 7-07] 전략책정의 세 가지 평가축과 관점 • 359
[표 7-08] 인재의 확보 및 육성방안 • 382

| 그림목차 |

[그림 1-01] 경영환경의 변화 • 25
[그림 1-02] 건설프로젝트의 생산체계 • 27
[그림 1-03] 건설업의 기능별 분류 • 27
[그림 1-04] 생산단계별 참여주체와 관련 법규 • 28
[그림 1-05] 건설산업의 업역 • 30
[그림 1-06] 종합 및 전문건설업자간 원·하도급구조 • 37
[그림 1-07] 건설산업기본법상 하도급 관련 제도 • 38
[그림 2-01] 환경변화와 새로운 수요 • 57
[그림 2-02] 환경변화와 새로운 도전 • 58
[그림 2-03] 건설산업의 미래상 • 60
[그림 2-04] 건설산업의 비전과 추진 과제 • 61
[그림 2-05] 미래 건설산업의 목표 • 61
[그림 2-06] 종합업체 수, 평균수주액 • 65
[그림 2-07] 전문업체 수, 평균수주액 • 65
[그림 2-08] 건설업체 순위 등급별 수주액 비율 • 66
[그림 2-09] 제5차 건설산업진흥 기본계획 추진방향 • 70
[그림 2-10] 건설기술진흥기본계획(제6차 계획) • 73
[그림 2-11] 미국의 발주기관별 건설공사 도급계약조건 • 79
[그림 2-12] 설계시공 분리방식(미국) • 79
[그림 2-13] CM방식(미국) • 81
[그림 2-14] 설계시공 분리(종래)방식(영국) • 85
[그림 2-15] MC방식(영국) • 85
[그림 2-16] 공사계약방식의 분류 • 90
[그림 3-01] 경영진단 시나리오 진행도(Flow) • 105
[그림 3-02] 비전의 고찰방안 • 114
[그림 3-03] 비전설정 및 경영전략 Frame Work • 115
[그림 3-04] 종합적 건설서비스체제 구축을 위한 전략수립 체계 • 116
[그림 3-05] 구조조정의 유형 • 119
[그림 3-06] 구조조정의 핵심 • 120
[그림 3-07] 벤치마킹 프로세스 모델 • 122
[그림 3-08] 프로세스 개념도 • 124

[그림 3-09] 리엔지니어링 추진 프로세스 • 124
[그림 3-10] BSC의 추진절차 • 128
[그림 3-11] Skill, Tool, Style의 체계화 • 130
[그림 3-12] 비즈니스 시스템 • 131
[그림 3-13] The McKinsey 7S Model • 132
[그림 4-01] MBO의 예 • 149
[그림 4-02] 재무제표 분석의 목적 • 151
[그림 4-03] 대차대조표 구성항목 • 152
[그림 4-04] 손익계산서의 구조 • 155
[그림 4-05] 현상분석의 전체도 • 161
[그림 4-06] SWOT분석 개념도 • 177
[그림 4-07] SWOT분석에 입각한 전략대안(예시) • 179
[그림 5-01] 기업재건의 프로세스 • 196
[그림 5-02] 회사의 실상과 경영자의 인식차 • 197
[그림 5-03] 곤경에서의 탈출과 실패의 흐름도 • 202
[그림 5-04] 인원삭감의 절차 • 217
[그림 5-05] 인사관리와 SPOKE시스템 • 218
[그림 5-06] 회사분할과 MBO • 220
[그림 5-07] 업무표준화 방법 • 224
[그림 5-08] 영업력 강화 단계 • 226
[그림 5-09] 이익도표 • 231
[그림 5-10] 수익구조 손익분기점 모델 • 233
[그림 5-11] 의사결정 프로세스 • 234
[그림 5-12] 수익성 수준 판단 프로세스 • 235
[그림 5-13] 경영개선 계획평가 프로세스 • 242
[그림 5-14] 부실기업 처리방향 • 251
[그림 5-15] 회생절차 흐름도 • 256
[그림 5-16] 아파트건설업체 부도 후의 일반적인 처리과정 • 257
[그림 5-17] 기업경영의 목적 • 260
[그림 5-18] 국내 기업을 둘러싼 위기요인들 • 261
[그림 5-19] 건설생산 과정별 리스크인자 분석 • 264
[그림 5-20] 리스크 매니지먼트의 절차 • 265
[그림 5-21] M&A의 유형(거래형태별) • 271
[그림 5-22] M&A 유형 • 275
[그림 6-01] 기업수익의 구조 • 282

[그림 6-02] 기업이익 창출을 위한 핵심 요소•287
[그림 6-03] 자산압축을 위한 대차대조표•290
[그림 6-04] 고정자산과 재무건전성•293
[그림 6-05] PFI의 사업유형•303
[그림 6-06] 공공서비스의 민간위탁•304
[그림 6-07] 민원관련 보고체제 구상•306
[그림 6-08] 평가프로세스•307
[그림 6-09] 조직의 발전과정과 조직유형•308
[그림 6-10] 기능별 조직(예)•309
[그림 6-11] 매트릭스조직(예)•310
[그림 6-12] 조직혁신의 기본방향•312
[그림 6-13] 인재육성 프로세스•318
[그림 6-14] 인재육성 전략의 프레임•320
[그림 6-15] 건설업 및 엔지니어링 기업의 21세기 경쟁력 요소 비교•328
[그림 6-16] 직무특성이론•330
[그림 6-17] 사람중심의 인재분류 기준•331
[그림 6-18] 인재육성체계의 구상•333
[그림 6-19] 건설분야의 직무교육체계의 전체상(예시)•333
[그림 7-01] 건설업체의 정보화 개념도•341
[그림 7-02] PMIS개념도•344
[그림 7-03] PMIS영역•344
[그림 7-04] CITIS의 운용개념도•347
[그림 7-05] CMRS 시스템 구성•349
[그림 7-06] 공격의 경영과 방어의 경영•351
[그림 7-07] 경영환경 변화와 시장•352
[그림 7-08] 시장 세분화의 세 가지 축•358
[그림 7-09] 신 시장 진출을 위한 프로세스•360
[그림 7-10] 산업구조의 변화 예상•362
[그림 7-11] 전문건설업의 육성전략•383
[그림 7-12] 기업의 사회적 책임의 영역•386
[그림 7-13] 컴플라이언스의 구조•387
[그림 7-14] 윤리적 경영의 필요성과 영향•391
[그림 7-15] 윤리적 경영의 실행 운영도•394
[그림 7-16] 새로운 건설문화를 창출하기 위한 방안•404

# 제1장
# 건설업의 현주소를 진단한다

1. 건설업의 경영과 사명 / 17
2. 건설업의 특성 / 19
3. 건설산업의 어제와 오늘 / 23
4. 건설산업의 생산체계와 관련 법규 / 26
5. 건설업산의 구조와 시장진입 / 30
6. 건설산업의 현황 / 39
7. 건설산업의 문제점 / 51

# 01 건설업의 경영과 사명

## 1. 건설업의 경영

우리나라의 건설업은 해방과 뒤이은 6.25동란의 혼란기를 거쳐 휴전이 성립되면서 전재복구(戰災復舊)를 중심으로 하는 수요증대와 더불어 성장하기 시작하였다. 황폐화된 국토의 급속한 종합개발과 주택건설 수요의 급증 그리고 국가경제와 국민생활향상으로 인한 각종 개발사업 등으로 건설업은 경제발전과 더불어 성장해 왔다.

이러한 건설업은 최근 국내외적으로 매우 급속한 환경변화에 직면하고 있다. 1993년 12월 Uruguay Round협상결과에 따라 1997년도에 전면적인 건설시장개방이 이루어졌으며, 이제 우리 건설산업도 적자생존의 냉엄한 국제경쟁환경의 조류에 동참하게 되었다. 따라서 기업이 장기간에 걸쳐 존속하고 성장·발전해 나가기 위해서는 이상과 같은 급변하는 환경변화에 적극적으로 대응해 나가는 경영전략이 필요한 것이다.

여기에는 다양한 전략이 있을 수 있으나 크게 나누어 볼 때 다음과 같이 정리된다.

첫째, 수주영역의 다변화이다. 공공공사에 대하여는 기업의 공익성 확보와 시공경험을 쌓기 위한 방향으로 수립되어야 할 것이며, 한편 경제발전에 따라 꾸준히 확대되어 가고 있는 민간부문에 대해서도 관심을 가져야 할 것이다. 이를 위해서는 경기변동, 소비자의 기호 등에 따라 변화하고 있는 민간공사에 대한 부단한 조사연구와 수요예측, 그리고 이를 시공할 수 있는 능력을 배양해 나가야 할 것이며, 발주자로 하여금 건설수요를 창출할 수 있는 아이디어와 정보제공능력이 요구된다.

둘째, 기술 및 경영능력의 제고이다. 건설업이 고정투자의 부담이 적고 공사수주만 잘하면 기업을 영위할 수 있다고 생각하는 한, 전근대적 경영방식에서 탈피하지 못할 것이다.

기업규모가 대형화되고 기술이 고도화되며 냉엄해지고 있는 기업환경 속에서 성장·발전하기 위해서는 무엇보다도 최고경영자의 뚜렷한 경영철학을 갖추어야 할 것이며 품질(quality)·원가(cost)·공정(duration)·안전관리(safety)측면에 효율적인 관리체계를 구축해야 할 것이다. 우수한 인력의 지속적인 육성은 물론 하도급 계열화를 통하여 협업전문업체를 적극 육성함으로서 품질을 향상시킬 수 있고 이는 궁극적으로 건설업계의 질적 향상을 기할 수 있을 것이다.

셋째, 건설경영은 신뢰를 바탕으로 한 고객만족에 가치를 두어야 한다. Peter Drucker는 "기업의 첫 번째 과업은 고객창출이다"라고 말한바 있는데, 이러한 고객창출은 고객만족을 통해서 가능하기 때문이다.

건설업이라는 상품은 계약당시에는 눈에 보이지 않으며 건설공사가 시작되고 시간이 경과되어야 비로소 그 모습을 나타내고 완성하여 인도함으로써 명확해 진다. 따라서 고객들은 계약당시에는 눈에 보이지 않는 것을 사줘야 하기 때문에 상품의 기본은 '신뢰(confidence)'이다. 그리고 이러한 신뢰를 실현하는 것이 '기술(technique)'이다. 따라서 건설경영은 신뢰와 기술이라는 매개체를 기본으로 하여 고객창출에 노력해야 할 것이다.

근래 건설업체들이 아파트에 대한 자사의 브랜드 이미지를 높이고자 제품에 대한 특성화 또는 차별화를 위해 노력하는 것도, 결국 고객의 소비행위에 대하여 동기를 부여하여 적대적인 경쟁 환경 하에서 지속적인 경쟁우위(sustainable competitive advantage : SCA)를 달성하여 경쟁기업에 비하여 높은 시장성과를 얻기 위한 전략으로 이해될 수 있다.

## 2. 건설업의 사명

건설업은 고도화하고 대형화하는 생산 활동의 기틀이 될 각종 사회기반시설을 정비하고, 도시환경문제 등 공해를 제거하여 국민의 생활수준을 상승케 하며, 인간을 외적으로부터 보호하고 쾌적하고 단란한 가정생활을 영위할 수 있는 안식의 기능을 제공하는 등 건설업이 차지하고 있는 사명은 실로 막중하다.

비단 건설업뿐만 아니라 기업이 존재하는 근본 이유 중의 하나는 기업은 어떤 형태로든 사회와 인간의 삶에 기여해야 한다는 것이다. 이것은 곧 기업의 사회적 책임이기도 하다. 따라서 기업이 사회에서 뿌리내리고 영속적(going concern)으로 발전해 나가기 위해서는 근본 목적인 이윤추구도 중요하지만, 사회와 인간으로부터 소외 받지 않도록 도덕성과 윤리관을 확립해 나가는 것도 매우 중요하다.

# 02 건설업의 특성

건설업은 역사의 흐름과 더불어 발전되었다. 이는 개인의 가계생활에서부터 국가건설에 이르기까지 인간생활과는 가장 밀접한 관계를 지닌 기초산업인 동시에 공공복지와 사회건설에 지대한 영향력을 가지고 있는 산업이다.

건설업은 타산업에 비해 그 자체가 지니고 있는 성격, 즉 주문생산성으로 인해 생산계획수립이 곤란하고, 생산 장소의 특이성으로 지리적 조건에 영향을 받고 있으며, 표준원가의 설정이 곤란하여 구조물, 시공목적의 내용에 따른 공사비가 변하는가 하면, 생산의 장기성으로 시장조건이 일정치 않는 특이성을 가지고 있다. 건설업 자체가 지니고 있는 경영적인 측면에서 살펴보면 다음과 같다.

## 1. 주문생산성과 비정형성

건설업자는 일반적으로 도급계약의 형태로 발주자로부터 공사를 의뢰를 받게 되며, 수주 받은 공사를 완성하여 시공목적물을 해당 발주자에게 인도하는 형태로 계약이 이행된다. 따라서 제품을 표준화·규격화한 생산체계를 갖추기 어려운 특성을 지니게 된다. 이러한 과정에서 도급 형태에 따라 수직적 원·하도급 관계 또는 분업구조를 활용하는 공동도급 등이 나타난다. 이는 또한 일정기간의 발주량을 가늠하기가 용이하지 않아, 경영이 불안정한 속성을 지니게 된다.

건설업 특히 토목건설업은 계획적 생산체계가 아닌 주문자의 주문(注文)에 의한 경우로 예상이 어렵고, 이는 기업경영에 있어 탄력성이 없다. 이러한 건설업의 주문은 공공기관의 발주에 의한 것이 대부분이어서 계약조항도 국가계약법규에 따라 비탄력적으로 적용되고 있다.

## 2. 생산 활동의 이동성

건설 목적물은 토지의 정착물이기 때문에 일정한 장소에서 제품을 생산 한 후 이동할 수가 없다. 이에 따라 당해 토지에 건설제품은 새로 생산하지 않고서는 대체재가 존재할 수 없다는 특성을 지닌다. 또한 생산 활동이 각 현장에서 이루어져 매 시공시마다 인력 및 기자재 등의 현장조달이 필요하기 때문에, 생산 조직이 유동적·불안정적인 성격을 띠게 된다.

건설업은 생산 장소가 일정하지 않고, 기간적으로 영속성이 아니어서 정착적이지 못하다. 이것은 가설재료, 시공설비, 근로자 등도 경영상으로 볼 때 임시적이라 타산업에 비해 불리한 입장이다.

## 3. 옥외생산의 특성

건설업은 타 산업에 비해 토지에 대한 의존도가 높으며, 계절이나 지형, 기후 등 천재지변 등 자연조건에 민감하고, 이로 인해 자연재해로 인한 피해처리와 관련하여 위험부담 등이 시공과정에서 문제 되기가 쉽다.

옥외작업(屋外作業)에 의해 생산이 이루어지기 때문에 시공이 이루어지는 국가 및 지역의 특성에 크게 영향을 받는다. 또한 생산의 종류가 다양하여 규격의 통일이 곤란하여 표준화가 어렵다.

## 4. 타 산업과의 관련성

건설산업은 복합적인 성격을 지니기 때문에 기획 및 설계단계에서부터 준공을 거쳐 하자보수에 이르기까지 타 산업과 밀접한 관련성을 가진다. 예컨대, 철근, 시멘트, 유리, 목재, 골조 등의 자재부문과, 임대업, 주거 및 사무실, SOC등 이용부분, 건축자재판매업, 건물관리 및 청소용역업, 부동산업 등 판매·관리부분, 금융업 및 보험업 등의 금융부문 등과 상호 밀접한 관련성을 가지고 있다.

건설업은 연관 산업으로의 생산유발효과 측면에서 제조나 서비스 등 전 산업에 비해서 생산유발계수가 양호하다는 것을 알 수 있다. 생산유발계수는 한 제품에 대한 최종 수요가 한 단위 증가하였을 때 이를 충족시키기 위하여 해당 제품을 만드는 부분을 포함한 모든 부문에서 직·간접으로 유발되는 산출액이다.

또한, 건설산업은 각종 시설물의 구축을 통해 각종 산업 활동의 근간을 제공하며, 이로써 타 산업의 생산 활동을 간접적으로 지원하는 기능을 한다.

표 1-1. 산업별 생산유발계수(2015년 기준)

| 구 분 | 2000 | 2005 | 2010 | 2015 |
|---|---|---|---|---|
| 건 설 업 | 1.925 | 1.943 | 2.081 | 1.997 |
| 공 산 품 | 1.843 | 1.904 | 1.921 | 1.952 |
| 서비스업 | 1.568 | 1.633 | 1.656 | 1.673 |
| 전 산업 평균 | 1.723 | 1.777 | 1.814 | 1.813 |

자료 : 한국은행, 「산업연관표」, 대한건설협회(주요건설통계, 2019.9.현재)
의미 : 어떤 산업의 생산품에 대한 최종수요가 1단위(10억 원) 발생할 경우, 해당 산업 및 타 산업에서 직간접으로 유발된 생산효과의 크기를 나타냄

건설업은 생산가격의 적정한 산정에는 불확실한 요소가 매우 많아 정확성을 기하기가 쉽지 않기 때문에, 이것이 일반사회에서 건설업은 투기적 기업이라는 부정적인 인식으로 비쳐지고 있는 요인이기도 하다.

건설업의 경영내용은 매우 복잡하다. 예컨대, 대차대조표에서 상당히 비중이 높은 미성공사지출금, 동 수입금에 따른 특수계정과목이 있고, 또 원가계산, 손익계산에 있어서도 공장생산의 경우보다 간단하지 않다. 이점이 세간에 고의로 한다고 오해를 불러일으키는 원인이 되기도 한다.

## 5. 토목과 건축 공종에 따른 특성

건설업은 작업현장의 수가 많고 그에 더하여 작업현장을 단위로 하여 시공, 경영활동을 하는 경우가 많아 집중관리가 쉽지 않다. 이러한 특성 외에 같은 건설업이라도 토목과 건축과는 상이한 면이 있다.

공사의 대상에 있어서도 토목공사의 약 70%는 공공공사이고, 건축공사의 약 85%는 민간사업이다. 건축공사 중의 약 70%는 아파트 등 주거용 공사가 차지하고 있다.

표 1-2. 연도별 건설공사 수주액(공종별 및 발주기관별)

(단위 : 경상가격, 조원, %, %는 전년 동기 대비)

| 구 분 | 수주액 금액 | 수주액 증가율 | 공공 금액 | 민간 금액 | 토목 금액 | 건축 금액 |
|---|---|---|---|---|---|---|
| 2015 | 157.9 | 47.0 | 44.7 | 113.2 | 45.4 | 112.4 |
| 2016 | 164.8 | 4.4 | 47.4 | 117.4 | 38.1 | 126.6 |
| 2017 | 160.5 | -2.6 | 47.2 | 113.3 | 42.1 | 118.4 |
| 2018 | 154.5 | -3.7 | 42.3 | 112.1 | 46.3 | 108.1 |
| 2019 | 166.0 | 7.4 | 48.0 | 117.2 | 49.4 | 116.5 |
| 2020 | 194.0 | 16.9 | 52.0 | 141.9 | 44.6 | 149.4 |
| 2021 | 211.0 | 9.2 | 56.0 | 155.9 | 53.6 | 158.3 |

자료 : 국토교통부, 대한건설협회(주요건설통계, 2022. 2. 현재)

공사의 시공에 있어서도 토목은 길이가 긴 수평방향의 경우가 많아 동시에 여러 곳에서도 작업이 가능하다. 그러나 건축공사의 경우에는 높이 방향으로 쌓아 올라가기 때문에 하나의 작업이 끝나기 전에는 다음 작업으로 이어지기가 어려운 특색이 있다.

또한 토목과 건축은 상호간에 다양한 특색이 있는데, 이를 대비하면 다음과 같다.

표 1-3. 토목공사와 건축공사의 대비

| 구 분 | 토목공사(토목공학) | 건축공사(건축공학) |
|---|---|---|
| 주요건설물 | • 사회기반시설(SOC) | • 주택, 빌딩 등 |
| 기술의 성격 | • 기능우선, 견고성 확보 | • 디자인, 건축문화 등의 예술성 |
| 발 주 자 | • 정부, 공공사업체 | • 민간업체를 중심으로 다채로움 |
| 사회와의 관계 | • 공공성 중시, 통일적 기술기준 | • 개별성 중시, 주거생활 등과 같이 건축물에 따른 기술기준 |
| 전업기업의 형태 | • 공공사업도급업 | • 주택건축업 |
| 공사의 사례 | • 장대교, 심해공작물, 해양공작물 등의 건설 | • 초고층 빌딩, 특수환경공간(의료, 정밀작업 등) 등의 구축 |

자금회전에 있어서는 일반적으로 건축이 토목보다 빠르나, 자금사정은 토목이 민간공사가 많은 건축보다는 용이하다. 이는 토목공사의 경우 대부분이 발주자가 정부나 공공공사의 경우가 많아 사업예산의 집행과정에서 자금이 지급되기 때문이기도 하다.

## 03 건설산업의 어제와 오늘

우리나라의 건설산업은 그동안 SOC구축과 주택건설 등으로 경제성장과 주거안정에 많은 기여를 했다. 80년대의 단순시공에서 새로운 지식산업으로의 변신을 꽤하고 있다. 연대별로 건설시장 및 수요의 변화를 살펴보면 다음과 같이 요약된다.

표 1-4. 연대별 건설산업의 환경변화

| 구 분 | 1980년대 | 1990년대 | 2000년대 |
|---|---|---|---|
| 키워드 | • 단순시공 | • Soft기능 강화 | • 새로운 지식산업화 |
| 업역/<br>기능 | • 가격경쟁력에 의한 도급공사(Hard중심의 발전)<br>• 프로젝트기획, 타당성 조사, 설계, 시공업역의 분리발주 | • 프로젝트기획, 타당성 조사 등 Soft분야 중요성 증대<br>• Turnkey공사 발주확대로 설계기능 강화<br>• 기획제안형 사업 확대 | • 정보화 기반구축(CIC, CALS등)<br>• 프로젝트, 타당성조사, 설계, 감리, 시공, 시운전 등 종합 EC화 기능강화 |
| 경쟁<br>구조 | • 대기업 vs 중소기업, 종합업체 vs 전문 업체<br>• 인위적 경쟁구조 | • 대형공사시장과 소형시장으로 이중 구조화 정착 | • 시장원리에 입각한 경쟁환경 조성<br>• 외국 업체의 진입과 영업활동 |
| 경쟁<br>방법 | • 업역보호에 의한 낮은 경쟁(중소기업보호지역 보호)<br>• 조달청 중심의 공공공사 발주 | • 경쟁심화<br>• 낙찰방식 다양화<br>• 지자체 역할증대<br>• CM업역 출현 | • 제도의 국제화<br>• 보호논리 소멸<br>• 대형공사를 중심으로 한 CM영역 확대 |
| 수요<br>성향 | • 신규 건설 중심 양적성장 위주 | • 질적 투자 위주<br>• 대형, 첨단 프로젝트 증가 | • 산업구조 고도화<br>• 환경인식 확산 |

자료: 한국건설산업연구원, Post IMF시대의 건설시장 및 산업구조 전망과 대응과제, 1998.

건설수요의 특징은 우선 당분간 공공투자의 비중이 높을 것이고, 사회경제적 계층화의 진전으로 다양화·고급화·첨단화를 지향하는 건설수요가 요구될 것으로 보인다.

또한 건설산업의 구조는 시공위주의 단순산업구조에서 서비스 및 복합 산업 구조로 변화할 것으로 예측된다. 지금까지 건설시공, 설계, 엔지니어링, 감리 등이 중심이 되었던 건설산업구조는 건설사업관리(CM), 건설금융, 건설정보, 건설자재생산 등으로 확대될 것으로 예상된다. 법적·구조적으로 분리되어 있는 종합건설업과 전문건설업간의 업역과 그 역할에 대한 다툼이 지속될 것이다. 왜냐하면 종합업체와 전문업체간의 진입장벽은 건설업체간의 협력을 통한 창의적이고 효율적인 건설생산체계의 구축을 저해하는 요인으로 작용되고 있기 때문이다.

아울러 앞으로는 건설CALS 확대, CIC기술의 보급, 건설업체의 ERP적용확대, PMIS 기술개발 및 적용확대 등 건설산업정보수요의 증가, 건설산업정보화 증진에 따라서 건설산업정보분야가 급성장하여 건설산업과의 통합적 기능분야를 담당하게 될 것이다. 또한 유비쿼터스[1]의 시행으로 건설산업이 더 한층 시스템 통합의 필요성을 절감하고 있는 실정에 와 있다.

이와 함께 향후 건설산업의 경쟁 환경은 건설시장의 성장세 둔화로 수주경쟁의 격화와 규제완화 및 시장경제체계 확립 추진으로 인한 자유경쟁방식이 정착되는 형태로 전개될 것이다. 국가공사에 있어 종합심사낙찰방식의 확대적용과 건설업체 선정에서 PQ 평가기준의 2원화(Pass or Fail방식)로의 전환 등은 이를 말해주고 있다.

건설경영에 있어서는 [표 1-11]에서도 나타난 바와 같이 앞으로 건설업체간의 경쟁은 더욱더 치열해 질 것이다. 1997년 종합건설업체의 평균수주액이 1업체당 205억 원인데 비해 2012년에는 90억 원으로 127%나 감소한 것은 건설업체간의 생존을 위한 경쟁이 가열된다는 것을 의미한다. 한정된 건설투자에 업체 수는 증가하고 있고 수요자의 요구수준은 더욱 다양하거나 높아질 것이다. 이는 결론적으로 80년대와는 달리 앞으

---

[1] 유비쿼터스(Ubiquitous)는 라틴어 'ubique'를 어원으로 하는 영어의 형용사로 '동시에 어디에나 존재하는, 편재하는'이라는 사전적 의미를 가지고 있다. 즉, 시간과 장소에 구애받지 않고 언제나 정보통신망에 접속하여 다양한 정보통신서비스를 활용할 수 있는 환경을 의미한다. 또한, 여러 기기나 사물에 컴퓨터와 정보통신기술을 통합하여 언제, 어디서나 사용자와 커뮤니케이션 할 수 있도록 해 주는 환경으로써 유비쿼터스 네트워킹 기술을 전제로 구현된다. 한편 유비쿼터스도시의 효율적인 건설 및 관리 등에 관한 사항을 규정하여 도시의 경쟁력을 향상시키고 지속가능한 발전을 촉진함으로써 국민의 삶의 질 향상과 국가 균형발전에 이바지함을 목적으로 현재 「유비쿼터스도시의 건설 등에 관한 법률」(일부개정 2009. 06. 09 법률 제9770호 시행일 2010. 7. 1)이 제정되어 시행되고 있다.

로는 자기분야에서 최고(Only One 또는 Number 1)가 되지 못하면 살아남기 어렵다는 것을 시사해주고 있다. 따라서 환경변화에 따라 시대별로 중점을 두고 있는 경영의 포인트와 기업전략을 그림으로 나타내면 다음과 같이 정리된다.

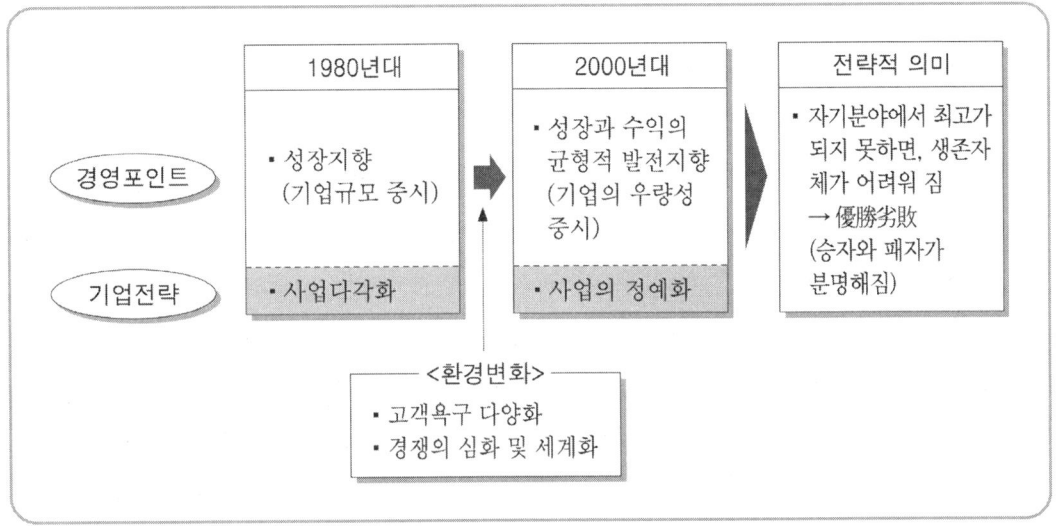

그림 1-1. 경영환경의 변화

▶ 2018.8.14. 「건설산업기본법」을 개정(시행2019.2.15. 법률 제15720호)하여 "건설기술자"를 "건설기술인"으로 용어를 변경하고, 아울러 2019.4.30. 「건설산업기본법」 개정(시행. 2019.11.1. 법률 제16415호)시에는 "건설업자"를 "건설사업자"로 개정하는 등 용어를 순화하는 의미에서 이를 변경하게 되었다. 또한 「건설기술 진흥법」을 개정(시행 2021.9.17. 개정 2021.3.16.)하여 기존의 "건설기술용역"이라는 용어를 "건설엔지니어링"으로 변경하였다. "건설기술용역"이라는 용역은 단순한 노무를 제공하는 것을 넘어 설계·감리·측량 등 전문적이고 복합적인 건설기술에 대한 서비스를 제공한다는 의미를 전달하기 어려운 측면이 있어 개정하게 되었다. 따라서 이 책에서는 "건설기술자"를 "건설기술인"으로, "건설업자"를 "건설사업자"로, "건설기술용역"을 "건설엔지니어링"으로 변경하게 되었다.

# 04 건설산업의 생산체계와 관련 법규

## 1. 건설산업의 생산체계

건설은 일정한 장소에 정착하는 시설물을 신설 혹은 이설 하거나 변경하는 일련의 행위로서, 세부적으로는 프로젝트의 발굴 및 기획, 타당성 조사, 설계, 시공, 감리, 시운전, 인도, 그리고 유지·보수·관리, 해체 등의 과정으로 이해할 수 있다.

현대의 건설산업은 좁은 의미의 건설(construction), 즉 '시공'만을 의미하기보다는 엔지니어링능력을 기초로 하고 시공능력이 부가된 형태, 혹은 엔지니어링 및 시공능력이 결합된 사업형태로 프로젝트의 발굴에서부터 유지관리까지 일괄하여 수행하는 프로젝트 수행 및 관리개념으로서의 E&C(Engineering & Construction)로 이해된다.

여기서 EC(Engineering Construction)란 건설 프로젝트를 하나의 흐름으로 보아 사업 발굴, 기획, 타당성조사, 설계, 시공, 유지관리까지 업무영역을 확대하는 것을 의미한다. 종래의 일반적인 건설업자(General Constructor)는 오직 시공분야만을 업무로 하는 반면, 종합건설업자(Engineering Constructor)는 설계와 시공분야로까지 업무영역을 확대하는 사업자를 말한다. 이러한 건설프로젝트의 생산체계를 그림으로 나타내면 아래와 같다. 이는 건설수요의 고도화, 다양화, 복잡화, 전문화 추세로 생산 및 관리의 자동화가 가속되어 첨단기기의 설치 및 운영에 관한 지식이 요구되므로 보다 높은 종합화, 시스템화가 요구되어 EC화의 필요성이 더욱 확대되고 있다. EC화를 행정적으로 현실화, 구체화시킨 것이 종합건설업제도이다.

이처럼 건설산업은 한 시설물의 생애주기(life cycle)를 포괄하는 과정을 총체적으로 담당하는 활동의 총합적인 것으로 이해되어야 한다. 이와 함께 좁은 의미의 건설인 '시공'은 그 기능면에서 시공을 중심으로 하여 ① 기획(planning) 및 엔지니어링(engineering)

기능 ② 지원기능(supporting) ③ 유지관리(operating & maintenance)기능으로 구분된다.

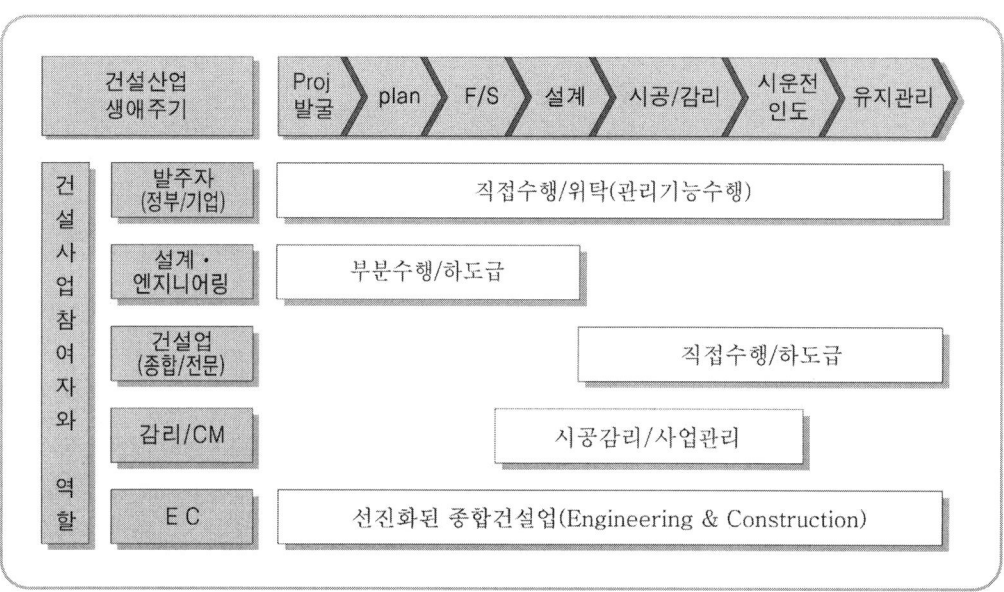

그림 1-2. 건설프로젝트의 생산체계

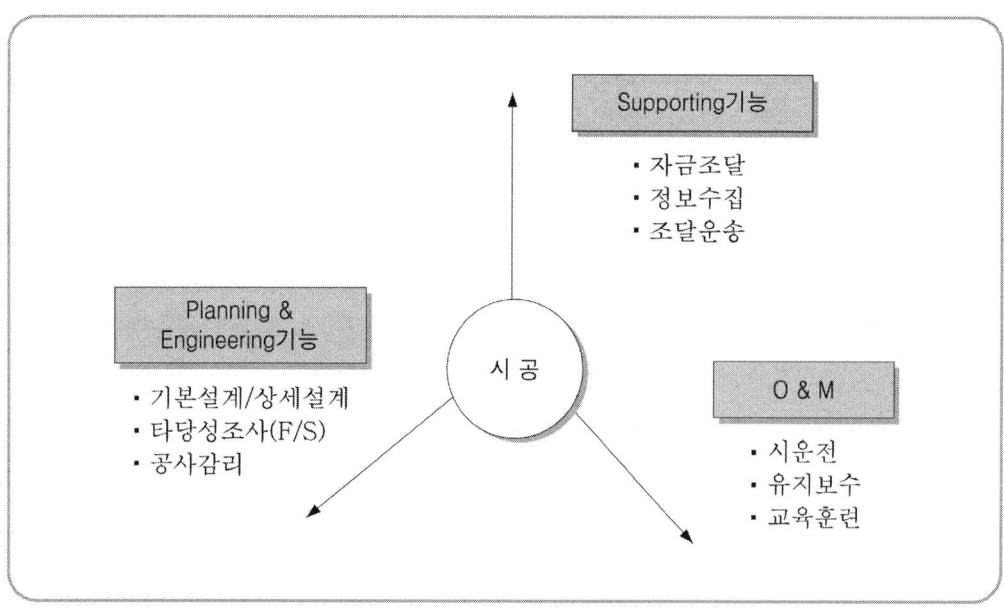

그림 1-3. 건설업의 기능별 분류

## 2. 건설산업의 생산체계와 관련된 법규

건설산업에 직·간접적으로 연관된 법규는 매우 다양하고 복잡하다. 건설산업에 대한 제도적 체계는 계획·설계·시공·유지관리 등의 사업시행의 프로세스 차원과, 계약·시행·관리감독 등의 각 단계별 사업의 수행요소 차원에 따라 분산적·다원적 구조를 보인다. 건설산업의 생산 단계별 참여주체와 관련 법규를 요약하면 다음과 같다.

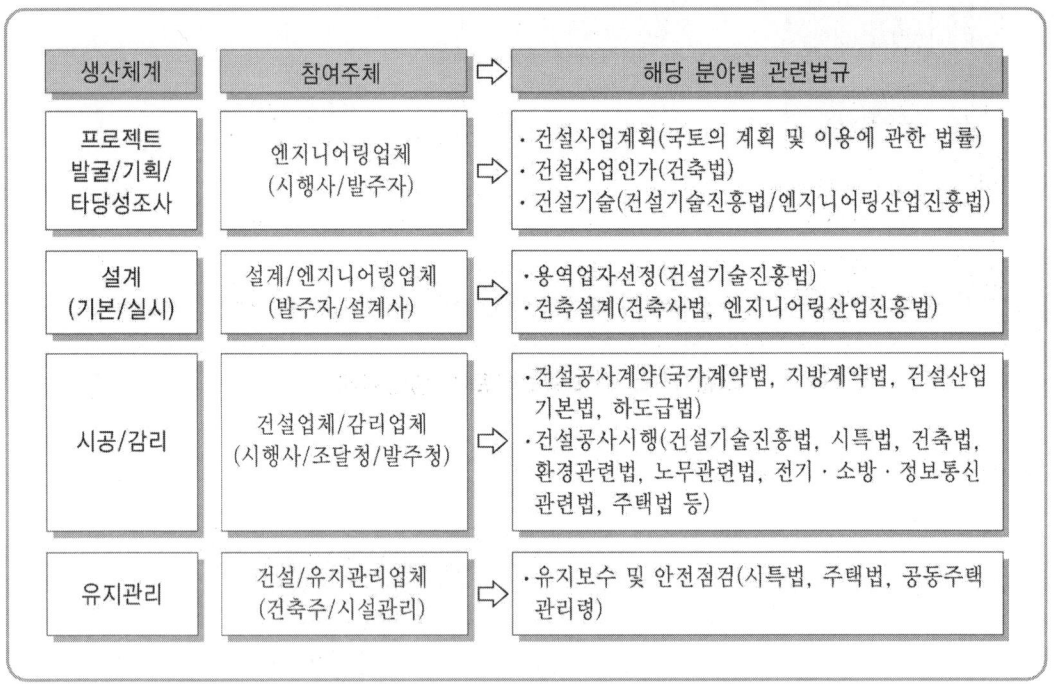

그림 1-4. 생산단계별 참여주체와 관련법규

설계, 엔지니어링 및 감리의 시행자 선정과 입찰계약은 주로 건설기술 관리법령의 규정에 의하며, 이는 「국가를 당사자로 하는 계약에 관한 법률」(이하 "국가계약법"이라 한다)의 개괄적 규정을 구체적으로 준용하는 것이다. 그러나 설계 등의 용역은 등록제가 아닌 신고제(설계 및 사업관리 등은 등록제로, 엔지니어링활동은 신고제로 운영)로 운영되며 그 업무의 내용에 따라 각각의 법률체계에 따르도록 되어 있다. 즉, 설계대가는 「엔지니어링산업진흥법」, 기술사등록제도는 「기술사법」, 설계기술·품질기술·감리 및 사업관리·안전·유지관리 등은 「건설기술진흥법」에 규정하고 있어 법령체계가 다기화 되어있다.

시설공사의 시행자 선정과 입찰계약은 「국가계약법」에 의하여 시행되고 있으며, 감리 등 관리측면의 용역입찰계약은 「엔지니어링산업진흥법」 및 「건설기술진흥법」의 규정에 의한다. 시공 및 시공관리는 「건설산업기본법」 및 관련 법규에 의하여 집행된다. 건설생산과정에 관련된 법률과 주무부처 등을 요약하면 다음과 같다.

표 1-5. 건설생산과정과 관련된 법령체계

| 생산과정 | 세부분야 | 관련법률 | 주무부처 |
|---|---|---|---|
| 설계·엔지니어링 | 계약 | • 국가계약법<br>• 건설기술진흥법 | 기획재정부<br>국토교통부 |
| | 설계/엔지니어링 | • 건축사법<br>• 건설기술진흥법<br>• 엔지니어링산업진흥법<br>• 환경관련 5개 법률(방지시설 설계)<br>• 소방시설공사업법(소방시설 설계) | 국토교통부<br>국토교통부<br>산업통상자원부<br>환경부<br>소방청 |
| | 설계감리 | • 건축법<br>• 건축사법<br>• 건설기술진흥법<br>• 환경관련 5개 법률(방지시설 시공) | 국토교통부<br>국토교통부<br>국토교통부<br>환경부 |
| 시공·시공관리 | 계약 | • 국가계약법 | 기획재정부 |
| | 시공 | • 건설산업기본법<br>• 환경관련 5개 법률(방지시설 시공)<br>• 전기공사업법<br>• 정보통신공사업법<br>• 소방시설공사업법 | 국토교통부<br>환경부<br>산업통상자원부<br>과학기술정보통신부<br>소방청 |
| | CM/감리 | • 건설기술진흥법<br>• 소방시설공사업법<br>• 전기공사업법<br>• 정보통신공사업법 | 국토교통부<br>소방청<br>산업통상자원부<br>과학기술정보통신부 |
| 유지관리 | 계약 | • 국가계약법 | 기획재정부 |
| | 시공 | • 건설산업기본법<br>• 시설물의 안전 및 유지관리에 관한 특별법 | 국토교통부<br>국토교통부 |

주 : 「정부조직법」 개정(법률 제14804호, 2017.4.18, 타법개정)

# 05 건설산업의 구조와 시장진입

## 1. 건설산업은 '건설업'과 '건설용역업'으로 구분된다

건설업(construction business)은 건설공사를 수행하는 업으로 종합적인 계획·관리 및 조정 하에 시설물을 시공하는 종합건설업과 시설물의 일부 또는 전문분야에 관한 공사를 시공하는 전문건설업으로 구분하고 있다(건산법8조). 그러나 「전기공사업법」에 의한 전기공사, 「정보통신공사업법」에 의한 정보통신공사, 「소방시설공사업법」에 의한 소방설비공사, 「문화재보호법」에 의한 문화재수리공사는 건설업역에서 제외하고 있고, 인허가와 발주 및 하도급에 대한 규제 등이 각각 상이하다.

건설용역업(construction service business)은 건설공사에 관한 조사·설계·감리·사업관리·유지관리 등 건설공사와 관련된 용역을 수행하는 업으로 엔지니어링업, 건축설계·감리업, 전문감리업 등으로 구분하고 있다. 용역은 일반적으로 물질적 재화의 형태를 취하지 아니하고, 생산과 소비에 필요한 노무를 제공하는 일인데, 건설과 관련된 역무를 제공하기 때문에 건설용역이라 부르고 있다.

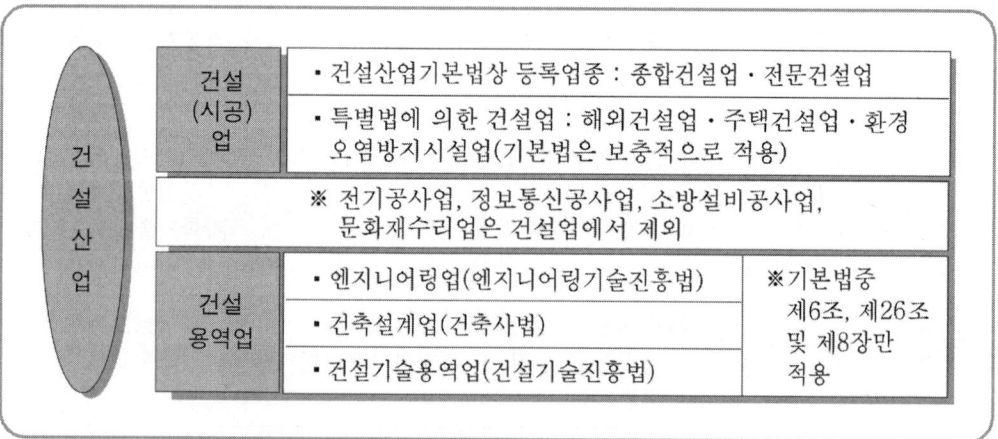

그림 1-5. 건설산업의 업역

## 2. 각 업역별로 진입이 제한된다

우리나라의 건설생산체계는 [그림 1-2]에서 보는 바와 같이 칸막이 형태로 업역별로 그 진입이 제한되어 있다. 이를 표로 나타내면 다음과 같다.

**표 1-6. 건설산업의 생산체계와 시장진입**

| 구 분 | 진입제한의 내용 | 관련법률 |
|---|---|---|
| 등록/신고 제도 | • 건설업체의 자격을 법률로 정하고 이를 건설시장의 참여 요건으로 하고 있음<br>• 건설등록, 주택건설업등록, 해외건설업신고, 건설기술 용역업체등록, 건축설계업신고 등 | 건설산업기본법<br>건설기술진흥법<br>건축사법 |
| 업역간의 활동제한 | • 종합건설업체는 전문공사를, 전문건설업체는 종합건설공사의 수주를 일부 제한함 | 건설산업기본법 |
| 건축설계 사무소개설 | • 건축설계는 건축사만이 할 수 있고 '건축사사무소'라는 명칭을 사용하여야 함 | 건축법<br>건축사법 |
| 하도급 제한제도 | • 동일업종간의 하도급 제한, 일괄하도급 제한, 재하도급 제한, 소규모공사의 직접시공의무제 등 | 건설산업기본법 |
| 건설업체 평가제도 | • 시공능력공시제도<br>• 시공능력평가제도(PQ) | 건설산업기본법<br>국가계약법 |

각 업역은 등록 또는 신고제도로 진입이 제한되어 있기 때문에 업(business)을 영위하기 위해서는 별도의 자격요건을 갖추어야 한다. 따라서 건설업을 영위하고자 할 경우에는「건설산업기본법」에 의하여 등록을 하여야 하나, 특별한 종류의 공사에 참여하기 위해서는 특별법에 의하여 등록·허가 등을 하여야 한다.

예컨대, 해외건설사업은「해외건설촉진법」에 의한 해외건설업신고, 주택건설사업은「주택법」에 의한 주택사업자등록, 대기오염·수질오염·소음진동 등의 방지시설공사업은 환경관련법률에 의하여 관련시설의 설계·시공업 등록을 하여야 한다.

건설용역업은「엔지니어링산업진흥법」,「건축사법」및「건설기술진흥법」등 개별법에 의한 등록 또는 신고를 하여야 하며, 건설사업관리(Construction Management)는 별도의 등록을 요하지는 않으나 '건설사업관리업무의 내용이 관계법령에 의하여 신고·등록 등을 하여야 하는 업무인 경우'에는 당해 법령에 의한 신고·등록이 필요하다.

특히 건설엔지니어링 등 건설용역업은 대상별·소관부처별로 분화되어 있다. 건축설계업은 '건축사무소'라는 명칭 사용을 의무화하고(건축사법23조4항), 대표이사의 자격을 건축사(건축사법시행령23조)로 규제하고 있어 사실상 시공업 등 타 분야와의 겸업을 제한하고 있다. 설계용역업은 관련정책이 엔지니어링산업의 육성(산업통상자원부), 기술인관리(국토교통부), 건설기술관리(국토교통부)로 부처별로 분산되어 있다.

## 3. '종합건설업'과 '전문건설업'간에는 영업범위가 제한된다

건설업은 종합건설업과 전문건설업으로 구분된다. "종합공사"라 함은 종합적인 계획·관리 및 조정하에 시설물을 시공하는 건설공사를 말하며, 이러한 업종의 건설업을 종합건설업이라 한다. 토목, 건축, 토목건축, 산업·환경설비 및 조경 등 5개의 업종이 있다.

한편, "전문공사"란 시설물의 일부 또는 전문분야에 관한 건설공사를 말하며, 이러한 업종을 전문건설업이라 한다. 실내건축공사업, 토공사업, 미장·방수·조적공사업, 석공사업, 도장공사업 등 다음과 같이 14개의 업종이 있다.

표 1-7. 종합건설업종과 전문건설업종

| 종합건설업종(5종) | 전문건설업종(14종) |
|---|---|
| ① 토목공사업<br>② 건축공사업<br>③ 토목건축공사업<br>④ 산업·환경설비공사업<br>⑤ 조경공사업 | ① 지반조성·포장공사업 ② 금속창호·지붕건축물조립공사업 ③ 금속창호·지붕건축물조립공사업 ④ 도장·습식·방수·석공사업 ⑤ 조경식재·시설물공사업 ⑥ 철근·콘크리트공사업 ⑦ 구조물해체·비계공사업 ⑧ 상·하수도설비공사업 ⑨ 철도·궤도공사업 ⑩ 철강구조물공사업 ⑪ 수중·준설공사업 ⑫ 승강기·삭도공사업 ⑬ 기계가스설비공사업 ⑭ 가스난방공사업 ⑮ 시설물유지관리업*<br>*시설물유지관리업은 2023.12.31.까지 유효함 |

종합건설업은 공사의 공정, 품질, 원가 등의 생산과정을 관리하고, 공사현장에서 작업을 감독한다. 이에 비해 전문건설업은 노무를 제공하는 등 시공상의 작업에 직접적으로 종사한다. 그리하여 일반적으로 양자는 기능뿐만 아니라 기업조직에서도 분리되는 바, 전자는 공사를 수주하여 완성의 책임을 부담하는 '원도급'이고, 후자는 원도급의 관리하에서 업무에 종사하는 '하도급'의 관계를 형성한다. 물론 전문공사를 전문업자가 도

급받아 직접적으로 수행할 경우에는 원도급의 성격을 띠게 된다. 양자의 관계를 정리하면 다음의 표와 같다.

표 1-8. 종합건설업과 전문건설업의 비교

| 구 분 | 종합건설업 | 전문건설업 |
|---|---|---|
| 주요 기능 | 관리·감독기능 | 직접시공기능 |
| 거래관계 | 원도급(공사수주와 완성책임) | 하도급(기능·노동력 제공) |
| 건설현장에서의 역할 | 지휘감독, 대외적 절충 등 | 작업의 관리·실시 |
| 능력기반 | 기술지식, 조정능력 | 기능, 실천력 |

▶ 1975. 12. 31.법률 제2851호로 개정되고, 1976. 4. 1.부터 시행된 건설업법에서는 건설업을 일반공사업·특수공사업 및 단종공사업으로 구분하고, 시행령(1976. 3. 29. 개정)에서는 일반공사업 3개 업종(토목, 건축, 토목건축), 특수공사업 5개 업종(철강재설치공사업, 항만준설공사업, 포장공사업, 삭도설치공사업, 조경공사업) 및 단종공사업 18개 업종(목공사, 토공사, 미장공사, 석공사, 도장공사, 방수공사, 조적공사, 비계공사, 창호공사, 지붕 및 판금공사, 철근 및 콘크리트공사, 강구조물공사, 위생 및 냉난방 설비공사, 기계·기구 설치공사, 상하수도설비공사, 보링 및 그라우팅공사, 철물공사, 철도궤도공사)으로 개편하였다. 일반면허 또는 특수면허를 받은 자는 단종공사에 해당하는 건설공사만을 도급받을 수 없도록 하였다.

건설공사를 도급받으려는 자는 해당 건설공사를 시공하는 업종을 등록을 하여야 한다(건산법16조). 건설업의 업종과 업종별 업무 분야 및 업무내용은 「건설산업기본법 시행령」 제7조에, 기술능력·자본금·시설 및 장비 등의 등록기준은 제13조에 규정하고 있다.

표 1-9. 종합건설업의 업종 및 등록기준

| 업종의 명칭 | 기술능력 | 자본금 | 시설·장비 |
|---|---|---|---|
| 1. 토목공사업 | 6명 | 5억원 | 사무실 |
| 2. 건축공사업 | 5명 | 3.5억원 | 사무실 |
| 3. 토목건축공사업 | 11명 | 8.5억원 | 사무실 |
| 4. 산업·환경설비공사업 | 12명 | 8.5억원 | 사무실 |
| 5. 조경공사업 | 6명 | 5억원 | 사무실 |

최근 개정되어 시행되거나 시행 예정인 건설업의 업역과 제도 변화를 살펴보면 다음과 같이 4가지로 요약할 수 있다.

### (1) 업역 간의 '칸막이' 폐지

종합건설업과 전문건설업과의 업역제도는 1976년 전문건설업이 도입된 이후 각자의 영역[業域]을 나눠 겸업을 엄격히 금지해왔다. 그동안 건설업계는 2개 이상 공종으로 된 복합공사의 원도급은 종합건설사만 수주할 수 있고, 단일공종의 전문공사의 원·하도급은 전문건설사만 담당했다. 이렇듯 둘로 나뉜 건설업무는 더욱 분업화돼 종합 5개, 전문 29개로 세분화되었다. 이러한 건설업역 제도는 수주 산업의 특성상 갑·을 관계가 형성되면서 공정경쟁 저하, 페이퍼컴퍼니(paper company) 증가, 기업성장 저해 등의 부작용이 나타나기도 했다. 이에 국토교통부는 건설산업의 경쟁력을 강화하기 위해 2018년 민관합동으로 '건설산업혁신위원회'를 꾸리며 '게임의 룰'을 바꾸기로 결정했고, 2020년 10월 건설산업기본법 시행령과 시행규칙 개정안을 입법예고 하면서 건설산업생산체계혁신방안을 마무리지었다.

2021년부터 건설업계에서 40여 년 넘게 구분되어 있던 종합건설업과 전문건설업의 영역 간 칸막이가 사라진다. 건설업역 제도는 1976년 전문건설업이 도입된 이후 업역과 업종에 따라 건설사업자의 업무영역을 법령으로 엄격히 제한해오던 '칸막이'를 없애고, 발주자가 역량 있는 건설업체를 직접 선택할 수 있도록 건설업역 구조를 전면 개편하게 되었다.

따라서 건설공사를 도급 받으려는 자는 해당 건설공사를 시공하는 업종에 등록하면 되고(건산법16조1항), 종합건설사업자는 등록한 건설업종에 해당하는 전문공사를 원·하도급 받을 수 있고, 2개 이상 전문업종을 등록한 건설사업자는 그 업종에 해당하는 전문공사로 구성된 종합공사를 원도급으로 수주할 수 있다. 그리하여 업역의 경계와 원·하도급의 칸막이가 사라지게 된 것이다. 물론, 종합건설사와 전문건설사가 서로의 시장에 진입하려면 상대 업종의 기술능력이나 시설, 장비 등 등록기준을 갖춰야 하며, 상대 시장으로 진출할 때는 전부 직접 시공해야 한다.

### (2) 전문건설업종의 대업종화

2018년 건설산업기본법의 개정과 2021년 시행령 개정으로 2022년부터 시설물유지관리업을 제외한 28개 전문건설업종은 공종간 연계성, 시공기술 유사성, 발주자 편의성과 함께 겸업실태, 현실여건 등을 종합적으로 고려하여 업종을 14개로 통합하였다.

표 1-10. 전문건설업의 건설업종 및 업무분야

| 건설업종(대업종) | 업무분야(주력분야) | 기술능력 | 자본금 | 시설·장비 |
|---|---|---|---|---|
| 1. 지반조성·포장공사업 | 1) 토공사 | 2명 | 1.5억원 | 사무실 |
| | 2) 포장공사 | 3명 | | |
| | 3) 보링·그라우팅·파일공사 | 2명 | | |
| 2. 실내건축공사업 | 실내건축공사 | 2명 | 1.5억원 | 사무실 |
| 3. 금속창호·지붕건축물조립공사업 | 1) 금속구조물·창호·온실공사 | 2명 | 1.5억원 | 사무실 |
| | 2) 지붕판금·건축물조립공사 | 2명 | | |
| 4. 도장·습식·방수·석공사업 | 1) 도장공사 | 2명 | 1.5억원 | 사무실 |
| | 2) 습식·방수공사 | 2명 | | |
| | 3) 석공사 | 2명 | | |
| 5. 조경식재·시설물공사업 | 1) 조경식재공사 | 2명 | 1.5억원 | 사무실 |
| | 2) 조경시설물설치공사 | 2명 | | |
| 6. 철근·콘크리트공사업 | 철근·콘크리트공사 | 2명 | 1.5억원 | 사무실 |
| 7. 구조물해체·비계공사업 | 구조물해체·비계공사 | 2명 | 1.5억원 | 사무실 |
| 8. 상·하수도설비공사업 | 상·하수도설비공사 | 2명 | 1.5억원 | 사무실 |
| 9. 철도·궤도공사업 | 철도·궤도공사 | 5명 | 1.5억원 | 사무실 |
| 10. 철강구조물공사업 | 철강구조물공사 | 4명 | 1.5억원 | 사무실 |
| 11. 수중·준설공사업 | 1) 수중공사 | 2명 | 1.5억원 | 사무실 |
| | 2) 준설공사 | 5명 | | |
| 12. 승강기·삭도공사업 | 1) 승강기설치공사 | 2명 | 1.5억원 | 사무실 |
| | 2) 삭도설치공사 | 3명 | | |
| 13. 기계가스설비공사업 | 1) 기계설비공사 | 2명 | 1.5억원 | 사무실 |
| | 2) 가스시설공사(제1종) | 3명 | | |
| 14. 가스난방공사업 | 1) 가스시설공사(제2종) | 1명 | - | 사무실 |
| | 2) 가스시설공사(제3종) | 1명 | | |
| | 3) 난방공사(제1종) | 2명 | | |
| | 4) 난방공사(제2종) | 1명 | | |
| | 5) 난방공사(제3종) | 1명 | | |
| 15. 시설물유지관리업 | - | 4명 | 2억원 | 사무실 |

※ 시설물유지관리업은 2023.12.31.까지 종합/전문건설업으로 전환, 전환하지 않을 경우 2024.1월 등록 말소됨

2021년 1월부터 공공공사는 업역 폐지가 시행되고(민간공사는 2022년부터 시행됨), 공공공사는 2022년, 민간공사는 2023년부터 대업종(大業種)으로 발주한다. 2022년 1월부터 각 전문업체는 대업종으로 자동 전환되며, 신규 업종 등록 시 대업종을 기준으로 전문건설업종을 선택할 수 있다(건산법시행령 별표1, 부칙3조, 7조1항).

### (3) 주력 분야 제도 도입

대업종화로 업무범위가 넓어짐에 따라 발주자가 업체별 전문 시공 분야를 판단할 수 있도록 주력 분야 제도를 도입하였다. 전문공사를 시공하는 업종을 등록하려는 자는 건설업을 등록할 때 해당 업종의 업무분야 중 주력(主力)으로 시공할 수 있는 1개 이상의 업무분야(주력 분야)를 정하여 국토교통부장관에게 등록을 신청해야 한다(건산법시행령7조의2).

주력 분야는 현 전문업종을 기준으로 28개로 분류하여 운영한다. 전문업체는 2022년 대업종화 시행 이전 등록한 업종을 주력 분야로 자동 인정받게 되고, 2022년 이후 대업종으로 신규 등록 시 주력 분야 취득요건을 갖출 경우 주력 분야 1개 이상을 선택할 수 있다(건산법시행령7조의2, 별표2, 부칙7조2항).

### (4) 시설물 유지관리업 업종전환

종합·전문 업역 폐지로 2021년부터 모든 건설업체가 시설물업이 수행 중인 '복합+유지보수 업역'에 참여 가능한 만큼, 시설물업을 별도의 업역 및 이에 따른 업종으로 유지할 실익이 없어졌다. 따라서 기존 사업자는 특례를 통해 자율적으로 2022년부터 2023년까지 전문 대업종 3개(지반조성·포장, 실내건축 등 6개 대업종) 또는 종합업(토목 또는 건축)으로 전환할 수 있으며, 업종전환하지 않은 업체는 2024년 1월에 등록이 말소된다(건산법시행령 부칙2조, 6조).

## 4. 건설공사의 하도급에 대하여 다양한 규제가 있다

수급인이 도급받은 건설공사의 전부 또는 일부를 도급받기 위하여 수급인이 제3자와 체결하는 계약을 하도급(subcontract)이라 한다(건산법2조12호). 즉 수급인이 자기가 인수한 일의 완성을 다시 제3자에게 도급시키는 것으로 구 민법 하에서는 하청(下請)이라 하였다. 도급은 일의 완성이 목적이므로 원칙적으로 하도급이 허용되나 일괄하도급 또는 재하도급 등은 예외적으로 인정되지 않는다. 건설공사의 원·하도급관계를 그림으로 나타내면 다음과 같다.

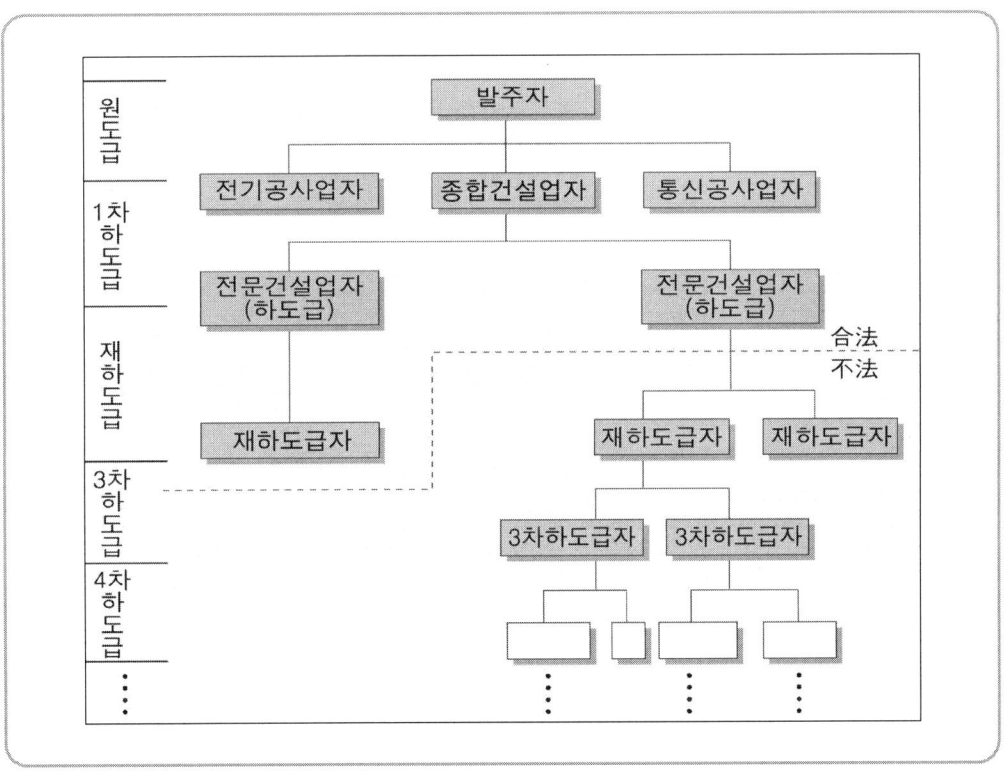

그림 1-6. 종합 및 전문건설업자간 원·하도급구조

건설업은 대표적인 수주산업으로서 생산과정이 장기간이고, 다양한 기술과 자재 및 인력 등이 적용되므로 하도급의 의존도가 높다. 그러나 건설하도급 시장은 원수급자의 우월적 지위남용, 일괄하도급, 중층하도급 등 각종 부조리가 발생하고 있다.

따라서 이를 방지하고 각종 부조리를 예방하기 위하여 종합건설업자와 전문건설업자간에는 하도급거래 공정화와 전문건설업자의 보호를 위한 각종 규제와 제도가 시행되고 있다. 이것은 실제 투입공사비의 중간유출과 이에 따른 부실시공 방지를 위해 일괄하도급 금지, 동일한 업종간의 하도급 금지 및 재하도급 금지 등이 있다.

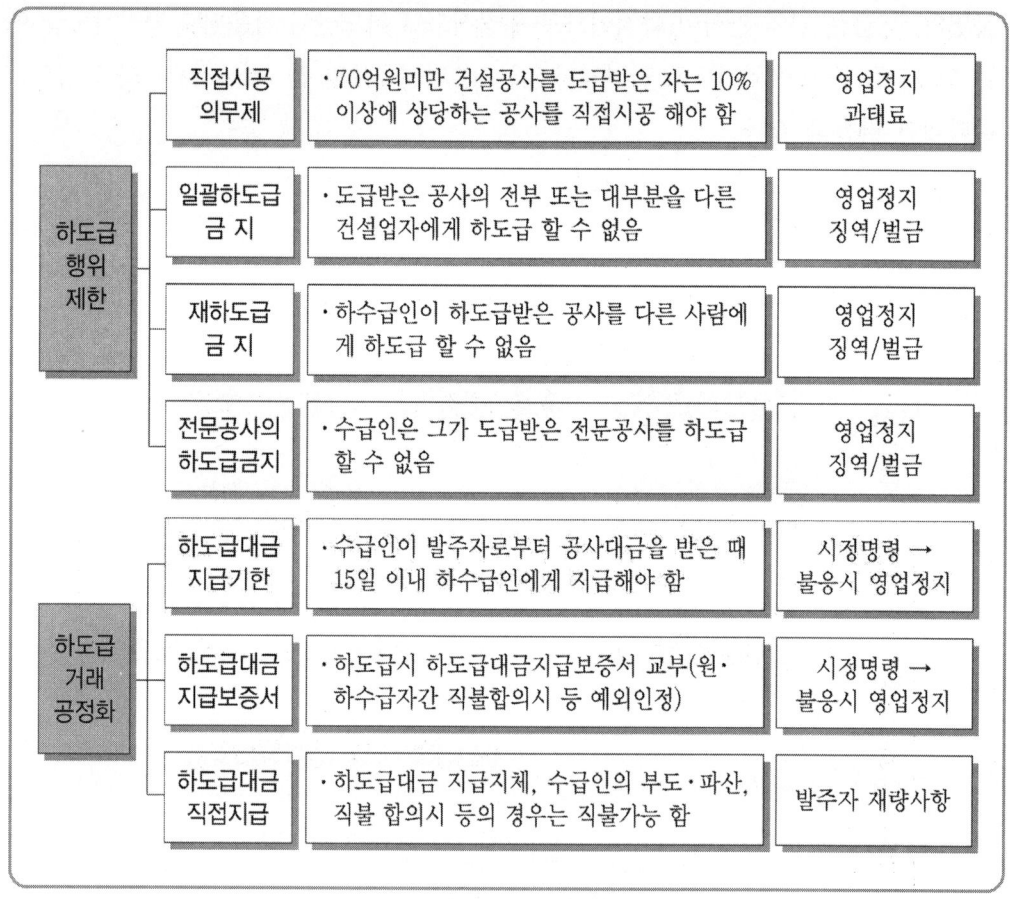

그림 1-7. 건설산업기본법상 하도급 관련 제도

하도급 관련 법령은 하도급 행위제한 및 하도급거래 공정화로 구분하며, 하도급행위제한은 「건설산업기본법」에서, 하도급공정화에 관련해서는 「건설산업기본법」 및 「하도급법」에서 규정하고 있으며, 이 경우 「하도급법」이 우선적으로 적용된다.

# 06 건설산업의 현황

## 1. 건설업

건설산업은 고도 경제성장과 고용창출의 안전판역할을 주도해온 국가의 중추 산업으로서 SOC, 주택 등 국내 인프라 확충에 기여해 왔다. 건설산업의 외형적 규모는 꾸준히 성장하여 건설투자액이 2001년도 133.5조원에서 2016년도 258.9조원으로 폭은 크지 않으나 지속적인 증가를 보이고 있다. [표 1-10]에서 보는바와 같이 2018년 말 기준, 건설투자액은 270.9조원으로서 GDP 대비 15%를, 건설취업자는 203만 명으로 전체 취업자 대비 7.6%를 차지하고 있다. 따라서 우리의 건설산업은 내수경기 안정, 지방경제 지지, 일자리 창출 등에 핵심적인 역할을 담당해온 것이다.

아울러 70년대 중동지역의 진출을 계기로 급속히 성장한 해외건설은 발주 국가의 정책에 따라 부침을 거듭해 오다가, 2000년대 들어 수주가 다시 활성화되어 2014년의 경우 수주액이 660.1억불로서 2000년도 54억불 대비 1,122%나 큰 폭으로 증가하였다. 그 후 원유가격의 하락 등이 겹치면서 2014년부터 감소추세를 보이고 있으나, 2016년에 281.9억불을 달성하는 등 외화공급원으로서 국가발전에 기여하고 있다.

표 1-11. 국민경제와 건설산업

| 구 분 | 2015 | 2016 | 2017 | 2018 | 2019 | 2020 | 2021 |
|---|---|---|---|---|---|---|---|
| 건설투자(조원) | 233.1 | 258.9 | 282.9 | 270.9 | 265.2 | 264.1 | 260.2 |
| 건설투자/GDP(%) | 14.9 | 15.8 | 16.1 | 15.0 | 14.3 | 14.1 | 13.6 |
| 건설취업자(만명) | 182 | 184 | 198 | 203 | 202 | 201 | 209 |
| 건설취업자/총취업자(%) | 7.0 | 7.0 | 7.4 | 7.6 | 7.4 | 7.5 | 7.7 |
| 경제성장기여도(%) | 0.1 | 0.5 | 0.3 | -0.2 | -0.1 | -0.1 | -0.1 |

자료 : 한국은행, 국민계정[건설투자는 당해년 가격, 경제성장 기여도 : (금년건설업총생산-전년건설업총생산/전년GDP)×100), 취업자 수는 통계청], 대한건설협회(주요건설통계, 2022. 2. 현재)

건설산업의 성장에 따라 건설업체수는 증가하는 추세이나, 건설경기 침체와 과당경쟁으로 건설업체들의 경영상태는 열악해지고 있다. 건설업체의 수는 1970년도 848개에서 1990년도 6,760개로 건설업 면허제에서 등록제로 전환한 1999년 이후 지난 10년 동안 43%가 증가하였는데, 건설업 면허개방 이후 건설업체수는 지속적으로 증가하여, 2018년 현재 약 68,674개의 건설업체가 활동 중에 있다. 이와 더불어 건설업체 수의 증가에 비해 건설수주시장의 규모는 상대적으로 정체됨에 따라, 종합건설업의 업체당 평균수주액은 2000년의 76.2억 원에서 2018년 122억 원으로 기간에 비해 증가폭이 적음을 알 수 있다.

한편, 1998년 IMF외환위기는 건설산업의 경쟁력강화를 위한 구조조정을 요구하여 과거 물량·외형위주의 산업에서 부가가치 위주의 질적 성숙단계로의 변화에 대한 필요성이 요구되고 있다.

이와 같이 건설산업의 성장에 따라 건설업체는 증가하는 추세이나 건설경기 침체와 과당경쟁으로 경영상태는 열악한 실정이다. 불안정한 시장구조와 과당경쟁으로 건설업체의 경영상태는 악화되고 있으며, 최근 건설경기 침체와 자금난 등으로 부도업체수가 증가하는 등의 어려움에 직면하고 있는 실정이다.

표 1-12. 건설업계 현황

| 구 분 | 1970 | 1980 | 1990 | 2000 | 2015 | 2017 | 2019 | 2021 |
|---|---|---|---|---|---|---|---|---|
| 건설업체수(개) | 848 | 3,002 | 6,760 | 39,801 | 61,313 | 65,655 | 72,323 | 87,509 |
| - 종합건설업체 | 848 | 516 | 918 | 7,978 | 11,220 | 12,028 | 13,050 | 14,264 |
| - 전문건설업체 | - | 2,486 | 5,842 | 31,823 | 50,093 | 53,627 | 59,273 | 73,245 |
| 건설수주액(조원) | | | | 60.8 | 157.9 | 160.5 | 166.0 | 211.9 |
| 평균수주액(억원) | | | | 76.2 | 140.8 | 133.0 | 127.4 | 148.6 |

자료 : 국토교통부, 대한건설협회. *평균수주액은 종합건설업체에 대한 금액임. 전문은 설비, 시설물 포함.

또한 경영지표면에서는 건설매출액증가율은 2013년을 제외하고는 약5% 정도를 유지하고 있으나, 영업이익률은 2% 내외로서 정체 또는 감소하였으며 안정성을 나타내는 부채비율은 평균 146%를 유지하고 있다. 매출액대비 매출원가나 수지비율은 점차 높아지고 있어 기업의 비용부담이 늘어가고 있음을 알 수 있다. 아울러 2010년 부도업체수는 323개를 정점으로 2016년 현재 59개로서 점차 안정성을 유지하고 있다.

표 1-13. 건설업의 주요 경영지표

(단위 : %, 연말기준)

| 경영지표 | | 2015 | 2016 | 2017 | 2018 | 2019 | 2020 |
|---|---|---|---|---|---|---|---|
| 성장성 | 매출액증가율 | 3.6 | 7.5 | 4.2 | -0.5 | -1.1 | -0.8 |
| | 건설매출액증가율 | 4.9 | 7.9 | 9.3 | 2.1 | -0.6 | -1.3 |
| 수익성 | 매출액영업이익률 | 0.6 | 4.3 | 5.9 | 5.7 | 5.0 | 4.6 |
| | 매출액순이익률 | 1.2 | 1.9 | 5.5 | 4.0 | 3.4 | 3.0 |
| 안정성 | 부채비율 | 148.7 | 131.5 | 116.5 | 109.3 | 111.2 | 107.3 |
| | 자기자본비율 | 40.2 | 43.2 | 46.2 | 47.7 | 47.4 | 48.2 |

자료 : 대한건설협회, 주요건설통계(2022. 2. 기준).

## 2. 해외건설업

1965년 현대건설이 태국의 고속도로 건설공사를 수주하면서 우리 건설업계가 해외에 처음으로 진출한 이래 우리나라의 해외건설은 양적·질적인 면에서 비약적으로 성장했다. 중동 산유국을 중심으로 아시아, 아프리카 및 중남미 지역 등 세계를 무대로 플랜트·도로·항만·주택 등 다양한 건설시장에 참여하여 왔었다.

그러나 자국 업체 간의 과당경쟁으로 인해 무모한 덤핑입찰이 감행되어 적자가 급증, 자본시장이 급격히 악화되었고 산유국들의 개발프로젝트의 축소로 인해 발주물량의 감소를 가져왔으며, 아울러 공사대금 지급악화와 중국 등 저임금을 바탕으로 한 시장침투는 기업경영을 더욱 어렵게 하였다.

이제 해외건설은 2002년 한 해 동안 61억불의 수주고를 달성하였다. 이는 전년대비 41%가 증가한 실적으로 1998년 외환위기 이후 전반적인 하락세를 보였던 해외건설이 재도약 할 수 있는 발판을 마련하게 되었다. 그러던 것이 2012년도의 648.8억불로 2000년의 54억불 대비 1,100%가 증가하는 괄목할 만한 성장세를 보이고 있다. 그 후 2016년을 기점으로 점차 수주 금액이 감소하거나 정체성을 띠고 있어 해외 공사의 수주 다변화를 통한 새로운 활로 모색이 필요한 시점에 왔음을 알 수 있다.

표 1-14. 해외건설 연도별 수주실적

(단위 : 억 달러)

| 구 분 | 총합계* | 2015 | 2016 | 2017 | 2018 | 2019 | 2020 | 2021 |
|---|---|---|---|---|---|---|---|---|
| 수주금액 | 7,665.5 | 461.4 | 660.1 | 290.1 | 321.2 | 223.2 | 351.3 | 306.2 |
| 수주건수 | 12,042 | 697 | 708 | 624 | 662 | 667 | 564 | 503 |
| 진출국가 | 152 | 108 | 99 | 105 | 85 | 105 | 112 | 94 |
| 진출업체** | 1,108 | 257 | 261 | 271 | 211 | 266 | 144 | 230 |

자료 : 해외건설협회, *총합계는 1966.부터 2017.6. 현재까지 누계임,**하도급업체 제외

지역별로는 90년대 들어 중반까지 우리기업의 주력시장으로 발돋움하였던 아시아지역은 그간 외환위기 여파로 지속적인 침체현상을 보인 반면, 중동 건설시장은 최근 들어 각 국의 산업정책이 석유, 가스 등 원자재수출 중심에서 가공수출로 전환하고 있어 대형 플랜트 프로젝트 발주가 지속되고 있다.

공종별로는 토목·건축부문의 수주가 중국 등 후발국과 비교하여 가격경쟁력을 상실하여 부진한 반면, 플랜트건설 부문은 지속적으로 증가하고 있다. 이와 함께 설계·구매·시공을 일괄 계약하여 추진하는 사업방식인 EPC(Engineering, Procurement, Construction)턴키 프로젝트 수주 비중도 증가하고 있다. 용역부문의 경우 계약건수는 증가추세이나 금액은 연간 5~6억 달러 수준에서 머무르고 있는 추세이다.

그러나 해외건설업도 문제가 없는 것은 아니다. [표 1-13]에서 보는 바와 같이 유가하락 등의 영향으로 수주금액이 2015년을 기점으로 대폭적인 하락세를 나타내고 있어 해외 건설분야에 대한 우려가 점증하고 있는 실정이다. 해외수주가 플랜트(41%)에 집중되어 있고, 중동 및 아시아 지역중심으로 편중되어 시장점유율 확대에 한계가 있고, 무리한 시장 확장으로 수주에 있어 저가 출혈 경쟁으로 인해 수익성이 악화되고 있다.

현장의 리스크관리에 허점이 있을 경우 곧 바로 손실로 연결되는 위험성이 내재되어 있다. 따라서 각 기업은 저가 출혈경쟁을 자제하고 엄밀한 공사원가 분석과 공정에 따른 중간 관리를 보다 철저히 해야 할 것이다.

또한, 우리기업이 기본설계능력이 아직 부족하고, Project Management나 시운전 능력, 그리고 천연가스액화처리 등 일부 고급기술분야는 앞으로 개발해야 할 과제로 남아있다.

## 3. 건설기술용역업

광의의 건설용역업은 전술한 바와 같이 "다른 사람의 위탁을 받아 건설기술에 관한 역무를 수행하는 것"을 말하며, 「엔지니어링산업진흥법」에 의한 엔지니어링사업체, 「건축사법」에 의한 건축설계와 「건설기술진흥법」에 의한 건설사업관리 및 설계 등으로 구분한다. 여기서는 「건설기술진흥법」에 의한 건설사업관리와 설계 및 품질검사업무를 담당하는 협의의 건설기술용역업으로 한정한다.

종전에는 「건설기술관리법」에 의해 감리전문업체에서 감리업무를 수행하여 왔으나 2014.5.23. 「건설기술진흥법」(법률 제11794호)으로 전면 개정됨에 따라 공공공사에서의 감리제도가 폐지되고 건설사업관리(CM)로 통합되었다. 건설공사의 시공 단계에 국한되었던 감리제도를 건설공사의 기획 단계부터 유지·관리에 이르기까지 포괄적·탄력적으로 적용될 수 있는 건설사업관리로 변경되었다.

감리(supervision)란 건설공사의 시행과정에서 공사감리자로 지정된 자가 자신의 책임 하에 관계 법령(건설기술관리법, 건축법, 주택법 등)이 정하는 바에 의하여 건설구조물이 설계도서의 내용대로 시공되는지 여부를 확인하고, 품질관리·공사관리 및 안전관리 등에 대하여 지도와 감독하는 행위를 말한다. 이러한 감리제도를 도입한 목적은 감리전문회사가 발주청의 감독권한을 대행하여 품질·안전 및 공사관리 등에 대한 기술지도와 확인·점검으로 시공품질을 확보하는데 있다.

그러나 국내 SOC 투자 축소 및 건설경기 침체로, 국내 엔지니어링 업체의 해외진출이 요구되나, 국내 제도는 설계·감리 등 업역 간의 칸막이로 인해 경쟁력 확보가 곤란한 제도적인 문제가 있었다. 따라서 설계·감리 등 업역을 통합하여 경쟁력을 확보하고 해외 진출을 활성화하기 위해 「건설기술관리법」 전부 개정을 추진하여 건설기술용역업의 통합 및 관리체계를 단일화하고, 설계·감리 등을 "건설기술용역업"으로 통합하게 되었다.

건설사업관리(Construction Management : CM)란 건설공사에 관한 기획, 타당성조사, 분석, 설계, 조달, 계약, 시공관리, 감리, 평가, 사후관리 등에 관한 관리 업무를 수행하는 것을 의미한다(건산법2조8호).

이러한 CM제도는 건설사업의 공사비절감(cost), 품질향상(quality), 공기단축(time)

을 목적으로 발주자가 전문지식과 경험을 지닌 건설사업관리자에게 발주자가 필요로 하는 건설사업관리의 전부 또는 일부를 위탁하여 관리하게 하는 새로운 계약발주방식 또는 전문관리기법이다. 또한 건설사업관리자(Construction Manager: CMr)란 발주자로부터 건설사업관리를 위탁받아 수행하는 자로, 건설사업에 있어서 CM이 원활하게 진행되도록 사업관리를 전담하는 관리자 또는 기술자를 말한다.

발주청이 발주하는 건설기술용역사업을 수행하려는 자는 전문분야별 요건을 갖춰시·도지사에게 등록하여야 하며(건진법26조1항), 전문분야는 (1) 종합업, (2) 설계·사업관리업(① 일반 ② 설계 등 용역 ③ 건설사업관리), 품질검사업(① 일반 ② 토목 ③ 건축 ④ 특수)으로 구분된다.

표 1-15. 건설기술용역업체 현황(2021.11.30.현재)

| 전문분야<br>세부분야 | 계 | 종합 | 설계·사업관리 | | | | 품질검사 | | | | |
| --- | --- | --- | --- | --- | --- | --- | --- | --- | --- | --- | --- |
| | | | 일반 | 설계등 용역 | | 건설사업관리(CM) | 품질 | (일반) | (토목) | (건축) | (특수) |
| | | | | 설계/용역 일반 | 측량/수로 조사 | | | | | | |
| 등록업체 | 3,393 | 1 | 771 | 1,646 | 263 | 350 | 150 | (17) | (47) | (4) | (165) |

표 1-16. 건설엔지니어링업체에 소속(등록)된 건설기술인 현황(2021.11.30.현재)

| 용역참여인력 | 합계 | 특급기술인 | 고급술인 | 중급기술인 | 초급기술인 | 기타 |
| --- | --- | --- | --- | --- | --- | --- |
| 시도등록인원/명<br>(%) | 66,449<br>(100) | 32,800<br>(48) | 11,324<br>(18) | 8,559<br>(14) | 13,030<br>(19) | 736<br>(1) |

자료 : 국토교통부, 한국건설엔지니어링협회.

## 4. 엔지니어링업

엔지니어링업은 산업통상자원부 소관인 「엔지니어링산업진흥법」의 적용을 받고 있다. 엔지니어링기술은 주어진 기술적 과제에 대하여 과학기술을 응용한 전문지식을 통합적으로 활용함으로써 요구되는 기능, 경제성, 안전성 등에 관련된 제반 문제를 해결하는 기술적 행위를 의미한다. 엔지니어링의 주요업무에는 각종 산업 및 사회간접자본시설의 건설에 대한 기획·타당성 조사·설계·분석·구매·조달·시험·감리·시운전·평가·자문·지도·사업관리 등에 대한 연구개발과 생산 활동을 연결시키는 지적 활동 등이 포함된다.

주된 기술부문으로서는 기계·선박·항공우주·금속·전기전자·통신·정보처리·화학·섬유·광업자원·건설·환경·농림·해양수산·산업관리·응용이학 등 15개의 기술부문으로 나누어지며, 이중 건설부문은 도로·공항, 항만·해안, 철도, 교통, 농어업토목, 도시계획, 조경, 구조, 수자원개발, 상하수도, 토질·지질, 측량·지적, 품질시험 등 13개의 전문분야로 구성되어 있다.

표 1-17. 엔지니어링 기술

| 기술부문 | 전문분야 |
| --- | --- |
| 기계부문 | 일반산업기계, 차량, 용접, 금형 |
| 선박부문 | 조선 |
| 항공우주부문 | 항공 |
| 금속부문 | 금속 |
| 전기부문 | 전기설비, 전기전자응용 |
| 정보통신부문 | 정보통신, 정보관리, 철도신호 |
| 화학부문 | 화공 |
| 광업부문 | 자원관리, 공해방지 |
| 건설부문 | 도로·공항, 항만·해안, 철도, 교통, 농어업토목, 도시계획, 조경, 구조, 수자원개발, 상하수도, 토질·지질, 측량·지적, 품질시험 |
| 설비부문 | 설비 |
| 환경부문 | 대기관리, 수질관리, 소음·진동, 폐기물처리, 자연·토양환경 |
| 농림부문 | 농림, 시설원예 |
| 해양·수산부문 | 해양 |
| 산업부문 | 생산관리, 포장·제품디자인, 산업안전, 소방·방제, 가스, 섬유, 나노융합, 체계공학, 프로젝트매니지먼트 |
| 원자력부문 | 원자력·방사선 관리, 비파괴검사 |

참조 : 「엔지니어링산업진흥법 시행령」 제3조 관련

엔지니어링사업자는 설계를 전문으로 하는 전업회사, 설계·감리 또는 측량 등을 같이 수행하는 겸업회사로 분류(2003부터 전담부서는 없어짐)하고 있다. 그 후 2011년부터는 전업회사를 대기업으로, 겸업회사를 중소기업으로, 종전의 전담부서의 성격을 기타로 분류하고 있다.

엔지니어링 사업현황은「기술용역육성법」제정당시인 1973년의 60개 업체의 기술인력 500여명과 연간 수주액 20억원과 비교할 때 괄목할만한 양적 성장을 보여주고 있다. 최근에는 국내 건설업계의 해외플랜트수주가 급증하면서 기술부문별 기계·설비 부문의 수주가 크게 늘었고 국내 물량 감소로 인해 건설부문 엔지니어링업계의 해외진출이 증가하면서 실적을 키운 것으로 분석된다.

표 1-18. 엔지니어링사업자 현황(2021 기준)

| 구 분 | 2013 | 2014 | 2015 | 2016 | 2017 | 2018 | 2019 | 2020 |
|---|---|---|---|---|---|---|---|---|
| 업체수(개사) | 5,314 | 5,161 | 5,559 | 5,910 | 5,481 | 6,013 | 6,529 | 7,126 |
| 대기업 | 185 | 177 | 216 | 217 | 207 | 210 | 209 | 216 |
| 중소기업 | 5,081 | 4,923 | 5,233 | 5,534 | 5,063 | 5,534 | 5,988 | 6,565 |
| 기 타 | 48 | 61 | 111 | 159 | 211 | 269 | 332 | 345 |
| 수주액(억원) | 66,401 | 66,401 | 61,108 | 72,118 | 64,959 | 74,723 | 81,612 | 84,184 |
| 국 내 | 53,885 | 59,016 | 57,084 | 68,544 | 58,896 | 63,733 | 73,816 | 81,231 |
| 국 외 | 12,515 | 12,552 | 4,022 | 3,573 | 6,062 | 10,990 | 7,796 | 2,953 |

자료 : 한국엔지니어링진흥협회, 2021엔지니어링통계편람

엔지니어링산업은 여러 분야의 전문기술지식과 경험을 종합적으로 활용하여 복합시스템을 구축함으로써 인간생활에 필요한 시설물의 창조에 기여하는 산업이다. 따라서 엔지니어링산업의 활동주체인 엔지니어링기업이 발전하기 위해서는 기술과 경험에 근거한 경쟁력의 확보에 가장 큰 관심을 두어야 한다.

한편,「건축사법」은 엔지니어링사업체에 소속된 건축사가 국토교통부령이 정하는 특수건축물 또는 특수구조물의 설계 또는 공사감리를 행하는 경우에는 건축사업무신고를 하지 않고도 이를 수행할 수 있도록 허용하고 있다(건축사법23조8항).

## 5. 건축설계업

「건축법」에 따라 건축허가를 받아야 하거나 건축신고를 하여야 하는 건축물 또는 「주택법」에 따른 리모델링을 하는 건축물의 설계는 건축사가 아니면 할 수 없다(건축사법4조

1항). 건축설계업은 「건축사법」의 적용을 받는다. 건축사의 자격과 그 업무에 관한 사항을 규정하고 있는 「건축사법」은 건축법 규정에 의한 건축물의 설계는 건축사만이 할 수 있도록 규정하고 있어 건축사의 배타적 권한을 인정하고 있다(건축사법4조1항).

건축사가 하는 일은 다음과 같이 크게 세 가지로 구분할 수 있다.

첫째, 건축사는 건축주(고객)의 의뢰를 받아 조형미, 경제성, 안전성, 기능성 등을 고려하여 주택, 사무용 빌딩, 병원, 체육관 등의 건축물을 계획하고 설계하는 일을 한다.

둘째, 국가로부터 전문자격을 인정받은 건축사는 전문지식을 바탕으로 건축계획안 및 설계 도서를 작성한다.

셋째, 설계도서 내용들이 시공과정에 정확히 반영되는지를 확인하는 감리업무를 통해 건축주 및 시공자에게 공정한 조언과 기술 지도를 한다.

건축사가 그 업무를 수행하고자 할 때는 건축사사무소를 개설하여 국토교통부장관에게 신고하여야 하며(건축사법23조1항), 건축사사무소의 명칭에는 '건축사사무소'라는 용어를 사용하도록 규정하고 있다(건축사법23조4항). 따라서 건축사사무소 이외의 건설기업이 건축설계 업무를 하는 것이 현실적으로 제한되고 있다. 예컨대, 엔지니어링업체가 일반건축물의 설계업무를 겸업하기 위해서는 명칭을 건축사사무소로 변경해야 하기 때문에 엔지니어링업과 건축설계업의 통합이 제한받고 있다.

건축설계업의 경우 시장규모에 관한 통계는 집계되지 않고 있다. 건축사 사무소는 개인(단독), 법인(종합), 용역으로 구분되며 개인(단독)건축사 사무소가 전체 건축사사무소 가운데 74.6%의 비중을 차지할 정도로 압도적이다.2)

> ▶ 건축설계업을 경영하기 위한 엔지니어링 업체의 경우 "○○엔지니어링건축사사무소"로 자사의 회사명을 사용하여 자사가 엔지니어링 회사임을 나타내는 동시에, 건축사법에서 규정한 "건축사사무소의 명칭에는 '건축사사무소'라는 명칭을 사용하여야 한다"는 규정을 준수하고 있다.

---

2) 이석재외 3인, "건설업 업역구조 변화에 관한 연구", 한국건설관리학회논문집(제2권 제2호), 2001.6.

## 6. 건설사업관리업(CM)

건설사업관리(Construction Management)란 건설공사에 관하여 계획단계에서부터 사후관리단계까지의 전부 또는 일부과정에 건설사업관리자(Construction Manager : CMr)가 참여하여 체계적이고 과학적인 접근방식으로 관리함으로써 사업비(cost)절감, 사업기간(time)단축, 양질의 풀질(quality)확보 등 사업효과를 최대화 할 수 있는 선진 건설관리기법을 말한다.

최근의 건설 사업은 대형화·복잡화·전문화 추세를 보이고 있고 품질제고·비용절감·공기단축 등의 목표를 달성하기 위해 건설공사의 사업수행단계는 물론, 시설물 생애주기에 걸쳐 효율적이고 전문적인 관리활동이 요구되어 왔다. 이에 따라 정부에서는 1996. 12. 30.「건설산업기본법」개정시 건설사업관리(CM)의 정의와 위탁에 대한 조항을 신설함으로써 건설사업관리제도의 기틀을 마련하였다.

그러나 급속한 건설산업의 환경변화에 대응하고 국내 건설기술분야의 경쟁력 제고를 목적으로 도입된 CM제도는 법 제정 이후 세부규정의 미비 등의 문제로 활성화되고 있지 못하여 오다가, 1999년 3월 공공건설사업 효율화종합대책의 일환으로 공공사업의 CM활성화를 위해 세부시행 기준을「건설기술관리법」에 마련키로 하고 2001. 1.「건설기술관리법」을 개정하였다. 아울러 건설기술관리법 시행령 및 시행규칙을 개정하여 CM업무지침, 대가산정기준, CM사전자격심사기준 및 보험업무요령을 제정하여 시행하게 되었다.

한편, 1999년 9월 대형공사 중「건설산업기본법」에 의한 건설공사를 계약할 수 있는 방식의 하나로 '건설사업관리계약'조항을「국가계약법시행령」(91조의2)에 명문화하였다. CM의 계약형태는 일반적으로 CMr가 발주자를 대신하여 공사를 관리하고 발주자는 대가로 관리비를 지불하는 순수한 의미의 CM계약 형태인 CM for fee방식(용역형태의 계약방식)과, CMr가 자신의 책임 하에 공사를 수행하고 이로 인한 손익을 자신이 직접 부담하는 공사계약 형태인 CM at risk 방식(시공책임형계약방식)이 있다.

전자를 'Agency CM'이라고도 하며, Fee base service로서 프로젝트의 어느 단계에 있어서도 발주자에 대하여 발주자의 이익을 위하여 책임을 지는 것이다. CMr는 발주자의 이익을 위하여 ① 이용 가능한 자금의 최적의 투자, ② 업무범위의 조정, ③ 프로젝트의 Scheduling, ④ 설계회사, 시공회사의 능력을 최대한 활용, ⑤ 지연·변경 및 분쟁의 회피, ⑥ 프로젝트의 설계와 시공의 품질향상, ⑦ 계약·조달에서 Flexibility 증대 등의 업무에 대하여 조언을 한다.

'CM at risk'는 CMr가 프로젝트의 최고한도액(Guaranteed Maximum Price : GMP) 내에서 매니지먼트 하는 것을 약속하는 발주형태의 일종이다. 「건설산업기본법」 제2조 2제9호에서는 이를 "… 미리 정한 공사 금액과 공사기간 내에 시설물을 시공하는 것"이라고 명시하고 있다. CMr는 기획 및 설계단계에서는 발주자(Owner)에 대하여 컨설턴트(Consultant)로서 역할을 수행하고, 시공단계에서는 종합건설업[Genecon]과 같은 역할을 한다. CMr는 발주자의 이익을 위하여 역할을 하는 것 외에 자사를 보호하게 된다.

CM방식은 기본적으로 다음과 같은 2가지의 특성을 가지고 있다.

첫째, 발주자, 설계자, 시공자간의 계약관계이다. 기존의 종합건설업자에 의한 총괄도급방식에는 발주자와 전문건설업자(하도급업자)가 간접적인 계약관계에 있는데 비하여, CM방식은 발주자와 전문건설업자가 직접 계약을 체결한다. 이것을 분리발주라 한다. 발주자로서는 투입비용(cost)의 투명성을 높이고 경제적인 공사가 가능하도록 하는 것이다.

둘째, 단계시공방식(phased construction/fast track)의 채용으로써, 주요한 공사의 설계가 완료된 시점에서 순차적으로 발주와 시공을 한다. 설계시공병행방식이라고도 한다. 기존의 방식은 설계도서가 완성된 것을 가지고 입찰에 부쳐 시공자를 정하고, 그 후 시공에 임하는 형태이다. 예컨대, 지하공사 설계가 완료된 시점에서 그 부분을 입찰·발주하고 시공자를 정하고 공사에 들어간다. 그 후 상부골조부분의 설계가 완료되면 같은 형태의 절차를 거쳐 시공자를 정하여 공사로 옮겨 가는 방식이다. 이것은 프로젝트를 시간적, 경제적 소실(loss)을 최소화 하는데 의미가 있다.

「건설산업기본법」에서는 건설공사에 관한 기획, 타당성 조사, 분석, 설계, 조달, 계약, 시공관리, 감리, 평가 또는 사후관리 등에 관한 관리를 수행하는 것을 "건설사업관리"이라 규정하고 있다(2조8호). 한편, 종합공사를 시공하는 업종을 등록한 건설업자가 건설공사에 대하여 시공 이전 단계에서 건설사업관리 업무를 수행하고 아울러 시공 단계에서 발주자와 시공 및 건설사업관리에 대한 별도의 계약을 통하여 종합적인 계획, 관리 및 조정을 하면서 미리 정한 공사 금액과 공사기간 내에 시설물을 시공하는 것을 "시공책임형 건설사업관리"라 정의하고 있다(2조9호).

종전의 경우 CM은 별도의 업역으로 등록이나 면허를 얻는 것이 아니어서 별도의 업역을 형성하고 있는 것은 아니었기 때문에 감리나 설계 또는 시공분야에서도 전문적인 지식과 경험이 있으면 누구라도 참여할 수 있었다. 그러나 이미 기술한 바와 같이 2014. 5. 23. 「건설기술관리법」이 「건설기술진흥법」으로 전면 개정됨에 따라 공공공사에서의 감리제도가 폐지되고 건설사업관리로 통합되었다. 따라서 건설사업관리를 수행하려는 자는 시·도지사에 등록을 하여야 한다.

현재까지는 건설 및 용역업체 100여개가 CM활동에 직·간접적으로 참여하고 있다. 현재 주로 CM for fee 형태로만 발주하고 있어 대부분 용역업체가 진출하고 있거나 활동을 하고 있는 실정이다. CM관련 통계는 건설기술용역업으로 구분, 분리되기 전의 것으로 [표 1-18]에서 보는바와 같이 건설경기와 괘를 같이 하고 있음을 알 수 있다. 기존의 실적은 용역형 CM이었으나 2014년부터는 시공책임형 CM이 포함된 것으로 2018년에는 드디어 1조원을 상회하고 있다. 그러나 이 실적신고는 강제성이 없기 때문에 실제 금액은 이것 보다 더 많을 것으로 평가된다.

표 1-19. CM실적 추이

| 구 분 | '05이전 | 2011 | 2012 | 2013 | 2014 | 2015 | 2016 | 2017 | 2018 |
|---|---|---|---|---|---|---|---|---|---|
| 건 수(건) | 376 | 368 | 488 | 529 | 470 | 522 | 429 | 586 | 685 |
| 증감률(%) | (-) | (11) | (32) | (9) | (-12) | (9.0) | (-17) | (36) | (17) |
| 금액(억원) | 3,345 | 3,156 | 4,886 | 3,236 | 5,984 | 6,970 | 5,377 | 7,075 | 10,124 |
| 증감률(%) | (-) | (20) | (20) | (34) | (85) | (16) | (-22) | (31) | (40) |

자료 : 국토교통부, 한국CM협회(2014년부터 시공책임형CM 포함)

앞으로 정부 규제가 대폭 완화되고 CM제도 도입 시 건설사업 추진과정의 투명성이 확보되고, 전문가에 의한 사업추진으로 효율성이 향상됨과 아울러 발주자의 의식이 확산되면 민간부문으로 더욱 확대될 것으로 전망된다.

# 07 건설산업의 문제점

## 1. 업역구조에 의한 진입규제

건설산업기본법상 건설업은 종합과 전문으로 구분되고, 업종별로 과도한 등록요건은 사실상 진입장벽으로 작용하고 있다. 생산방식이 발주기관의 선택이 아니라, 법령에 의한 업역 제한에 따라 결정되어 유연한 협업체계의 구성이 곤란한 문제가 있다. 이와 함께 건축설계업과 시공업간의 겸업이 금지되어 시공과정에서 개발기술을 설계에 반영하기가 곤란한 점을 들 수 있다.

또한 종합건설업과 전문건설업간 겸업범위 제한, 건축사 사무소 개설제한 등 지나친 업역 보호 정책으로 생산체계의 유연성이 부족 하는 등 경직적인 운용에 따른 문제점이 있다. 또한 IMF 이후 건설업 면허제에서 등록제로 변경됨에 따라 건설업체의 진입규제 완화로 건설업체가 급격히 증가하고, 아울러 무자격 부실업체의 난립으로 투명하고 공정한 경쟁질서의 정착이 미흡한 문제점도 있다.

## 2. 발주방식과 입찰·낙찰제도상의 문제점

공공공사는 공사규모에 따라 획일적인 발주방식을 적용하여 공사특성에 맞는 다양한 발주방식의 적용이 곤란하며, 입찰과 낙찰방식의 변별력 부족 및 과도한 가격경쟁으로 부실업체가 양산되고 건실한 건설업체의 기반이 붕괴되는 문제가 있다.

특히 설계시공일괄입찰 및 대안입찰의 경우 심사의 전문성·공정성 부족으로 부정비리가 확산되고 있어 건설산업에 대한 일반국민들로부터의 신뢰를 잃고 있다. 이는 심사방식의 형식화 및 투명성 부족으로 담합·뇌물수수 등의 부조리가 상존하고, 심사위원에 대한 과도한 로비로 사회적 비용이 과다한 문제점이 지적되고 있다. 물론 이러한 문제점을 인식한 정부에서는 입찰비리에 따른 벌칙강화 등의 후속조치가 병행되고 있다.

## 3. 투명성 부족으로 인한 건설부조리 상존

수주 및 복합생산 등 건설업 특성상 원·하도급간의 유기적 협력관계가 중요함에도 불구하고 상호신뢰와 협력을 통한 상생노력이 부족하다는 지적을 받는다. 원·하도급자간의 부당한 수직적 관계로 인한 이면계약, 대금지급 지연, 공사비 전가 등 불공정한 거래행위가 만연되어 있어 불공정한 하도급거래 및 투명성 부족 등으로 부조리가 상존하고 있다. 특히 어음할인료, 지연이자, 대금지연 및 선급금 미지급 등의 비용 상의 문제가 90% 이상을 차지하고 있는 실정이다.[3]

## 4. 설계 엔지니어링 기술역량 취약

위와 같은 외적 성장에도 불구하고 기술경쟁력 부족, 후진적 수주관행, 부조리 등으로 낙후산업으로 전락될 위기에 직면하고 있다. 특히 국제경쟁력에 있어서 건설기술수준은 선진국의 67%에 불과하며, 경쟁력의 핵심인 엔지니어링능력과 건설사업관리(CM) 역량이 특히 취약하다. 한국건설기술연구원에 따르면, 2016년 기준 국내 건설업의 시공 경쟁력은 세계 1위인 중국의 69%로 비교 대상 20개국 중 4위였지만, 설계 경쟁력은 1위 국가인 미국의 39%에 불과한 것으로 나타났다.

표 1-20. 건설경쟁력, 세계 1위 국가 대비 한국 건설사 점수

(2016년 기준)

| 구 분 | 1위 국가* | 한국 기업 점수 |
|---|---|---|
| 시공 경쟁력 | 중 국 | 6.9 |
| 가격 경쟁력 | 인 도 | 7.4 |
| 설계 경쟁력 | 미 국 | 3.9 |

* 1위 국가를 10점 만점으로 볼 때 국내 기업의 경쟁력을 수치화
자료 : 한국건설기술연구원

설계엔지니어링 산업은 국가의 건설의 지적 분야를 담당하고 있는 매우 중요한 분야임에도 불구하고, 용역업자의 선정에 있어 적격심사제도 등의 변별력 부족으로 기술경

---

[3] 국가경쟁력강화위원회, '건설산업 선진화 방안', 2009. 3, 6면 참조.

쟁 촉진보다 요행에 의한 낙찰방식인 소위 운찰제(運札制)방식으로 운용되고 있다는 비판이 있으며, 공공공사의 설계지침 및 요율산정방식 등이 글로벌기준과 맞지 않는 문제가 지적되고 있다.

## 5. 생산성의 취약

국제 경쟁력에 있어서는 지난 2000년 기준으로 한국의 전체 산업 노동생산성(취업자 1인당 부가가치 생산액)은 미국을 100으로 했을 때 34.8에 불과한 것으로 조사되어, 건설산업뿐만 아니라 우리나라의 전 산업 분야에서 선진국에 비해 매우 낮은 것으로 나타나고 있어 경쟁력의 향상이 시급한 과제로 남아 있다.[4] 한국생산성본부의 자료에 의하면 주요 OECD 국가의 시간당 노동생산성은 우리나라가 매우 낮다는 것을 알 수 있다.

표 1-21. 주요 OECD 국가의 2013년 시간당 노동생산성 비교

(2013년 기준, ppp적용, USD)

| 구 분 | 전 산업 | 건설업 |
|---|---|---|
| 한 국 | 29.9 | 18.2 |
| 미 국 | 56.9 | - |
| 독 일 | 50.9 | 25.5 |
| 프랑스 | 50.9 | 27.8 |
| 영 국 | 44.5 | 30.5 |
| 일 본 | 36.3 | - |

자료: 2015노동생산성 국제비교, KPC 한국생산성본부, 2015.

건설업체의 수는 IMF 이후 폭발적인 증가로 인해 업체당 평균수주액이 제자리걸음을 걷는 등 개별 건설회사로 보아서는 낙관적으로 생각할 수 없는 입장이 되었다.

국가적이 차원에서는 우리 건설산업도 국가경제의 중추 산업으로 재도약하기 위해서는 건설산업 전반에 걸친 대대적인 혁신이 필요한 때이고, 개별 업체별로서는 이러한 시대적인 변화에 생존하기 위해서는 구태의 건설경영체제를 하루속히 벗어나, 새로운 질서에 앞서가는 자세가 요구된다.

---

[4] KDI, 한국의 산업경쟁력 종합연구, 2005.

# 제2장
# 건설업의 환경변화와 대응전략

1. 건설환경변화와 업계의 영향 / 57
2. 건설산업의 선진화 전략과 추진방향 / 60
3. 정부의 건설산업진흥기본계획의 이해 / 64
4. 건설기술진흥기본계획 / 71
5. 우리나라의 건설관련 계약제도 / 74
6. 외국의 건설관련 계약제도 / 77

# 01 건설환경변화와 업계의 영향

## 1. 환경변화의 기대와 도전

건설 환경은 지속적인 생성과 변화를 거듭하고 있다. 어려운 상황에서도 시대적인 변혁은 이를 통해 새로운 수요를 창출하고 있다. 사회적인 환경의 변화와 정책의 변화는 건설 환경의 변화와 맞물려 새로운 건설수요를 창출하게 되는데, 예상되는 건설산업의 새로운 수요를 살펴보면 아래의 그림과 같다.

한편, 건설 환경의 변화는 새로운 수요를 창출하는 대신 반대로 이에 따른 장애요인으로도 작용하게 된다. 고도경제성장을 거쳐 공업화 사회를 달성한 우리나라는 사회자본이나 주택 등에 있어서도 일정의 수준에 도달하여, 이후로는 유지보수(maintenance)는 증가하고 투자는 점차 감소할 수밖에 없는 상황 하에 있다. 특히, 종래 지방경제 부양책으로서 역할 하는 공공투자가 감소하는 경향에 있어 지방건설업자나 하도급을 주로 하는 전문건설업자들의 매출액의 급속한 감소가 큰 걱정이다.

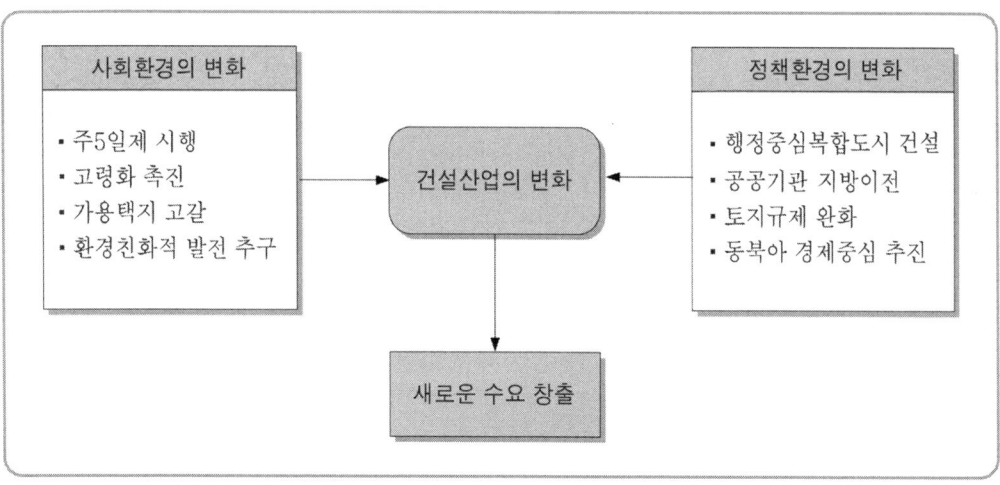

그림 2-1. 환경변화와 새로운 수요

표 2-1. 건설관련 예상수요의 구체적 내용

| 구 분 | 변화방향 | 예상수요 |
|---|---|---|
| 사회 환경의 변화 | • 주5일제 시행 | • 여가공간 및 레저산업 |
| | • 고령화 촉진 | • 실버산업 관련 건설수요 |
| | • 환경 친화적인 발전추구 | • 하천 및 생태계 복원<br>• 대체에너지 개발<br>• 소각로 등 도시폐기물 처리 |
| | • 가용토지의 고갈<br>→ 도심재생 필요성 대두 | • 도심재개발, 재건축<br>• 노후불량주택 정비사업<br>• 초고층 빌딩<br>• 도심주거기능 확대 |
| | • 지식사회로 전환 | • 기술혁신 테크노파크 개발 |
| 정부정책의 변화 | • 행정중심 복합도시 건설 | • 이전적지 개발 |
| | • 공공기관 지방이전 | • 미래형 혁신 신도시 조성 |
| | • 토지규제 완화 | • 민간 도시개발 활성화<br>• 기업도시 개발 |
| | • 대체에너지 확보 | • 댐건설 |

자료 : 대한건설협회, 2005년 건설·부동산 경기전망, 2004. 12.

더욱이 공급과잉이라 하는 수급불균형 하에서는 시장가격의 하락은 피할 수 없으며, 또한 공공공사에서는 공사단가의 인하가 지속되고 있기 때문에 공공 및 민간시장에 있어서 공사의 이윤폭이 축소되고 있다.

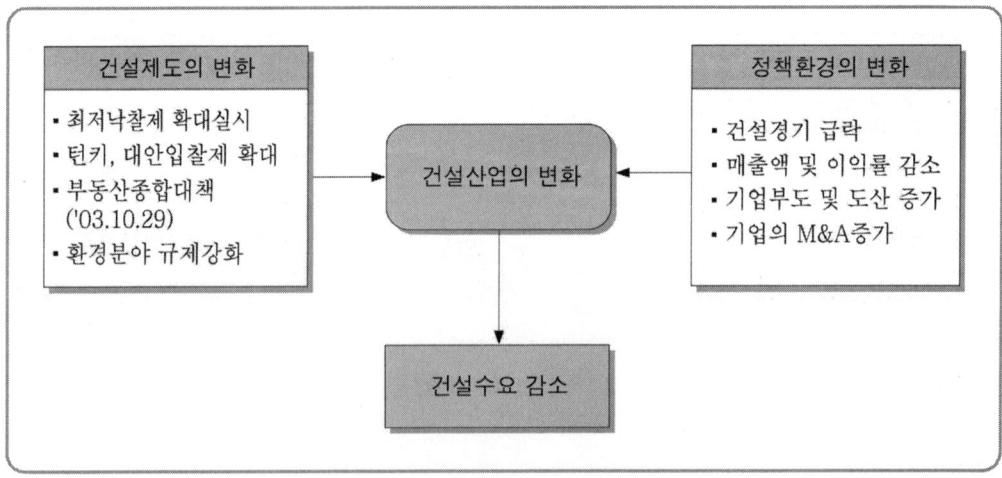

그림 2-2. 환경변화와 새로운 도전

## 2. 업계는 어떤 준비가 필요한가?

앞에서 살펴본 대부분의 과제는 정부의 정책적인 차원에서의 접근이다. 21세기를 향하여 건설업이 활력있는 도전적 산업으로서 활동을 지속하기 위해서는, 각자 기업이 체질에 맞는 경영전략을 세워 지속적인 자기개혁을 게을리 하지 말아야 한다.

### (1) 대형건설 업체

종합건설(general construction)인 대형건설업체는 종합적인 건설관리만 맡고 부분별 공사는 하도급업자에게 넘겨주어 공사를 진행하는 선진국형 건설형태를 수행하게 될 것이다. 현장공정의 표준화·합리화를 추진하고 현장에서 총괄관리를 통해 협력업체의 능력향상을 지원하며, 새로운 분야로 기업 활동을 확대하는 광건설(廣建設)추진을 목표로 해야 한다. 아울러 기획, 설계, 시공, 유지관리 등을 병행하는 EC화를 추진하고, 경영조직을 효율화와 아울러 건설업계의 리더로서 연구개발과 국제화를 지향해야 한다.

### (2) 전문건설 업체

건설생산의 직접시공을 담당하는 업체들로서 시공의 기계화와 시공시스템의 개선 등으로 건설생산시스템의 합리화를 추진하지 않으면 안 된다. 원도급업체와의 협업관계에 있는 만큼 시공관리 및 시공을 스스로 책임지고 수행하는 책임시공체제의 확립과 노동생산성을 높일 수 있도록 경영체질을 확립해야 한다.

### (3) 엔지니어링 업체

산업의 복잡화·다양화·첨단화됨에 따라 타산업과의 연계성이 증대되고 연구개발의 결과를 생산 활동으로 연계, 확대되고 있다. 엔지니어링업의 요체는 뛰어난 기술력이다. 따라서 우수인력의 확보는 물론 기본설계 및 엔지니어링기술, 기획·타당성 조사능력 그리고 프로젝트별 핵심시공기술 R&D능력 등 경쟁력을 높이는 경영으로 나가야 한다.

# 02 건설산업의 선진화 전략과 추진방향

## 1. 선진화 전략

1990년대 중반이후 미국, 영국 등 선진국들은 건설산업을 21세기 성장산업으로 설정, 혁신운동을 전개 중에 있고, 우리 건설산업도 국가경제 중추 산업으로 재도약하기 위해서 건설산업 전반에 걸친 대대적인 혁신이 필요하게 되었다. 그리하여 건설교통부(현, 국토교통부)에서는 2004년 4월에 민·관 합동으로 「건설산업 선진화 기획단」을 구성 건설산업의 미래 비전·목표를 제시하고, 이를 달성하기 위한 세부 추진전략을 수립하게 된 것으로, 다음은 동 기획단의 '최종보고서'의 주요 내용을 요약한 것이다.

### (1) 건설산업의 미래상

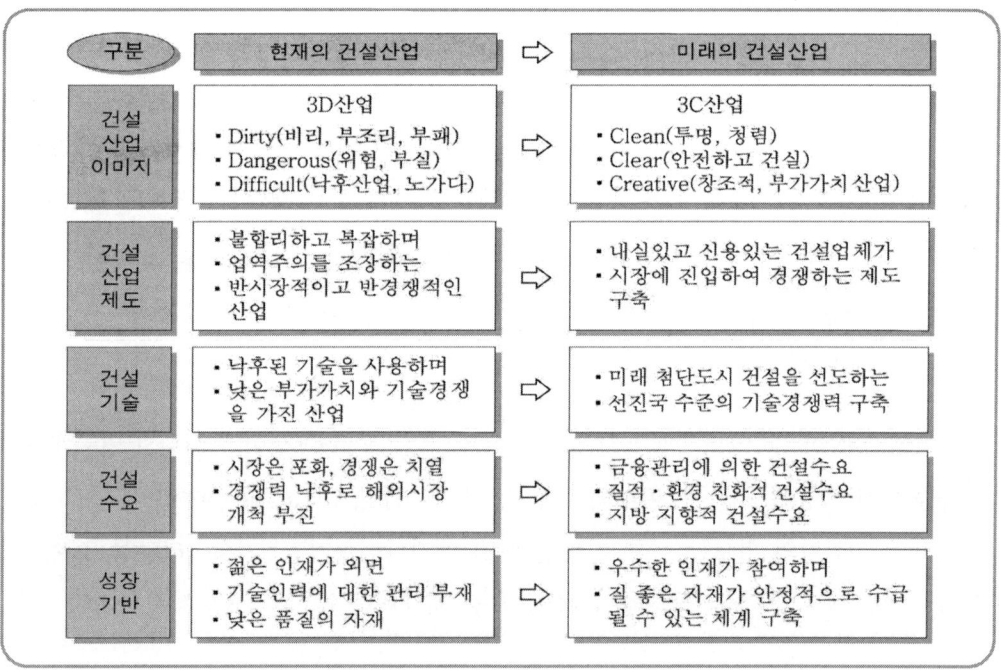

그림 2-3. 건설산업의 미래상

## (2) 건설산업의 비전과 추진 과제

이와 함께 미래 건설산업의 목표를 건설산업의 비중, 건설기술수준 및 점유율의 3가지 측면에서 설정하고, 그 실행을 위해 세부추진계획을 수립하였다.

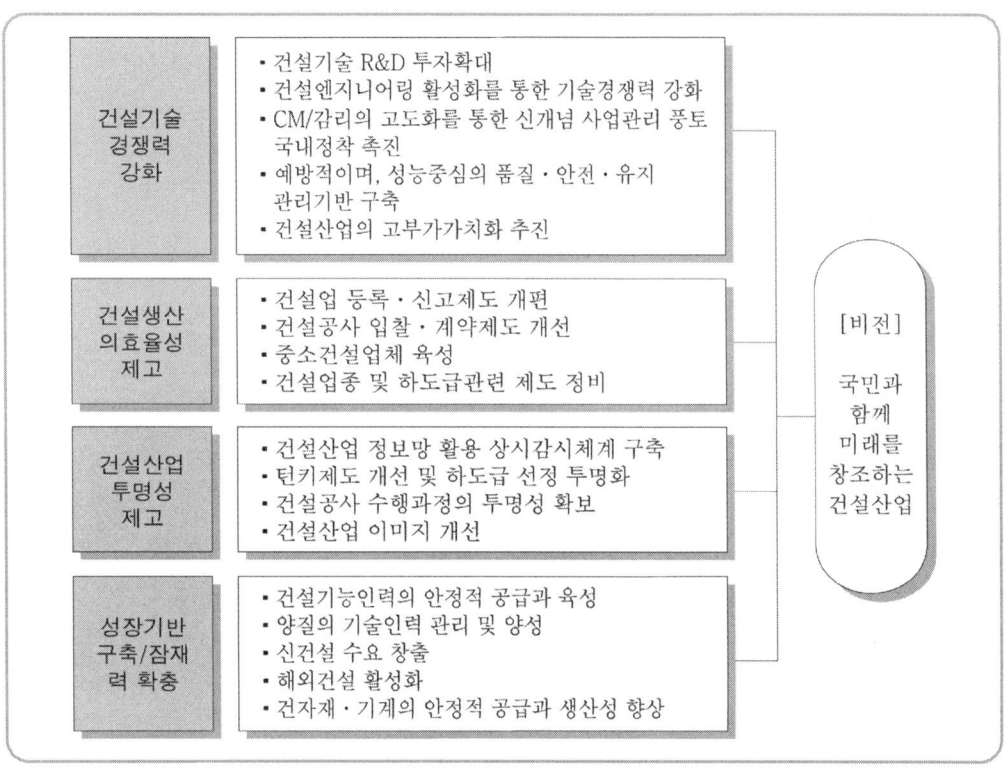

그림 2-4. 건설산업의 비전과 추진 과제

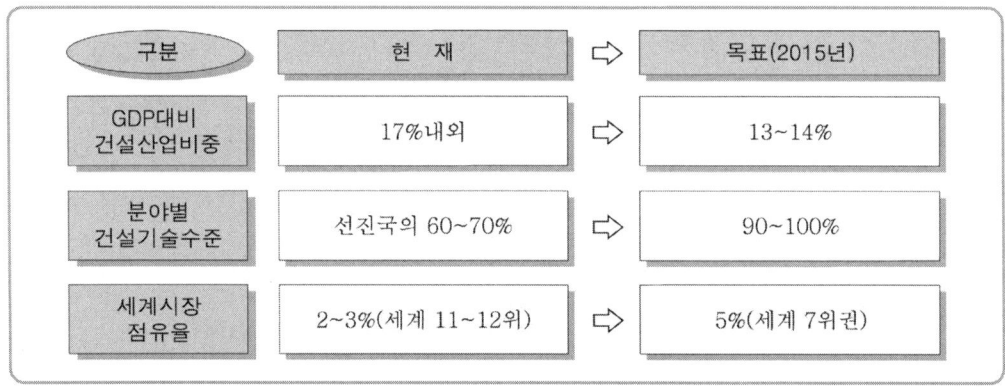

그림 2-5. 미래 건설산업의 목표

### (3) 추진 과제별 세부 조치사항

우리나라 건설산업은 그동안 SOC구축과 주택건설 등으로 경제성장과 국민의 주거안정에 기여했으나, 이러한 외적 성장에도 불구하고 기술경쟁력 부족, 후진적 수주관행, 부조리 등으로 인해 낙후산업으로 전략될 위기에 직면해있다. 이를 타개하기 위해서 이와 같은 건설선진화 전략을 수립·추진하게 되었다. 위에서 언급한 건설산업 선진화 전략 수립의 배경 및 과제를 기본으로 추진과제별 세부 조치사항을 수립했다.

## 2. 선진화 방안

문제점을 뒤집어 생각하면 대안이 될 수 있다. 우선 자유로운 기업 활동 보장과 공정한 경쟁 등 시장기능에 의하여 유연한 협업체계가 가능하도록 건설업종간의 진입장벽(barrier)을 완화해야 할 것이다. 그리하여 궁극적으로는 발주기관이 자율적으로 업체를 선택할 수 있도록 제도를 개선하여야 할 것이다. 건설 규제를 완화하여 건설업의 생산성을 제고하는 것이 필요하다. 이와 함께 사회적 물의를 일으키고 있는 업계를 바로잡기 위해 무자격, 부실업체에 대한 과감한 퇴출이 될 수 있도록 요건을 강화하여 국민들로 부터의 신뢰를 쌓을 수 있도록 해야 할 것이다.

### (1) 발주제도 개선으로 공공사업의 효율성 향상

다음으로 발주제도를 개선하여 공공사업의 효율성을 높일 수 있도록 하는 것이다. 자율과 책임에 의해 공공발주기관의 선택권을 확대하고 입찰 및 낙찰제도의 변별력을 강화하여 최적의 공사비와 공기 및 품질 등 효율성을 제고하여야 한다. 이와 함께 발주기관의 재량권을 확대하고 발주 역량 및 책임강화를 위해서 성과관리와 사업관리체계의 제고가 요구된다.

따라서 공사비 절감 및 공기단축을 위해서는 발주방식을 보다 다양화하여야 할 것이다. 설계·시공 분리발주의 획일적인 적용은 발주자의 선택권을 침해한다는 비판이 있어, 건설환경변화에 걸맞게 설계·시공 일괄발주, 대안공사의 발주 등의 다양한 발주방식으로 보다 탄력성 있는 적용이 필요하다.

### (2) 설계 · 엔지니어링의 글로벌 경쟁력 강화

기술경쟁력 제고를 위해 공공공사 설계의 입찰 · 낙찰방식 및 설계도서 · 대가기준의 글로벌 스탠드화(globalization)를 추진해야 한다. 아울러 정보와 자금지원 등을 통해 해외시장 진출의 기반을 강화해야 한다.

설계 · 엔지니어링 용역시 입찰자격심사제도(PQ) 및 적격심사 방식의 변별력 부족으로 기술경쟁의 촉진에 한계가 있다. 현장 상황을 파악하기 어려운 설계자가 시공상세도면 수준의 도면을 작성하여 시공단계에서 현장과 일치하지 않는 문제가 발생되고 있는 점 등을 고려, 설계기준이나 대가기준 등을 글로벌스탠드에 맞도록 이를 재정립할 필요가 있다. 아울러 기술변화 및 전문화 추세에 따른 설계업무 대가기준의 세분화가 미흡하고, 부실설계에 대한 처벌미비 등 관리 · 감독이 취약한 점을 고려 건설 엔지니어링의 관리 및 지원체계를 강화하여야 할 것이다.

### (3) 공정한 거래질서 확립 및 투명성 제고

건실한 중소기업의 경쟁력 강화 및 대 · 중소 기업 간의 상생협력에 장애가 되는 불공정거래 관행 및 제도를 개선하여야 한다. 원도급 · 하도급의 부당한 수직적 관계로 인한 공정한 경쟁 환경을 조성하여야 한다.

하도급 대금의 부당 또는 지연지급은 자재, 기계 대여업체 대금 및 근로자 임금체불로 이어져 연쇄적으로 기업과 개인의 파산을 초래하게 된다. 따라서 하도급상의 불공정한 거래관행을 해소하는 방안이 요구된다. 이와 아울러 과도한 처벌법규의 실효성을 제고하여 건설산업에 만연된 부정 · 부패의 이미지를 개선하는 것이 급선무이다. 건설산업에 만연된 비자금 조성 · 뇌물수수 · 입찰담합 등의 부정적이고 부패한 산업으로서 이미지를 개선하여 '클린산업(Clean Industry)'으로 변모하여야 할 것이다.

## 03 정부의 건설산업진흥기본계획의 이해[5]

### 1. 수립배경

건설산업의 환경이 변화함에 따라 이를 반영한 새로운 비전과 전략을 수립, 향후 5년간(2018년~2022년간)의 건설정책 청사진을 제시하고자 하는 것으로, 이는 「건설산업기본법」 제6조 및 같은 법 시행령 제2조에 근거하여 마련된 제도이다.

기본계획의 주요 범위로서는 ① 건설산업 진흥시책의 기본방향 ② 건설기술의 개발·건설기술인력 육성 대책(건설기술진흥 기본계획에 따름) ③ 건설산업의 국제화와 해외진출 지원을 위한 시책 ④ 중소건설업 및 중소건설용역업의 육성 대책 ⑤ 건설공사의 생산성 향상 대책 ⑥ 건설자재의 품질향상 및 규격 표준화 대책 등이 해당된다.

### 2. 주요내용

수립된 「제5차 건설산업진흥기본계획」(2018~2022)의 주요 내용은 다음과 같다. 공정경제에 기초한 건설산업 혁신 성장의 기틀을 마련하는데 비전을 두고, 이러한 과업을 달성하기 위해서 3대 목표와 중점과제를 제시하고 있다.

첫째, 산업구조의 경쟁력 강화이다. 이는 생산구조 규제 혁신, 건설기업 혁신 성장 지원, 부실·불법업체 퇴출에 중점과제를 두고 있다.

둘째, 공정한 동반성장 기반을 마련하는데 있다. 이를 위한 중점과제로서는 건설산업 일자리 개선, 공정한 원·하도급 관계 조성 및 산업 전반의 갑질관행 근절을 두고 있다.

셋째, 중장기 성장동력 확보이다. 이의 실행을 위한 중점과제로서는 해외시장 진출 역량 확보와 스마트 기술개발활용 촉진과 건설산업 안전확보 및 신시장 진출 등이 있다.

---

5) 국토교통부의 제5차(2018년~2022년) 「건설산업진흥기본계획」을 인용 정리하였다.

## 3. 건설산업의 현황과 문제점

### (1) 산업구조와 선별 시스템

1999년 건설업이 면허제에서 등록제로 전환됨에 따라 아래의 그림과 같이 건설업체 수가 급증한 이후 수주규모는 2007년을 정점으로 하락하고 있어 수급 불균형 상태가 지속되고 있다.

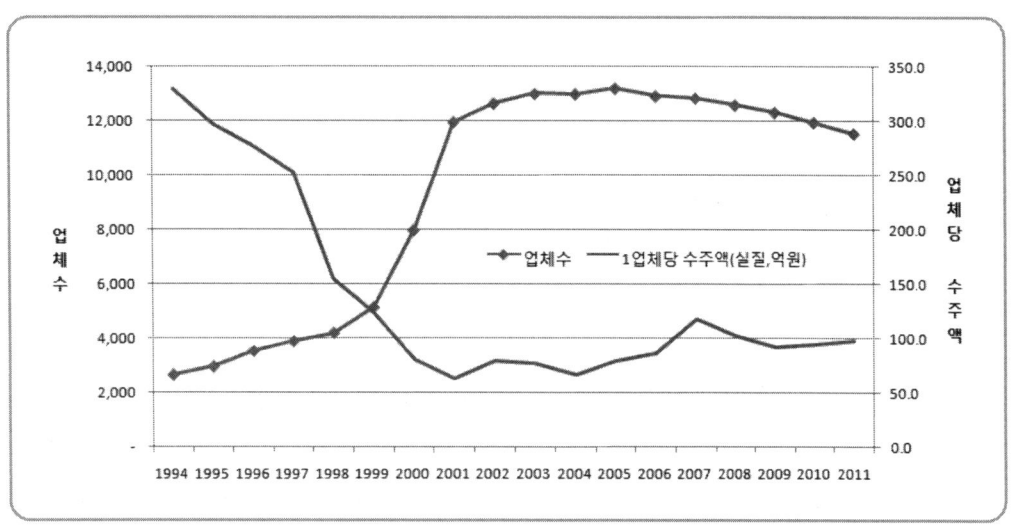

그림 2-6. 종합업체 수, 평균수주액

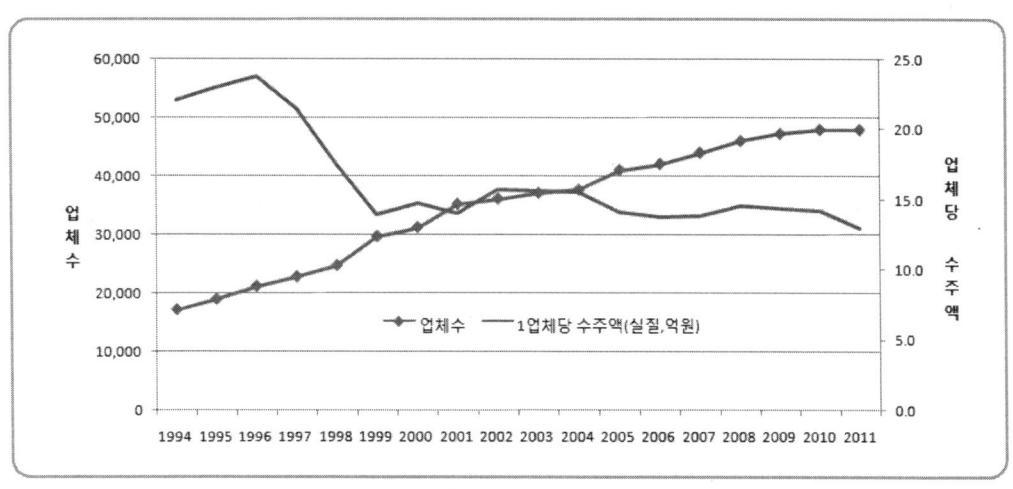

그림 2-7. 전문업체 수, 평균수주액

또한 대기업과 중·소 건설업체간의 수주 격차는 점차 심화되는 양상을 나타내고 있는데, 상위 30개 업체가 차지하는 수주액이 전체 수주액의 44%를 차지하는 반면, 하위 9천~1만여 개 업체의 수주액 비율은 15%에 불과하다.

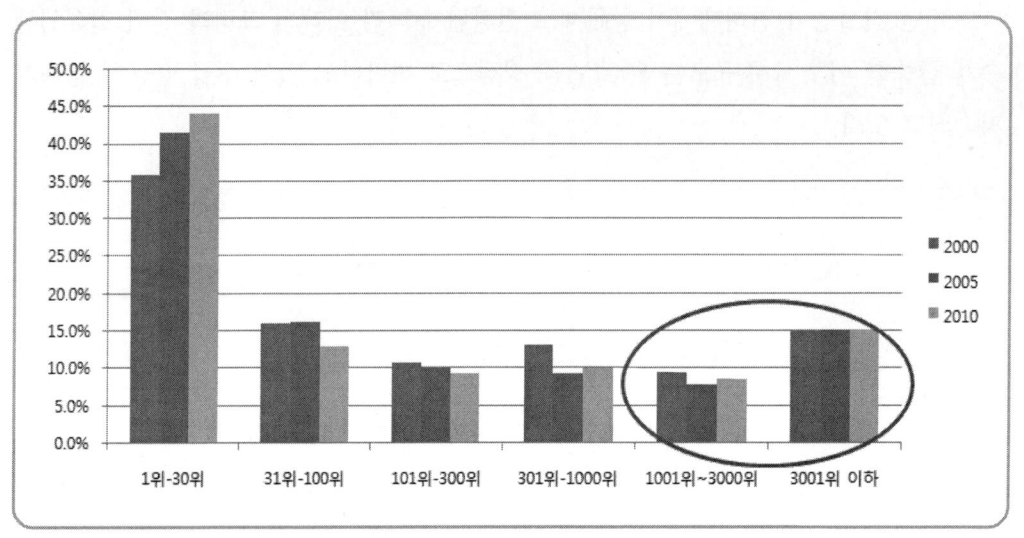

그림 2-8. 건설업체 순위 등급별 수주액 비율

하위 그룹에 속한 건설사 중 상당수는 등록기준에 미달되는 부실업체 또는 불법하도급 등 불법 업체로 추정되고 있는데, 무실적 업체의 비중은 2008년은 18.6%, 2009년은 17.6%, 2010년은 16.4% 및 2011년은 16.6%로 나타났다. 따라서 부적격 업체 난립은 우수업체의 수주기회를 박탈하여 동반부실을 초래하고, 불법하도급 등으로 부실공사, 대금체불 등 부작용 유발하게 되었다. 그러나, 현재의 건설산업 시스템을 통해서는 공사 특성별 적합한 시공능력을 갖춘 업체를 효과적으로 선별하기 곤란하며, 등록·시공 관리 등 산업제도와 발주·입찰제도의 한계로 시공능력이 부족한 업체들이 시장원리에 따라 걸러지지 못하는 상황이다.

등록제도의 경우, 실질적으로는 등록기준을 충족시키지 못한 경우에도 이를 적발하기가 쉽지 않아 부적격 업체가 시장에 잔존하고 있는데, 이는 현행 등록요건이 최소한의 시공능력을 담보할 수 있는지도 논란이 되고 있다.

하도급계획서 심사, 일괄하도급 금지, 직접시공 의무, 감리제도 등 시공관리 제도 역시 시공능력 없는 업체들이 공사 수주 후 일괄하도급 등을 통해 공사를 전매하는 관행을 막지 못하고 있으며, 품질관리가 치밀하게 이루어지지 못해 공사 품질에 따른 업체평가가 곤란하고, 부실업체들의 수주 차단에 한계가 있다.

공공공사 발주·입찰제도 역시 지나치게 획일적이고 경직적으로 운영됨에 따라 적합한 업체를 선정하기 위한 변별력이 낮은 수준이며, 품질경쟁을 통한 우수업체 선정이 이루어지기 보다는 가격경쟁(최저가낙찰제) 또는 요행(적격심사제)이 낙찰 여부를 좌우하게 되었다. 또한, 공제조합 위주로 이루어지는 시공보증을 통해서도 시공능력 없는 부적격 업체를 효율적으로 걸러내기 어려운 실정이다. 따라서 부적격 업체의 원활한 퇴출과 우량 업체의 발전을 촉진할 수 있는 건설산업 시스템을 구축하여 시장구조를 정상화 할 필요가 있다.

### (2) 취약한 산업기반

건설 엔지니어링, 건설기능인력 등 부가가치 창출의 원천이 되는 산업기반 분야는 기초체력이 취약하여 건설산업의 발전에 걸림돌이 될 우려가 있다. 건설 엔지니어링 분야는 선진국과 비교하여 경쟁력이 미흡하고 구조적으로도 취약한 상황인데, 국내 건설교통 기술수준은 최고수준 100으로 보았을 때 평균 61.8%, 최고기술 보유국 대비 기술격차는 4.8년이 뒤쳐진 16.6%에 해당하는 것으로 나타났다.

산업 수요에 맞지 않는 대학교육, 토목·건축분야에 편중된 신규 인력공급, 업계의 경력자 선호로 인해 구인·구직 불균형이 발생되고 있다. 참고로 2011년 기술인협회의 자료에 따르면, 건설기술인력 63만 명 중 17만 명이 미취업상태인 것으로 조사되었다. 아울러 외국어, 국제계약 등 글로벌 역량을 갖춘 전문인력이 부족하며, 우수한 글로벌 인재는 건설업을 기피하여 타 분야로의 이탈이 가속화하고 있는 실정이다.

설계·감리 등 업역 세분화로 인해 종합 엔지니어링체 육성이 곤란하고, 해외 진출 시 필요한 실적자료 등 관리가 미비한 실정이다. 50종의 설계·시공기준의 관리가 미흡하여 기준간 중복·상충이 발생되거나, 최신기술 반영이 늦어 창의적·경제적 설계가 제한을 받고 있는 상태이다. 또한, 국내 기술용역 발주방식이 대부분 가격경쟁 중심으로 이루어져 있어 기술력 강화 및 품질확보에 한계가 있다. 2012년 기준으로 볼 때 적격심사방식과 PQ후 최저가방식 비중이 전체공사의 85%이상을 차지하고 있는 실정이다.

건설기능 분야는 인력 고령화, 젊은 층의 건설산업 기피 등으로 숙련인력이 부족한 상태이며, 이는 외국 인력으로 대체하기 곤란한 측면이 있다.

**표 2-2.** 40대 이상 건설기능인력 및 전체 취업자 비율

(단위 : %)

| 구 분 | '01 | '02 | '03 | '04 | '05 | '06 | '07 | '08 | '09 | '10 | '11 |
|---|---|---|---|---|---|---|---|---|---|---|---|
| 건설 기능인력 | 62.5 | 61.2 | 62.7 | 64.4 | 63.8 | 67.0 | 70.9 | 71.9 | 74.2 | 77.4 | 79.0 |
| 전체 취업자 | 49.1 | 50.5 | 51.3 | 52.5 | 53.7 | 55.0 | 56.2 | 57.3 | 57.9 | 59.0 | 60.1 |

자료 : 통계청 경제활동인구조사

경력에 따른 직위·처우의 상승 경로가 미비하고 직업 안정성이 낮아 숙련인력 부족 문제는 갈수록 심화되는 추세인데, 건설산업연구원에 따르면 부족한 숙련인력은 2011년 5.3만 명 수준에서 2014년 10.4만 명 수준으로 늘어날 것으로 전망하고 있다. 이는 시공품질 저하로 이어져 건설산업 전반의 생산성 약화를 초래하게 된다.

### (3) 건설산업 참여자간 불공정 관행

건설산업은 수주산업의 특성으로 계약 당사자 간 불평등 구조가 형성되기 쉽고, 우리의 수직적 문화와 결합하여 불공정 관행을 야기하게 되었다. 따라서 불공정 관행과 문화를 개선하기 위해 많은 노력이 있었으나, 건설현장에서는 공정한 계약·관행이 여전히 미흡한 실정이다.

그간의 개선 노력이 원·하도급 관계에 편중되어 타분야에 대해서는 상대적으로 소홀했던 점도 문제점으로 지적되고 있다. 특히, 발주자-건설사 간의 관계에서는 공사대금 미지급, 공기지연 및 설계변경 등에 따른 추가비용 미지급 등 불공정 행위가 빈발했기 때문에 건설 참여자간 상생협력의 구조 형성으로 공생발전을 위한 환경 조성이 필요하게 되었다.

## 4. 기본계획의 체계

### (1) 비전과 목표

| 비 전 | 공정경제에 기초한 건설산업 혁신 성장의 기틀 마련 |
|---|---|

| 기본방향 | 산업구조 개편과 불공정 해소를 통해 공정한 성장 기반을 조성하고, 글로벌 시장에 대한 전략적 진출과 기술혁신을 통한 성장동력 확보 |
|---|---|

| 3대 목표 | 중점과제 |
|---|---|
| 산업구조의 경쟁력 강화 | 1. 생산구조 규제 혁신 |
| | 2. 건설기업 혁신 성장 지원 |
| | 3. 부실·불법업체 퇴출 |
| 공정한 동반성장 기반 마련 | 4. 건설산업 일자리 개선 |
| | 5. 공정한 원·하도급 관계 조성 |
| | 6. 산업 전반의 갑질 관행 근절 |
| 중장기 성장동력 확보 | 7. 해외시장 진출 역량 확보 |
| | 8. 스마트 건설기술 개발·활용 촉진 |
| | 9. 건설산업 안전 확보 및 신시장 창출 |

(2) 기본계획 체계

| 목표(3) | 중점과제(9) | 추진방안(20) |
|---|---|---|
| Ⅰ. 산업구조의 경쟁력 강화 | 1. 생산구조 규제 혁신 | ① 건설업 업역·업종·등록기준 개편 |
| | | ② 원도급자 직접시공 활성화 |
| | | ③ 다단계 하도급 구조 개선 |
| | 2. 건설기업 혁신 성장 지원 | ④ 기술력 중심 발주제도 개편 |
| | | ⑤ 중소 건설기업 성장경로 지원 |
| | 3. 부실·불법업체 퇴출 | ⑥ 페이퍼컴퍼니 등 부실업체 퇴출 |
| | | ⑦ 불법행위 단속 및 처벌 강화 |
| Ⅱ. 공정한 동반성장 기반 마련 | 4. 건설산업 일자리 개선 | ⑧ 건설근로자 임금보장 강화 |
| | | ⑨ 건설 근로환경 개선 |
| | | ⑩ 숙련 기술인 및 기능인력 육성 |
| | 5. 공정한 원·하도급 관계 조성 | ⑪ 하도급업체 보호 강화 |
| | | ⑫ 우수 협력업체에 인센티브 부여 |
| | 6. 산업 전반의 갑질 관행 근절 | ⑬ 공공 발주자의 부당행위 개선 |
| | | ⑭ 대형 건설사의 불공정 행위 근절 |
| Ⅲ. 중장기 성장동력 확보 | 7. 해외시장 진출 역량 확보 | ⑮ 설계·엔지니어링 경쟁력 강화 |
| | | ⑯ 지원체계 고도화로 진출시장 다변화 |
| | 8. 스마트 건설기술 개발·활용 | ⑰ 핵심 건설기술 개발을 통한 생산성 향상 |
| | | ⑱ 민간 기술개발 및 품질 확보 촉진 |
| | 9. 안전 확보 및 신시장 창출촉진 | ⑲ 스마트 인프라 발주 및 노후 인프라 개선 |
| | | ⑳ 친환경 건설 활성화 및 건설안전 확보 |

그림 2-9. 제5차 건설산업진흥기본계획 방향(국토교통부, 제5차, 2018~2022)

## 04 건설기술진흥기본계획[6]

### 1. 수립배경

「건설기술진흥법」 제3조에 따르면 국토교통부장관은 건설기술의 연구·개발을 촉진하고 그 성과를 효율적으로 이용하게 하기 위하여 5년마다 건설기술진흥기본계획을 수립하여야 하며, 동 기본계획에는 다음 각 호의 사항을 포함하도록 하고 있다.

① 건설기술진흥의 기본목표 및 그 추진방향
② 건설기술의 개발촉진 및 그 활용을 위한 시책
③ 건설기술에 관한 정보관리
④ 건설기술인력의 수급·활용 및 기술 인력의 향상
⑤ 건설기술연구기관의 육성
⑥ 그 밖에 건설기술의 진흥에 관한 중요 사항

또한, 국토교통부장관은 기본계획을 수립할 때에는 관계 중앙행정기관의 장과의 협의를 거친 후 동법 제5조에 따른 중앙건설기술심의위원회의 심의를 받아야 한다.

### 2. 기본계획의 내용

제6차(2018~2022년) 기본계획의 주요 내용으로서는 건설 노동생산성 향상, 사망자 수 감소, 건설엔지니어링 근로시간 단축 및 건설엔지니어링 해외수주 확대를 목표로 하여, 2015년까지 BIM, AI를 적용한 건설자동화 기술 개발을 통해 "Smart Construction 2025"를 비전으로 설정하였다.

주요 분야별 전략과 중점 추진 과제로는 4차 산업혁명에 대응하는 기술개발·신산업

---

[6] 국토교통부가 발표한 제6차(2018년~2022년)「건설기술진흥기본계획」의 내용을 정리하였다.

육성을 제1전략으로하여,
(1) 기술 개발 분야의 중점 추진 과제로서는, ① 스마트 건설기술을 통한 생산성 향상(4차 산업혁명 대응 스마트 건설기술 개발 등) ② 해외 수요 대응형 건설기술 개발(고부가가치 기술확보를 위한 메가스트럭쳐, 민간 기술수요 반영 및 R&D 역량 강화 등)을
(2) 고부가 산업 육성으로서는 ① 분야간 융·복합을 통한 경쟁력 강화(인프라 BIM 활성화 추진 등) ② 건설 Big Data 유통을 통한 신사업 육성(건설정보 개방을 통한 건설 신산업 육성 등)을
(3) 건설 안전 강화를 위해 ① 건설 안전·환경 관리(스마트 건설 관리 체계 구축 등)를 설정했다.

글로벌 시장 경쟁력 강화를 위한 제도 개선을 제2전략으로 하여
(1) 산업 개편·육성 ① 엔지니어링의 역량 강화 및 해외진출 지원(해외진출역량 강화를 위한 공공 공동진출 및 통합발주 등) ② 국제 기준에 부합 하는 제도 구축(국내기준을 국제적 수준으로 개선 등),
(2) 건설인력·교육분야는 ① 글로벌기준에 맞는 경력 관리체계 구축(우수기술인의 경력관리 강화 및 우대방안 마련 등) ② 국제경쟁력을 갖춘 기술인력 육성(수요자 중심의 교육 실시 유도 등)을,
(3) 기준·제도분야로서는 ① 기술력 중심의 발주·심의 강화(글로벌 기준으로 발주 제도 재정비 등)를 중점 추진 과제로 선정하였다.

### 건설기술진흥기본계획(제6차 계획)

| 비전 | "Smart Construction 2025"<br>- 2025년까지 BIM, AI 적용한 건설자동화 기술 개발 - |
|---|---|
| 주요<br>목표 | ■ 건설 노동생산성 40% 향상*, 사망자 수 30% 감소** 건설 Eng. 근로시간 단축 20%***<br>　* 시간당 생산성(한국생산성본부) : ('15) 13.6$ → ('20) 19$<br>　** 건설업 사망자 수(안전보건공단) : ('16) 554명 → ('21) 388명<br>　*** 연간 근로시간(Eng. 노동계) : ('13) 2,560시간 → ('21) 2,100시간<br>■ 건설Eng 해외수주 100% 확대*<br>　* 해외수주 통계(해외건설협회) : ('16) 17억$ → ('22) 34억$ |

| 주요<br>전략<br>(2)<br>중점<br>추진<br>과제<br>(10) | 전략 I | 4차 산업혁명에 대응하는 기술개발·신산업 육성 |
|---|---|---|
| | 분 야 | 중점 추진 과제 |
| | 기술개발 | ① 스마트 건설기술을 통한 생산성 향상<br>② 해외 수요 대응형 건설기술 개발 |
| | 고부가 산업 육성 | ③ 분야간 융·복합을 통한 경쟁력 강화<br>④ 건설 Big Data 유통을 통한 신사업 육성 |
| | 건설 안전 강화 | ⑤ 건설의 안전·환경 관리 |
| | 전략 II | 글로벌 시장 경쟁력 강화를 위한 제도 개선 |
| | 분 야 | 중점 추진 과제 |
| | 산업 개편·육성 | ① Eng.의 역량 강화 및 해외진출 지원<br>② 국제 기준에 부합 하는 제도 구축 |
| | 건설인력·교육 | ③ 글로벌기준에 맞는 경력 관리체계 구축<br>④ 국제경쟁력을 갖춘 기술인력 육성 |
| | 기준·제도 | ⑤ 기술력 중심의 발주·심의 강화 |

그림 2-10. 제6차 건설기술진흥기본계획(2018~2022)

# 05 우리나라의 건설관련 계약제도

## 1. 국가계약법의 개요

「국가를 당사자로 하는 계약에 관한 법률」(이하 "국가계약법"이라 함)은 국가계약에 관한 기본적인 사항을 정함으로써 계약업무의 원활한 수행을 도모하기 위하여 1995. 1. 5. 제정되어 동년 7월 6일자로 시행되었다. 이 법은 1995. 1. 5. 국가재정의 기본법인 예산회계법상의 제6장 "계약편"을 분리하여 독립된 법을 제정하게 되었다. 이 법은 현재(법률 제15219호, 2017.12.19 개정) 35개 조문과 부칙으로 구성되어 있다.

## 2. 국가계약법의 특성

「국가계약법」은 국가가 사인(私人)의 지위에서 사(私)경제주체로서 행하는 "사법상의 법률행위"를 말한다. 따라서 국가계약의 기본 원칙이 적용된다. 계약은 서로 대등한 입장에서 당사자의 합의에 따라 체결되어야 하며, 당사자는 계약의 내용을 신의성실의 원칙에 따라 이행하여야 한다(제5조제1항). 이와 함께 우월적 지위나, 계약상대자의 이익을 부당하게 제한하는 조건은 금지된다.

## 3. 예규 및 고시 등

예규란 법규문서 이외의 문서로서 상급관청이 하급관청에 대하여 행정사무처리에 관한 기준을 제시하기 위하여 발행하는 명령이며, 행정규칙의 일종으로 법규적 성질을 가지지 아니한다. 대표적으로 예규, 고시 및 훈령 등이 있다. 계약예규인 「공사계약일반조건」, 「공사입찰유의서」, 고시로서는 「국가를 당사자로 하는 계약에 관한 법률 등의 기획재정부 장관이 정하는 고시금액」 또는 훈령으로서는 「계약업무처리훈령」 등이 있다.

## 4. 국가계약법령 체계와 주요 내용

### (1) 법령체계

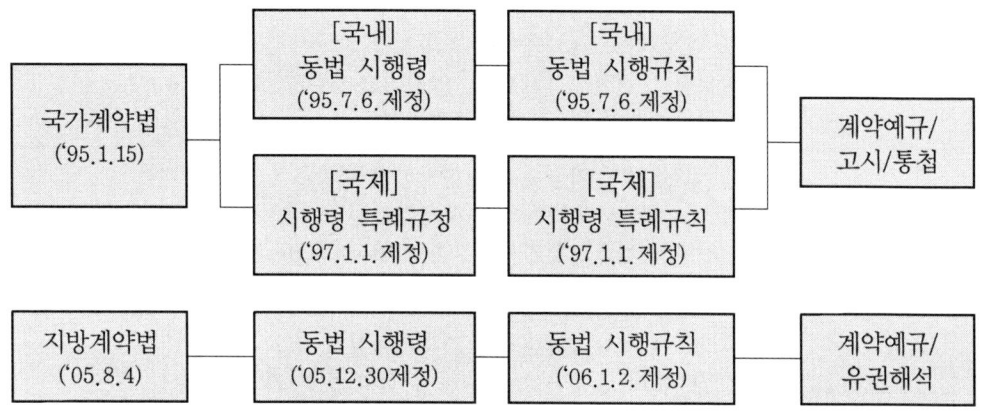

### (2) 적용기관

국가계약법령은 국토교통부, 조달청 등 정부조직법상 및 그 소속기관에 적용되며, 지방자치단체와 정부투자기관은 지방계약법령과 정부투자기관관리기본법령을 적용한다. 그 외 공공기관(출자기관, 출연기관 등)은 국가계약법령을 준용 할 경우에 적용된다.

### (3) 계약예규

정부 입찰계약 집행기준, 예정가격작성기준, 입찰참가자격사전심사요령, 적격심사기준, 계약일반조건(공사/용역/물품구매)일반조건, 입찰유의서(공사/용역/물품구매), 공사(용역)계약 종합심사낙찰제 심사기준, 일괄입찰 등에 의한 낙찰자 결정기준 및 국가를 당사자로 하는 계약에 관한 법률 등의 기획재정부 장관이 정하는 고시금액 등이 있다.

> ▶ 계약에 관련된 법 규정은 주로 민법(제664조~제674조)이 적용되나, 실제로는 특별법(국가계약법 등)이나 약관(공사계약일반조건)에 의해 정밀하게 규정되는 경우가 많다.

## 5. 발주 기관별 계약관련 법규

| 발 주 기 관 | 관 련 법 령 |
| --- | --- |
| 국가기관 | • 기획 및 예산 : 국가재정법(기획재정부)<br>• 입찰 및 계약 : 국가계약법(기획재정부)<br>• 건설일반 : 건설산업기본법, 건설기술진흥법(국토교통부)<br>• 하도급 : 하도급법 (공정거래위원회) |
| 지방자치단체 | • 기획 및 예산 : 지방재정법(행정안전부)<br>• 입찰 및 계약 : 지방계약법(행정안전부)<br>• 건설일반 : 건설산업기본법, 건설기술진흥법(국토교통부)<br>• 하도급 : 하도급법 (공정거래위원회) |
| 공공기관 | • 기획 및 예산 : 국가재정법(기획재정부)<br>• 입찰 및 계약 : 공공기관 운영에 관한 법률(기획재정부)<br>  ▶ 공기업/준정부기관 형 공공기관의 입찰 및 계약 : 국가계약법<br>  ▶ 기타 공공기관들은 원칙적으로 자체 기준으로 입찰 및 계약수행<br>• 건설일반 : 건설산업기본, 건설기술진흥법(국토교통부) |
| 조달청 | • 대행 관련 업무 : 조달사업에 관한 법률(기획재정부)<br>• 기획 및 예산 : 국가재정법(기획재정부)<br>  ▶ 국가기관 및 공공기관이 요청하는 입찰 및 계약 : 국가계약법<br>  ▶ 지방자치단체가 요청하는 입찰 및 계약 : 지방계약법 |

## 6. 건설공사 도급계약의 특성

"도급"이라 함은 원도급·하도급·위탁 기타 명칭에 관계없이 건설공사를 완성할 것을 약속하고, 상대방이 그 공사의 결과에 대하여 대가를 지급할 것을 약정하는 계약으로 다음과 같은 성격을 가지고 있다(건산법2조11호). 계약은 청약(proposal)과 승낙(approval)으로 성립(agreement)하며, 이에 따라 수급인(건설업자)은 목적물의 완성 의무(담보책임)를 부담하며, 도급인(발주자)은 대가지급 의무를 부담하게 된다. 이러한 계약의 효력은 다음과 같은 권리와 의무가 발생한다. 수급인은 일의 완성, 목적물의 인도 및 담보책임이 발생하며, 도급인은 보수지급, 검수 및 필요한 재료제공 등의 의무가 발생한다.

# 06 외국의 건설관련 계약제도[7]

건설산업은 매우 토착성이 강한 산업으로서 각 국은 그 역사적, 지리적 또는 사회적·경제적인 기반에 기초하여 독특한 건설산업구조가 존재한다. 각 국의 조달방식도 당연히 이 배경이나 산업구조를 기반으로 성립하였다. 그것을 개선, 보완하는 형식으로 독자적인 발달을 가져왔다. 그러나 최근의 급속하고 광범위한 국제화에 수반하여 발주자 주도의 조달방식을 연구하고 그 장점을 받아드리는 움직임이 있다. 여기에는 우리나라의 조달방식 현상이 보다 객관적인 파악에 일조를 하고 있다. 주요국가의 조달방식을 살펴본다.

## 1. 미 국

### (1) 개 요

미국연방정부에서는 우리나라의 국토교통부에 해당하는 부서가 없고 미연방 전역에 일률적으로 적용되는 법령도 없다. 건설업은 다른 업종과 마찬가지로 상무성(The Department of Commerce) 관할 하에 있다. 연방국가인 미국에서는 건설업면허제도 또한 각 주(州)정부의 방침에 따라 면허제를 실시하는 곳, 등록제를 실시하는 곳과 아무런 규제를 두지 않는 세 가지 유형으로 구분된다.

공사입찰은 연방정부의 조달청(General Service Administration : GSA)과 각 주정부의 설계청(Office of The State Architects) 등에서 수행하게 된다. 공공공사에 대한 입찰제도는 연방정부와 주정부에 따라 약간씩 차이가 있으나, 다음과 같은 공통적인 특징을 가지고 있다.

미국은 철저한 자유경쟁 기업국가임으로 일반공개입찰제도를 채택하여 연방정부 공

---

[7] 外池泰之, 建設業界, 東洋經濟新報社, 2000, pp.64~65 ; 山木崇史, 海外工事契約の手引き, 日刊工業新聞社, 1978 ; 古阪秀史, 建築生産ハンドブック, 朝倉書店, 2007 ; John Uff, *Construction Law (Sixth Edition)*, Sweet & Maxwell, 1996 ; Robert Rubin, *Construction Claims Prevention and Resolution(2nd Edition)*, Van Nostrand Reinhold, 1992 등 참조

사에서는 입찰자의 신용·경험·경영상태 등 적격성을 심사한 후 최저입찰자가 낙찰자가 된다. 일정금액 이상의 계약에는 보증회사의 보증(Bond)이 의무적이다. 이때 활용되는 보증회사의 철저한 신용조사가 사전자격심사(Pre-Qualification)의 기능을 수행하게 된다. 입찰시에는 입찰보증금(Bid Bond), 낙찰시에는 계약이행을 위한 이행보증금(Performance Bond) 및 지급보증금(Payment Bond)을 제출하여야 한다. 보증은 건설공사의 완성을 보증회사가 발주자에 대하여 보증하는 제도로서 보증회사는 대형 보험회사 등이 겸업을 한다. 주정부도 연방정부에 준하여 수행되고 있다.

### (2) 도급제도

미국의 건설공사 도급계약제도는 매우 복잡하여 공공공사나 민간공사를 막론하고 다양한 제도를 채택하고 있다. 공공공사는 조달청(GSA)의 조달청계약조건, 상무성계약조건, 군(US Army Corps of Engineers : COE)계약조건 등이 있다. 각 주(州) 등 지방자치단체도 자체적으로 계약조건을 가지고 있다.

민간공사의 계약에 있어서 건축공사의 경우는 미국건축사협회(The American Institute of Architects : AIA)계약조건이 일반적이며, 설계시공분리방식, CM방식 등이 있다. 정부공사는 토목공사용으로 미국종합건설업협회(The Associated General Contractors of America : AGC)계약조건 등이 사용된다. 미국은 계약당사자의 쌍무성이 높아, 예컨대, 다양한 Bond나 선취특권(Mechanics Lien) 등에 의해 시공사에 지불이 확보되고 발주자의 권리도 지키게 된다. 지불 형태는 월기성고 지불을 기본으로 하되, 유보금은 실제 공사완성 후 원칙적으로 30일 이내에 지불한다. 이를 그림으로 나타내면 [그림 2-9]와 같다.

하도급제도에 대해서는 「미연방조달규칙」에 따르면 발주자로서의 정부기관과 하도급자간에는 계약상 직접적인 연관은 없고, 다만 원도급자가 발주자에 대하여 하도급자에 대한 책임을 지게 된다. 또한 도급받은 공사의 최소한 12%는 원도급자가 직접적으로 시공하도록 제도화하고 있으며, 공사전체를 하도급자에게 맡기는 일은 금하고 있다. 우리나라에서 일괄하도급을 금지하고 있는 것과 같다(건산법29조1항 참조).

하도급계약조건에 대해서는 미국종합건설업협회, 전국전기공사업협회, 미국기계공사업협회 등에서 작성한 표준하도급계약조건(The Standard Subcontract Agreement)이 있다.

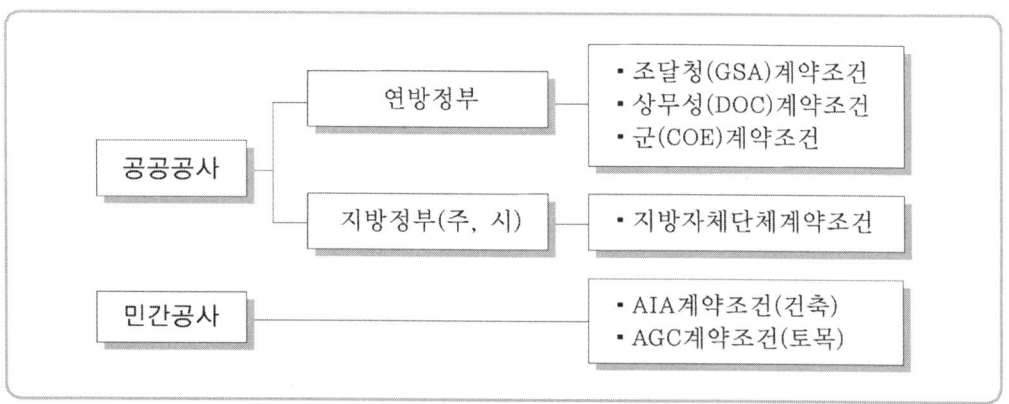

그림 2-11. 미국의 발주기관별 건설공사 도급계약조건

### (3) 계약방식

미국은 계약중심의 사회로서 계약관계자의 역할이 명확하다. 따라서 여러 가지의 경우에 대응하기 위해서는 다양한 계약과 시공방식을 만들어낼 필요성이 있고 계약방식의 종류 또한 많다.

일의 범위로 보면 설계시공 분리방식, CM(Construction Management)방식, Design & Manage 방식, Design & Build 방식, BOT(Build Operate Transfer), BTS(Build to Suit) 등이 있다. 설계와 시공이 상호 체크하는 것이 기본으로서, 설계와 시공의 분

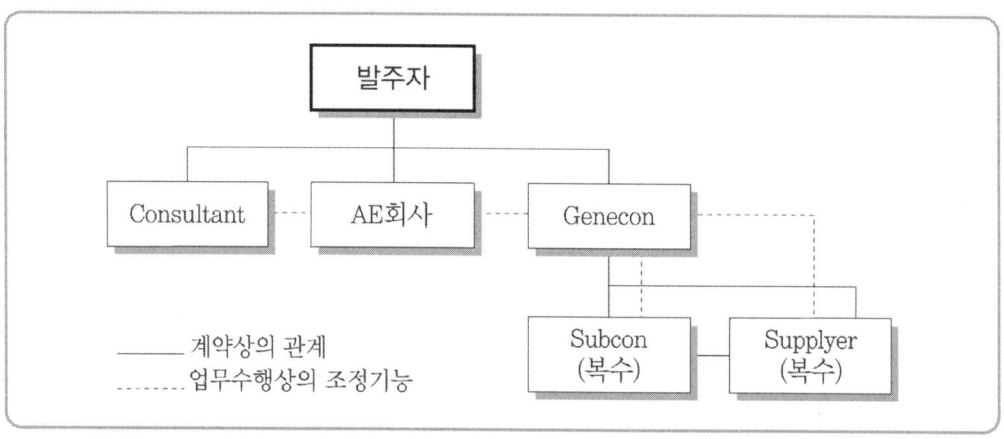

그림 2-12. 설계시공 분리방식(미국)

리방식이 일반적이다.

① 설계시공 분리방식

설계기능을 자기 회사 내에 포함한 건설업자는 많지 않다. 설계, 엔지니어링의 전문성을 묻지 않는 프로젝트는 우선 Architects & Engineers (AE)회사를 선정하는 것으로부터 시작한다.

AE회사는 일반적으로 사회적 지위가 높고 실력도 있다. 도면은 상세하게 작성한다. 종합건설업자(Genecon)는 원칙적으로 직영 형태로 하지 않고 하도급(Subcon)을 포함하는 역할이다. 공통가설도 대부분 수행하지 않는다. 공정 및 코스트 관리가 주된 역할이다. 품질관리는 AE회사가 하고 건설업허가는 州단위로 주어진다. 전국적인 네트워크를 가진 Genecon이 적지 않은데, 기업매수나 제휴에 의해 네트워크가 형성되고 있다. 대형건설회사나 엔지니어링회사는 일반건설업자와 나누어져 있으며, 해외 진출이 활발하며, 하도급업체는 실력이 있고, 직접가설은 사전에 준비한다. 전문업자는 Genecon과 대등한 입장에 있다.

② CM방식

복잡한 대규모 시설물의 발주가 기획단계에서 유지관리까지 건설 전 과정에 걸쳐 전문적이고 일관성 있는 컨설팅서비스를 받을 수 있도록 하는 제도를 건설사업관리(Construction Management)라 한다. 민간공사, 공공공사에 한하지 않고 건설공사 발주자의 대리인(Agency)으로서 발주자의 이익을 지키기 위하여 품질·공정·비용관리를 행하는 계약방식이다.

이 CM을 전문적으로 행하는 업자가 건설사업관리자(Construction Manager : CMr)이다. 건설공사를 최선의 방식으로 완성하기 위하여 기술자는 물론 법률·마케팅·부동산·금융·도시계획 등 다양한 전문가집단을 포괄하고 있는 기업이 많다. CMr의 비용은 실비에다 제경비를 더한 형태이다. 공공공사의 경우 CMr는 설계와 시공은 행하지 않고 발주자·설계자·시공자와 공동으로 공사완성까지 관리를 하는 컨설팅관계가 일반적이다. 이것이 순수한 CM으로 CMr는 공사의 리스크는 부담하지 않는데 이러한 계약형태를 CM for fee라 한다.

민간공사의 경우 CMr는 발주자로부터 공사와 CM을 일괄 인수하여 공사비와 리스크를 보증한다. 원래 발주자의 이익을 지키기 위하여 CMr가 자사의 이익을 위하여 공사를 관리하면 발주자의 이익이 침해되는 경우도 발생할 우려가 있다. CM에서 신뢰관계가 바탕이 되어야 하는 이유이다. 이러한 형태를 'CM at risk'라 한다.

조달청(GSA)은 CM의 활용 범위를 ① 시공의 체계화(Phased Construction), ② 분리시공계약의 효율화(Separate Construction Contracts), ③ 발주자, 설계자, 또는 엔지니어 및 CM의 연합체 구성(Triumvirate of Owner, Architect/Engineer and CM) 등으로 구분하고 있다. 통상 CM은 경험과 기술이 풍부한 전문가로 이에 종사하는 사람들을 직종별로 분류하면 건설업자, 건축사, 엔지니어, 컨설팅엔지니어 등으로 되어 있다. CM방식을 그림으로 나타내면 다음과 같다.

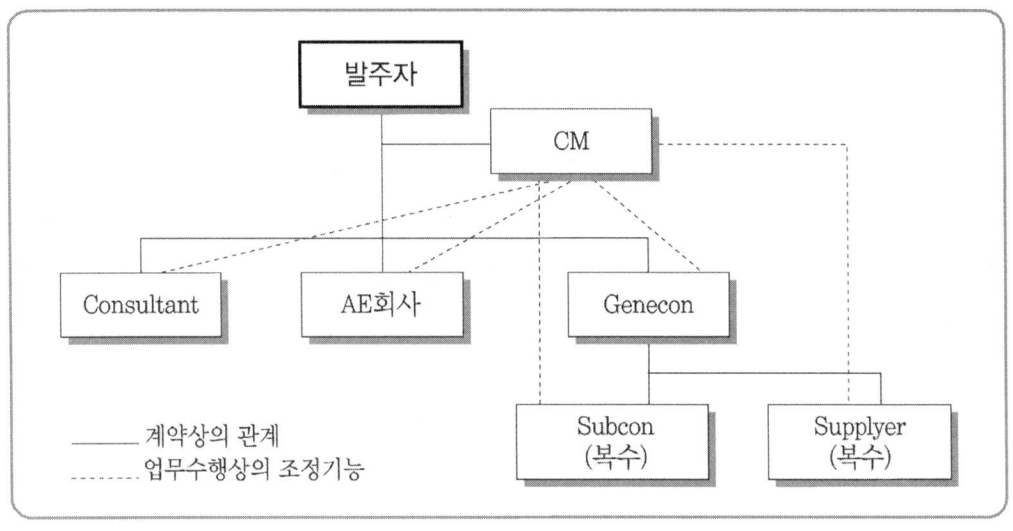

그림 2-13. CM방식(미국)

시공경험이 풍부한 전문가가 초기단계에 참가하는 것보다 시공성의 개선을 노리는 경우, 대형공사나 복잡한 공사에서 발주자가 전문가의 지원을 필요로 하는 경우, 설계가 완성되지 않은 상태에서 조속히 부분착공을 하여야 하는 경우 등에 적용되는 것이다. 그러나 CM방식에 의해 공기연장이나 코스트 초과 등의 폐해도 나타났기 때문에, 설계가 어느 정도 완성된 단계에 GMP(Guaranteed Maximum Price)조건부의 계약으로 이행하는 방식이 출현되었다.

③ Design & Manage 방식

이 방식은 AE회사가 설계를 하고 CM을 수행하는 방식이다. 계약금액을 결정하는 방식을 보면 일정한 내용의 공사를 정해진 기일까지 총액으로, 또한 일정의 가격으로 완성되는 Lump Sum 계약이 주류이다. 또 공사금액은 실비정산으로 그 실비를 기본으로 사전에 정해진 fee를 CM회사에 지불하는 방식으로 CM계약 등에 쓰이는 Cost plus fee계약도 많다.

최근의 동향으로서는 설계시공분리의 경우 책임소제가 분명하지 않기 때문에 중간에 포기하는 사례를 방지하기 위해, 조정하는데 들어가는 품이나 시간을 경감하기 위해 책임을 일원화하는 것을 목적으로, AE회사와 시공회사가 팀을 구성하여 수행하는 Design & Build 방식이 증가되고 있다. 또 이 방식은 공기단축의 측면에서도 평가되고 있다. 발주자 조직의 슬림화, 세금을 사용하는 공사는 예산관리가 엄격하기 때문에 이러한 사정을 반영하여 공공공사에 Design & Build에다 Lump Sum 방식이 활용되기도 한다.

④ Build to Suit 방식

이는 주문자의 요구에 응하여 시설물을 건설하고 임대하는 방식이다. 사무실이나 창고 등에 많이 나타나는 조달방식으로서 공장 등에는 이 방식은 어렵다. BOT는 종래 도로나 발전소의 프로젝트 등에서 볼 수 있는데 한동안 감소하고 있는 추세이다. 최근에는 발전소 등의 프로젝트에서 이러한 경향이 나타나고 있다.

## 2. 영 국

### (1) 개 요

영국에서는 건설업면허제도가 없다. 영국에서는 건설업을 완전히 자유기업으로 규정하고 있으므로 건설업을 규제하는 법규가 없다. 이 점에서는 독일이나 프랑스와 다를 바 없다. 일반건설행정은 환경성(The Department of Environment)의 소관사항이며 도시 밖의 주택, 도로건설 등의 관리는 건설주택성(The Ministry for Housing and Construction)이 담당하고, 건설업의 해외진출관계는 통상성(The Department of Trade and Industry)이 맡고 있으나, 허가제도가 아니므로 정부 각 성(省)의 업무는 성질상 건설업에 대한 감독이 아니다. 건축공사의 경우 발주자는 건축사와 적산사(Quantity Surveyor)를 이용하는 것이 보통인데, 이들은 기획설계 단계부터 개입하여 공사계약이행 전 과정에서 발주자를 대신하여 시공자측을 감독한다. 이리하여 발주자는 모든 면에서 이와 같은 전문가들의 지원을 받게 되는 것이다.

영국의 입찰제도는 지명경쟁입찰(Single-Stage Selective Tendering)이 일반적이다. 저렴하고 양질의 건설공사를 수행하는 것이 조건이기 때문에 공사시공에 책임과 능력이 강하게 요구된다. 입찰행태는 시공업자의 입찰의향을 확인하는 소위 '의향확인방식'이 채용되고 있다. 단 최저입찰가격의 낙찰자에 가격이 기입된 수량명세서를 제출하고 그 가격이 공사시공에 적당한가를 심사하는 조직이다. 중앙·지방정부와도 법률에 따른 체계적인 제도는 아니다.

### (2) 도급계약의 유형

영국에서의 건설공사는 발주자와 입찰을 통해 선정된 건설업자간에 체결된 도급계약에 따라 시공된다. 영국에서 통상적으로 활용되는 공사도급계약의 유형을 구분하면 다음과 같다.
- [1] 검측계약(Measurement Contracts)
    - ① 수량단가계약(Bill of Quantity Contracts)
    - ② 단가계약(Schedule of Rate Contracts)
- [2] 총액계약(Lump Sum Contracts)
- [3] 실비정산계약(Cost Reimbursement Contracts)
- [4] 턴키계약(Turnkey Contracts, All-in Contracts, Package Contracts)

영국에서는 일반적으로 다음과 같은 4종류의 건설공사를 위한 표준도급계약조건이 있다. 표준계약조건에 대해서는 건축분야의 민간공사 및 지방정부의 공공공사에는 JCT(Joint Contract Tribunal)약관을 사용한다. 중앙정부는 GC(Government Contract)계약을, 토목은 ICE(Institute of Civil Engineers)계약 및 NEC(New Engineering Contract)계약을 사용한다. 대금지불은 월별 기성고 방식이 원칙이다.

① 영국정부 건축 및 토목공사일반계약조건(General Conditions of Government Contract for Building and Civil Engineering Works : 약칭 Form GC/Works/1) : 공공공사 도급계약일반조건으로 하도급업자는 물론 건설자재업자 보호를 위한 조항도 규정하고 있다.

② RIBA표준도급계약조건 : 건축공사용으로 건설공사계약합동심사원(Joint Contracts Tribunal)이 정한 것으로 JCT는 영국왕립건축사협회(RIBA), 전국건축업자연합회 등의 단체가 모체가 되어 구성된 것이다. 영국 내 건축공사용으로 활용되고 있다.

③ 토목건설공사용계약조건, 입찰양식 및 보증합의서(Conditions of Contract and Forms of Tender, Agreement and Bond for Use in Connection with Works of Civil Engineering Construction : 약칭 ICE Contracts) : 토목공사의 도급계약에 일반적으로 활용된다.

④ 건축토목공사용 하도급표준계약조건 : 하도급계약에 대해서는 발주자에 따라 별도의 양식을 마련하여 사용하고 있으나 일반적으로 본 계약조건을 활용하고 있다.

영국에서는 건축공사에서 하도급업자를 많이 이용하고 있다. 토목공사의 경우에는 미국과 같이 종합건설업자가 직적 시공하는 것이 일반적이나, 건축공사의 경우는 하도급을 많이 활용하고 있다. 「Form GC/Works/1」 제30조에서는 "시공자 공사도급계약의 어느 부분도 감독자의 사전 서면승인 없이 하도급을 줄 수 없다"고 규정하고 있다. 또 시공을 맡은 계약담당자는 하도급업자와 그 해당 공사와 관련해서 사용하는 건설자재업자에 대해서도 책임을 져야 한다. 그것은 발주자가 감독자와 승인 또는 지명을 얻어 하도급업자를 지명했을 경우에도 마찬가지다.

### (3) 도급계약의 방법

영국의 건설업은 오래된 전통이 있다. 유럽의 건설업과 비교하여도 일찍이 19세기 전반에 Genecon이 출현하였다. 또한 Architect가 전문가로 확립되어 있다. 이러한 전문가제도는 고품질의 시설물을 만들어 내는 바람직한 측면도 있는데, 1960년대에는 코스트가 높거나 전문가가 자신의 이익을 지키려는 등의 폐해도 나타났다.

계약은 기본적으로 쌍무계약이고, 집행 형태는 설계시공 분리방식[그림 2-12]가 기본이나, 1960, 1970년대에 설계시공, CM 혹은 MC(Management Contract)방식이 이래 그림과 같이 서서히 확대되고 선택의 폭이 증가되었다.

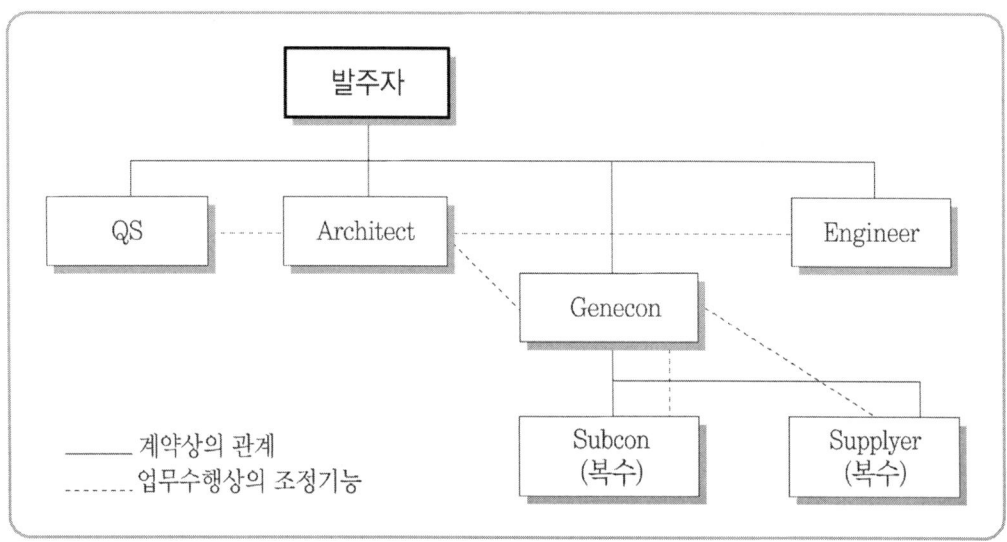

그림 2-14. 설계시공 분리(종래)방식(영국)

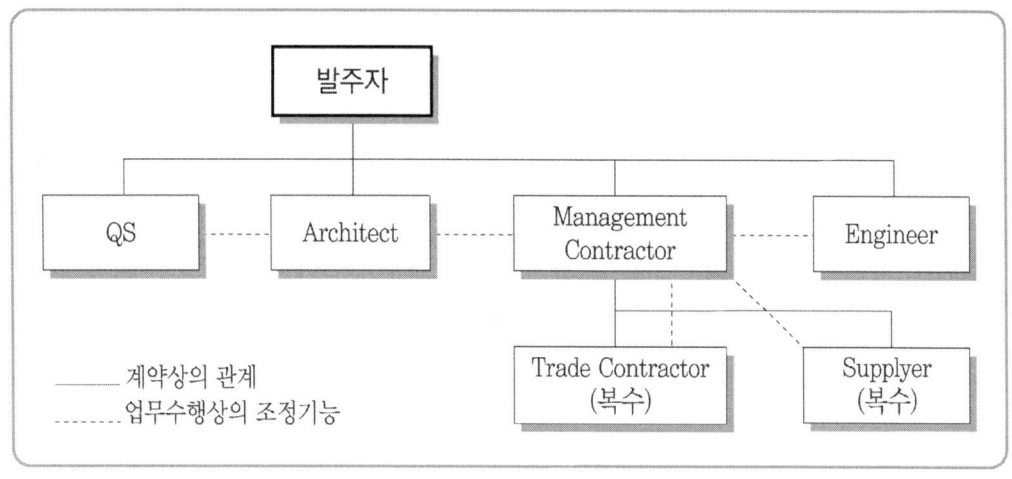

그림 2-15. MC방식(영국)

CM과 MC의 가장 큰 차이는 자금의 흐름에 있다. CM은 발주자로부터 각 전문업자에 직접 지불이 이루어지는데 반해, MC는 일단 발주자로부터 Management Contractor에 지불하고, 그로부터 각 전문업자에 지불된다. MC의 업무범위에 설계를 더한 방식이 Design & Manage 방식이다. 토목분야에서는 사적인 추진자에 의하여 유료도로, 운하, 철도 등의 인프라가 건설되었다. 그러나 19세기 후반의 경제 붕괴 이후에는 공공의 조직이 활용되었다. 토목은 경쟁입찰제도가 일반적인데 컨설턴트가 실무상에서 중요한 역할을 담당했다. 그 후 토목분야에는 특히 개혁은 없었으며 전통적인 방식으로 끝났다.

BOT는 개발도상국에 사회자본을 정비하기 위하여 활용되는 방식이다. 영국에는 1990년대에 이르러 PFI(Private Finance Initiative)가 본격적으로 도입되었는데, 병원이나 형무소 등에 적용되었다. 공사금액을 결정하는 측면에서는 BQ(Bill of Quantities)에 의한 Lump Sum 방식이 주류이다. 이 외에 MC나 CM방식에는 공사실비에 더하여 fee를 지불하는 Cost plus fee계약도 있다.

설계자(Architect)는 책임범위나 권한도 크고 사회적인 지위도 높으나, 현장을 정리, 통합하는 힘은 비교적 약한 편이다. 컨설턴트의 기능분화가 현저하고 다양한 컨설턴트가 존재한다. 코스트의 모니터링이나 계약의 실무를 주 업무로 하고 있는 QS(Quantity Surveyor)가 존재한다. 최근에는 QS가 그 실무경험을 기본으로 하여 Project Manager 업무를 중심으로 하는 광범위한 서비스를 제공하는 등 생존을 위해 점차 업무범위를 넓혀가고 있다. 또 전국 규모의 Genecon이나 설계기능을 가진 Genecon도 치열한 건설시장의 경쟁을 반영하여 크게 감소하고 있다. Genecon은 비교적 기술력이 강하고 매니지먼트능력도 높다.

최근에는 새로운 조달방식의 움직임도 있는데, 다음과 같은 3가지 방식이 있다.
첫째로, 2단계의 입찰제도이다. Two Stage Tender방식으로 공사진행과 가격결정을 나누어서 추진하는 입찰이다. 이 방식은 일반적으로 Design & Manage에 가까운데, 조달을 명확히 2단계로 나눈다는 것에서 다르다. 최초에 설계팀을 선정하고 기본계획을 작성한다. 이에 근거하여 제1단계의 입찰을 하고 건설회사를 선정한다. 이 건설회사는 통상적으로 설계회사와 팀을 조직한다. 여기서 어느 정도의 준비공사를 하는 것으로 설계의 상세를 담고 있는데 이 시점에서 제2단계의 입찰을 한다. 통상적으로 GMP로 건설회사를 확정한다. 이 방식의 특징은 설계가 선행하는 데는 비교적 복잡한 공사에 대응하며, 조기에 건설회사가 공사 준비를 할 수 있고, 시공자 측으로부터 설계의 Input가 가능하다는 것 등이 있다.

둘째로, 파트너링(Partnering)방식이다. 이 방식은 대형 발주자나 기업 등이 어느 일정기간 통합적으로 발주를 계속적으로 하는 경우, 건설회사측의 위탁에 따라 발주자로서는 엄격한 예산관리로 일정 이상의 품질을 확보하는 것이 가능하다. 건설회사 측으로서는 어떤 시기의 발주물량을 확보하게 되는 이점은 있으나, 그 대신 코스트에 부합하는 품질과 가치를 제공해야하는 의무를 부담하게 된다.

세 번째는 경개(更改)의 방식이다. 경개(Novation)란 채무의 중요 부분을 변경하여 새로운 채무를 성립시키는 동시에 구채무를 소멸시키는 계약을 말한다. 채무나 계약의 갱신을 수반하는 설계시공방식이다. 우선 발주자가 설계팀을 고용하여 계획을 입안하고, 검토 한 후에 가격이나 공기를 정하는 시점에서 건설회사를 참여시켜, 조건이 맞으면 그 건설회사에 설계팀을 고용하게 하고 계약조건을 인계하여 설계와 시공의 책임을 일원화하도록 하는 방식이다.

## 3. 일 본

### (1) 개 요

일본의 건설업자는 건설업법에 따라 허가를 받아야 한다. 건설업법에 건설업자의 자격이나 요건에 대하여 규정하고 있고, 하나의 도도부현(都道府縣)에만 영업소를 둔 경우에는 지사의, 복수의 도도부현에 영업소를 설치한 경우에는 국토교통성장관의 허가를 받아야 한다. 허가업자는 발주자로부터 수주한 건설공사의 일부에 관하여 하도급업자에 일정금액 이상(2천만 엔, 건축공사는 3천만 엔) 도급받을 경우에는 특정건설업자가, 그 이외의 경우에는 일반건설업자가 수행하게 된다. 또 특정건설업자내에 토목공사업, 건축공사업, 배관공사업, 강구조물공사업, 포장공사업의 5종을 지정업이라 한다.

입찰제도는 일반경쟁입찰, 지명경쟁입찰, 수의계약 등 3종류가 있다. 지명경쟁입찰은 사전에 유자격자명부를 작성하고 공사 발주 전에 그 명부로부터 공사등급(공공공사의 경우 계약예정금액에 따라 A등급에서 E등급까지 있다), 기술력, 지리적 조건 등을 고려하여 업자를 지명하여 경쟁입찰을 부치는 형태로, 공공공사나 민간공사에서 가장 많이 활용되는 입찰제도이다. 수의계약제도는 공공공사의 경우 주문자가 예외적으로 경쟁입찰에 의하지 않고 특정업자에 발주하는 방식이다.

정부나 지방자치단체, 국영기업체 등 공공기관이 발주하는 공사의 입찰은 경쟁입찰을 대원칙으로 한다. 민간공사의 입찰은 공공기관발주공사와 같은 제도이나 별도의 규정이 없기 때문에 자유방임형태를 유지하고 있다.

### (2) 도급계약의 유형

일본은 1949년 「건설업법」이 제정되고 1950년 표준계약조건이라 할 「건설공사표준청부약관」의 채택으로 쌍무계약의 원칙을 도입하는 계기가 되었다. 이 표준약관은 건설업법에 의하여 구성된 중앙건설업심사회가 건설성(建設省)의 요청을 받고 제정한 것으로 오늘날 일본에서 쓰이고 있는 모든 표준계약약관의 근원이 되었다.

일본의 현행 표준도급계약약관은 다음의 6가지 종류가 있다.

표 2-3. 일본의 현행 표준청부계약약관

| 구 분 | 계약약관 | 비 고 |
|---|---|---|
| 공공공사용 | • 공공공사표준청부계약약관 | • 많이 활용되고 있음 |
| 민간공사용 | • 민간건설공사표준청부계약약관(갑)<br>• 민간건설공사표준청부계약약관(을)<br>• 4개연합협정공사청부계약약관* | • 민간공사의 경우는 4개연합협정공사 청부계약약관이 많이 활용되고 있음 |
| 하도급공사용 | • 건설공사표준하청부계약약관(갑)<br>• 건설공사표준하청부계약약관(을) | |

(주) *4개연합협정 공사청부계약약관은 1952년 일본건축학회, 일본건축협회, 일본건축가협회, 전국건설업협가 공동 제정하였다.

일본은 전통적으로 설계는 설계자에, 공사는 시공자에 의뢰하여 수행하는데 설계도서에 기초한 건축물을 완성하게 되는 설계시공 분리발주방식이 일반적이다. 아울러 제네콘(Genecon)에 설계도 일괄하여 발주하는 식의 설계시공 일괄발주방식을 채용하는 것도 많다. 전자를 '설계시공 분리발주방식'이라 하고, 후자를 '일식(一式)방식'이라 한다. 일식도급계약은 공사목적물을 일괄하여 완성하기 위해 공사전체를 도급하는 계약이며, 분리계약은 냉난방, 전기 등 설비공사를 분리해서 계약하는 방식이다. 도급금액결정방식에 따른 총액도급계약과 실비정산도급계약이 있다. 총액도급계약은 공사대금의 총액을 정액으로 미리 확정해서 계약하는 방식으로 일본에서 많이 쓰는 계약방식이다. 실비정산계약방식은 공사 내용 중 불확정 한 요소가 많고 긴급을 요하는 건조물을 완성해야 할 경우 등에 사용되나 별로 활용되지 않는다.

이와 함께 매니지먼트방식과 PFI(Private Finance Initiative)방식 등이 있다. 각각의 프로젝트의 특징이나 발주자 요구 등이 다르나 각기의 조달방식을 선택하는 것이다. 여기서 'PFI방식'이란 민간자금, 경영능력 및 기술적 능력을 활용하여 공공시설물 등의 건설, 유지관리 및 운영(기획 등을 포함)하는 방식으로 일본은 1999년에 「민간자금 등의 활용에 의한 공공시설물 등의 정비 촉진에 관한 법률」이 시행되고 있다. 발주자는 건설프로젝트의 특질·규모, 발주범위, 원가중시·기술제안중시 등의 매니지먼트 상의 코스트에 근거하여 몇 개의 채용 가능한 발주방식 가운데서 후보를 선정하고, 그로부터 적정성을 비교 평가하여 결정한다.

건설프로젝트는 경제, 사회, 문화, 기술 등의 다방면에서 영향을 받고 있는바, 공사계약은 그 중에서도 가장 비즈니스적인 측면이 있다. 일반의 비즈니스가 다양한 계약행위에 따라 성립되는 것과 같이 건설프로젝트에 있어서도 다양한 계약행위가 관계자의 책임관계와 권리관계를 다루고 있다. 발주자와 도급자간에 체결하는 공사계약에는 양자의 관계 이외에도 설계감리자, 전문공사업자, 각종 컨설턴트 등과의 관계나 공사용기자재, 노무, 공사비, 공기에 걸쳐있는 각종 배상, 보험, 검사, 인도, 하자담보 등의 상세한 계약조건을 규정하고 있다.

일본의 건설프로젝트에서 대부분은 총액도급계약방식이나, 유럽이나 미국에서는 프로젝트마다 여러 가지 요인에 의해 다양한 공사계약방식이 채택되어 쓰이고 있으며, 일본 건설업계에서도 1990년대 이래 경제·사회상황의 변화에 수반하여 여기에서 실시하고 있는 공사계약방식이 검토·도입되기 시작하였다.

### (3) 공사계약의 특징

공사계약의 목적을 총액도급계약방식의 경우를 예로 들어 설명하면, 발주자가 도급대금을 지불하는 것과는 달리 수급자가 설계도서(설계서, 시방서 등)와 계약서에 근거하여 공사를 완성하여 목적물을 발주자에 인도하는 것과 같은 것이다. 건설프로젝트의 공사계약방식은 다양 한데 공사계약방식의 결정요인은 공사발주범위, 공사비 결정방식, 공사발주체제가 있다. 공사계약방식의 분류에서 우선 3가지의 결정요인에 따라 구분하고, 보다 구체적인 공사계약방식을 상세히 분류한다. 이러한 분류의 개념을 그림으로 나타내면 다음과 같다.

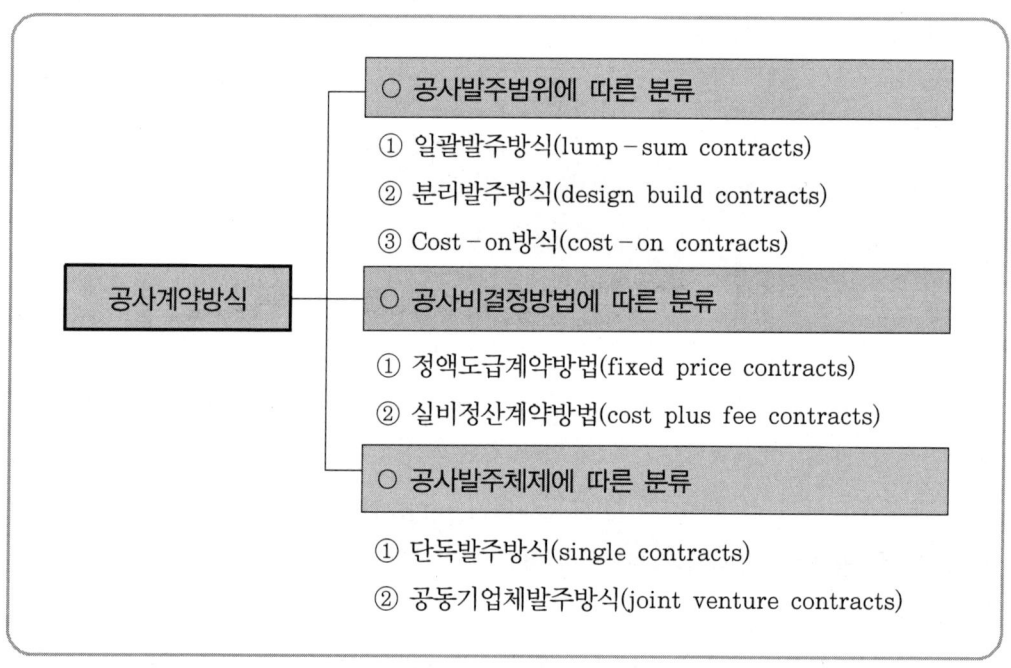

그림 2-16. 공사계약방식의 분류

코스트 온(Cost-on)방식은 발주자가 분리발주방식과 같은 형태의 절차에 따라 각 전문공사의 도급자와 공사비를 결정하고, 주요한 전문공사도급자(원도급)와 사전에 합의한 경비를 가산하여 일괄발주방식에 기초한 공사계약을 체결하는 방식이다.

일본의 건설산업은 하도급제도를 하나의 큰 특징으로 하고 있다. 건설업자 등은 수주한 공사를 업종별로 분류하여 하도급업자들에게 발주하는데, 기능공이나 단순 노무자 뿐만 아니라 건설기계 등도 그들에게 의존하는 경우가 많다. 이와 함께 일본에서는 재하도급제도가 발달되어 있다.

## 4. 독 일

독일은 건설업면허제도와 같은 건설업자에 대한 규제를 통해 일정한 자격요건을 갖추게 하는 등의 제도가 존재하지 않는다. 따라서 발주자들은 필요에 따라 해당 건설회사의 기업실태나 실적에 대해 동 회사의 거래은행이나 관할세무서에 문의하게 된다. 경우에 따라서는 관련 업자로 하여금 이들 기관에서 필요한 자료를 받아오게 할 수도 있다. 이와 같은 방법으로 발주자와 시공자의 관계는 원만하게 이루어지고 있다.

독일에서는 공공공사의 입찰과 계약 그리고 이에 관련된 내용은 「건설공사도급계약규정(VOB : Vergabe-und Vertragsordnung für Bauleistungen)」에 정하고 있다. VOB는 건설공사에 대한 계약 및 계약규정으로, Part A(VOB / A)에는 건설작업 허가에 대한 일반 조항, Part B(VOB / B)는 저작물의 실행을 위한 일반조건, Part C(VOB / C)는 건설공사계약 일반조건 등의 3개 부분으로 구성되어 있다.[8] 독일의 공공 근로 계약은 필수적이지만 민간건설 계약에서도 널리 사용되고 있다.

VOB는 정부기관을 포함한 공공공사발주자, 건설협회, 건축사협회 등이 합동하여 연방, 州, 市 등에서 발주하는 모든 종류의 건설공사에 적용하고자 작성한 것으로 임의규정이다. 이는 비록 법령은 아니나 연방정부와 주정부, 그리고 모든 자치단체에서 이를 준수하고 있다.

공공공사의 경우 공개경쟁입찰·제한경쟁입찰 및 수의계약의 3가지 방식이 있다. 공개경쟁입찰이 원칙으로 되어 있으나 예외적으로 제한경쟁입찰과 수의계약도 인정하고 있다. 제한경쟁입찰은 공사 실적이나 기술력을 심사하여 입찰참가자를 선정, 가격이나 기술력으로 낙찰자를 선정한다.

계약제도로서는 도급계약(표준계약서), 거래조건(계약일반조건), 기타 건설공사도급

---

8) WIKIPEDIA Die freie Enzyklopädie, Buchdeckel der VOB 2002.

계약에 관한 사항은 입찰의 경우와 마찬가지로 전부 VOB에 규정되어 있고, 이 밖에 다른 서식이나 조건은 없다. 독일의 종합건설업자는 예컨대, 건축의 경우 기본적 시공능력을 확보하기 위한 종업원을 항시 고용하고 있으나 전문분야의 공사는 하도급을 주는 것이 통례이다.

> ▶ VOB : Vergabe - und Vertragsordnung für Bauleistungen = Giving away−and Rules for Contract for Construction Services

## 5. 프랑스

공공공사 계약체결에 관한 법규는 민간공사와 공공공사로 나누어 적용한다. 민간공사계약은 주로 수의계약으로 체결되며 민법전(제3권)의 적용을 받는다. 프랑스의 표준협회는 일반경쟁입찰과 일반계약서식을 제정하여 민간공사계약에 적용토록 하고 있으나 강제성은 없고, 발주자와 도급자간의 합의에 따라 사용한다. 공공공사계약은 공공계약법전의 적용을 받는다. 공공공사 중 국가가 발주하는 공사에 있어서는 계약에 관련된 모든 규정이 일률적으로 계약법의 적용을 받으나, 지방자치단체가 발주할 경우에는 기술부분만 이의 적용을 받는다.

도급계약의 방법으로는 공사성격에 따라 공개경쟁입찰, 제한경쟁입찰 및 수의계약 등이 있으며, 공사의 60% 이상이 수의계약에 의하고 나머지는 제한경쟁입찰에 따른다. 공개경쟁입찰은 거의 예외적으로 시행될 뿐이다. 하도급에 관한 특별한 규정은 없고 통상 계약조건에 따라 시행되나, 원도급자가 하도급계약을 체결하기 전에 발주자로부터 하도급승인을 받는 것이 일반적이다.

프랑스국내에서 사용되는 계약형태로서는 대별하여 공사분리계약, 공사일괄계약(Genecon방식), 발주자대리계약의 3가지의 계약방식이 있다. 전통적으로는 발주자(MO : Maitre d'Ouvrage)가 Genecon과 개별적으로 계약하는 공사분리방식이 주류를 이루고 있는데, 최근에는 발주자도 공사일괄방식을 선호하며 민간공사에는 이 방식이 증가하고 있다. 공공공사에는 공사분리방식이 원칙적이나 이것도 감소하는 경향이다. 어느 방식을 막론하고 발주자대리(MOD : Maitree d'Oeuvre Delegue)가 개입하는 경우가 많다.

표준계약약관으로서는 일반규정으로서 사무관련의 CCAG(Cahier de Clauses Administratives Generales), 기술 관련의 CCTG(Cahier de Clauses Techniques Generales)가 있다. 더욱이 그 안건 특유의 사무 및 기술관련사항을 규정하고 있는 CCAP, CCTP가 있다. 건축계약상이나 민법상에서 건설에 관계되는 책임이 엄한 규정이 있고 보험제도가 이것을 커버하는데, 보험비용은 높은 수준이다. 여기서 보험을 담당하기 위한 독립의 검사기관으로서 기술검사회사(Bureau de Controle)가 있다. 프랑스에서는 건축가(Architecte)는 예술가로서 독립성이 높고 권한도 크다. 따라서 프랑스는 소위 설계시공은 법률상 존재하지 않는다.

민간건축에는 건축허가 신청을 하는 외에 건축가(설계자)의 서명이 필요하고, 반드시 건축가가 프로젝트에 참가하는 것으로 한다. 또 설계업무 중에 기술적인 부분을 담당하는 BET(Bureau d'Etude Techniques : 구조/설비설계사무소)도 중요하다. 이 BET가 시공감리자의 입장에서 발주자와 시공자의 중간에 개입하고, 프로젝트를 통합하는 역할을 담당하는 경우가 많다.

제3장

# 경영혁신의 개념과 기법을 이해한다

1. 경영을 혁신한다 / 97
2. 경영혁신을 위한 컨설팅의 이해 / 102
3. 경영전략을 수립한다 / 106
4. 경영혁신과 경영전략의 실행 / 113
5. 경영전략 실행을 위한 다양한 활용기법 / 117
6. 문제해결에 필요한 Basic Skill / 130
7. 경영개선 사례 / 137

| 제3장 | 경영혁신의 개념과 기법을 이해한다

# 01 경영을 혁신한다[9)]

## 1. 경영혁신이란?

　1990년대 초부터 국내에서 활발히 전개되기 시작한 국내기업들의 경영혁신활동은 요사이 보편화 되었다. 원래 혁신(innovation)이라는 개념은 무엇인가 신선하고 새로운 것을 의미했으나, 이제 '경영혁신'이라는 말은 식상할 정도가 되어버렸다. 사실 국내기업들은 경영혁신의 의미와 효용가치, 그리고 부작용을 정확하게 파악한 후에 자기에게 맞는 적절한 기법을 선택하는 노력보다는, 경쟁기업이 사용하고 있는 특정기법을 맹목적으로 회사에 도입하여 실행하는 경우가 많다. 따라서 경영혁신 의미를 되짚어 보는 것은 나름대로 의미가 있다.

　경영혁신이라는 단어는 '경영'과 '혁신'이라는 두 단어의 합성어이다. 우선 각각의 낱말이 지니는 본래 의미를 살펴보면 경영이란 사전적 활동, 현장 활동, 사후적 활동으로 구성되어 있으며, 사후적 활동은 다음 경영의 사전적 활동에 대한 기초가 된다. 아울러 '경영혁신'이란 조직의 목적을 달성하기 위하여 새로운 생각(idea)이나 방법(method)으로 기존업무를 다시 계획하고 실행하고 평가하는 것이라고 할 수 있다.

　한편, 혁신이란 '새로운 것'을 의미한다. 슘페터(J. A. Schumpeter)는 "혁신이란 창조적인 파괴과정을 의미하며 혁신이야말로 기업발전의 원동력이다"라고 정의하면서 그러나 기존 방식에서 출발하여 점진적인 변화를 통해 지속적인 개선에는 큰 가치를 두지 않는다. 전통적인 대량생산체제의 목표는 생산성 향상이었다. 표준화를 통한 생산성 증대로 인하여 기업들은 시장점유율을 높일 수 있으며 가격경쟁으로 이윤을 향유할 수 있다.

---

9) 기은신용정보(주), 신용평점관리와 경영혁신, 새로운 제안, 2007 ; 대한건설협회 서울특별시회, 미래 건설업 경영혁신을 위한 실무지침, 1996 ; 石尾和哉, 企業再建の進め方, 東洋經濟新聞社, 2003 참조

경영혁신이란 조직의 목적을 달성하기 위하여 새로운 생각이나 방법으로 기존업무를 다시 계획하고 실천하고 평가하는 것이다. 따라서 경영혁신은 새로운 제품이나 서비스, 새로운 생산공정기술, 새로운 구조나 관리 시스템, 조직구성원을 변화시키는 새로운 계획이나 프로그램을 의도적으로 실행함으로써 기업의 중요한 부분을 본질적으로 변화시키는 것을 의미한다.

오늘날 혁신은 기획 연구개발부문에서만 전담하는 일이 아니라, 아이디어 형성에서 이의 사업화에 이르기까지 각종 관련 부문과 조직 계층 간의 인적 접촉과 물적 공유에서 이루어진다. 따라서 참가자들의 정보공유화와 상호학습은 복합화 되고 있는 조직혁신에 불가결한 요소가 되고 있다. 결론적으로 "경영혁신이란 조직의 목적을 달성하기 위해 새로운 생각이나 방법으로 기존 업무를 다시 실천 평가하는 것"으로 정의할 수 있다. 보다 구체적으로 보면 새로운 제품이나 서비스, 새로운 생산공정기술, 새로운 구조나 관리시스템, 조직 구성원을 변화시키는 새로운 계획이나 프로그램을 의도적으로 실행함으로써 기업의 중요한 부분을 본질적으로 변화시키는 것을 의미한다.

## 2. 시대별 주요 경영혁신기법

컨설팅 도구라고 할 수 있는 경영혁신기법은 시대 흐름에 따라 새롭게 등장하고 사라진다. 왜냐하면 그 시대의 경영환경에 따라 기업들이 생존하기 위해 필요로 하는 방법이 달라지기 때문이다.

### (1) 1960~1970년대

60~70년대는 세계경제가 본격적인 성장궤도에 진입하는 시대로서, 기업들은 제각기 매출액을 증가시키는 데 목적을 두고, 이를 달성하는데 도움이 되는 경영혁신기법을 필요로 했다. 이때 등장한 것이 대량생산을 통해 시장점유율을 높이도록 판단 근거를 마련해준「경험곡선(Experience Curve)」, 제한된 자원을 전략적으로 성장유망사업에 집중시키는「전략단위조직(Strategic Business Unit : SBU)」, 성숙사업, 성장사업, 미래사업 등으로 사업균형을 유도하는 일명 BCG 매트릭스 경영혁신기법,「제품 포트폴리오

매트릭스(Product Portfolio Matrix : PPM)」등과 같은 경영혁신기법들이다.

## (2) 1980년대

80년대에 들어서는 미국 레이건 행정부가 공급위주 경제정책을 채택하면서 세율을 낮춤에 따라 증권시장에서 단기 이익을 노리는 M&A(인수합병)가 빈번히 일어났다. 이 같은 상황에서 경영자들은 성장성 대신 수익성을 새로운 목표로 삼게 되었고, 기업을 보호하기 위해서 의도적으로 부채비율을 높이는 「재무리스트럭처링(Restructuring)」기법이 유행하기도 했다. 일본 기업에서 성공적인 성과를 거둔 전종업원 참여 속에 원가절감과 품질개선을 도모하는 「전사적 품질경영(Total Quality Management : TQM)」, 생산에서 리드타임을 줄여 재고비용을 혁신적으로 절감할 수 있는 「JIT(Just In Time)」 기법이 생산시스템 혁신을 주도하였다. 또 전략사업단위를 중심으로 경쟁기업의 행동에 대응해 자신이 속한 산업구조에서, 독점적 수익성을 확보하는 「경쟁전략(Competitive Strategy : CS)」, 컴퓨터시스템을 분산시켜 비용을 줄이고 효율성을 높이는 「정보시스템 다운사이징(Downsizing) : DS」 등의 경영혁신기법이 나타났다.

## (3) 1990년대

90년대 들어오면서 미국 기업들은 보다 장기적인 경쟁력을 확보하기 위한 노력을 경주하였다. 이에 따라 시간사용에서 효율성을 높이는 「시간기준경쟁(Time Based Management : TBM)」, 세계최고수준의 경쟁력을 갖추기 위한 「벤치마킹(Bench Marking : BM)」, 인력과 시간비용을 대폭 줄이는 「조직 다운사이징(Organization Downsizing : DS)」, 핵심능력이 없는 부분은 과감히 떼어내어 외주로 돌리는 「아웃소싱(Out Sourcing : OS)」, 고객만족을 전제로 경영프로세스를 혁신적으로 단축하는 「리엔지니어링(Reengineering : RE)」, 무한한 미래를 향해 원하는 바를 마음껏 펼치는 「비전만들기(Vision Making : VM)」, 외부환경에 신속하게 대응하면서 끊임없이 조직 스스로 배워나가는 「학습조직(Learning Organization : OL)」 등 새로운 기법이 소개되었다.

## 3. 경영혁신의 형태

그러나 현실에 있어서는 경영혁신이라 하면 전문인력이 많은 대기업에서나 할 수 있는 것, 어렵고 복잡하고 피곤하고 귀찮은 것, 비용이 많이 소요되고 외부 컨설팅을 통해서 하는 것 등 부정적 이미지가 떠오르게 된다. 그리고 많은 혁신 기법들도 우리를 혼란스럽게 만들기도 했었다. 위에서 살펴본바와 같이 전사적 품질관리(TQM), JIT(적기적량생산)시스템, 벤치마킹(Benchmarking), 다운사이징(Downsizing), 리스트럭처링(Restructuring), 리엔지니어링(BPR), 아웃소싱(Outsourcing), 고객만족경영(CS), 식스시그마운동(6Sigma), 전사적 자원관리(ERP), 목표관리(MBO) 등 분야별로 다양한 혁신기법들이 있으며, 계속 새로운 혁신기법들이 개발되고 있다. 그러나 이상과 같은 다양한 경영혁신의 방법이 있음에도 불구하고, 일상 업무를 수행하기도 빠듯한 중소기업으로서는 제반 상황을 고려할 때 경영혁신을 도입할 엄두도 낼 수 없는 것이 현실이다.

경영혁신의 다양한 기법들은 그 기법마다 나름의 유효한 용도가 있어 한 가지 혁신기법으로 전체 경영부문의 혁신을 이룰 수 없다. 세계적으로 유명한 경영컨설팅 업체인 McKinsey의 7'S 등 초우량기업의 조건을 제시하는 다수의 컨설팅모델들이 있지만 모든 기업에 적용할 수 있는 조건은 없으며, 또 이러한 조건들을 충족시켜 우량기업으로 간주되던 기업들도 얼마 지나지 않아 '불량기업'으로 전락하는 경우가 허다하다. 따라서 영원한 초우량기업은 존재하지 않는다. 다만 제조업체에 관한 한 '기술력'과 'Speedy한 경영'이 초우량기업이 되기 위한 필요조건임에는 틀림없는 사실이다.

생산현장에서 필요한 기법, 조직관리에 유용한 기법, 직원 의식에 관한 것, 고객에 초점을 둔 것 등 각각 정해진 용도가 있다. 그러나 이들 기법이 추구하는 공통의 목표는 '시대상황이 요구하는 경쟁력을 갖추는 것'이다. 경영혁신을 어려운 과제로 생각할 필요도 없고, 어떤 기법을 이용하느냐가 핵심사항도 아니다. 시대 상황에 맞는 최고의 경쟁력을 갖추는 것이 경영혁신의 목적이자 핵심이다. 따라서 기업의 입장에서는 경쟁력 향상을 위해 개선해야 할 일들을 선정하고 창의력을 발휘해 기업에 맞는 사업으로 추진해 나가는 것이 훌륭한 경영혁신이다.

## 4. 경영혁신의 성공조건

경영혁신에 성공하기 위해서는 최고경영자의 집념과 함께 혁신의 주체(Change Agent)가 되어야 하며, 직원들이 혁신의 필요성을 피부로 느껴야 한다. 이와 함께 무엇을 개혁할 것인가에 대한 주체가 분명해야 하며, 아울러 혁신인재의 육성 및 현장의 문제해결 능력의 확보도 매우 중요하다. 경영혁신 작업을 하다보면 이해 충돌과 결심해야 할 상황이 많이 발생하며, 예산 등이 필요하거나 부서간의 협조가 필요하기 때문에 이를 조정하고 교통정리 해야 할 사람은 최고경영자(CEO)이기 때문이다.

표 3-1. 혁신활동의 성공조건

| 성공조건 | 구체적 내용 | Bottleneck |
|---|---|---|
| 최고경영자(CEO)의 강력한 실행의지 | • 부서간의 이해 조정<br>• 실행에 대한 강력한 의지<br>• 독려와 지원 | • 보고를 받는 형태의 집행<br>• 단기성과 기대<br>• 지속적인 관심과 참여문제 |
| 조직원의 필요성 공유와 집념 | • 자발적인 참여와 높은 목표제시<br>• 최고에 대한 안목과 집념 | • 강제적으로 구성된 팀 활동<br>• 불충분한 지원에 의한 좌절 |
| 혁신인재의 육성 | • 핵심적인 다수의 Change Agent 확보<br>• Change Agent에 대한 자율권 확보 | • 구시대적 인재와의 갈등초래<br>• 관리통제로의 회귀 |

⇩

| 성공조건의 조기 확보를 위해 스킬(Skill)활동을 전개함 |
|---|

그러나 최고경영자의 의지만으로는 경영혁신을 할 수 없다. 조직원들이 경영혁신의 필요성을 절실히 느끼고 스스로 참여해야만 경영혁신이 성공할 수 있다. 이를 위해서는 전 직원이 공감하는 회사의 미래 모습이 담긴 비전을 만들어 공유해야 한다.

이와 함께 개혁의 대상에 대해서 이를 분명히 하여야 한다. 기업에서 고쳐야 할 사항은 도처에 널려있다. 업무별, 장소별, 제품별, 공정별로도 개선 대상을 구할 수 있다. 현장에서의 효율적인 현장관리, 인력관리, 자재 및 구매관리, 건설수주 및 마케팅관리, 하자관리, 채권관리, 고객관리 등 다양한 측면에서 개혁의 대상이 된다.

## 02 경영혁신을 위한 컨설팅의 이해

### 1. 경영컨설팅의 개요

원래 컨설팅의 시초는 엔지니어링 컨설팅이었다. 현장 경험이 많은 나이 지긋한 선임 엔지니어가 주로 정년 등의 문제로 현업에서 은퇴한 후에, 또는 기초이론에 밝은 공대 교수진 같은 사람들이 부업으로, 독립 프리랜서로서 기업의 의뢰를 받아 제품제작 과정이나 건설공사 과정에서 발생하는 각종 문제들의 해결책을 제시해 주고 보수를 받는 것이었다. 이러한 형태의 엔지니어링 컨설팅은 여전히 이루어지고 있다. 이렇게 엔지니어링 컨설팅 사업이 성공을 거두고 컨설팅의 효율성이 입증되자 컨설팅의 대상이 재무회계 등의 각종 전문분야로 확장되기 시작했다.

오늘날 컨설팅은 기업성장을 위해 기업을 변화시키는 도구 및 프로그램을 운영하는 활동이다. 이것을 우리는 '경영혁신기법'이라고도 한다. 기업의 중요한 전략, 조직, 시스템을 혁신시키는 도구나 프로그램을 진행하는 것을 컨설팅(Consulting)이라고 하며, 그러한 도구나 프로그램을 운영할 수 있는 능력과 기술을 가진 사람을 컨설턴트(Consultant)라고 한다.

기업들이 선택하는 컨설팅을 운영하는 프로그램인 경영혁신기법에는 경험곡선, 품질관리, 전략사업단위, 기업문화 등 오래 전부터 소개되어 널리 보급된 것도 있고, 리스트럭처링, 다운사이징, 리엔지니어링, 벤치마킹과 같이 근래에 도입되어 사용되는 것도 있다. 이와 같은 경영혁신기법은 제각기 다른 목적과 효과를 추구하지만 다음과 같은 공통점이 있다.

첫째, 시대에 따라 유행하는 경영혁신기법이 달라진다는 것이다. 저명한 경영학자이며 경영컨설턴트인 드러커 교수는 "경영자란 15세 소녀와 같이 유행에 민감해서 다른 회사가 새로운 경영혁신기법을 사용하는 것을 보면 이를 자기회사에도 적용하고 싶어 한다"고 지적했다(매일경제, 1996.11.2.).

둘째, 경영혁신기법이 비록 유행을 타면서 나타났다 사라지지만 각 기법은 그 당시의 경영환경을 반영한다는 점이다.

셋째, 이 세상에 만병통치약 같은 경영혁신기법은 없다는 점이다. 소화제를 머리 아픈 곳에 쓸 수 없듯이 기업마다 추구하는 목적과 당면한 문제점 그리고 내부능력과 조건이 다르다. 따라서 한 기업에서 성공적으로 사용된 경영혁신 기법이 조건이 다른 기업에서도 같은 효과를 내리라는 보장은 없다.

## 2. 경영컨설팅의 목적

경영컨설팅은 기업 경영상의 여러 가지 문제점을 규명하고 해결할 수 있도록 지원하며, 실질적인 해결방안을 제시하고 실행을 지원하는 전문적인 서비스를 말한다. 경영컨설팅은 고객 기업에 대한 고품질의 서비스를 제공하여 현실적이고 수치적인 경영성과를 도출하고, 철저한 사후관리를 통하여 고객만족과 초우량기업으로의 성장을 지원하는 기본적인 이념을 지니고 있다.

(Management Consulting is to provide the professional service for clients/enterprises to analyse and solve business problems and for clients to apply successful cases of other companies to their own companies)

따라서 경영컨설팅은 기업의 업무 프로세스와 경영시스템 전반의 혁신을 통해 기업 내부역량을 강화하고 'Best Practice'의 구현을 통한 전체적 최적화를 이룩함으로써 21세기 무한경쟁시대의 선두주자로서의 위치를 확고히 하는 새로운 경영체계를 구축하는 데 목적이 있다.

## 3. 컨설팅 프로세스 모델

컨설팅은 하나의 프로세스이기 때문에 어느 한 단계에서 문제가 발생하면 컨설팅 자체가 불가능해진다. 실제로 실패로 끝나는 컨설팅의 대부분은 이러한 프로세스를 제대로 이해하지 못한 결과이다. 컨설팅의 착수, 진단, 실행계획 수립, 실행 및 종료로 이어지는 컨설팅 프로세스를 중심으로 하여 각 단계별로 필요한 기법과 유의사항이 있다. 컨설팅은 일반적으로 다음과 같은 프로세스로 진행된다.

표 3-2. 컨설팅 프로세스

| 단계별 | 착수단계 | 진단단계 | 문제점 도출<br>개선방안 | 지도실시 | 완료보고<br>사후관리 |
|---|---|---|---|---|---|
| 수행단계<br>(Activity) | •고객 상담<br>•컨설팅방향 설정<br>•TFT구성<br>•경영자 면담<br>•요구사항파악<br>•기업현황분석 | •자료수집, 미팅<br>•업무진단<br> (정량, 정성)<br>•문제점 진단 | •분야별문제점<br>•개선방향제시<br>•지도분야, 방법 결정 | •개선방안실시<br>•전사적 교육 훈련<br>•프로세스정립<br>•현장작업개선<br>•생산, 공정, 원가 관리 지도 | •완료보고회<br>•고객만족 측정<br>•고객DB등록 |
| 참고자료<br>(Data) | •회사소개서<br>•제품소개서<br>•기업현황표<br>•수행계획서 | •기업보유자료<br>•업종관련자료<br>•언론보도자료<br>•실무자미팅 | •컨설팅 기법<br>•컨설팅수행 자료 | •개선기법교육<br>•신설자료<br>•수정자료 | •중간보고서<br>•실행내역서 |
| 산출물<br>(Document) | •기업현황조사서 | •기업현황분석서<br>•재무지표분석서<br>•업무분석서 | •문제점기록서<br>•개선방안서 | •컨설팅개선지도서<br>•컨설팅산출물<br>•중간보고서 | •최종보고서<br>•고객만족 결과서<br>•사후관리서 |

| 진단분석 | 문제점 도출 | 개선과제 도출 |
|---|---|---|
| ▫경영진단<br>•정량, 정성분석<br>▫부문별 경영진단<br>•경영일반분야<br>•경영정보시스템 분야<br>•인사조직 분야<br>•생산, 기술개발 관리분야<br>•마케팅 분야<br>•재무회계분야<br>▫기업환경 분석<br>▫업무프로세스 분석 | ▫업무프로세스 및 경영관리 체계<br>▫공정 과부하<br>▫생산, 공정관리 체계<br>▫원가관리 등의 미흡 | ▫업무 프로세스 체계 및 경영관리 체계정립<br>▫공정개선<br>▫공정과부하 개선, 작업 표준화 생산·공정관리 체계정립<br>▫공정개선, 납기단축, 원가 상승, 낭비요소 제거 등 Data 관리에 의한 원가 절감 및 원가관리 체계 구축 |

이와 같은 컨설팅은 건설업인지 아니면 용역업인지 등과 같이 산업별로 각각 그 성격을 달리하며, 대기업인지 아니면 중소기업인지에 따라 그 방법 또한 다르게 진행된다. 즉 그 기업의 규모와 핵심 사업의 특성에 따라 다르게 적용되는 것으로 중소기업의 경영진단 시나리오의 전개과정을 살펴보면 다음의 그림과 같다.

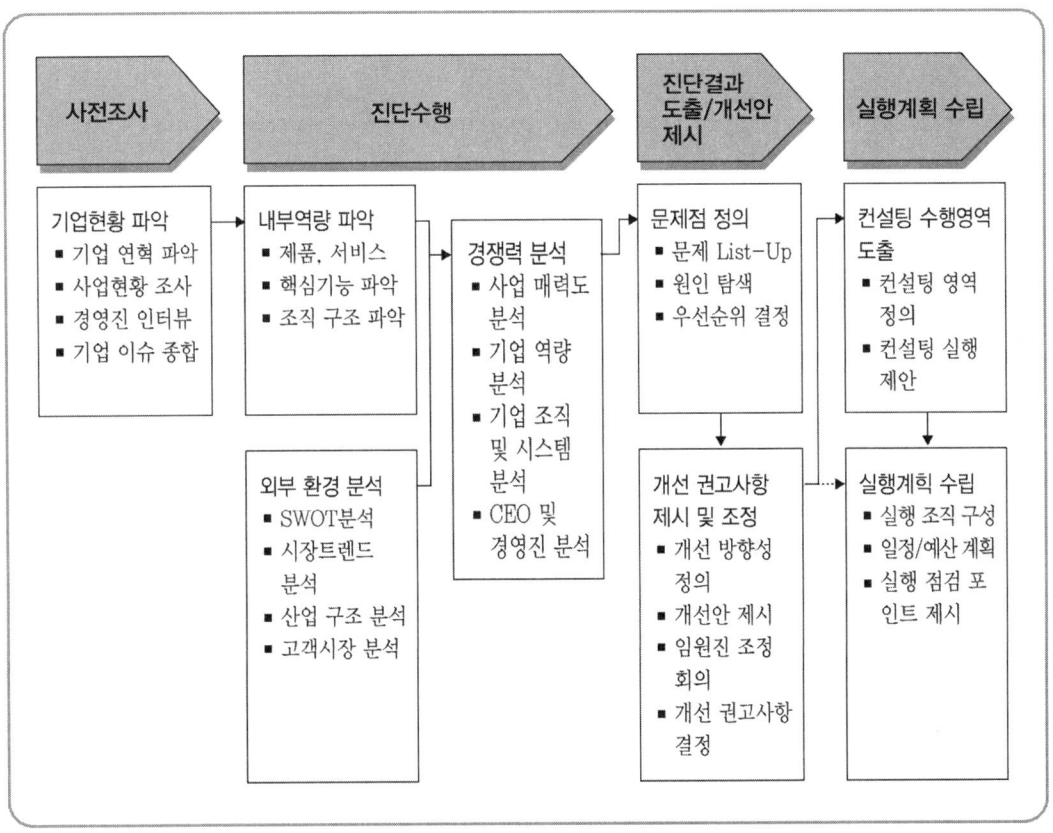

그림 3-1. 경영진단 시나리오 진행도(Flow)[10]

▶ 컨설팅의 수요자는 기업이다. 기업이 보다 나은 경영과 발전을 위해 컨설팅이 필요하다는 인식을 갖게 되고, 이를 구체적으로 실행하는 노력이 뒷받침된다면 기업의 체질은 보다 강화될 것이며 컨설팅 수요 또한 창출될 것이다.

---

10) 한국컨설팅서비스협회(KOSCA), 컨설팅서비스 플랫폼 개발내용 설명회, 2015.10.

## 03 경영전략을 수립한다

경영전략(business strategy)이란 환경 변화에 대한 기업 활동을 전체적·계획적으로 적응시키는 전략으로, 변동하는 기업 환경에 능동적으로 대처하여 기업의 존속과 성장을 꾀하는 것이다. 따라서 경영전략수립이란 현재 무슨 사업을 하고 있고 앞으로는 어떤 사업을 할 것인가, 이를 어떻게 달성할 것인가에 대한 차별화된 해답을 요구하는 것이다.

'경영전략'이란 용어가 처음으로 등장하기 시작한 것은 1960년대로서, 단기간 내에 경영전략론이 경영학의 중심내용으로 부상하게 된 이유는, 1970년대 이후로 급격한 환경변화에 직면하여 이에 대응하는 방법을 모색하지 않을 수 없었기 때문이다. 지금과 같이 급변하는 환경변화에 대응하여 미래의 환경변화를 예측하고 조직의 목표나 비전을 달성하기 위해서는, 지금부터 우리의 조직은 무엇을 어떻게 해야 할 것인가를 선택해야 한다.

### 1. 경영전략의 필요성

일반적으로 중소기업에서는 전략 등이 필요 없다고 생각하거나, 전략을 명확히 하지 않는 경영자가 많다. 그러나 경영환경이 급변하는 이 시대에서는 어떤 기업에도 전략은 중요한 요소임에는 틀림없다. 경영전략은 변화하는 환경에 적응하고 신사업기회를 포착하면서, 어떻게 경쟁해나갈 것인가를 명확히 하는데 있다.

오늘날과 같이 국내외 건설 환경이 급변하는 이 시대에 선진기업들과 무한경쟁체제로 들어가게 된 한국 건설업체가, 이들과 경쟁에서 생존하고 성장하는 기업으로 존재하기 위해서는 각 기업의 특성에 맞는 전략을 수립하여 실행에 옮겨야 할 것이다.

지금까지는 과거의 경험에 기초를 둔 직관력 있는 의사결정을 하는 경영자가 유능한 경영자였지만, 오늘날의 유능한 경영자는 급변하는 정치, 경제, 사회 환경뿐만 아니라

가속화되고 있는 기술변화에도 적응해야하며 이를 위해서는 근본적인 변화를 시도하여 기업을 이끌어 나가야 할 것이다.

과거 생산자 위주의 상황에서는 관리만 잘 하면 되는 것으로 인식하던 때도 있었다. 아파트공사를 착공만 하면 팔리던 시대에는 원가관리, 인력관리, 자금관리 등을 잘 하면 되고, 환경변화는 그때그때 상황에 따라 처리해도 문제가 되지 않는 시절이 있었다. 따라서 그들은 내일 무슨 일이 일어날 것인가를 고려해 보기 보다는 오늘의 현실에 매달리는 관리자의 역할을 하는데 급급했다.

기업이 경쟁에서 생존하고 성장·발전하기 위해서는 급변하는 상황에 적응하여 나가면서 경쟁우위를 확보하고 날로 다양해지고 있는 고객의 욕구에 부응해야만 하는데, 잘 준비된 기업은 성장의 기회를 맞을 것이며, 기업의 능력이 부족하거나 준비가 되어 있지 않다면 그 기업은 위기를 맞을 것이다.

그러므로 환경변화에 부응하며 경쟁력을 강화하기 위해서 경영자는
① 사업에 영향을 미칠 수 있는 주요한 변화를 예측하고,
② 미래의 사업추진 방향을 환경변화에 맞추어 재정립하여야 하며,
③ 목표를 달성하는 방법을 찾아내어야 하고,
④ 목표를 달성하기 위하여 자원을 최적의 방법으로 배분하여야 하며,
⑤ 수립된 계획을 실행할 수 있도록 조직 구성원의 인식을 하나로 응집시키는 문화를 형성하여야 한다.

이와 같은 조건을 만족시킬 수 있는 것이 바로 포괄적인 장기경영계획이다. 따라서 이러한 경영계획을 수립하는 데는 반드시 체계적이고 실현가능성이 있는 방법을 동원해야 하는 것이다.

## 2. 경영전략의 요소

경영전략이 성공하기 위해서는 우선 경영전략이 명확히 책정되어 있는가를 파악하는 것이 매우 중요하다. 이러한 경영전략의 핵심요소로서는 ① 사업영역(domain), ② 성장방향(vector), ③ 경쟁전략(competition strategy)이다.

### (1) 사업영역

사업도메인으로 이는 자사의 사업영역이다. 국제화가 진전되고 수요구조가 변화하는 가운데 언제까지나 같은 시장, 같은 상품으로 살아남을 수 있는 시대는 지났다. 새로운 제품으로 전환하고 새로운 시장을 개척해가는 것이 중요하다. 다음의 신문기사를 음미해볼 필요가 있다.

---

**"집만 지어 돈 벌던 시대는 끝났다"**

○ 최근 모 대형 건설사 대표는 『요즘 건설업계는 보이지 않는 생존게임에 빠져들었다.』고 말했다. 이유는 크게 두 가지다. 우선 갈수록 공사 수주 물량이 줄어들고 있다. 대한건설협회에 따르면 2010년 국내 건설 수주액은 117조원(추정치)으로 작년보다 1.5%쯤 감소할 것으로 추산된다. 2007년(128조원) 이후 3년 연속 뒷걸음질이다. 아울러 그동안 건설업 성장 동력 역할을 했던 주택 시장마저 작년 말 이후 꽁꽁 얼어붙어 좀처럼 해빙 기미를 보이지 않는 것도 문제다. 따라서 전문가들은 "결국 시공능력과 기술력으로 승부를 걸어야 할 때가 왔다"면서 "새로운 사업 발굴과 해외시장 개척 등 체질개선에 나서지 않으면 파도에 휩쓸리고 말 것"이라고 말한다.(2010.10.29, 조선경제 특집)

○ 건설사들이 '아파트 이후 시대'에 대비해 체질 개선을 서두르고 있다. 집을 짓기만 하면 팔리던 시대가 끝나면서 주택 위주 사업구조를 해외 플랜트나 토목·공공 부문으로 다각화하는 것이다.(2010.11.15, 조선경제)

---

### (2) 성장방향

제품, 시장분야와 관련하여 기업의 진행방향을 나타내는 것이 성장의 방향, 즉 성장의 벡터이다. ① 현재의 시장에 깊이 침투하는 전략, ② 새로운 시장을 개척하는 전략, ③ 새로운 제품을 개발하는 전략, ④ 시너지 상승효과를 고려한 다각화 전략이 있다. 어떠한 전략으로 자사의 성장을 실현해 갈 것인가를 명확히 하는 것이 경영전략의 기본이다.

### (3) 경쟁전략

　사업도메인을 명확히 하고 성장전략을 실현하기 위하여 다른 기업과 경쟁하고 해외 제품과 경쟁하는 가운데, 어떻게 하면 자사가 살아남느냐, 그리고 성장해 갈 것이냐를 생각하여야 한다. 목표시장을 어떤 기준으로 세분하여 별개의 부분(segment)을 포착하여, 그 시장 부분에 가장 적합한 마케팅 활동을 어떤 방법으로 해나갈 것인가가 포인트이다. 세분화된 시장을 표적으로 하여 집중화, 차별화하는 전략도 그 전략의 하나이다.

## 3. 경영전략의 종류

　경영전략의 종류는 기간개념으로 볼 때 장기·중기·단기 전략계획 등이 있으며, 전략계획의 성격으로 볼 때는 기본전략계획과 운영전략계획 또는 실행전략계획으로 나눌 수도 있다. 일반적으로 중·장기 경영전략으로 거론되는 전략으로서는 다음과 같다.[11]

### (1) 집중화 전략

　집중화 전략(focus strategy)은 하버드 대학의 마이클 포터(Michael E. Porter) 교수가 제시한 원가 우위 전략, 차별화 전략과 더불어 세 가지 본원적 전략 중 하나이다. 이 전략은 특정 시장, 즉 특정 소비자 집단, 일부 품목, 특정 지역 등을 집중적으로 공략하는 것으로 회사의 자원을 가장 이익이 많이 나는 제품이나 시장공략에 집중함으로써 가장 성공 가능성이 높아진다. 즉 원가우위 전략과 차별화 전략이 전체 시장을 대상으로 한 것임에 반하여 집중화 전략은 특정 시장에만 집중하는 전략이다.

　기술력과 자금력이 부족한 중소기업에서 시장의 욕구에 충족하는 모든 제품을 생산해 낼 수는 없기 때문에, 프로젝트의 유형을 나누어 이를 바탕으로 생산계획을 수립한다. 국내 업체의 경우 아파트분야에 주력하는 일부업체와 외국기업으로 원자력 발전분야의 Westinghouse Electric Co, 석유화학분야 건설의 Brown Root Inc. 등이 있다.

---

11) 대한건설협회 서울특별시회, 미래 건설업 경영혁신을 위한 실무지침, 1996, pp.19~24. 참조 ; 장위상 외 2인, 기업진단과 경영혁신기법, 새로운 제안, 2001, pp.265~269 참조.

### (2) 다각화 전략

다각화 전략(diversification strategy)은 한 기업이 다수의 분야에 걸쳐서 사업을 전개하려는 전략이다. 기업을 에워싼 상황은 부단히 변화하고 있으며 특히 신제품, 구입처, 판매처 등에 변동이 있으면 때때로 치명적인 타격을 입게 되는 경우도 있다. 이를 피하기 위해 스스로 신제품을 개발하거나 신규참입·구매처·판매처 등을 자사 지배하에 두기 위해 다각화전략을 채택하게 된다. 다각화 전략은 일반적으로 각각 다른 회사의 강점과 약점을 보완해서 회사의 시너지효과를 높이는 전략으로 사용된다.

예컨대, 건설회사가 공사용 자재 재품생산을 하거나, 중기분야 또는 엔지니어링 분야에 진출하는 등이 있다. 그러나 다각화 전략은 업종이나 제품에 관련 없이 선택할 수도 있다. 회사의 자원의 효과적인 사용이나 장기적으로 높은 이익이 가능한 분야에 투자하는 등 기존제품과 다른 안정된 분야에 투자함으로써 기존제품의 시장침체에 대비하는 전략으로 사용되기도 한다.

기업이 다각화를 하는 이유는 성장과 위험분산에 있다. 다각화를 통해 더 많은 수익을 창출할 수 있고, 기업조직내의 구성원들에게 더 많은 기회를 제공해 줄 수도 있다. 반면에 위험분산의 목적은 개별사업부문들의 경기순환에서 오는 위험을 피 할 수 있다는 측면이다. 현재사업의 성장이 둔화될 때를 대비하여 다른 사업을 미리 준비하는 것으로 볼 수 있다.

### (3) 시장 및 제품개발 전략

현재의 시장에서 자사의 제품이 회사가 원하는 목표를 달성하지 못하였을 때 회사는 시장개발전략이나 제품개발전략을 사용할 수 있다. 시장개발전략은 일반적으로 집중화 전략 중에서도 가장 쉬운 것으로 최소의 비용과 최소의 위험을 가지고 있기 때문에 쉽게 선택할 수 있다. 시장개발전략은 현재 제품의 시장공략을 위하여 새로운 공급망을 광고 선전이나 방송매체를 통하여 바꾸거나 추가하는 것이다.

제품개발전략은 현재 시장출하 제품을 새로운 제품으로 바꾸거나 개조하여 기존 공급처를 통해 공급하거나 새로운 유통라인을 통해 공급하는 것이다. 아파트 분양의 경우, 과거에는 내부사용 재질 등을 건설회사가 일방적으로 결정했으나 근래에는 제품개발전략의 일환으로 아파트의 구조나 내부재질을 고객이 직접 선택할 수 있도록 옵션(option)제 등을 채택하고 있는 것이다. 기존제품을 개조하여 기존 시장에서 고객을 확대하는 전략이라 할 수 있다.

### (4) 기업합병 전략

기업의 내부자원의 활용을 통한 성장이 한계에 도달했을 때 타 기업과 결합하여 조직의 지속적인 성장을 도모하거나, 해당산업에 대한 독점적 이윤을 누리기 위해 합병매수(M&A)가 시도될 때, 합병주체기업은 시너지를 얻기 위해 합병매수를 수행하는 것이다.

기업합병 및 인수거래는 영어로 Merger & Acquisition(M&A)이라고 한다. M&A는 대상기업들이 하나로 합쳐져 단일회사가 되는 합병(Merger)과, 기업이 다른 기업의 자산 또는 주식의 취득을 통해 경영권을 획득하는 기업매수(Acquisition)를 합친 개념으로 이해되고 있다. 그러나 이러한 M&A라는 용어는 학문적으로 정립된 용어가 아니라 실제적인 차원에서 형성된 용어이다. 따라서 광의로는 기업분해, 경영권 참여 등 기업결합과 관련된 일련의 행위를 의미하기도 한다. 기업의 합병 및 매수란 독립된 기업 활동을 인적, 물적, 자본적 결합을 통하여 동일한 관리체제하에서 기업 활동을 영위하도록 조직하는 기업결합의 한 형태이다.

기업은 이를 통하여 경쟁력 강화, 시장에의 조기 진입 및 마찰회피, 투자비용의 절감, 투자위험의 경감 등의 목적을 달성할 수 있다. 법률적인 의미에서 기업의 합병이란 2개사 이상의 기업이 결합되어 법률적, 실질적으로 하나의 기업이 되는 것을 말하는데, 이에는 2개사 이상의 기존기업이 동시에 해산, 소멸되어 새로운 기업이 설립되는 신설합병과 기존 기업 중 한 기업이 존속하여 타 기업을 흡수하는 흡수합병의 두 가지가 있다.

### (5) 긴축 또는 축소전략

긴축 또는 축소전략(retrenchment / turnaround strategy)을 활용하는 이유는 다양하다. 예컨대, 수익성의 감소, 경제 불황, 치열한 경쟁 등의 이유로 회사가 긴축 또는 축소전략을 선택하는 이유는 어느 일정기간동안 생존한 후 재도약을 시도하기 위함이다. 축소전략은 일반적으로 두 가지 방안을 택할 수 있다.

첫째, 원가절감 및 절약으로 조직의 규모를 축소하거나 필요한 기계장비를 구입하는 대신, 임대를 한다거나 불필요한 경비를 줄이는 방법이다.

둘째, 자산을 줄이는 전략으로 당장 불요불급한 택지나 건물 등의 부동산을 매각처분하거나 또는 장비 등을 처분하는 방법으로 당장 꼭 필요한 자산 외에는 모두 처분하는 것이다.

이러한 두 가지 방법으로도 효과를 얻을 수 없을 경우에는 좀 더 과감한 행동이 필요할 것이다. 종업원을 감축한다든지 수익성이 적은 사업을 중단한다든가 하는 방법을 사용한다. 통상 이 경우에 함께 병행하는 방법으로 최고경영자를 교체하는 것이다. 이를 통해 회사 조직원의 새로운 활력과 향후 대처능력을 높이기 위함이다.

### (6) 기타 전략

이 외에 긴축 또는 축소전략으로 기업이 원하는 목표대로 움직여 지지 않을 경우에는 회사나 사업부를 적당한 사람에게 매각하는 전략으로 이를 처분전략(divestiture strategy)이라 한다. 이외에 외부의 전문화된 기술을 도입하여 생산이나 판매에 접목하는 아웃소싱(outsourcing)전략, 계열화를 통해 시너지 효과를 갖게 되는 계열화 전략과 국제화 전략 등이 있다.

> ▶ 저성장기의 체질개선 필요성 : 고래와 아베베 사례
> 포유류인 고래가 바다라는 새로운 환경에 적응한 것이나, 마라토너 아베베가 올림픽에서 우승할 수 있었던 비결은 바다와 고지대라는 악조건의 환경 속에서 장기간 체질개선을 해낸 결과
> ○ 고래 : 잠수 등 심장박동 중 20회(인간은 60~90회), 공기교체효율 90%(육상동물 10~15%), 근육 내 미오글로빈(산소저장소) 다량 함유, 선택된 기관에만 산소 공급
> ○ 아베베 : 고지대인 에티오피아 출신으로, 지구전에 유리한 미오글로빈과 적근(赤筋) 발달로 저지대인 로마, 도쿄 올림픽 마라톤에서 우승 (자료 : 삼성경제연구소 SERI)

# 04 경영혁신과 경영전략의 실행[12]

## 1. 대응전략 수립

앞에서 살펴본 바와 같이 치열한 경쟁과 어려운 환경에 생존하기 위해서는 각 기업특성에 맞는 전략을 세워서 실천해야 할 것이다. 이처럼 외부환경의 변화가 급속히 이루어지고 경쟁이 치열해지는 이때에 종래와 같이 관리만 잘하고 로비활동만 잘하면 된다는 과거지향적인 기업경영은 주먹구구경영과 다를 바 없다.

각 기업은 경쟁이 치열할수록 또한 외부환경 변화가 빠를수록 변화의 추이와 자사의 능력을 냉철히 분석·평가하여 미래에 대비한 기업 경영전략을 세워야 할 것이다.

## 2. 경영혁신의 필요성

경영혁신이란 말 그대로 경영의 방법론에 있어서 새로운 접근을 시도하는 것을 말한다. 새로운 시도에 대한 요구는 경쟁의 환경이 변해감에 따른 기업의 생존방식의 전환이라고도 할 수 있다. 이제까지는 기업이 사실 당해 연도 이익을 확보만 한다면 아무런 문제가 없다고 보는 '단기업적 추구형 경영'과 함께, 지금까지 그럭저럭 풀렸으니까 앞으로도 잘 될 것이라고 보는 '장래 낙관형 경영'이 지배적이었다.

그러나 IMF외환위기를 겪고 난 이후 이러한 경영자세로는 급변하는 환경에 적응할 수 없다는 위기의식을 느껴 시대의 흐름에 맞는 아래와 같은 사유로 경영혁신의 필요성을 공감하게 되었다.

① 환경변화의 충격에도 견디어 낼 수 있는 경영체질의 형성
② 환경변화에 적합한 경영시책의 창출
③ 경영시책을 실천할 수 있는 기업능력의 구비

---

[12] 대한건설협회 서울특별시회, 미래 건설업 경영혁신을 위한 실무지침, 1996 ; 대한건설협회, 새로운 경영혁신 모델(BRIM)의 개발, 1995 ; 럭키금성그룹, CU VISION의 확립(교육자료), 1990 참조.

## 3. 경영혁신과 경영전략과의 관계

경영전략은 경영혁신의 한 기법으로 제기되는 것으로서 전술한 바와 같이 다양한 기법이 거론되고 있으나 일반적으로 ① Restructuring, ② Benchmarking, ③ Reengineering, ④ 장기전략 등이 있다.

각 기업이 경영혁신을 하기 전에 먼저 그 기업자사의 경영비전과 목표가 있어야 하고, 그 비전과 목표를 달성하기 위한 경영전략이 필요하다. 자사의 능력과 환경의 변화를 예측하고 자사의 목표를 분명히 한 경영전략을 세운 후 이를 실천하기 위한 구체적인 방법으로 그 목표와 전략에 맞는 경영혁신기법을 선택해야 하는 것이다.

단어 자체의 의미에서도 알 수 있는 바와 같이 '비전(vision)'이란 앞으로 어떻게 될 것이라고 하는 막연한 꿈이 아니고, 현실과 목표를 결부시킨 경영구상이라 할 수 있다. 현재의 모습에서 1년 후 또는 10년 후의 회사의 모습을 그려보는 것으로서, 이를 달성하기 위해 경영목표를 설정하고 그리고 이를 실행하기 위한 경영방침을 설정하는 것이다.

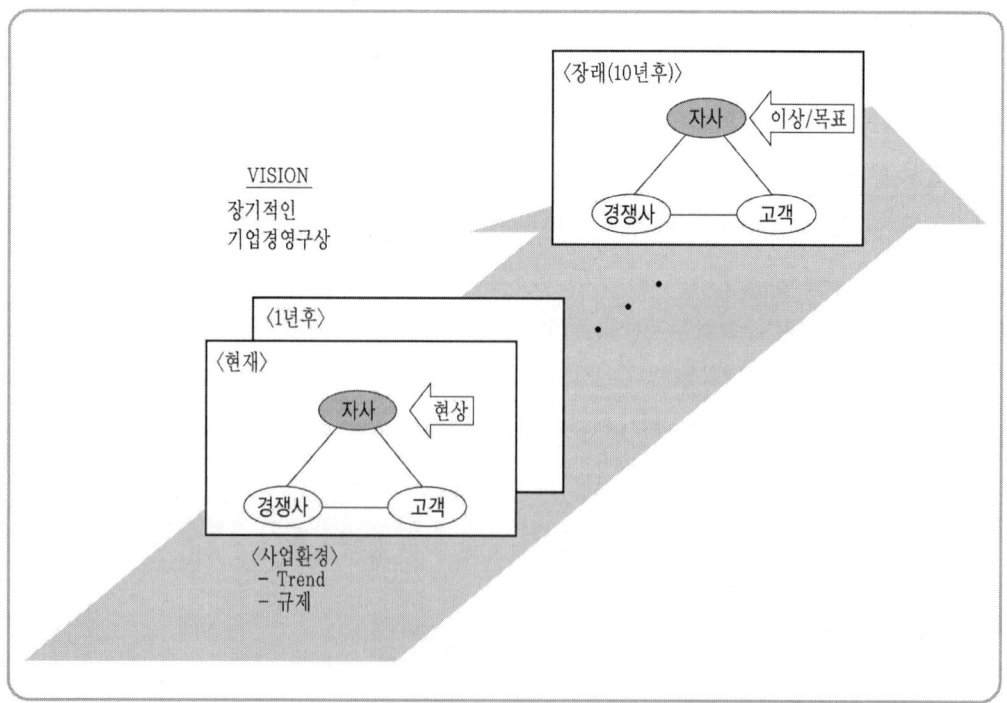

그림 3-2. 비전의 고찰방안

## 4. 경영전략 수립 프로세스

경영전략을 수립하는 방법으로 다음 [그림 3-3]과 같이 경영전략 프로세스모델이 있다. 이 모델은 각 기업의 규모나 특성에 따라 약간의 변형이 있을 수 있으나 기본 프로세스는 비슷하다.

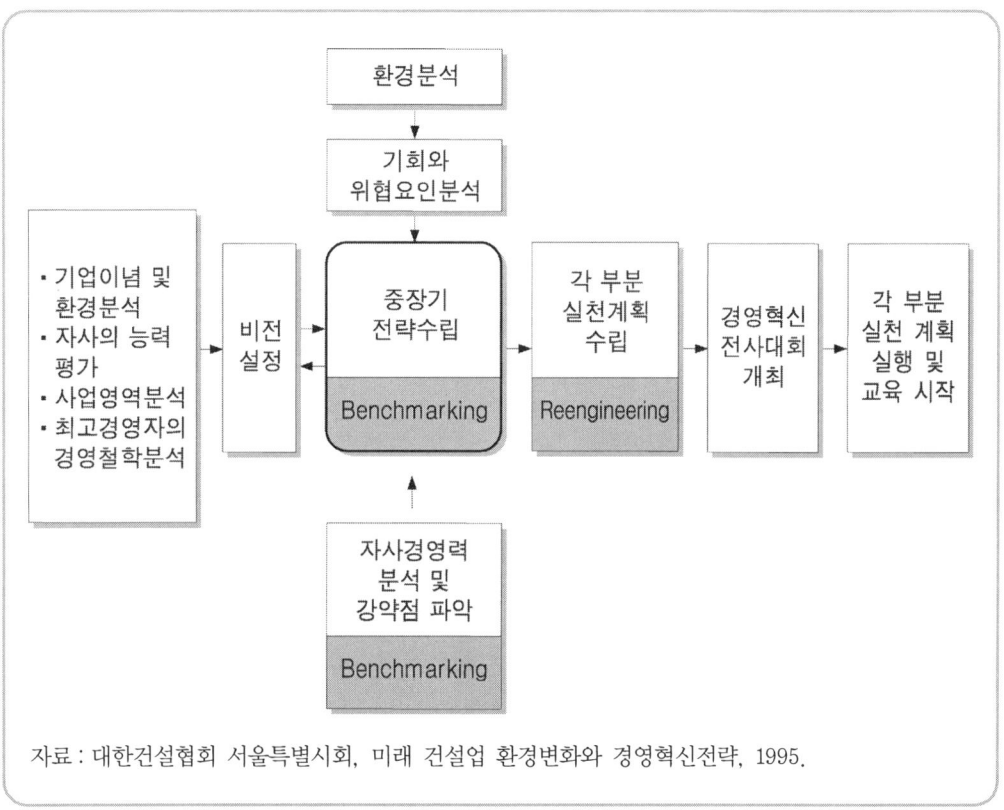

그림 3-3. 비전설정 및 경영전략 Frame Work

① 기업 활동에 영향을 미치는 중요한 국내외 환경 변화, 기술 환경 변화, 고객환경 변화, 정부정책 변화 등을 분석·평가하여 그 변화가 자사의 정책수행에 기회요인으로 작용하는지 또는 위협요인으로 작용하는지 등을 분석하며, 또한 그 변화가 경쟁자에게는 어떤 영향을 미치는 지를 분석한다.
② 자사의 경쟁능력을 변화하는 환경 및 경쟁자 및 선진경쟁기업 등 각 분야별로 비

교하여 자사의 강점은 무엇이고 약점은 어느 부분인지를 파악하고 전체적인 GAP 을 분석한 다음, 이에 따른 원인 및 대처방안 등을 검토하여 대처방안을 찾은 후
③ 자사에 적합한 목표를 설정한다. 이때 사업의 영역·이익목표·기술개발·관리목적 등을 설정한다.
④ 그 다음 단계로 목표달성을 위한 전략수립과 자사의 실정에 맞는 최적의 경영관리시스템을 설계한다. 전략수립시는 신규 사업 진출 전략과 기존사업에서의 경쟁우위전략 등을 동시에 검토한다.
⑤ 그 후 설정된 목표와 기본전략을 실천할 수 있는 각 부분별 실행추진계획(전술적 측면, 경영혁신기법등 사용)을 수립한다. 이때 각 부분의 실행을 추진하기 위한 조직의 재구축, 기업문화의 공유방향, 목표관리 및 통제관리시스템의 구축 계획도 함께 세워 각 부분의 실행계획이 성공할 수 있도록 한다.
⑥ 이와 같이 모든 계획이 수립되면 기업구성원 모두가 인식을 같이하고 힘을 하나로 집결시키기 위한 비전 및 전략발표회 등을 갖고 각 부분별로 경영혁신운동을 다함께 전개한다.

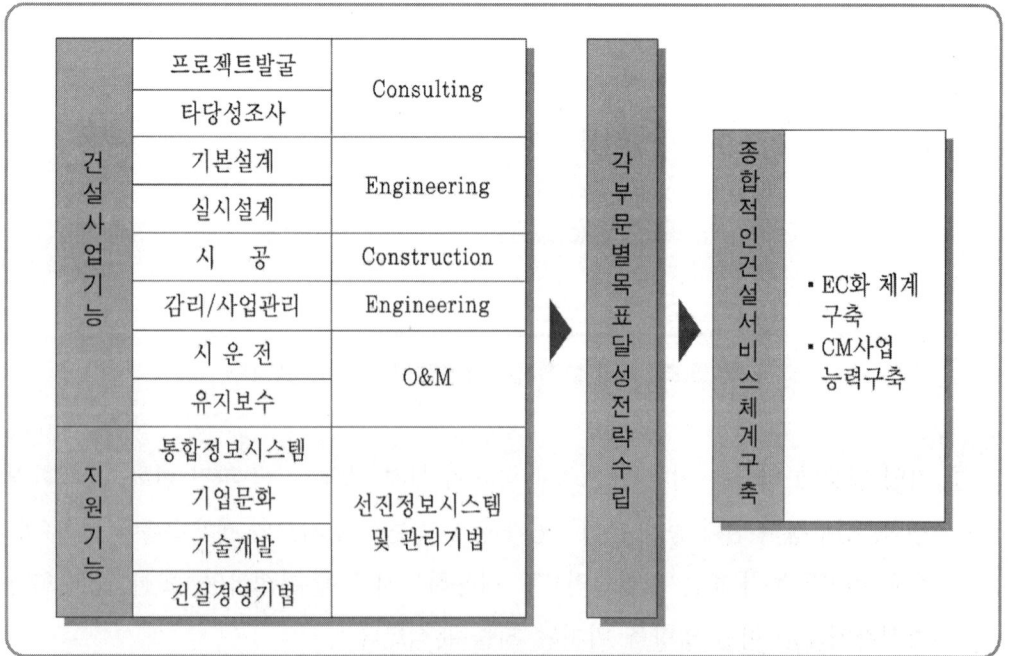

그림 3-4. 종합적 건설서비스체제 구축을 위한 전략수립 체계

## 05 경영전략 실행을 위한 다양한 활용기법

### 1. 리스트럭처링

#### (1) 정 의

기업에서의 개혁 작업을 '사업구조조정' 또는 '기업구조조정'이라고 하며, 이 같은 사업조정을 추진하는 경영 절차기법을 '비즈니스 리스트럭처링(business restructuring)'이라고 한다. 사업구조조정이란 부실기업이나 비능률적인 조직을 미래지향적인 사업구조로 개편하는 데 주목적이 있다.

바꾸어 말하면, 성장성이 희박한 사업 분야의 축소 내지 폐쇄, 중복성을 띤 사업의 통폐합, 기구 인원의 감축, 부동산 등 소유자산의 매각처분 같은 방법은 수동적 리스트럭처링 기법이고, 국내외의 유망기업과 제휴하여 새로운 기술을 개발시킨다거나 전략적으로 다른 사업 분야와 공동사업을 추진하는 방법 등은 적극적 기법이다. 이 '리스트럭처링'은 기업 중장기 경영전략의 핵심적 부분이기도 하다. 'BPR(Business Process Reengineering)'이라 불리는 리엔지니어링(Reengineering)은 이른바 '리스트럭처링'의 하위개념에 속한다.

기업 안에 결합된 경영자원을 분해하고 재배치하는 과정을 구조조정이라고 하는데, 기업은 구조조정을 통해 자산매각, 정리해고, 조직개편, 사업정리, 분사(Spin-off), M&A 등 다양한 의사결정을 내리게 된다. 구조조정은 단순히 기업이 재무적인 성과 하락만을 근거로 단행하는 의사결정이 아니라, 가치 창출(value creation) 여부라는 비재무적 요인까지 포함하는 보다 적극적인 의사결정 사항이라고 할 수 있다. 재무적 성과로 잘 드러나지는 않지만, 해당 기업에게 특별한 가치를 제공해주는 사업과 해당 조직에 대해서도 그 정당한 평가가 내려질 수 있도록 하는 것이, 구조조정 과정에서 무엇보다도 중요한 이유가 바로 여기에 있다고 하겠다.

### (2) 리스트럭처링의 목적

#### [1] 사업 포트폴리오 구성

우선, 사업 포트폴리오(business portfolio)를 통한 위험의 분산이 그 첫 번째 목적이다. 기업이 다각화를 통해 사업 포트폴리오를 구성하면, 개별 산업이 안고 있는 위험으로부터 벗어나 기업이 진출하고 있는 각 산업의 위험이 서로 상쇄·보완되는 효과를 얻을 수 있게 된다. 이러한 위험의 상쇄와 분산으로부터 기업은 새로운 위험을 떠안을 여지가 생길 뿐만 아니라, 내부 자본시장(internal capital market)을 통해 조달한 여유자금을 새로운 위험에 투자할 수 있는 여력까지 만들 수 있게 된다. 여기서 포트폴리오란 위험을 분산시킴으로써 개별위험의 등락을 다른 위험으로 보전하려는 것을 말한다.

#### [2] 잉여자원의 활용

기업은 기존사업을 통해 얻은 성과와 그 자원을 통해 새로운 사업을 영위할 여력을 얻을 뿐만 아니라, 이러한 검증된 자원을 새로운 영역에서 재활용(exploitation)해야 하는 경제적 당위성을 부여 받게 된다. 따라서 기존의 자원과 역량을 적극적 활용하는 방안의 하나로서 사업다각화는 추진되는 것이다.

### (3) 사업 다각화에 관한 구조조정

기업은 새로운 가치창출을 위해 사업영역을 넓히고 경영자원을 동원하며, 성장을 거듭한다. 사업 다각화를 통해 기업이 새로운 가치를 찾을 수 없을 때, 기업은 해당 사업을 정리하고 새로운 사업에 역량을 집중해야 할 필요성을 느끼게 된다. 이러한 과정을 '사업 다각화에 관한 구조조정'(Business Restructuring)이라고 한다.

기업의 조직 메커니즘 및 사업의 범위는 거래비용에 의해 결정되는 것이며, 거래비용을 최소화하는 방향으로 기업은 움직인다. 기업이 구조조정을 하는데 있어서도 이와 같은 문제는 발생한다. 현재 기업이 보유하고 있는 사업 및 해당 조직이 과연 기업의 가치창출에 도움이 되고 있는지, 아니면 분사를 통해 외부화(externalization)하거나 밖에서 필요한 경영자원을 조달(out-sourcing)하는 것이 기업에게 더 유리한지를 고민하여야 한다. 이러한 고민의 결과가 곧 이 부문에 있어서의 구조조정이며, 이는 기업의 비전과 경영전략 방향을 고려하여 결정할 문제이며, 또한 거래비용 관점에서 판단해야 할 문제인 것이다.

### (4) 구조조정의 유형

구조조정의 핵심은 핵심역량을 중심으로 한 선택과 집중에 있다. 따라서 수익성 중심이 아니라 핵심역량 중심으로 사업구조조정이 단행되어야 하는데 구조조정의 유형을 그림으로 나타내면 다음과 같다.

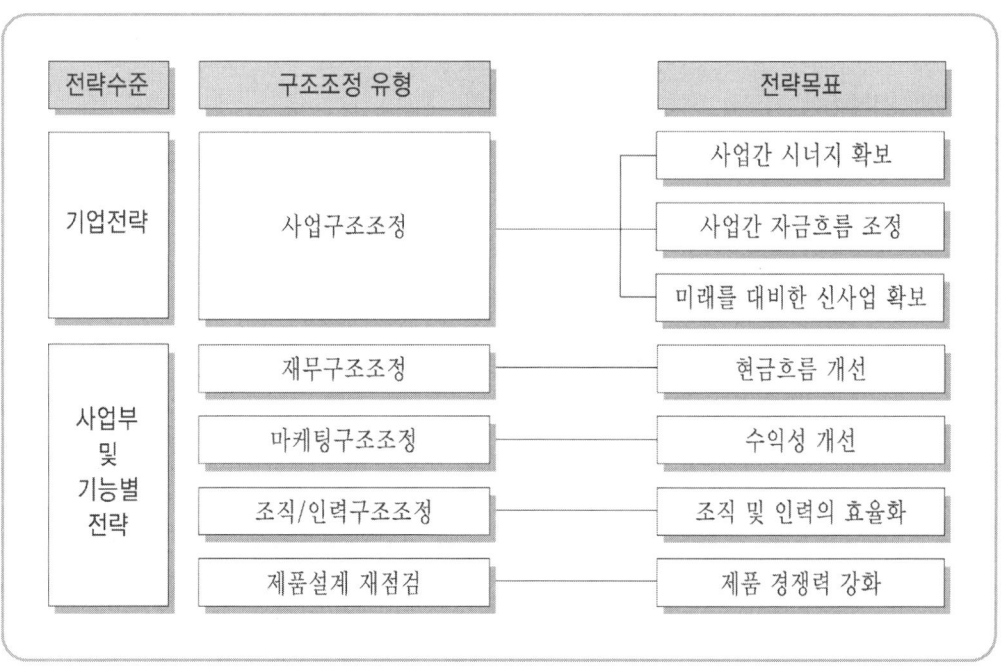

그림 3-5. 구조조정의 유형

### (5) 구조조정의 핵심

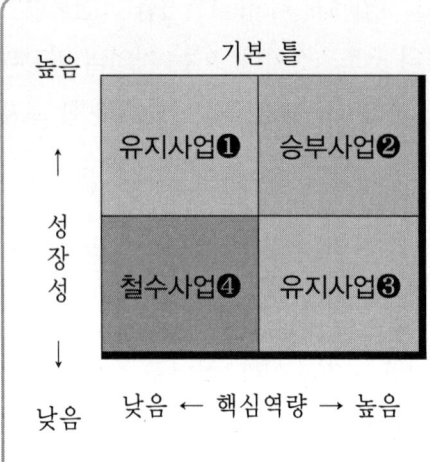

❷ 현재 어느 정도의 역량이 있는 사업으로서 성장성도 높은 사업

❶❸ 시장성이나 핵심역량 중 어느 하나가 부족한 사업이나, 향후 승부사업의 육성/강화 및 불확실성에 대비하기 위해 유지해야 할 수업

❹ 핵심역량과 시장성 모두가 없는 사업으로서 철수 대상

❸ 철수시에는 수익성은 없을 지라도 핵심역량을 강화할 수 있는 사업이 있는지를 면밀히 검토할 필요가 있음

그림 3-6. 구조조정의 핵심

## 2. 벤치마킹

### (1) 벤치마킹의 개념

원래 Benchmark라는 말은 건설업과 연관이 많은 지형조사에서 나온 말로 '참조지점과 비교해서 측정 한다'는 의미이다. 그러나 경영기법상의 Benchmark란 '최고수준의 성과'를 말하는 것으로, 이 기준을 자사의 조직에 적용하는 방법을 배우기 위해 벤치마킹과정을 이용한다. 벤치마킹은 최근 기업의 관심을 사로잡는 대표적인 경영혁신 실행기법 중의 하나이다. 벤치마킹은 기업 활동 수행 프로세스를 개선시키고 기업경쟁력을 높이고자 하는 기업의 욕구가 깔려있다. 특히 우리나라 건설업에 있어서 벤치마킹은 경영전략을 수립하는데 많은 도움이 된다.

벤치마킹은 우리의 능력과 우리가 가고자 하는 위치에 있는 대상(경쟁자, 혹은 선진일류기업 등)을 보고 배움(Benchmarking)으로써, 그들이 어떤 방법으로 그 위치에 도달했는지를 실제로 보고 느낌으로서 우리도 거기에 도달할 수 있는 전략을 개발하는 것이다.

　Benchmark의 기준은 선진기업 혹은 벤치마킹 대상기업의 최상의 성과(best practice)에 대한 측정치를 채택하여 정량화, 정성화함으로써 추론된 데이터를 우리의 업무에 어떻게 접목시킬 것인가를 결정(이 과정에서 리엔지니어링기법 채택 필요)하여 고객의 요구를 충족시키는 것이다. 이때 경영진은 추출된 데이터를 생산성 향상이나 비즈니스 프로세스의 개선을 추진하는데 적용하여야 하며, 선진기업의 최상의 성과를 자사의 업무에 접목시킬 수 있도록 학습조직으로 전환시켜야 한다.

### (2) 벤치마킹의 유형

　벤치마킹은 비교 대상에 따라 ① 내부벤치마킹, ② 경쟁적 벤치마킹, ③ 비경쟁적 벤치마킹, 글로벌 벤치마킹 등이 있다. 이와 함께 벤치마킹은 그 수행 목적에 따라 ① 전략적 벤치마킹, ② 고객 벤치마킹, ③ 코스트(Cost) 벤치마킹 등으로 구분한다.

### (3) 벤치마킹의 방식

표 3-3. 벤치마킹의 방식

| 구 분 | 시 장 | 고 객 | 제품(서비스) | 프로세스 |
|---|---|---|---|---|
| 전략적 관점 | 시장조사 산업분석 경쟁정보수집 | 고객만족도 측정 | 역(逆)엔지니어링 | global벤치마킹, 전략적 벤치마킹 |
| 전술적 관점 | 제품서비스 | 고객 불만 처리 | 경쟁적 제품분석, 성능벤치마킹 서비스경쟁, 비용벤치마킹 | 실행적 벤치마킹 |

### (4) 프로세스 모델

　벤치마킹을 성공적으로 수행하기 위해 처음부터 끝까지 일관되고 체계적이며 표준화된 접근방식을 사용하여야 하며, 이를 위해서는 그림에서와 같이 구성된 프로세스 모델에 따라 벤치마킹조사를 세밀하게 수행하여야 한다.

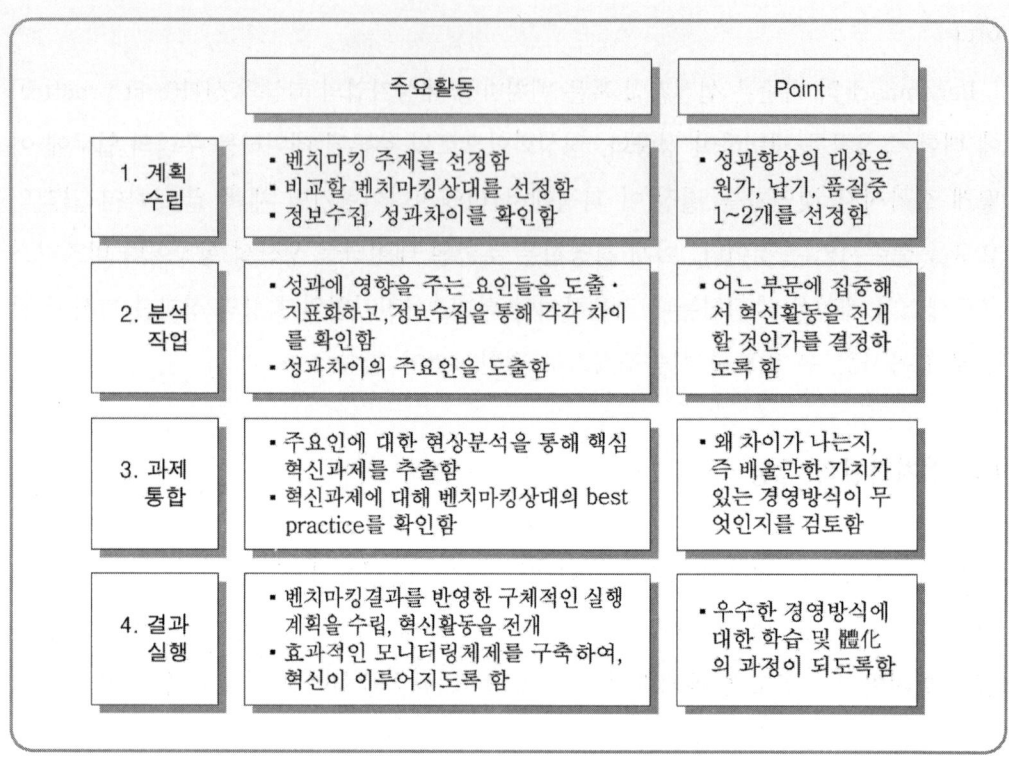

그림 3-7. 벤치마킹 프로세스 모델

## 3. 사업프로세스 재설계(BPR)

### (1) 비즈니스 리엔지니어링의 개념

또 하나의 경영혁신 기법인 비즈니스 리엔지니어링(Business Reengineering)은 국내에 매우 잘 알려져 있는 기법중의 하나이다. 비즈니스 리엔지니어링이란 "기존의 업무방식을 근본적으로 재 고려하여 과격하게 비즈니스 시스템 전체를 재구축하는 것으로 프로세스를 근본단위로 하여 업무, 조직, 기업문화까지 전 부문에 대하여 성취도를 대폭적으로 증가시키는 것"으로 MIT교수였던 마이클 해머(Michael Hammer)가 1990년도에 「Havard Business Review」에서 처음으로 사용하였다. Business Process Reengineering(BPR) 이라고도 한다.

과거의 경영혁신은 개선을 강조하였다. 예컨대, 품질관리 기법인 전사적 품질경영(Total Quality Management)은 현재의 작업방식에 끊임없는 개선을 이룩하는 과정이었다. 그러나 BPR은 과거의 업무방식의 보완이 아닌 과감한 재구축으로 업무방식의 일대 혁신을 꾀하여 개선이상의 효과를 목표로 하는 것이다.

BPR의 근본대상은 프로세스(process)이다. 기업에서의 주요업무는 한 부서에서 이루어지는 경우는 드물며 여러 부서의 협력을 통하여 이루어진다. 따라서 한 부서의 부문별 최적화보다는 업무의 수행단위인 프로세스를 대상으로 혁신을 이룩하여 전사적 입장에서의 최적화를 꾀할 수 있다. BPR의 목표는 시간단축, 비용감소, 하도급업체 관리, 간접비 감축, 문제점의 해결, 조정과 업무연계 등 다양하다.

오늘날과 같이 급격한 환경변화에 직면한 우리 업계에서 이 기법을 벤치마킹기법 등과 연계하여 경영혁신전략의 한 기법으로 시용하면 더욱 효과적이다. 리엔지니어링이란 발전 가능성이 있는 방향으로 사업구조를 바꾸거나 비교우위가 있는 사업에 투자재원을 집중적으로 투입하는 경영전략을 말한다. 사양사업에서 고부가가치 유망사업으로 조직구조를 전환하므로 불경기 극복에 효과적이다. 또한 채산성이 낮은 사업은 과감히 철수 매각해 광범위해진 사업영역을 축소시키므로 재무상태도 호전시킬 수 있다.

BPR은 업무를 기능별로 파악하는 것이 아니라 고객의 관점에서 일관된 프로세스를 파악하고 정보기술을 적극적으로 활용하여 프로세스, 즉 업무의 흐름을 완전히 새롭게 바꾸어 놓는 것이다. 그러나 이러한 BPR기법으로 모든 회사가 성공하는 것은 아니다. 왜냐하면 이 기법은 종전의 개선방법(improvement)과는 달리 급속한 변화를 수반하기 때문에 저항도 심해 많은 기업이 실패하는 사례도 많다.

리엔지니어링의 창시자인 마이클 해머는 과거 대량생산체제 시대에는 모든 공정을 단순화하고 기본적인 동작으로 분류하여 종업원을 철저히 분업케 함으로써 능률을 올릴 수 있었으나, 오늘날과 같이 고객의 수요변화, 상품의 짧은 수명, 급변하는 기술·환경, 치열한 경쟁상황에서는 맞지 않는 방법이다. 따라서 우리는 과거와 단절하여 모든 것을 다 잊어버려야 한다. 그리고 다시 시작해야 한다는 이론이다.

## (2) 프로세스의 개념도

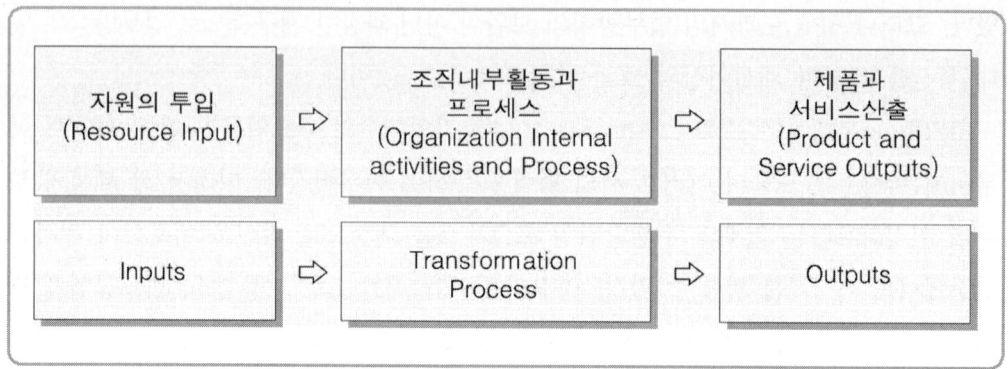

그림 3-8. 프로세스 개념도

위의 그림에서 보는 바와 같이 프로세스란 "어떤 목적에 이르게 하는 활동들로 하나 이상의 입력(Input)을 받아들여 고객에게 가치 있는 결과(Output)를 산출하는 활동들의 집합"이라 할 수 있다.

## (3) 리엔지니어링 추진순서

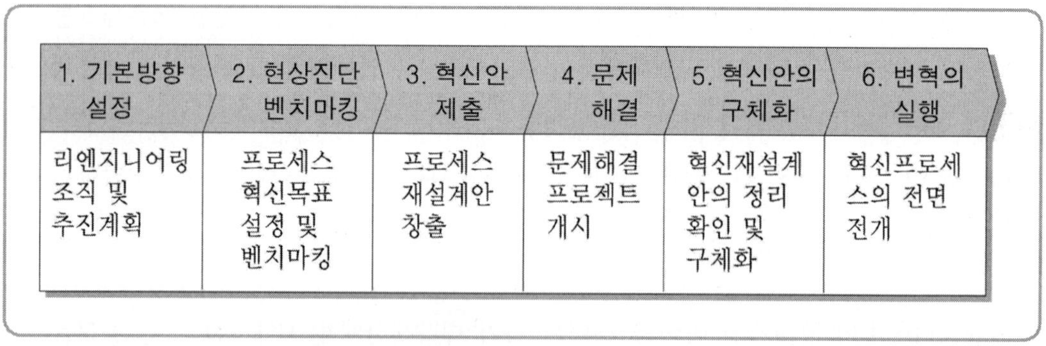

| 1. 기본방향 설정 | 2. 현상진단 벤치마킹 | 3. 혁신안 제출 | 4. 문제 해결 | 5. 혁신안의 구체화 | 6. 변혁의 실행 |
|---|---|---|---|---|---|
| 리엔지니어링 조직 및 추진계획 | 프로세스 혁신목표 설정 및 벤치마킹 | 프로세스 재설계안 창출 | 문제해결 프로젝트 개시 | 혁신재설계안의 정리 확인 및 구체화 | 혁신프로세스의 전면 전개 |

그림 3-9. 리엔지니어링 추진 프로세스

리엔지니어링의 핵심성공요인으로서는 다음과 같다.
① 톱다운(top down)방식에 의한 추진(ownership)
② 변화의 필요성에 대한 공감대 형성

③ 명확한 목표의 설정에 의한 추진
④ 적절한 추진환경의 조성
⑤ 정보기술의 창의적 활용
⑥ 전문 인력의 육성

## 4. 목표관리(MBO)

### (1) 목표관리란?

MBO(Management By Object)란 '목표에 의한 관리'라고도 부르며 1965년 Peter Drucker가 그의 저서「경영의 실제」에서 주장한 이론이다. 기존의 상사에 의한 부하의 업적평가 대신, 부하가 자기 자신 혹은 상위자와의 협의에 의한 양적으로 측정 가능한 관리기법으로, 구체적이고 단기적인 업적목표를 설정하여 스스로가 그러한 업적 목표 달성의 정도를 평가해서 그 업적을 보고하게 하는 방법이다.

이 이론에 의하면 경영자는 종업원들로 하여금 직접 자신들의 업무목표를 설정하는 과정에 참여하도록 함으로써 같이 적절한 목표를 설정하고, 이를 기준으로 하여 작업 실적을 평가한다. 따라서 경영자와 종업원 모두가 만족할 수 있는 경영목표를 설정할 수 있으며 특히 종업원들은 자신에 대한 평가방법을 미리 알고 업무에 임하고, 평가 시에도 합의에 의해 설정된 목표달성 정도에 따라 업적을 평가하며, 그 결과는 피드백(feedback) 과정을 통하여 경영계획 수립에 반영된다.

### (2) MBO의 특징

MBO의 특징은 다음과 같이 4가지로 요약할 수 있다.
① 작업에 대한 구체적인 목표를 설정한다.
② 종업원들이 계획 설정에 참여한다.
③ 실적평가를 위한 계획기간이 명시 되어있다.
④ 실적에 대한 피드백 기능이 있다.

모든 단계의 첫 번째로서 최상부기관의 목표와 비전이 우선되어야 한다. 상위 조직의 목표는 하위조직의 목표로 분화되며 결국 팀 단위의 목표로 완성되는데, 주의할 점은 하위목표를 통합한 것이 상위목표로 재조정 될 수 있다는 점이다.

### (3) MBO 이론의 장점과 단점

MBO는 평가기준을 설정할 때 각 구성원들이 맡고 있는 직무의 특수한 성격을 고려할 수 있고, 계획기간 동안에 이루어야 할 명확한 목표가 있으므로 강한 동기부여에 의해 근로자들이 더욱 열심히 일을 한다. 또한 개인적 특성 보다는 업무성과에 초점을 맞추고 있으며 평가(rating)보다는 개발(developing)에 중점을 두고 있다는 면에서 장점에 있다.

그러나 업무성과를 지나치게 강조하다보면 업무의 무형적인 측면에 대한 비중이 낮아지고, 측정가능요인을 목표로 정해야 하는데 이 과정에서 자료의 왜곡 또는 낮은 목표를 설정할 수 있다. 또 단계별 실행을 위해서 많은 시간과 노력이 필요하며 목표관리를 위해 많은 서류작업이 요구될 수 있다.

### (4) 우리나라 기존 MBO의 문제점

우리나라에서는 직급중심의 여전한 연공서열 의식과 직원들의 소극적인 자세, 일본을 거쳐 수입된 왜곡된 MBO 기법으로 인해 조직원들로 하여금 굴욕을 강요하는 것으로 인식될 소지가 있다. MBO의 근간인 시스템 이론이 소홀히 다루어 진 결과, 상급자에 의해 던져진 목표에 서 출발되는 경향이 있으며(할당관리), 그나마 평가 시스템이 제대로 가동되지 않고 보상이 소홀한 면이 있다.

### (5) MBO를 위한 팀조직의 목적

따라서 위와 같은 문제점을 극복하고 진정한 MBO제도가 정착되기 위해서는 조직효율의 획기적 향상, 조직의 비효율성을 과감히 제거하고 가볍고 빠르고 생산성이 높은 조직화로 유도해야 할 것이다.

## 5. 성과관리(BSC)

### (1) 성과관리의 개념

일반 기업체나 심지어 정부조직에 이르기까지 변화와 혁신에 대한 바람이 불고 있고, 그 중 하나가 성과관리시스템이다. 성과관리(Balanced Scorecard : BSC 균형성과기록표)는 1992년 Harvard Business School의 교수인 Robert Kaplan과 컨설턴트인 David P. Norton에 의해 발표되었다. BSC는 "기업의 지속적인 성장을 위해서는 대부분의 기업들이 일반적으로 행하고 있는 것과 같이 단순 재무지표만이 아니라 재무, 고객, 내부 비즈니스 프로세스, 학습과 성장의 4가지 관점의 지표로 기업성과를 종합적·균형적으로 관리해야 한다."라는 개념으로 정의할 수 있다. 초기단계의 BSC는 민간기업을 중심으로 도입되기 시작하였으나 최근에는 공공분야에서 그 도입이 확산되고 있다.

### (2) 왜, BSC인가?

기존의 성과관리는 민간기업의 경우는 대부분 재무중심과 프로세스 중심의 지표(예컨대, 1982년에 38%→1992년에 62%→2002년에 75% 등과 같이)들로, 그리고 공공의 경우는 대부분 주요 정책과제 및 임무수행 중심의 지표들로 구성되어 있어, 성과관리의 포커스가 이해관계자 및 고객(국민)이라기보다는 주로 조직내부에 한정되어 있었다. 따라서 이는 새로운 가치를 창출하는 지식역량, 프로세스, 고객만족도 등 무형적 가치 등에 대한 균형적인 성과측정이 곤란하였다.

이에 대하여 유형의 가치와 함께 무형의 가치를 균형적으로 평가할 수 있는 도구가 BSC인데, 이는 조직의 미션과 비전을 중심으로 다양한 관점에서 목표와 성과지표를 설정하고 이를 종합적으로 평가하는 성과관리 기법이다. 따라서 BSC에서의 '균형(Balanced)'이라고 하는 의미는 이러한 지표들을 4가지 관점으로 분류하여 조직의 외부관점 지표와 내부관점의 지표, 장기적 성과지표와 단기성과 지표, 재무적 성과지표와 비재무적 성과지표, 과거와 현재는 물론 미래까지 예측할 수 있도록 하는 균형을 말한다.

### (3) MBO와 BSC와의 차이

BSC는 성과관리 방법 중의 하나이지만 기존의 성과관리와 차이가 있다. 기존 MBO제도는 접근방식이 상향식(bottom-up)으로 개인직무분석을 기반으로 한 목표설정과 평가방식으로 개별성과가 전사로 연계되지 않는다는 점과 목표설정의 공정성 미흡 등의 단점이 있다. 그러나 BSC는 접근방법과 추구하는 목표에 있어서 하향식(top-down)으로 조직의 미션을 근거로 하여 비전과 전략을 수립하고, 이들 전략목표를 달성하기 위한 성과목표(KFS)들을 도출한 다음에, 각각의 성과목표들이 잘 수행되고 있는지를 측정하기 위한 성과지표들로 구성된다는 점, 이러한 성과지표들이 ① 재무관점 ② 고객관점 ③ 내부프로세스관점 ④ 학습과 성장관점 등으로 균형을 이루고 있다는 점, 각 성과지표에 대한 이니셔티브를 수립하여 성과측정 결과에 대한 feed-back을 강조한다는 점에서 혁신적인 성과관리 방법이라고 할 수 있다.

### (4) BSC의 추진계획

| 프로세스 | 계획단계 | 전략수립단계 | 개발단계 | 운영단계 |
|---|---|---|---|---|
| 주요실행 내용 | ・기본계획수립<br>・용역업체선정<br>・성과관리팀 구성<br>・인터뷰<br>・전담요원 구성<br>・kick-off미팅 | ・미션 및 비전 수립<br>・전략수립 및 모형 설정 | ・성과목표 도출<br>・성과지표개발<br>・전략 map 구현<br>・목표설정 및 지표 정의서 개발<br>・시스템 구축 | ・운영계획 수립<br>・마스터플랜 수립 |

그림 3-10. BSC의 추진절차

BSC 구현 절차는 크게 4가지 단계로 실행된다.

제1단계는 계획단계로서 기본계획 수립, 운영업체 선정 및 BSC구축 전담팀 구성 등

을 준비하는 단계이며,

제2단계는 미션과 비전정립을 통한 전략목표 도출과 전략Map 설계단계이며,

제3단계는 성과목표 도출, 핵심성과지표 개발, 성과목표 설정 및 실행계획을 수립하고 생성된 자료를 BSC 솔루션(solution)으로 전산화 하는 과정이며,

제4단계는 지표의 성과측정에 의한 성과결과를 인사평가로 활용하여 연봉제 및 성과급제 등의 보상시스템과 연동하여 활용하는 단계이다.

### (5) BSC 도입 후 기대효과

첫째, BSC는 조직의 비전과 전략수립의 기본방향을 제시함과 동시에 이에 대한 실질적인 달성촉진 도구로서 활용된다.

둘째, BSC는 성과 모니터링을 통해 조직별 목표 추진방향 및 결과에 대한 원인을 조기에 파악할 수 있게 하며, 이에 대한 적절한 전략적 조치를 취할 수 있도록 한다.

셋째, BSC는 핵심역량에 자원을 집중하도록 하여, 전략달성을 효과적으로 지원한다. 아직까지 많은 조직들이 우리부서, 우리 팀은 무엇을 잘하고 있으며 어디에 역량을 집중해야 하는가에 대한 답을 갖고 있지 않기 때문이다.

한편 BSC를 성공적으로 도입하기 위해서는 중간관리자의 역할이 매우 중요하며, 이러한 활동이 보이기 위한 지표가 아닌 꼭 필요한 지표를 선정해야 한다. 마지막으로 중요한 사실은 BSC를 성공적으로 활용하고 있는 기업은 50%에 불과하다는 것이다. 나머지 50%는 실패했다는 얘기이나, 성공적으로 활용하고 있는 기업은 괄목할 만한 성장을 보이고 있다는 점이다(자료: 건설교통부, e-건교뉴스, 2005.4.25.).

> ▶ 구글(Google)의 성과관리 운영 방식은 ① 되도록 자주 ② 동료 평가를 중심으로 ③ 매우 공개적으로 이루어진다는 데에 특징이 있다. 구체적으로는 우선 분기단위의 목표관리제도(Objectives and Key Results; OKR)를 통해 경영의 스피드와 환경변화에 대한 유연성을 높이고 있다. 또한 전 직원이 인터넷을 이용해 OKR 공유 미팅에 참여하는 등 오픈 커뮤니케이션을 통해 수시로 목표에 대한 공감대를 형성한다. 그리고 개인의 목표와 실적은 해당 부서 동료들에게 공개하여 평가의 공정성과 객관성을 높이고 있다.
> (자료 : 성과관리체계의 주요 변화 동향, 경총 경제조사본부, 2012.)

# 06 문재해결에 필요한 Basic Skill[13]

## 1. 전략입안 및 문제해결에는 일정한 Skill, Tool 및 Style이 있다

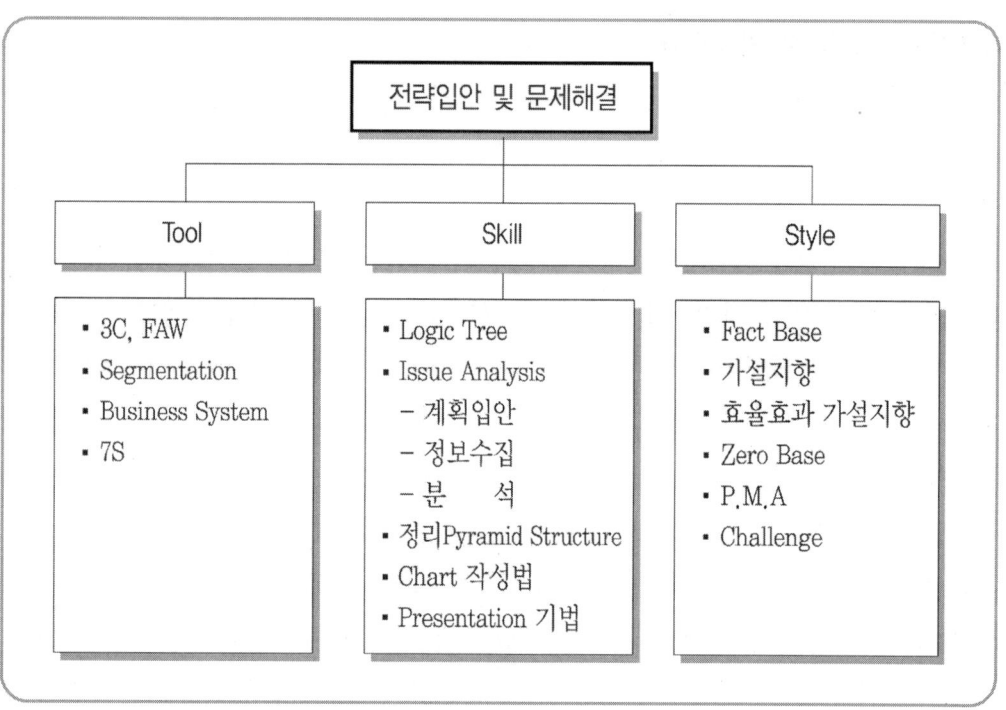

그림 3-11. Skill, Tool, Style의 체계화

혁신활동을 가속화 할 수 있는 Tool을 Skill이라 하는데, 문제해결에 필요한 Basic Skill, 즉 문제해결을 위한 체계적 접근방법으로서 [그림 3-11]과 같이 정리된다.

---

13) LG그룹, 문제해결을 위한 Skill개발활동 Manual, 1996 참조 ; LG인화원, 문제해결 기본과정(교육용), 1996.

## 2. Basic Tool

### (1) 3C와 FAW

'3C'란 고객(Customer), 자사(Corporation) 및 경쟁사(Competitor)를 의미하며, FAW란 Forces at Work를 말한다. 이는 현상분석의 Tool로서 고객의 규모와 성장성, Segment와 Needs 및 구조변화를 분석하고, 자사의 시장점유율, 브랜드 이미지(Brand Image), 기술력과 품질, 판매력, 이윤율, 자원 등을 파악하는 것이다. 그리고 경쟁사의 강점과 약점 및 시장참여 정도 등을 분석한다.

'FAW'는 경영·사업 환경의 변화를 일으키는 요인으로 당사에 영향을 크게 미치고 있는 환경요인은 무엇이며, 그 요인을 움직이는 메커니즘(Mechanism)을 파악하는 것이다. 사회나 정치 환경, 경제동향, 노사관계 및 법적규제 등의 3C를 둘러싸고 있는 사회적, 경제적 외부요인을 분석하여 통합적인 판단을 하는데 기초로 활용한다.

### (2) Segmentation

시장을 하나로 보지 않고 몇 가지 Segment의 집합체로 보는 것으로, 성숙시장에 있어서 기업이 보다 효과적인 자원배분을 하기 위해서는 새로운 구분으로 시장을 세분화하는 것이 경쟁우위를 유지하는 관건이 된다. 이러한 Segment로서는 성별, 연령, 수입, 가족구성 등 다양하다.

### (3) Business System

상품 및 서비스가 고객에게 도달할 때까지의 주요 기능을 어떠한 '思想'을 가지고 하

| ■ 상품 및 서비스가 고객에게 도달할 때까지의 주요 기능을 어떠한 "사상"을 가지고 하나로 연결한 것 | ⇨ | ■ 이것을 전략에 바탕을 두고 재구축하거나 강화하여… | ⇨ | ■ 경쟁사와 차별화에 결부시킨 시책을 입안한다. |

그림 3-12. 비즈니스 시스템

나로 연결한 것으로, 이것을 전략에 바탕을 두고 재구축하거나 강화하여 경쟁사와의 차별화에 결부시킨 시책을 입안하는 것이다.

### (4) 7'S[14]

"Mckinsey's 7S Model"이라고도 하며, 이 명칭은 맥킨지가 조직개발 측면에서 꼭 필요하다고 생각하는 7가지 요인을 말한다. Shared Value(기업이념), Strategy(전략), Structure(조직구조), Systems(운영제도), Staff(인재), Skills(조직능력), Style(기업풍토) 등이 '7S'로 구성되어 조직의 혁신을 기하고자 할 때 사용하는 모델이다.

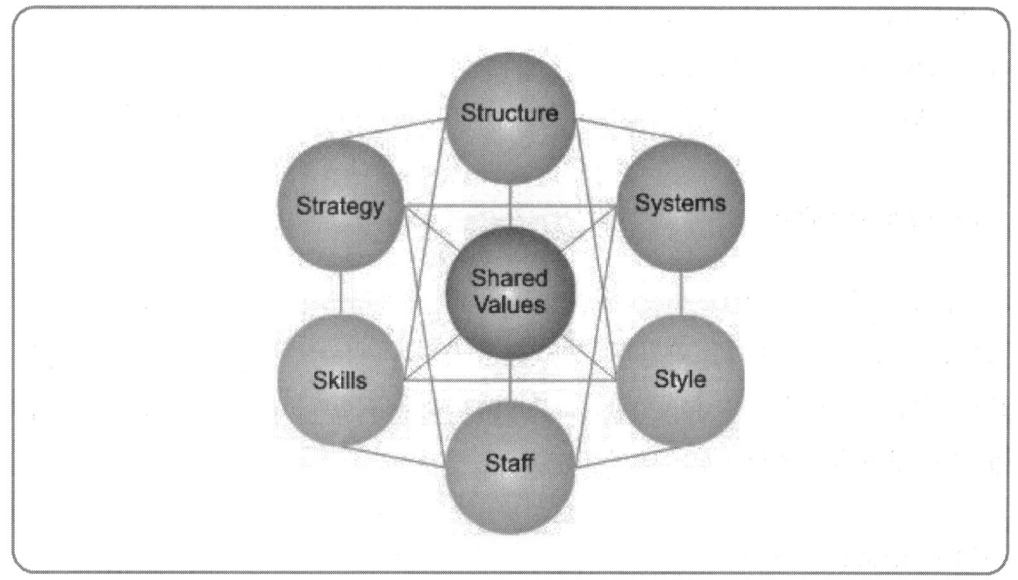

그림 3-13. The McKinsey 7S Model

#### ① 전략(Strategy)

조직의 변혁을 위해서는 먼저 전략을 정해야 한다. 다음으로 그 전략을 실행 할 수 있는 어떤 조직이 필요한가, 즉 어떤 기술을 숙련하고 육성하여야 하는가를 명확히 해야 한다. 다음으로 나머지 다섯 가지의 요인을 어떻게 바꾸어야 하는가를 정한다. 전략

---
14) http://blog.daum.net/kkspeter/7029127

이란 기업 또는 사업 단위가 그 자원을 어디에 집중할 것이며, 어디에서 경쟁하는가, 경쟁우위를 지속하기에는 어떤 행동의 조정이 필요한가를 서술하는 것이다.

### ② 기술(Skills)

기업의 적절한 전략이 수립되면 다음의 행동은 새로운 전략이 요구하는 기술이 무엇인가를 정하는 것이다. 기업이 시장 환경에 어떻게 적응하여 능력을 발휘하는가 하는 것이 전략이라면, 기술은 전략을 어떻게 실행할 것인가 하는 문제이다. 기술은 전략과 새로운 시대와의 연관을 표현하고 있음과 동시에 다른 '5S', 즉 구조, 시스템, 종업원, 스타일, 공유가치를 어떻게 변혁할 것인 가를 가르친다.

### ③ 구조(Structure)

기업의 구조는 조직 변혁에 관한 콘셉트 중에서는 가장 중요하다. 이것은 사업 분야, 사업 단위를 상호 관련 있는 그룹으로 나누는 방법이다. 구조가 조직 속에서는 가장 눈에 띄는 요인이면서 조직 변혁은 구조의 변화에서부터 시작해야 한다.

### ④ 시스템(Systems)

시스템이란 많은 종업원이 해야 할 일이나 결정을 내려야 할 주요 문제를 판별하기 위한 양식 또는 과정이라고 정의한다. 시스템은 조직 내에 무엇이 일어나는가에 강한 영향력을 갖고 있으며 경영자에 대해 조직변혁의 강력한 무기를 제공해 준다.

### ⑤ 종업원(Staff)

종업원은 기업이 필요로 하는 사람의 유형을 정의하고 있다. 이것은 개개 사원의 능력이라기보다는 조직 내 구성원들이 갖는 전체적 노하우의 문제이다.

### ⑥ 스타일(Style)

스타일은 무시되기 쉽지만 중요한 요소이다. 스타일에는 2가지 요소가 있는데, 하나는 행동으로 상징되는 개인의 스타일이고, 다른 하나는 조직의 일원으로서의 스타일을 말한다.

⑦ 공유가치(Shared Values)

공유가치는 조직을 리드하는 한 가지 또는 그 이상의 것으로, 모든 사원이 특별히 중요하며 조직의 존속과 성공에서 결정적이라고 의식하는 것이다.

## 3. Basic Skills

### (1) Logic Tree

MECE의 사고방식에 따라 주요 항목을 Tree 형태로 분해하는 것이다. 여기서 MECE(Mutually Exclusive and Collectively Exhaustive)란 '상호배제와 전체포괄'로서 항목들이 상호 배타적이면서 모였을 때는 완전히 전체를 이루는 것을 의미한다. 이를테면 '겹치지 않으면서 빠짐없이 나눈 것'이라 할 수 있다.[15] 중복되지 않고 각각의 합이 전체를 포괄할 수 있는 요소의 집합을 의미한다. Logic Tree는 Check List적 성격으로 이용할 수 있다.

### (2) Issue Analysis

문제해결의 체계적 접근에 유효한 분석계획입안 skill을 의미한다. 이러한 접근방법으로는 Issue Tree에 의한 과제설정, 분석방법의 설정, 정보수집, 분석, 문제해결을 위한 Logic Tree 작성의 Issue Analysis에 의한 진행방법이 있다.

### (3) Pyramid Structure

Pyramid Structure란 개별요소 또는 Message를 통합하여 설득력 있게 전체구성을 실현하기 위한 tool을 말한다. 「　」Paragraph Point, 「-」Dash Point, 「•」Dot

---

15) 위키 백과, 우리 모두의 백과사전 참조

Point구성이 Pyramid형(△)으로 되어있기 때문에 Pyramid Structure로 불린다.

## 4. Basic Styles

### (1) 문제해결 사고

문제해결사고란 과제를 자신의 문제로서 적극적으로 파악하여 해결 또는 개선책을 추구, 제안하고자 하는 스타일을 말한다. 문제해결의 절차로서는 일반적으로 ① 문제의 구조파악 ② 문제의 해결을 위한 과제파악 ③ 문제해결 대체안의 창출 및 평가 ④ 실행계획 입안 ⑤ 실행 등의 순으로 진행된다.

### (2) 가설지향

가설지향이란 실제의 활동(정보수집·분석)에 옮기기 전에 그 과정이나 결과 또는 결론을 추정·사고하는 태도를 의미한다. 이러한 가설의 추출은 감성(sense), 실제 경험이나 지식 또는 정보의 3가지 요소에 의해 좌우된다.

가설 지향적 접근방법은 우선 문제 해결의 첫머리에서 답을 미리 도출한다. 예컨대, 회사의 수익성이 떨어지는 문제가 있다고 가정하면, 우선 가설을 세운다. '주력제품의 경쟁이 치열해져서 가격이 낮아진 반면, 비용감축은 미미해서 수익성이 떨어졌다.' 그러면 주력제품을 도출하고, 그 경쟁 상태를 분석하고, 비용 분석을 하면 수익성, 연관성을 알게 된다. 다음으로 직접적인 인과관계인지 상관관계인지 보고, 제3의 원인은 없는지 점검한다. 모든 것이 생각대로라면 문제는 해결된다.

### (3) Fact-Base

문제 해결에 있어서의 모든 의사결정의 근거를 사실(fact)에 두는 것이며, 구체적으로는 실증적 분석과 창의적 발상으로 구현된다. 이는 전체의 사고 또는 활동의 출발점을 "사실"에 놓는 것으로서, 이것에 의해 일상 업무에서 나타나는 상식·결심·편견이 전략입안의 방향성을 뒤바꾸어 놓는 것을 막을 수 있다.

Fact-Base는 ① Zero-Base에서(상식을 잊고) 고려해 보고, ② "사실"이 존재하는 현장을 직시하여야 하며, ③ 정보는 될 수 있는 대로 정량화하여 포착해야 한다.

### (4) 정보수집

정보수집 작업은 ① 정보수집의 목적, output, 조건의 확인, ② 정보수집 작업의 설계, ③ 작업(데이터 수집, 데이터 가공), ④ 분석의 단계로 전개하는데 작업설계의 수준이 output에 크게 영향을 미치게 된다.

> **▶ 문제 해결에 필요한 11가지 思考 스킬**
>
> SKILL 01 : '큰 그림' 사고를 한다(Seeing the wisdom of 'big picture' thinking)
> SKILL 02 : '초점이 맞춰진' 사고를 한다(Unleashing the potential of 'focused' thinking)
> SKILL 03 : '창의적' 사고를 한다(Discovering the joy of 'creative' thinking)
> SKILL 04 : '현실적' 사고를 한다(Recognizing the importance of 'realistic' thinking)
> SKILL 05 : '전략적' 사고를 한다(Releasing the power of 'strategic' thinking)
> SKILL 06 : '가능성' 있는 사고를 한다(Feeling the energy of 'possibility' thinking)
> SKILL 07 : '반성적' 사고를 한다(Embracing the lessons of 'reflective' thinking)
> SKILL 08 : '대중적' 사고에 의문을 갖는다(Questioning the acceptance of 'popular' thinking)
> SKILL 09 : '공유된' 사고를 한다(Encouraging the participation of 'shared' thinking)
> SKILL 10 : '이타적인' 사고를 한다(Experiencing the satisfaction of 'unselfish' thinking)
> SKILL 11 : '실리적인' 사고를 한다(Enjoying the return of 'bottom-line' thinking)
>
> 〈자료 : Thinking for a Change, Maxwell, 2006〉

# 07 경영개선 사례

## 1. 현 황

경기도지역에 본사를 두고 있는 D건설회사는 상업용 빌딩의 전기공사업을 중심으로 영업을 하고 있으며, 기타 토목공사업과 건설기계임대업을 겸업하고 있다. 이러던 중에 건설업의 불황으로 인해 수주고가 급감하고 前期와 이번 1/4분기의 손익은 적자를 초래하게 되었다. 따라서 단기가 아니라 장기적으로 볼 때도 이와 같은 실정이 지속될 것으로 판단되어 전반적으로 회사의 재구축이 절실하게 되었다.

그러나 적지 않은 액수의 차입금을 포함하고 있긴 해도 토지나 건물 등의 부동산을 소유하고 있다. 그리하여 사업의 포트폴리오를 살펴보고 장래 채산성이 없는 사업을 철수하고 유휴자산을 매각하는 등의 '경영개선계획'을 수립하게 되었다. 또한 종업원도 약 50% 정도 감축하는 방향으로 검토하고 있다.

## 2. 현상분석 및 경영개선 방침의 결정

### (1) 현상분석

| 경영 현황 | ■ 전기공사업, 토목공사업, 건설기계임대업의 3가지 사업다각화에 의한 매출액 및 이익의 확대를 지향함<br>■ 주요 고객과의 지속적인 거래 및 수익의 안정화를 도모함<br>■ 지점·영업소 등을 전국 8개소에 배치하고 있음 |
|---|---|

### (2) 사업 분야별 현황

(단위 : 천만 원)

| 구 분 | 전기공사업 | 토목공사업 | 건설기계<br>임대업 | 내부거래 | 합 계 |
|---|---|---|---|---|---|
| Ⅰ. 매출액 | 3,877 | 2,132 | 1,603 | (1,784) | 5,828 |
| Ⅱ. 영업비용<br>(매출원가+판매관리비) | 3,931 | 2,429 | 1,721 | (1,784) | 6,297 |
| Ⅲ. 영업이익 | -54 | -297 | -118 | - | -469 |
| Ⅳ. 자 산 | 680 | 990 | 4,739 | - | 6,409 |
| Ⅴ. 종업원 수(인) | 129 | 52 | 10 |  | 191 |

(주) 1. 건설기계임대업은 자사 내의 전기공사업이나 토목사업에의 기계임대를 중심으로 이루어지고 있다. 이러한 거래는 회계상 내부거래를 위해서 당해 매출액을 감해야 할 필요가 있다. 「Ⅰ. 매출액」의 「내부거래」는 주로 그렇게 표현하고 있다.
2. 「Ⅱ.영업비용」의 「내부거래」는 전기공사업이나 토목공사업이 건설기계임대업에서 구입한 금액이다. 상기 (주)1을 반대로 생각하면 내부거래이기 때문에 여기서 구입비용을 감해야 한다.
3. 상기 (주)1, 2에서 매출액의 합계 582억8천만 원과 영업비용의 합계 629억7천만 원이 회사 결산 서류의 수치와 일치한다.

### (3) 경영애로 요인분석과 경영개선

| 사업 종류 | 경영애로요인 | Action Plan (경영개선) |
|---|---|---|
| 전기<br>공사업 | • 채산성이 없는 지점·영업소가 존재하고 있음<br>• 주요 고객이 있는 대기업보다 이후에도 수주량은 감소되고 있어 일정의 수주는 확보되어야 한다.<br>• D사의 전기공사에 관한 고객의 신뢰도가 높다. | • 지점·영업소를 절반으로 줄이고, 토지건물을 매각한다.<br>• 이에 수반하여 사업부의 종업원을 삭감(50% 삭감)한다.<br>• 종업원의 급여·상여금을 일률적으로 10%를 삭감한다.<br>• 임대사업에 사용하던 전기공사업 대상으로 자산을 분리하여 관리한다.<br>• 학교·의료법인 등 신규고객의 영업개발부서를 조직화 한다. |
| 토목<br>공사업 | • 채산성이 없는 지점이나 영업소가 있다.<br>• 타 기업에 비교하면 경영자원상의 경쟁우위점이 없다. | • 존속하는 전기사업에의 시너지효과가 없고, 장래성도 보이지 않기 때문에 철수한다.<br>• 종업원을 해고한다. |
| 건설기계<br>임대업 | • 현재 영업직원의 스킬이나 경험으로 보아 외판의 영업은 기대할 수 없다.<br>• 타 기업에 비교하여 경영자원상의 경쟁우위에 있지 않다. | • 이 후에도 수익이 보이지 않기 때문에 전기공사업의 자산을 남겨 폐쇄한다.<br>• 종업원을 해고한다. |

### (4) 업적평가기준

| | 항 목 | 해 설 |
|---|---|---|
| 1 | • 종업원 수 | • 191명에서 100명까지 삭감 : 다음연도 중에 달성 예정 |
| 2 | • 1인당 매출액(년) | • 1인당 3,000만원에서 4,000만원으로 증가 |
| 3 | • 완성기성고(매출액) 대 지불이자 비율 | • 2%대에서 2% 이내로 저하 |

위에 따르면 2가지 사업에서 철수하고, 하나의 중심사업을 특화하는 전략을 선택한다. 이 때문에 종업원 수는 당연히 감소하게 된다.

### (5) 개별계획

| 계획분야 | 주요 내용 |
|---|---|
| 판매계획 | • 전기공사업에서 신규영업개발팀의 매출예상을 2015년에 1억원을 기대하고, 당년도 360억원을 예상함(주요고객의 20억 원 수주감소를 커버한다) |
| 경영계획 | • 전기공사업의 판매경비는 작년도와 총액은 비슷하나, 지불거래선·지불항목에 관하여는 충분히 재검토 한다. 또한 관리경비는 작년도 총액의 50%를 목표로 한다. |
| 인원계획 | • 다음연도 중에 전기공사업은 100명 체제로 만든다. 다른 사업의 인원에 대해서는 퇴직(회사전체에 따른 퇴직)이 있다. 관리사업부문에 있어서도 반으로 줄일 예정이다. |
| 설비투자계획 | • 고객만족과 공사 관리의 철저를 위해 수·발주관리시스템을 구축한다. |
| 사업철수 및 자산매각계획 | • 토목사업 및 건설기계임대업에서 철수하고, 당해자산(전기공사업에 관한 것을 제외한다)을 당해 연도 중에 매각한다. |

## 3. 경영개선 계획표의 책정

위의 현상분석 및 개선분석에 기초하여 구체적으로 책정한 경영개선 계획표가 [표 3-4]이다.

표 3-4. D사의 경영개선 계획안(예시)

(단위 : 천만 원)

| | No | 항 목 | 직전년 1012 실적 | 장래 예측 2013 예상 | 2014 예상 | 2015 예상 | 2016 예상 | 2017 예상 |
|---|---|---|---|---|---|---|---|---|
| Ⅰ 이익계획 | 1 | 매출액 | 5,828 | 4,000 | 3,400 | 3,500 | 3,500 | 3,700 |
| | 2 | 매출원가 | 5,246 | 3,500 | 2,822 | 2,905 | 2,988 | 3,071 |
| | 3 | 매출이익 | 582 | 440 | 578 | 595 | 612 | 629 |
| | .. | ............ | ... | ... | ... | ... | ... | ... |
| | 12 | (내부고정자산매각손익) | (0) | ①(−1118) | (0) | (0) | (0) | (0) |
| | .. | | ... | ... | ... | ... | ... | ... |
| | 16 | 당기순이익 | −593 | −2,019 | 0 | 119 | 144 | 168 |
| Ⅱ 자금계획 | 21 | 당기순이익 | −593 | −2,019 | 0 | 119 | 144 | 168 |
| | 22 | 감가상각비 | 1,184 | 400 | 400 | 400 | 400 | 400 |
| | .. | 고정자산매각손익 | 0 | 1,118 | 0 | 0 | 0 | 0 |
| | .. | 유가증권 매각손익 | 0 | 0 | 0 | 0 | 0 | 0 |
| | .. | ............ | ... | ... | ... | ... | ... | ... |
| | 45 | Net Cash-flow | −968 | 60 | −125 | −6 | ② 19 | 43 |
| | | | ... | ... | ... | ... | ... | ... |
| Ⅲ 업적평가기준 | 51 | 단기차입금잔고 | 2,100 | 2,100 | 2,000 | 1,900 | 1,800 | 1,700 |
| | 52 | ............ | ... | ... | ... | ... | ... | ... |
| | 53 | 자본금 | 300 | 300 | 300 | 300 | 300 | 300 |
| | .. | 잉여금 | −368 | −2,387 | −2,387 | −2,268 | −2,124 | −1,955 |
| | 57 | 종업원 수(기말) | 191 | ③ 100 | 100 | 100 | 100 | 100 |
| | .. | 1인당 매출액 | 30 | 40 | 34 | 35 | 36 | 37 |
| | .. | 완성기성고 대 지불이자비율 | ... | ... | ... | ... | ... | ... |

## 4. 결 론

D사의 경우는 자력으로 채산성이 없는 사업은 철수하고, 그에 수반하여 유휴자산(표 3-4의 ①)과 잉여인원에 대한 감원(표 3-3의 ②)을 실행한다. 또 계속하는 사업에 관하여도 인건비의 압축 등의 대책을 강구하면, 자금상황의 호전(표 3-3의 ③)이 예상된다. 따라서 이 경영개선계획에 따라 앞으로도 경영개선을 추진하여 자력으로 회사 내외의 합의를 하였다.

# 제4장

# 경영상의 문제점을 점검하여 장래를 대비하는 전략

1. 기업의 애로요인을 분석한다 / 145
2. 재무제표를 통해 기업체질을 진단한다 / 151
3. 신 시장 조사 / 159
4. 3C분석과 FAW / 161
5. SWOT분석으로 경쟁력을 파악한다 / 175
6. 리스크 분석과 관리 / 180
7. 경쟁력강화에 활용되는 회사분할 제도 / 188

## "불확실성시대 생존전략 찾아라"

『단시일 진출·수주가능 사업모색』
『환경변화에 능동대응 '현실우선'』

"건설 불확실성 시대의 생존방법을 찾아라" 대형건설업체들이 최근 급격히 바뀌고 있는 건설 환경에 적응하기 위한 새로운 생존전략 찾기에 고심하고 있다.

4일 업계에 따르면 최근 대형건설업체들 위주로 늦어도 5년 이내 최장 10년 내외의 분석 및 실천이 가능한 현실적인 시장을 찾기 위한 단·중기 발전전략을 새로 짜는 사례가 잇따르고 있다.

이는 최저가낙찰제 및 민간투자유치사업(BTL)방식도입, 기획수주 강화, 팍팍해진 이윤에 따른 건설사업관리(CM) 중요성 증가 등 건설 환경이 급변하는 등 건설시장이 완숙기에 접어들었다는 분석이 팽배해진데 따른 것으로 분석되고 있다.

현재 동부건설, 현대건설, 롯데건설 등이 자체인력으로 발전전략을 수립중이거나 수립을 완료했고 삼성건설, 코오롱건설, 대림산업, 대우건설 등도 외부용역을 통해 발전계획 수립을 완료한 것으로 알려지고 있다.

특히 이들 업체들은 전략수립에 있어 현실성을 가장 중시, 기존 보고용 중·장기 발전 전략에서 탈피해 단시일 내에 진출해 수주가 가능한 실질적인 유력 및 틈새시장과 회사 조직의 역량을 집중·고도화해 이윤을 확대하는 방안 등을 주로 모색하고 있는 것으로 나타났다.

계획 수립방법도 이전에 외국의 유명 컨설팅 전문업체에 용역을 맡기던 관행에서 벗어나 기업 자체인력으로 발전계획을 수립하거나 주로 국내건설전문기관에 용역을 의뢰하는 방식으로 바뀌고 있다.

업체의 한 기획담당자는 "분야별로 우리 회사의 능력으로 수주나 진출이 가능하다고 판단되는 현실적인 시장을 찾는데 계획의 초점을 맞추고 있다"고 말했다.

(2005. 4. 11. 전문건설신문)

# 01 기업의 애로요인을 분석한다

## 1. 기업이윤 극대화 형성요인 분석

중소기업의 경영개선과 재생지원에 있어서는 그 기업에 있어서는 경영이 곤란한 요인을 정확히 파악하고, 그 극복책을 검토하는 것이 매우 중요하다. 그 내용은 판매력, 상품력, 기술력, 생산력 등의 경영자원의 평가 및 재무면, 제품·사업분야, 사업운영면·조직면의 평가 및 재검토에 있다.

## 2. 판매력과 제품력에 대하여 재검토한다

### (1) 시장의 장래성과 마켓의 규모를 평가

시장의 개념을 업종분류적인 차원에서 파악하면 극히 일부의 신규발명 또는 개발분야를 제외하고 대부분의 업종이 성숙기에 있다. 즉 보급수요에서 선택수요의 무대로 옮겨가고 있다. 이러한 현상은 건설업이라고 해서 예외는 아니다. 따라서 항상 사용자(user)의 동향을 살피고 그들의 요구(needs)사항에 적합한 제품이나 상품 및 서비스를 개발 또는 개선하는 것이 필요하다. 또한 국내 전체의 마켓규모(기성액, 수주액)의 규모와 추세는 국토교통부의 통계, 한국은행의 산업통계 또는 대한건설협회 및 관련 사업자단체 등의 조사통계를 통하여 파악할 수 있다. 특히 매년 국토교통부에서 발표하는 '건설업체 시공능력공시' 내용을 분석하면 도움이 된다.

### (2) 영업에 대한 접근방법을 재검토한다

다양화·고도화한 수요자의 기대에 부응하지 않고서는 사업의 영속은 어렵다. 따라서 이를 극복하기 위해서는 ① 판매 전략을 명확히 하고, ② 중·장기적인 전망을 확립하여야 한다.

　판매 전략을 명확히 하기 위해서는 중소기업의 경우에는 시장(대상고객)을 세분화(segmentation)하고, 취급상품 등은 범위(line)를 축소하고, 깊이(item)를 깊게 하며, '이유가 있는 상품'을 제공하는 자세가 바람직하다. 예컨대, 지적욕구를 만족하기 위한 상품, 건강이나 안전에 유용한 상품, 환경정화를 통하여 생활을 지키는 상품 등이 있다.

　오늘날 최대의 화두가 되고 있는 환경 친화적인 녹색기술(태양력, 풍력, 바이오에너지 등 신재생에너지나)이나, 녹색산업(하이브리드자동차, 전기자동차, 유기농식품, LED조명 등)에 대하여 관심과 연구가 필요한 이유도 여기에 있다.

　환경변화의 파고는 급격하고, 그에 수반한 상품 등의 라이프사이클도 단축되고 있다. 그 중에서 중·장기적으로 생존하기 위해서는 언제나 "다음(next)"을 생각하는 전략이 필요하다. 사업도메인을 명확히 하거나 또는 수정을 고려하지 않고 보수적인 자세로 경기회복을 기대해서는 안 된다는 의미이다.

### (3) 제품의 혁신

　제품은 소비자(user)가 바라는 요소(품질·기능·쾌적·건강·환경보전 등)를 탐구하고, 이것을 제품화, 상품화하여 판매하게 된다. 특히 포화상태의 시장에서 고객의 수요(need)를 파악하는 것은 용이하지 않다. 그러나 소비자의 수요가 무엇인가를 정확하게 읽고 그 들이 원하는 제품을 창출 또는 개발하는 것이 중요하다.

### (4) 인적 관리체계를 재검토한다

　건설산업은 대표적인 수주산업으로서 수주(受注) 여부가 기업존립의 관건이 된다. 따라서 이러한 수주행위는 그 일선에 영업 인력이 담당하게 된다. 그러나 중소기업은 영업 인력의 관리는 물론 확보·육성이 쉽지 않다. 중소기업은 인력 및 인재부족으로 인해 충분한 기초훈련이 되어있지 않기 때문에 인력교육이 요구된다. 이와 함께 조직률(rule) 및 인사고과제도의 확립, 고객의 요구에의 신속한 응답(Quick Response : QR) 체계 구축, 사내업무처리의 신속화·정확 화를 위한 인적효율의 향상, 종업원만족도 증진을 위한 제도 확립 등이 필요하다. 고객만족(Customer Satisfaction : CS)과 동시에 종업원만족(Employee Satisfaction : ES)의 중요성이 증대되고 있다.

## 3. 기술력 · 생산력을 재검토한다

### (1) 기술력 · 생산력 분석의 프로세스

중소기업은 대기업과는 달리 업종·기업형태가 매우 다양하기 때문에 그 기술력과 생산력을 분석하기에는 다음의 6가지의 측면을 검토하여야 한다. 이러한 항목은 생산의 4M(Man, Machine, Material, Method)에 정보와 환경을 더하여 6가지가 있다.

첫째, 인재(Man)이다. 개발, 설계, 시공을 담당하는 인재, 시공기술·생산관리담당자, 숙련기능을 보유하고 있는 근로자 등이 대상이다. 인적자원개발이 한정되어 있는 중소기업에는 외부인적자원의 활용도 매우 중요하다.

둘째, 설비(Machine)이다. 중요한 생산설비나 부대설비가 타사에 비하여 우위에 있는지 아니면 열세에 있는지를 검토해야 한다. 건설업체의 경우 시설장비가 이에 해당한다.

셋째, 원재료(Material)로서 조달 규정의 변경, 원재료의 계약생산, 기타 종래 관습을 재검토하여 VA/VE 등을 통하여 재료비 절감을 도모하여야 한다.

넷째, 생산방법(Method)이다. 공정관리에 있어서는 생산시스템을 기업 실태에 응용한 것으로서 JIT(Just in Time)시스템을 적용한 생산계획의 동기화, 긴급수요에 대응한 체제나 조직 등이 평가의 대상이다.

다섯째, 정보(Information)이다. 특허, 노하우, 외부기술정보조사의 실시, 설계·가공에 CAD/ CAM사용 등의 정보가 있다.

끝으로 환경(Environment)이다. 환경은 기업 활동에 수반한 환경부담의 저감노력은 지구환경을 배려하는 환경경영의 이념에 부합한다. 비용절감, 거래처와이 관계를 강화하는 경영전략이 필요하다.

### (2) 경영애로의 주요 요인 분석

경영이 곤란한 직접적인 원인은 매출액의 저하에 있다. 시장수요에 비하여 자사의 매출액이 감소하는 경우에는 주력제품 또는 기술의 시장경쟁력 약화에 기인한다. 시장경쟁력의 약화는 판매력에 있기 때문에 우선 기술력인지 아니면 생산력에 문제가 있는가를 판단하여야 한다. 기술력과 생산력에서 고객만족을 얻지 못하는 원인은 자사제품과 기술품질, 가격, 납기 기타의 문제가 있는지를 분석한다. 또한 기업의 이익을 가져올 신제품·신기술의 창출은 개발·설계를 담당하는 인재의 요소가 가장 중요하고, 다음으로 회사로서 기술개발촉진책을 채택하는 것이 또한 중요하다.

## 4. 경영자의 평가와 대응

중소기업은 대기업과는 달리 경영자가 곧 기업인 「경영자(CEO) = 기업」의 관계에 있기 때문에 경영자(CEO)의 역량에 따라 크게 좌우되는바, 경영자는 다음과 같은 자질(character)을 갖추는 것이 매우 중요하다.

첫째, 사업의욕이다. 창업 시 경영자는 경영의욕이 왕성하고 반드시 사업을 성공하겠다는 신념으로 가득 차 있다. 그러나 경영이 일정한 괘도에 오르게 되면 위기의식이 희박하여 매너리즘(mannerism)에 빠지기 쉽다. 실적이 악화되는 경영자에게서 많이 보이는 형태는 자기 스스로의 철학을 가지지 못하고 사명감이 결핍된 기업을 사유화하여 공사(公私)를 혼동하는 태도이다.

둘째, 경영능력이다. 급변하는 경영환경에 있어서는 사회나 내외경제 등의 동향에 둔감한 경영자는 기업을 유지·발전시키기 어렵다. 특히 중소기업에서는 한 발짝이라도 먼저 대응한 기업이 생존할 가능성이 높다. 따라서 경영능력에 있어 선견력과 통찰력이 경영자에는 불가결한 자질이다.

경영자는 사업에 대한 열정과 함께 결단력·실행력과 더불어 지속적인 자기혁신이 요구된다. 변화에 대응해서 성공하기 위해서는 기업 내의 의식이나 행동을 변혁하지 않으면 안 된다. 이를 실행하기 위한 리더십이 요구되는 이유이다.

## 5. 사업운영·사업조직을 재검토한다

"한정된 경영자원을 보다 효과적으로 활용하여 부족한 경영자원을 외부로부터 어떻게 조달하여 보강하는가?" 또는 "그로 인해 수익은 어떻게 변하였는가?"를 충분히 고려·검토하여야 하는데, 이를 위해 사업운영 및 사업조직의 형태를 재구축한다. 이러한 사항들로서는 다음과 같이 적시된다.

① 아웃소싱(outsourcing)으로 자사에 있어 비효율적인 부분이나 부가가치나 중요성이 낮은 업무 등을 외부에 위탁하여, 비용구조의 개선과 이질노동을 합리적으로 도모하는 것이다. 현재 기업구조개선의 일환으로 아웃소싱을 전략적으로 활용하고 있다.

② 사업통합, 업무의 집중화·집약화이다.

③ 업무제휴이다. M&A의 기법을 통하지 않고, 또한 경영권의 변경을 수반하지 않고서 사업다각화를 행하여, 사업의 우위성을 노리는 것으로 기업제휴가 있다. 제휴의 내용은 업무제휴, 자본제휴 등 종류와 형태가 다양하고 그 범위도 사업의 일부에서 전체까지 다양하다.

④ 기타 사업조직의 개혁으로 합병, 영업양도, 회사분할, 주식교환 및 주식이전, M&A와 MBO(Management Buy Out) 등이 있다. MBO는 M&A의 일종으로 회사가 경영진이나 종업원 등의 내부관계자가 사업이나 주식을 매수하는 것이다. 매수나 매수 후의 경영주체에서 다양한 형태로 나누어진다.

  ○ EBO (Employee Buy Out) : 종업원
  ○ MEBO (Management Employee Buy Out) : 경영진과 종업원
  ○ MBI (Management Buy In) : 외부전력(戰力) 등

예컨대, 사업성이 있는 Y사업을 확대하기 위해 사원을 양도하고, 사원은 재생기금

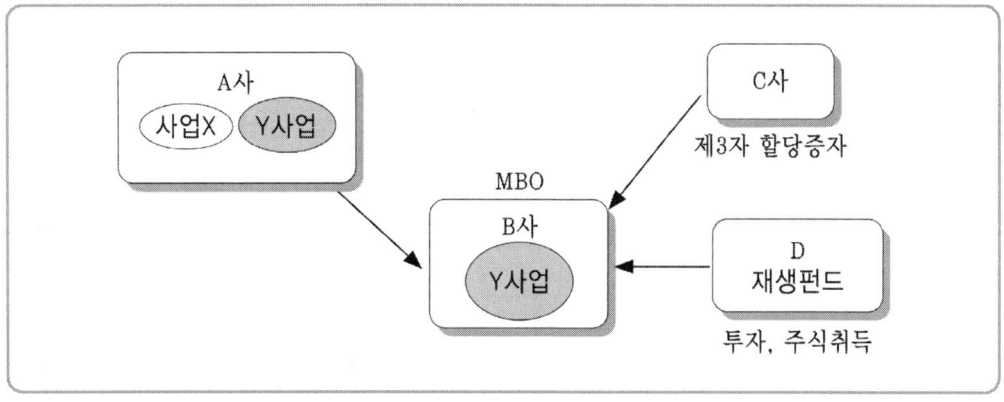

그림 4-1. MBO의 예

(fund)이나 제3자 할당에 의해 자금을 조달한다.

## 6. 재무적 측면에서 재검토한다

판매력이나 기술력 등의 경영자원의 활용성과는 기업재무데이터(손익계산서→Cash flow→계산서)로서 집약된다. 그래서 여기서는 재무적 관점에서 보다 ① 실적·현상에서 경영자원의 활용성과를 분석 및 평가를 하는 것이며, ② 계획으로서 '이익증대'를 위해 재무적 측면을 재검토하는 것이다.

종래의 정량적·수치적 분석에 의하지 않고, 경영자와의 커뮤니케이션에 의한 정성적인 재무 분석 수단을 추가하여 중소기업에서 보다 실태에 맞는 재무 분석(경영실적·현상분석)을 한다. 이 분석은 경영이 곤란한 원인을 파악하기 위한 출발점이다. 이러한 절차는 다음의 4단계를 고려할 수 있다.

제1단계가 정성평가이다. 자산이나 부채의 건전성과 사업주의 경영활동 건전성을 주요한 테마로서 평가항목을 작성하여 행한다.

제2단계가 Cash flow 분석이다. Cash flow는 특히 체력이 약한 중소기업에서 기업생명의 존부를 결정하는 중요한 사항으로서, 기업 및 사업의 재구축이나 개편에 있어서는 그 우위성 평가의 유효한 수단이다.

제3단계는 정량평가이다. 재무적 측면의 현상평가는 우선 원칙적인 재무 분석 수단을 활용하여 구체적인 관점에서 기업경영의 애로사항 및 재생력을 평가한다.

제4단계는 재무 분석의 종합평가이다.

이익확대를 위한 수익과 비용을 재검토한다. 회계상에서 소위 이익이란 시간의 전후는 어떤 것이든 반드시 '자금유입'을 가져오는 것은 Cash flow 계산서를 보고서 판단한다. 이익확대를 위해서는 다양한 방안이 있을 수 있으나, ① 매출액 증가, ② 기타 수익의 증가, ③ 매출원가의 감소, ④ 판매비 및 일반관리비의 감소, ⑤ 기타 비용 및 손실의 감소 등이 있다. 이에 대해서는 후술한다.

| 제4장 | 경영상의 문제점을 점검하여 장래를 대비하는 전략

# 02 재무제표를 통해 기업체질을 진단한다[16]

## 1. 개 설

회계는 기본적으로 회계정보를 측정하는 기능과 회계정보를 이해관계자에게 전달하는 기능을 가지고 있다. 과거에는 회계를 상당히 제한된 범위로 이해하여 어떠한 거래사실을 단순히 기록·분류·요약하고 해설하는 기술로 보는 경향이 있었다. 그러나 오늘날에는 보다 적극적으로 해석하여 "회계란 회계정보의 이용자가 합리적인 판단과 경제적인 의사결정을 할 수 있도록 경제실체에 관한 계량적인 정보를 측정하여 전달하는 과정"으로 이해하고 있다. 오늘날 일반적으로 널리 인정되고 있는 재무회계의 목적은 회계정보의 이용자가 기업실체와 관련하여 합리적인 의사결정을 할 수 있는 유용하고 적정한 정보를 제공하는 것이다.

그림 4-2. 재무제표 분석의 목적

## 2. 재무제표

회계정보는 이를 필요로 하는 사람들에게 전달되어 이용될 수 있어야 가치가 있다. 회계에 있어 정보의 전달은 근본적으로 재무제표를 통하여 이루어진다. 따라서 재무제

---

16) 石尾和哉, 企業再建の進め方, 東洋經濟新聞社, 2003. 倉見康一, A Contractor's guide to successful bidding, (株)中經出版, 1996 참조

표는 재무보고의 중심적인 수단으로서 이를 통하여 기업에 관한 재무정보를 외부의 이해관계자에게 전달하게 된다. 재무제표의 종류는 대차대조표, 손익계산서, 이익잉여금처분계산서(또는 결손금처리계산서), 및 현금흐름표이며, 이에 대한 적절한 주석 및 주기사항과 부속명세서가 있다. 이에 대하여 개괄적으로 알아보자.

## 3. 대차대조표

대차대조표(balance sheet)는 회계연도 말일자의 기업의 재정적인 단면을 제시하기 위한 것으로 자산상태를 기록한 차변과, 부채상태를 기록한 대변을 대조하여 놓은 표이다. 이에 반하여 손익계산서는 일정 기간 동안의 기업이 손해가 났는지 이익이 났는지를 계산하여 놓은 표이다. 다시 말하면 기업의 재정적인 단면을 어느 한 시점에서 칼로 자르듯이 베어놓은 것이 대차대조표이고, 기업이 1년 동안 이윤을 얼마나 냈느냐를 측정하는 표가 손익계산서이다. 남에게 줄 돈을 부채라고 하는

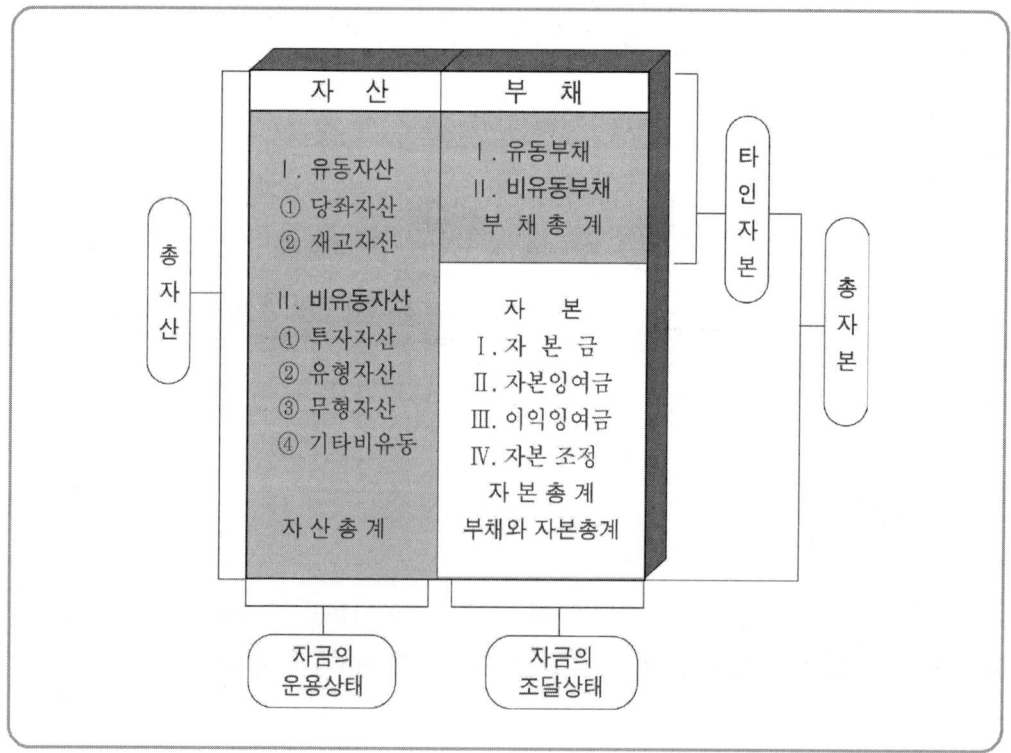

그림 4-3. 대차대조표 구성항목

데 특이한 사항은 이것은 거의모두 현금의 형태로 나타난다는 것이다.

자본금은 회사가 주인에게 줄 돈을 말한다. 원래 기업이란 무(無)에서부터 출발한다. 어디서부터 돈을 빌려오기 시작하면 그 것이 곧 부채가 되기 시작한다. 돈을 은행에서 빌려오면 차입금, 기업의 소유주나 혹은 주주로부터 빌려오면 자본금, 대표이사로부터 빌려오면 가수금, 개인으로부터 빌리면 사채가 되는 것이다.

### (1) 대차대조표의 구성

대차대조표는 일정시점의 재무 상태를 표시하며, 자산·부채·자본에 대한 정보를 제공한다. 따라서 대차대조표는 자산과 부채 및 자본으로 구성된다.

**표 4-1. 대차대조표의 구성**

| 자산(자금의 운용) | | 부채와 자본(자금의 조달) | |
|---|---|---|---|
| 유동자산 | 당좌자산 | 부채<br>(타인자본) | 유동부채 |
| | 재고자산 | | 비유동부채 |
| 비유동자산<br>(고정자산) | 투자자산 | 자본<br>(자기자본) | 자본금 |
| | 유형자산 | | 자본잉여금 |
| | 무형자산 | | 이익잉여금 |
| | 기타 비유동자산 | | 자본조정 |

| 대차대조표의 등식 |
|---|
| ○ [자산 = 부채 + 자본]<br>■ 자산 - 부채 = 결과(자본)가 (+)인 경우 → 건전한 기업<br>■ 자산 - 부채 = 결과(자본)가 (-)인 경우 → 위험한 기업 |

### (2) 자산면에 대하여

자산은 유동자산과 비유동(고정)자산으로 분류되어지는데 그 분류의 기준은 1년이다. 1년 안에 현금화가 가능하거나 비용으로 되는 것은 유동자산으로, 현금화 또는 비용화가 되는데 1년 이상이 걸리는 것은 비유동(고정)자산이 된다. 대차대조표는 유동성이 높은 순서 즉, 현금으로 빨리 바꿀 수 있는 자산의 순서대로 계정과목을 나열하는데 이를 '유동성배열법'이라 한다.

### (3) 부채면에 대하여

부채도 1년 기준에 의하여 유동부채와 비유동부채로 분류된다. 유동부채는 1년 안에 상대방에게 대가를 지불할 의무가 있는 부채이고, 1년 이상의 기간에 대가를 지불할 의무가 있는 부채를 비유동부채라 한다. 이 역시 유동성배열법에 의하여 작성된다.

### (4) 자본면을 보는 방법

자본은 그 발생원천에 따라 자본금 · 자본잉여금 · 이익잉여금 및 자본조정으로 분류된다. 자본금은 주식의 액면가액을 말하며, 자본잉여금은 자본의 증감을 일으키는 거래로 인하여 발생한 잉여금이다. 반면, 이익잉여금은 영업활동의 결과 기업의 순자산이 증가한 경우 그 순자산의 증가액을 말한다. 자본조정은 주주와의 거래에서 발생한 것으로 자본금 또는 자본잉여금으로 분류할 수 없는 항목이다.

## 4. 손익계산서

손익계산서(profit and loss statement)는 일정기간에 있어서 기업의 경영실적(손익상황)을 밝히기 위하여 작성된 보고서이다. 이 형식도 '보고식'과 '요약보고식'의 두 가지가 있다. 손익계산서는 ① 일정기간의 경영성과를 표시하고, ② 기업의 이익창출능력, 경영자의 수락책임 및 경영성과 등의 정보를 제공하며, ③ 객관적으로 측정되고 검증된 자료로 활용한다. 손익계산서를 보는 방법은 다음과 같다.

### (1) 매출원가

매출원가는 제품의 생산이나 구입에 소요된 비용으로 매출과 관련된 손익의 계산에 중요한 영향을 미치므로 산정에 신중을 요한다. 매출원가는 재고자산과 직결되므로 재고자산관리와 연계되어 그 중요성이 높다. 손익계산서에 기재된 영업과 영업외의 구분은 기업고유의 사업과 관련된 손익은 영업 손익으로, 관련이 없는 사업과 관련된 손익은 영업외손익으로 처리한다. 따라서 영업 손실이 발생할 경우에는 기업고유의 영업에 문제가 있는 것으로 도산의 위험이 있으므로 이에 주의하여야 한다.

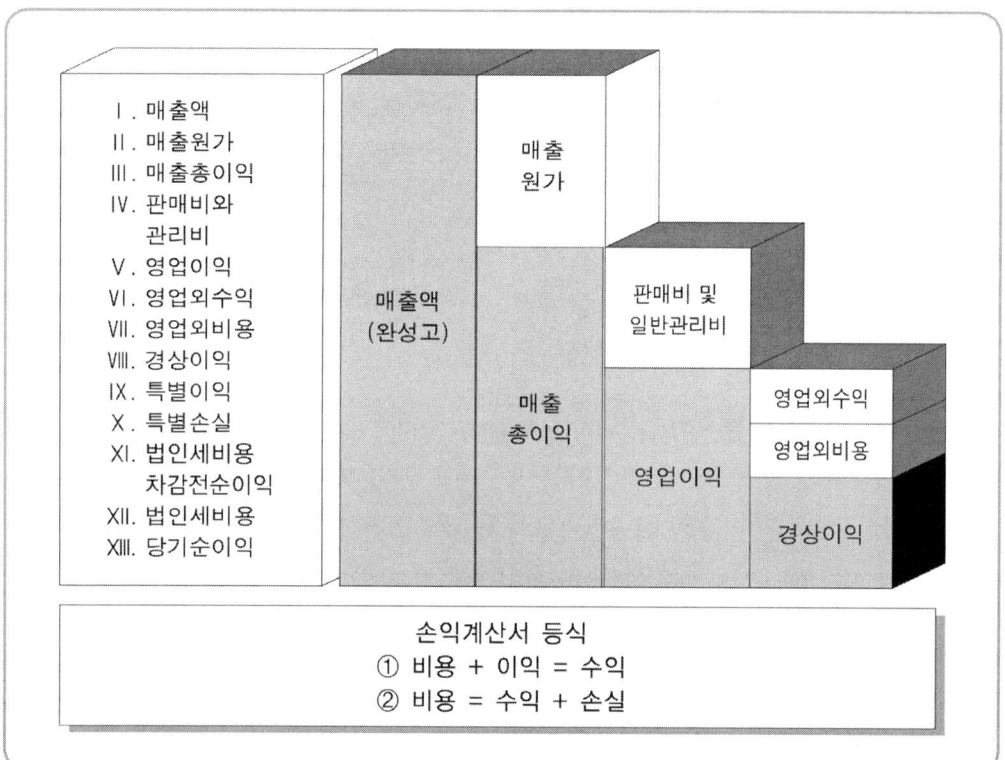

그림 4-4. 손익계산서의 구조

(2) 특별손익

특별손익은 기업의 반복적, 경상적 손익과는 관계없이 비정상적, 비반복적인 영업활동으로 인하여 발생하는 손익으로, 요즈음 같은 상황에서 채무를 면제받음으로 인하여 채무면제이익이 발생하는 경우 당기순이익에 막대한 영향이 미칠 수 있으므로 주의를 요한다.

(3) 총체적인 분석

영업 손실이 발생하는 경우 기업의 본 거래의 영업에서 손실이 발생하였다는 것이므로 심하면 도산의 위험에 빠질 수 있다. 그러나 영업이익은 발생하였으나 영업외손실이 발생하는 경우에는 금융비용 즉, 이자부담이 영업이익을 능가한다는 것을 나타내므로 자금관리를 철저히 하여야 한다. 또한 요즈음 같은 채무면제이익이 많이 발생하는 경우에는 특별이익이 과다하게 발생할 수 있으므로 경상손실이 발생하였으나 법인세비용차감전순이익 및 당기순이익이 발생할 수도 있다. 따라서 법인세비용차감전순이익 및 당기순이익 항목만 보고 이익이 발생하였다고 하여 경영능력이 우수하다고 판단하는 오류를 범할 수 있다는 점에 유의하여야 한다.

## 5. 이익잉여금처분계산서

이익잉여금처분계산서(surplus appropriation statement)는 한 기간 동안 발생한 이월이익잉여금의 총 변동사항을 보고하는 재무제표 중의 하나이다. 이익잉여금처분계산서를 별도로 작성하는 이유는 이익잉여금의 변동에 관한 정보가 중요할 뿐만 아니라 대차대조표가 제공하는 정보, 즉 이월이익잉여금의 처분 및 변동내역에 대한 정보를 제공해 주는 역할을 하기 때문이다.

표 4-2. 이익잉여금처분계산서 양식요약

| 항 목 | 금 액 |
|---|---|
| Ⅰ. 처분전 이익잉여금 | xxx |
|    1. 전기이월이익잉여금 | xxx |
|    2. 당기순이익 | xxx |
| Ⅱ. 임의적립금이입액 | xxx |
| Ⅲ. 이익잉여금처분액 | xxx |
| Ⅳ. 차기이월이익잉여금 | xxx |

이익잉여금은 손익계산서의 대차대조표를 연결시키는 역할을 하며, 손익계산서의 마지막 수치인 당기순손익은 마감과정을 통하여 이익잉여금계정으로 대체된다. 이익잉여금에 영향을 받는 요소들은 당기순손익, 배당의 지급, 법정적립금과 임의적립금의 적립, 이익잉여금의 자본전입 등이 있다. 이익잉여금처분계산서는 이들에 대한 상세한 정보를 제공해 준다.

## 6. 현금흐름표

이는 기업에 있어서 한 기간 동안에 현금이 어떻게 변화했는가를 보여주는 보고서로서, 현금의 변동내용은 현금의 유입과 유출 및 증감내용으로 표시하는 바, 현금의 원천과 사용을 영업활동, 투자활동 및 재무활동으로 세분하여 나타낸다.

기업 활동에 직접적으로 필요한 것은 장부상의 순이익이 아니고 현금이기 때문에 순이익이 발생하는 기업도 현금이 부족해 도산하는 경우가 있다. 따라서 대차대조표나 손익계산서의 분석보다도 기업의 현금흐름을 파악할 수 있는 현금흐름표(statement of cash flow)에 대한 분석이 더 중요하게 받아들여지고 있다. 현금흐름표를 활용한 현금흐름 분석은 다음과 같은 정보를 제공해 주므로 기업의 내·외부 경영분석 정보 이용자들에게 중요성이 인정되고 있다.

- 기업의 경영활동별 현금의 조달 원천과 운용 내역
- 현금흐름의 변동 원인과 미래현금흐름 창출능력
- 기업의 배당금지급 능력, 부채상환 능력 및 외부자금 조달의 필요성
- 이익과 현금흐름의 차이가 발생하는 원인 등

영업활동으로 인한 현금흐름의 예는 다음과 같다.

표 4-3. 영업활동으로 인한 현금의 유·출입의 예

| 현금유입 | 현금유출 |
| --- | --- |
| • 제품 및 서비스의 매출(매출채권의 회수도 포함됨)<br>• 이자수입<br>• 배당금 수입 등 | • 원재료, 상품구입(매입채무의 결제도 포함)<br>• 종업원 인건비, 법인세 비용, 이자비용 지급 등 |

## 7. 완성공사원가명세서

완성공사원가명세서는 하나의 현장에서 완성된 공사물건의 원가가 어떻게 형성되었는가를 알기위하여 작성된 것으로서, 손익계산서의 부속명세서이다. 건설회사의 내부관리를 목적으로 하여 혹은 외부 이해관계자에게 보고하기 위하여 이용되고 있다.

표 4-4. 공사원가계산서

공사명:　　　　　　　　　　　　　　공사기간 :

| 비목 | | 구분 | 금액 | 구성비 | 비고 |
|---|---|---|---|---|---|
| 순공사원가 | 재료비 | 직접재료비<br>간접재료비<br>작업설·부산물 등(△) | | | |
| | | 소계 | | | |
| | 노무비 | 직접노무비<br>간접노무비 | | | |
| | | 소 계 | | | |
| | 경비 | 전력비<br>수도광열비<br>운반비<br>기계경비<br>특허권사용료<br>기술료<br>연구개발비<br>품질관리비<br>가설비<br>지급임차료<br>보험료<br>복리후생비<br>보관비<br>외주가공비<br>산업안전보건관리비<br>소모품비<br>여비·교통비·통신비<br>세금과공과<br>폐기물처리비<br>도서인쇄비<br>지급수수료<br>환경보전비<br>보상비<br>안전관리비<br>건설근로자퇴직공제부금비<br>기타법정경비 | | | |
| | | 소 계 | | | |
| 일반관리비[(재료비+노무비+경비)×( )%] | | | | | |
| 이윤[(노무비+경비+일반관리비)×( )%] | | | | | |
| 총원가 | | | | | |
| 공사손해보험료[보험가입대상공사부분의총원가×( )%] | | | | | |

# 03 신 시장 조사

## 1. 21세기의 건설관련 유망시장

표 4-5. 21세기 건설관련 분야별 유망시장

| 성장분야 | 성장을 가져오는 요인 | 구체적인 예 |
|---|---|---|
| 복원·개축 산업 | • 기존시설에 새로운 기능을 부가한 복원(reform)이나 개축(renewal) 관련 사업수요 증가 | • 내화(fire-free)개수, 내진개수 사회간접자본의 수리·갱신, 기존 빌딩의 구조변경, 인테리젠트(intelligent)화 등 |
| 환경보전 산업 | • 공업화 사회의 산물인 공해 등 「負의 遺産」에 대한 대비가 시급함 | • 재해방지시설(sick house), 토양오염 개량, 폐기물처리, 재생(recycle)시설 등 |
| 복지산업 | • 고령화 사회·소단위 사회로 이행<br>• 개호(介護)산업의 발전 | • 집단주거형 주택(group home), 인근주거형 주택, 간호할 수 있는 맨션, 실버하우스 등 |
| IT산업 | • 고도화·일반화하는 IT수요 증대 | • IT에 대응하기 위한 개수, 주택의 IT화, CALS/EC의 보급, 광통신케이블 등의 인프라 정비 등 |
| 관광산업 | • 주 5일제 시행으로 여가시간 증가, 관광객의 급증 | • 관광시설, 레저용 시설, 관광용 도로망 정비, 가로경관 정비 등 |
| 해외시장 | • 중국을 중심으로 하는 아시아 경제의 급성장 | • 해외자재 수입, 해외 자회사 설립, 해외시장에 참여 등 |

자료 : 日刊建設工業新聞社, 經營再建の基礎知識, 2004.

건설업의 모든 분야가 어려움에 처해 있다고 생각하지는 않는다. 희미한 햇살을 받는 분야도 있고 이후 점차 밝아지는 분야도 있다. 자사의 주변을 주의 깊게 살펴보고 어떠한 분야에서 '싹(seed)'이 돋아 나오는지를 지속적으로 관찰하여야 한다.

각 사업자단체인 협회나 공제조합, 금융기관 또는 전문 컨설턴트 등과 상의하여 신규 분야에 관한 정보나 조언을 받는 것이 좋으며, 이러한 지원 사업을 많이 활용하는 것이 정보력을 강화하는 것이 된다.

## 2. 건설관련 단체

### 표 4-6. 건설관련 단체 및 공제조합 등

| 구분 | 단 체 명 | 홈페이지 주소 |
|---|---|---|
| 협회 | • 대한건설협회 | www.cak.or.kr |
| | • 대한전문건설협회 | www.ksca.or.kr |
| | • 해외건설협회 | www.icak.or.kr |
| | • 대한설비건설협회 | www.pmcak.or.kr |
| | • 한국주택협회 | www.housing.or.kr |
| | • 대한주택건설협회 | www.khba.or.kr |
| | • 대한건축사협회 | www.kira.or.kr |
| | • 한국엔지니어링진흥협회 | www.kenca.or.kr |
| | • 한국건설엔지니어링협회 | www.ekacem.or.kr |
| | • 한국CM협회 | www.cmak.or.kr |
| | • 한국건설기술인협회 | www.kocea.or.kr |
| 공제조합 | • 건설공제조합 | www.kcfc.co.kr |
| | • 전문건설공제조합 | www.kscfc.co.kr |
| | • 대한주택보증주식회사 | www.khgc.co.kr |
| | • 대한설비건설공제조합 | www.seolbi.com |
| | • 엔지니어링공제조합 | www.efc.co.kr |
| | • 건설엔지니어링공제조합 | www.ctsfc.co.kr |

> ▶ 연결재무제표(consolidated financial statement)란 법률적으로 독립된 두 개 이상의 회사가 경제적·경영적으로 하나의 지배회사 아래서 종속관계에 놓여 있을 때, 각 기업단위의 개별 재무제표를 일정한 기준에 의하여 하나의 종합재무제표로 작성한 것을 말한다. 우리나라 기업회계기준(제6조)에서 타 회사를 지배하는 지배회사는 종속회사와의 연결재무제표를 작성할 것을 요구하고 있다. 이 경우의 연결재무제표란 연결대차대조표와 연결손익계산서를 지칭하는 것이다.

# 04 3C분석과 FAW

## 1. 개 요

 병을 치료하기 위해서는 가장 먼저 자기 몸의 컨디션이 어떤지를 알 수 있는 정확한 진단이 필요하다. 사업에 있어서도 이와 다를 바 없는데, 우선 먼저 현재 처해 있는 실정을 진단하는 것이 현상분석이다. 신규시장 진입을 위한 현상분석을 함에 있어 세 가지 핵심요소인 고객(Customer)과 자사(Corporation) 및 경쟁사(Competitor)와 외부 환경요인(Forces at Work)이 현상분석의 핵심을 이루는 것으로서, 흔히들 이를 「3C분석」이라고도 말한다. 이에 따라 현상분석의 전체도를 그려보면 아래의 그림과 같다.

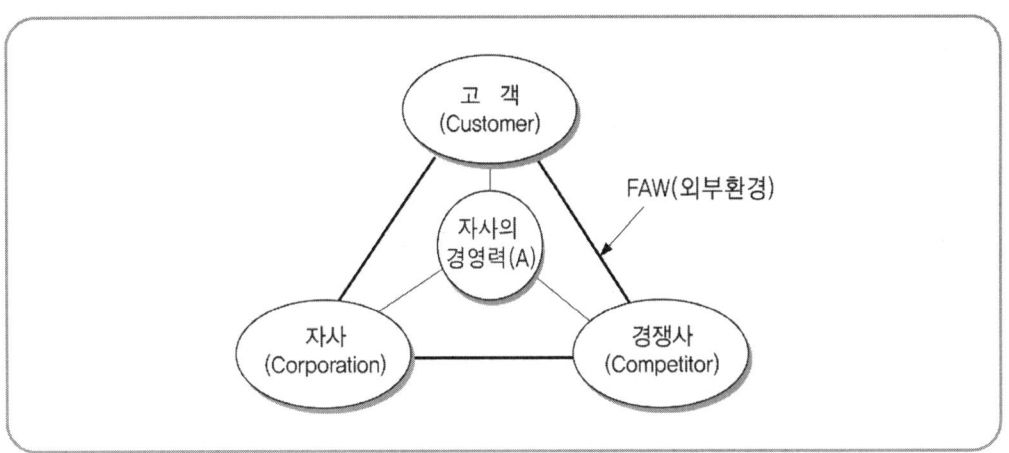

그림 4-5. 현상분석의 전체도

 현상분석의 포인트로서 고객(Customer)의 경우에는 당사의 주 고객은 누구이며, 그들의 특성과 속성에 대하여 파악하며, 경쟁사(Competitor)는 당사의 주 경쟁사가 누구인지와 함께 이들의 강·약점에 대한 검토가 요구되며, 자사(Corporation)에 대해서는 당사의 주요제품, 매출 및 이익의 공헌도와 사업운영의 흐름을 파악하는 것을 지적할 수 있다. 3C분석의 주요 내용을 요약하면 다음과 같다.

표 4-7. 3C분석

| 구 분 | 주 요 내 용 |
|---|---|
| 고 객<br>(Customer) | • 시장의 규모, 성장성, 지역분포, 수익성은 어떠한가?<br>• 주요 세부시장(marketing segments)과 목표시장은 무엇이고, 이들의 기대 성장률은 어떠한가?<br>• 건설투자예산은 증가 하는가 민간공사 발주동향은 어떤가? |
| 경쟁사<br>(Competitor) | • 주요 경쟁자는 누구인가. 그들의 목표와 전략은 무엇이며 장·단점은?<br>• 그들의 시장점유율은 얼마이고 어떠한 추세를 보일 것인가. 또 그 수는 증가하는가, 감소하는가?<br>• 경쟁양상이 어떻게 전개될 것인가? |
| 자 사<br>(Company) | • 자사의 3P(Product, Price, Place)전략과 장·단점은 무엇인가?<br>• 자사제품의 고객만족지수는, 브랜드 이미지는?<br>• 자사의 시장점유율은 얼마이고 향후 목표는 무엇인가? |

표 4-8. 외부 환경 요인(FAW)

| 구 분 | 주 요 내 용 |
|---|---|
| 경제동향 | • 소득, 저축, 물가 및 구매력의 변화가 기업에 어떤 영향을 미칠 것인가?<br>• 이러한 변화에 기업은 어떻게 대처해야 하는가? |
| 사회적 환경 | • 기업에 생산하고 있는 제품에 대한 일반대중의 태도는 어떤가? |
| 기술동향 | • 제품생산에 어떠한 기술변화가 진행 중이며 예견되는가 이러한 변화에서 이 기업은 어떠한 위치에 놓여 있는가?<br>• 기존의 제품을 대체할 만한 것은 어떠한 것인가? |
| 법적규제 | • 법령 등의 변경에 따라 자사의 경영에 유리한가, 불리한가?(부동산 투기 억제를 위한 정책, 기업도시 등 …) |

이와 함께 경영을 함에 있어서는 당사에 영향을 크게 미치고 있는 환경요인은 무엇이며, 그 요인을 움직이는 메커니즘(mechanism)이 무엇인지를 파악하는 것이 매우 중요하다. 이와 같이 경영·사업 환경의 변혁 또는 변화를 일으키는 광범위한(macro) 힘, 즉 고객·자사·경쟁사에 동시에 영향을 주는 요인을 FAW(Forces At Work)라 한다. 따라서 경영에 있어서는 FAW를 파악하는 것만이 아니라 그 영향을 이해하고 빨리 대책을 실행하는 것이 매우 중요하다.

## 2. 자사의 현상을 분석한다

자사의 현상분석을 위해서는 제품별 업적추이, 자사의 강점과 약점, 조직 및 운영체계의 특징을 분석하여야 한다. 이러한 원인분석을 철저히 하고 아울러 기업을 다각적인 관점에서 마켓리더(Market Leader)와의 비교가 요구된다. 이러한 자사의 현상분석의 방법으로는 다음과 같은 기법이 있다.

### (1) 정성분석을 기본으로 한다

#### ① 경영기본부문

| 분 야 | 분석·검토항목 | 예<br>(장점) | 아니오<br>(단점) |
|---|---|---|---|
| 기 업 | • 연혁 및 기업의 개요(변천과정·기업형태·공종별 구성)<br>• 업계의 현황(동종업계의 수·경영규모·수주태도·관리방식 등) | | |
| 경영자 | • 최고경영조직(대표자의 자질·열의·신념 등)<br>• 하부의 정보는 경영자에 전달되고 있는가? | | |
| 경영방침 | • 경영방침은 어떠한 근거와 내용을 가지고 있는가?<br>• 경영방침은 종업원들에게 어느 정도 공유되고 있나? | | |
| 경영계획 | • 이익목표와 그 내용은 타당한가?<br>• 공사수주·구매·인사·자금 등에 대한 계획은 상호 조정·합의되어 수립되어있는가? | | |

#### ② 영업부문

| 분 야 | 분석·검토항목 | 예<br>(장점) | 아니오<br>(단점) |
|---|---|---|---|
| 계획성 | • 과거의 실적 및 현재의 시공능력, 자금조달력, 조직력과의 관련성은 있는가?<br>• 수주선의 안정성, 장래성은 어떤가?<br>• 적절한 수주액과 주력 프로젝트의 형태는 어떤가? | | |
| 수주활동 | • 공사정보를 체계적으로 입수하기 위한 시스템은 있는가?<br>• 현재의 기업조건(시공능력·자금력 등)에 따른 당해 공사의 채산성은 어떤가?<br>• 건설업계 및 동종업계의 동향 및 계획을 파악하고 있는가? | | |

### ③ 기술부문

| 분 야 | 분석·검토항목 | 예 (장점) | 아니오 (단점) |
|---|---|---|---|
| 기술수준 | • 비용, 기술, 서비스 등 어떤 방면에 강점이 있나? | | |
| | • 외주선의 기술수준은 높은가? | | |
| | • 기술개발비용이 예산에 포함되어 있나? | | |
| | • 회사에 독특한 기술력 또는 know-how가 있는가? | | |
| | • 기술관련 별도의 조직이 있는가? | | |

### ④ 공사부문

| 분 야 | 분석·검토항목 | 예 (장점) | 아니오 (단점) |
|---|---|---|---|
| 시공관리 | • 현장책임 시공방식의 경우에 그 권한위양의 정도는 어떤가? | | |
| | • 본사와 현장간의 연락·보고체계는 적절히 이루어지고 있는가? | | |
| | • 건설기계 및 가설재 관리는 적절히 이루어지고 있나? | | |
| | • 구매는 본사집중 구매인가, 현장구매인가? | | |
| 외주관리 | • 외주관리 담당자를 두고 있는가? | | |
| | • 하도급의 실태를 파악하고 있는가? | | |
| | • 하도급업자의 선정기준, 발주방식이 정해져 있는가? | | |
| 현장관리 | • 공정관리 | | |
| | • 자재관리 | | |
| | • 하도급관리 | | |
| | • 노무관리 | | |

### ⑤ 재무관리부문

| 분 야 | 분석·검토항목 | 예 (장점) | 아니오 (단점) |
|---|---|---|---|
| 회계제도 | • 회계처리 및 절차는 회계원칙 및 재무제표에 관한 기준 등에 준거하고 있는가? | | |
| | • 이익관리(수익성·생산성·공사원가) | | |
| | • 채무상환은 건전한가? | | |
| | • 자금의 조달과 운용(자금계획·조달원천)방식은 어떤가? | | |
| | • 발주자별 공사 미수금 및 어음회수상황을 파악하고 있는가? | | |
| | • 장기경영계획에 있어서의 자금조달예상을 검토하고 있는가? | | |

⑥ 인사 · 조직 부문

| 분 야 | 분석 · 검토항목 | 예<br>(장점) | 아니오<br>(단점) |
|---|---|---|---|
| 인사<br>조직<br>노무<br>교육 | • 인사는 계획적인 관리를 지향하고 있는가? | | |
| | • 취업규칙은 지켜지고 있나? | | |
| | • 채용 · 이동 · 해고 등에 대한 규정이 갖추어져 있는가? | | |
| | • 급여체계 및 승급제도에 대한 규정이 정비되어 있는가? | | |
| | • 노동조합과의 관계는 적절한가? | | |
| | • 교육 · 훈련 · 연수 등을 적절히 실시하고 있는가? | | |
| | • 사무처리에 대한 기준과 방법이 규정화 되어 있는가? | | |

자사의 경영방향을 경영기본부문, 영업부문, 기술부문, 공사부문, 재무부문, 인사부문 등 6가지 관점으로 나누어 검토한다. 안정된 경영을 지속하기 위해서는 각 분야가 균형 있게 성장하는 것이 바람직하다. 그러나 어떤 시기에는 예컨대, 성장기에는 판매력으로 기업의 규모를 확대하고 질적 향상은 그 다음으로 신경을 쓰는 경우가 많다. 그것은 초기 단계에서는 이익은 취하지 않고 시장 확대를 우선시하면 장래 시장이 성장할 때에 큰 이익을 얻을 수 있을 것으로 기대하고 있기 때문이다.

이에 대하여 성숙된 시장에는 장래 시장성장이 예상되기 때문에 오늘 현재에 이익을 올리는 '매출보다는 이익'이라는 영업방침이 견지되고 있다.

▶ 위와 같이 수량이나 금액을 이용하지 않은 질적인 측면의 내용을 분석하는 것을 「정성 분석(Quantitative Analysis)」이라 한다. 정성적 분석은 현장분석을 통해 행해진다. 현장에 직접 나가 설문조사나 체크리스트에 의한 조사 등으로 수행되는 것이 일반적이다. 수치로는 분명하게 나타나지 않는 것을 구체적인 면을 살펴보는 경우에는 매우 편리하다.

## 3. 정량분석으로 보완한다

표 4-9. 자사(체질)분석표*

| 구 분 | 비율명칭 | 산출 공식 | ↑↓ | 동종업계 평균치(%) | 자사 (%) |
|---|---|---|---|---|---|
| 1. 수익력 | 매출액 경상이익률① | $\frac{경상(세전)이익}{매출액} \times 100$ | ↑ | | |
| | 총자본 경상이익률② | $\frac{경상(세전)이익}{총자본} \times 100$ | ↑ | | |
| 2. 지불능력 | 유동비율③ | $\frac{유동자산}{유동부채} \times 100$ | ↑ | | |
| | 차입금의존도④ | $\frac{차입금(차입금+회사채)}{총자본} \times 100$ | ↓ | | |
| | 부채비율⑤ | $\frac{부채(유동부채+고정부채)}{자기자본} \times 100$ | ↓ | | |
| 3. 활동성 | 총자본회전율⑥ | $\frac{매출액}{(기초자본+기말자본)}$ | ↑ | | |
| | 재고자산회전율⑦ | $\frac{매출액}{재고자산}$ | ↑ | | |
| 4. 지구력 [안정성] | 자기자본비율⑧ | $\frac{자기자본}{총자본} \times 100$ | ↑ | | |
| | 고정장기적합률⑨ | $\frac{비유동자산}{(자기자본+비유동부채)} \times 100$ | ↓ | | |
| 5. 성장력 | 매출액증가율⑩ | $\frac{당기매출액-전기매출액}{전기매출액} \times 100$ | ↑ | | |
| | 총자산증가율⑪ | $\frac{(당기말총자산-전기말총자산)}{전기말총자산} \times 100$ | ↑ | | |
| 6. 작업관리 | 종업원1인당 생산액⑫ | $\frac{생산액}{종업원 수}$ | ↑ | | |
| 7. 인사조직 | 종업원1인당 월평균인건비⑬ | $\frac{인건비}{종업원 수} \times 12$ | | | |

(주)* 이 분석표는 소규모기업의 경우에 활용함을 원칙으로 하나, 필요한 경우에는 기업규모에 따라 경영부문, 영업부문, 공사부문, 재무부문, 인사·노무부문 등 부문별로 가감하여 진단항목으로 적용할 수 있다.

## [비율명칭 해설]

① 매출액경상이익률 : 경영활동결과 기업 활동의 성과를 총괄적으로 표시하는 대표적인 지표로서 기업의 주된 영업활동 뿐만 아니라 재무활동에서 발생한 경영성과를 동시에 포착할 수 있다. 비율이 높을수록 수익성이 좋으며 10% 이상이면 양호하다.

② 총자본경상이익률 : 경영활동결과 차입한 자본(타인자본)과 자기자본을 합한 총자본이 어느 만큼의 순이익을 올렸는가를 보는 것이다. 높을수록 양호하고 내실 있는 경영을 했다고 할 수 있다. 6% 이상은 양호한 수준의 재무비율로 본다.

③ 유동성(liquidity)이란 단기(1년 이내)간 내에 얼마나 많은 현금을 동원할 수 있느냐를 말하며, 유동성 분석을 통해 기업의 단기채무 상환능력을 평가할 수 있다. 따라서 유동비율(current ratios)이란 차입금과 이를 변제함에 필요한 재원을 비교하는 비율로서, 이 비율이 높을수록 변제능력이 있고 경영의 안정성이 유지되는 것을 표시한다. 기업의 유동성이나 자금의 융통성, 단기채무 상환능력 등을 측정할 때 사용하는 가장 기본적인 지표이다. 소위 기업의 신용도를 표시하는 것이며, 특히 금융기관이 중요시하고 있다. 유동비율의 이상적인 수준은 200%를 기준으로 설정하고 있다.

④ 차입금의존도 : 총자본 중에서 외부에서 조달한 차입금(장기차입금+회사채)의 비중을 나타내는 지표이다. 차입금의존도가 높은 기업일수록 금융비용 부담이 가중되어 수익성이 저하되고 안정성도 낮아지게 된다. 차입금의존도비율은 30% 이하가 적정수준이고, 60% 이상은 매우 불안정한 상태이다.

⑤ 부채비율(debt ratio)은 타인자본과 자기자본의 관계를 나타내는 대표적인 '재무구조지표'로써 기업의 재무구조나 부채의 상태를 파악하기 위해 가장 많이 사용하는 지표이다. 일반적으로 100% 이하를 표준비율로 보고 있다. 부채비율이 높을수록 재무안정성은 낮아진다. 부채가 많아지면 상환해야 할 자금과 이에 따르는 이자비용이 함께 증가한다. 상환해야 할 자금의 증가는 자금융통을 어렵게 하고, 동시에 이자비용이 많이 발생해 기업 채산성에 나쁜 영향을 준다.

⑥ 총자본회전율 : 총자본회전속도, 즉 총자본이용의 효율성을 측정하는 지표이다. 일반적으로 1.5회 이상을 양호한 재무비율로 본다.

⑦ 재고자산회전율 : 재고자산에 투하된 자금의 회전속도이며, 높을수록 양호하다. 재고자산의 회전속도(현금화)를 측정한다. 6회 이상이면 양호한 수준으로 평가한다.

⑧ 자기자본비율 : 기업이 차입한 자본(타인자본)과 자기가 조달한 자본(자기자본)의 비중을 표시한 것이다. 기업이 안전하다는 것은 도산할 가능성이 적다는 것을 의미한다. 기업의 재무안정성을 판단하기 위해서는 '기업의 자산을 처분했을 때 부채 전액상환이 가능한가. 또는 그렇지 않은가, 자금부족에 따른 지급불능의 가능성이 있는가 또는 없는가 하는 관점에서 자기자본비율 분석이 필요하다. 자기자본비율은 높을수록 바람직하며, 우리나라에서는 은행대출 또는 기업의 성장요건심사에 중요 지표로 활용하고 있다. 우리나라 기업은 매우 낮아 자본구성의 시정(체질개선)이 강조되고 있다. 30% 이상이면 양호한 수준의 재무비율로 평가한다.

⑨ 고정장기적합률(fixed assets to stockholders' equity & fixed liabilities)
비유동자산이 자기자본이나 장기차입금 등 비유동부채에 의하여 어느 정도 꾸려가는가를 나타내는 비율로서, 안정성을 측정할 때 고정비율의 보조지표로 사용된다. 비유동자산에 대한 투자 전부를 자기자본으로 조달할 수 없는 경우에는 그 부족자금을 타인자본에 의존할 수밖에 없는데, 타인자본을 단기차입금으로 조달하는 것은 재무안정성을 해치기 때문에 장기에 걸쳐 상항할 수 있는 장기차입금이나 회사채 등 비유동부채에 의존해야 한다. 시설자금은 가급적 장기자금으로 꾸려가는 것이어야 한다는 의미에서 고정장기적합률은 100% 이하로 운용하여야 한다.

⑩ 매출액증가율 : 전년도 매출액에 대한 당해 연도 매출액의 증가율로서 기업의 외형적 성장세를 판단하는 대표적인 지표이다. 경쟁기업보다 빠른 매출액증가율은 결국 시장점유율의 증가를 의미하므로 경쟁력 변화를 나타내는 척도의 하나이다(높을수록 양호).

⑪ 총자산증가율 : 총자산의 증가율을 나타내는 지표로서 높을수록 양호하다.

⑫ 종업원1인당생산액 : 종업원에는 임원을 제외한 전종업원의 합계. 분자의 생산액은 '당기제품 순매출액 – 당기제품매입원가'이다. 이 비율은 종업원 1단위(1인당)당 생산액의 상황을 표시하는 것으로서 이에 의하여 기업생산성의 양부를 판단할 수 있으며, 높을수록 생산능률이 좋은 것을 나타내고 있다.

⑬ 종업원1인당월평균인건비 : 분자의 인건비는 제조원가의 노무비(복리후생비 포함) 및 판관비의 급료수당

참고로 시설공사 입찰참가자격사전심사(PQ)에는 시공경험, 기술능력, 경영상태 및 신인도를 평가하는데, 이 중 경영상태의 심사항목에서 대한건설협회가 발표한 「2016년도 종합건설업체의 경영상태 평가자료」는 다음과 같다. 이러한 경영상태확인서(Business Status Confirmation)는 위에서 언급한 PQ 및 적격심사시에 적용한다.

표 4-10. 연도별 종합건설업체 경영상태 평균자료 및 평균비율

| 구 분 | 단위 | 2016년 | 2017년 | 2018년 | 2019년 | 2020년 |
|---|---|---|---|---|---|---|
| 부채비율 | % | 132.53 | 117.02 | 110.72 | 110.30 | 106.45 |
| 유동비율 | % | 134.68 | 142.35 | 151.15 | 159.10 | 160.38 |
| 차입금의존도 | % | 22.86 | 21.75 | 21.00 | 20.87 | 21.24 |
| 영업이익대비이자보상배율 | 배 | 4.19 | 6.97 | 6.34 | 5.30 | 5.11 |
| 매출액영업이익율 | % | 4.26 | 5.87 | 5.70 | 4.99 | 4.67 |
| 매출액순이익율 | % | 3.08 | 5.48 | 5.44 | 4.41 | 4.15 |
| 총자산순이익율 | % | 2.62 | 4.78 | 4.62 | 3.67 | 3.22 |
| 총자산대비영업현금흐름비율 | % | 5.24 | 3.41 | 4.01 | 3.85 | 4.48 |
| 자산회전율 | 회 | 0.86 | 0.87 | 0.85 | 0.85 | 0.80 |
| 건설기술개발투자비율 | % | 0.10 | 0.08 | 0.07 | 0.08 | 0.07 |

(주) 종합건설업자의 경영상태 평가자료 및 평균비율은 발주기관별로 PQ·적격심사시에 적용하는 기준이 되며, 매년 대한건설협회에서 발표·공고하고 있다. 전문건설업에 대해서는 업종별로 부채비율·유동비율·매출액순이익율·자산회전율·기술개발투자비율 등을 대한전문건설협회에서 발표하고 있다.

정량분석(Qualitative Analysis)은 결산서의 수치로서 행하는 분석이다. 상기의 등식에 따라 자사의 수치를 산정 해본다. 결과의 난에서 ↑는 '수치 클 때가 바람직하다는 것'을 나타내고, ↓은 반대로 '수치가 작을 때 바람직하다는 것'을 의미하고 있다.

회계수치는 기업 활동 그 자체는 나타내지 않고 기업 활동의 결과만 표시된다. 따라서 회계수치를 분석하여도 "이후 어느 분야를 목표로 하는 것인지 어떠한 경영을 하면 좋은지" 등은 나타나지 않는다. 그러나 장래의 방향을 목표로 하는 경우 마치 현재의

학력을 기본으로 하여 진학방향을 고려하는 것과 같이, 장래 경영의 방향을 수립하는 경우 중요한 분석기법이다. 정성분석과 병행하여 실시하면 분석의 정밀도가 증가한다.

> ▶ 상기 표의 우측 난에 자사의 경영사항심사결과치를 기입한다. 동종업계와 비교하여 어떤 분야가 취약한지를 분석하고 아울러 자사가 목표하고 있는 회사의 수치를 기입하고 자사와의 우열을 비교하여 본다.

## 4. 고객의 동향을 분석한다

고객별 시장규모나 고객별 특성을 파악한다. 고객이 원하는 것을 정확하고도 객관적으로 파악하고, 사업기회를 전망하고 또한 새로운 사업기회를 포착할 수 있는 분석을 강구해야 한다. 그리고 분석에 의해 얻어진 결과를 충분히 음미하고 원인을 도출하는 것이 요구된다.

표 4-11. 고객동향분석

| 부문 | 분석·검토항목 | 예<br>(양호) | 아니오<br>(곤란) |
|---|---|---|---|
| 공공 | • 국가 또는 지방공공기관의 건설부문 예산은 현재의 수준에서 변화가 있을 것이다. | | |
| | • 시·군·구 지역의 건설관련 규정 및 조례 등이 변경되어 우리 회사의 수주에 영향이 있다. | | |
| | • 입찰방식(PQ제도)이 변경되면 우리 회사의 수주·손익에 영향을 미친다. | | |
| | • 공공공사의 단가인하 징후가 있다. | | |
| 민간 | • 우리 회사가 거래하는 거래처(발주처)의 매출 및 지역경제가 상승할 조짐이 있다. | | |
| | • 우리 회사의 상품수요가 대체품으로 바뀌게 될 가능성이 있다. | | |
| | • 주거래선이 인수·합병 등으로 인해 수주가 감소될 가능성이 있다. | | |
| | • 민간공사 수주단가의 가격이 인상될 조짐이 있다. | | |
| 거래처 | • 인수·합병 등에 의거 구매처·외주선의 교섭력(위상)이 급격히 강화될 것이다. | | |
| | • 주요한 구매처·외주선이 경영곤란으로 폐업할 가능성이 있다. | | |
| | • 외주선이 동업계의 경쟁자로 변할 가능성이 있다. | | |

건설수요는 사회간접자본에 대한 정비가 지속됨에 따라 대규모적인 신규투자는 점차 감소하는 경향이 있고, 또 경쟁력이 심화됨에 따라 수주단가도 하락하고 있는 추세이다.

수주단가의 하락경향이 세계적인 규모로 빨라지고 있고 침체국면의 영향을 앞으로도 상당히 받을 것으로 보인다. 적자재정으로 인해 수요 감소와 단가하락이 지속되고 있는 바, 이는 특히 공공공사 분야에서 현저하다.

고객의 수요가 전체적으로 늘어났다면 동종업계의 각 기업들도 비슷하게 매출이 증가하게 되나, 수요가 전반적으로 축소되는 경우에는 한 회사의 매출신장은 다수 회사의 매출급락을 초래하게 된다. 기업 간의 경쟁은 보다 치열해 지고 있다는 증거이다. 또한, 건설업은 궁극적으로 네트워크산업이다. 네트워크 가운데서 중요한 역할을 수행하고 있는 구입처와 외주선의 품질 및 경영력이 높은 수준으로 유지되는 것은 기업으로서 가장 바람직한 일이다.

그러나 급변하는 기업환경 하에서는 유력한 하도급 거래업체가 돌연 도산하는 경우도 있다는 것을 자각하여야 할 것이며, 또 성실한 협력업자가 어느 날 갑자기 자사와 경쟁자가 되어 수주경쟁을 벌이는 일이 있을 수 있기 때문이다.

> ▶ 자사의 공공시장 또는 민간공사시장의 금후의 동향은 어떻게 변화하고 있는가. 상기 표를 참고로 하여 검토하여 본다. 또한, 자재구입처 및 협력업체의 동향은 경영에 있어서 매우 중요한 요소이다.

## 5. 경쟁자의 동향을 분석한다

이는 경쟁상황이 어떻게 진행되고 있는가를 이해하는 것이 핵심이다. 경쟁력이 상대방으로 누구에게 유리 또는 불리하게 변화하고 있는 가를 주시하여야 하며, 경쟁 Marker, 특히 Market Leader의 특징을 파악하여야 한다. 아울러 이를 위해서는 제품별 Market Share의 추이, 경쟁사의 강·약점과 선진기업의 성공요인 등을 파악하는 것이 중요하다.

건설수요가 하락함에 따라 기업의 도태는 당분간 지속되고, 일정 선까지 진행되다가 다시 균형 상태를 유지하게 된다. 이때의 '일정 선'은 수요 감소가 심하고 동종타사의 체력(경쟁력) 여하에 따라 결정된다.

자사보다 체력이 뒤지는 기업이 많을 때에는 수익성을 유지하고서 동업자의 도태를 기다려보는 지구전도 필요하다. 자사가 업계내의 위상이 낮고 수요 감소에 대하여 지구력이 약한 경우에는 대담하게 기업재구축(restructure)을 하여 수익성 향상과 함께 현금흐름(cash flow)을 근본적으로 개선하는 방법 이외에는 없다.

> ▶ 경영이란 동업자와의 싸움이다. 적이 약하면 싸움방법을 바꿀 필요가 없으나, 만약 적들이 전력에서 나보다 앞서면 싸움의 방법을 변경하지 않으면 안 된다. 아래 표의 「예」, 「아니오」에 이상의 점을 고려하여 검토한다.

표 4-12. 동업자 분석표

| 분석·검토항목 | 예<br>(양호) | 아니오<br>(곤란) |
|---|---|---|
| • 동업자의 수는 앞으로 감소할 것이다. | | |
| • 타 업계가 신규참가 함에 따라 동업자가 증가할 것이다. | | |
| • 합병 등에 따라 동종타사가 서둘러 힘을 쏟지는 않는다. | | |
| • 주요한 거래처가 동업자를 자회사로 두려고 한다. | | |
| • 강력한 재무력을 토대로 동업자끼리 가격인하 경쟁을 벌일 징조가 있다. | | |

## 6. 외부 환경변화에 따른 영향도를 분석한다

외부 환경 영향을 미치는 요인으로서는 매우 다양하다. 물가, 노임임금 등의 경제적 요인은 말할 것도 없이 소비자의 동향(trend), 기술혁신 등의 시장변화와 개방정책이나 자본규제 등의 규제적인 측면과 외환의 등락관계, 선진국의 보호주의 정책 등의 국제관계 등이 있다.

건설업은 등록사업으로 「건설산업기본법」이나 「국가계약법」의 규제를 강하게 받고 있다. 또 업무의 성질상 토지이용, 환경관계, 기술요건 등의 여러 면에서 많은 법적 규제를 받는다. 이러한 규제나 변경이 건설업 경영에 미치는 영향은 무시할 수 없다. 특히 불량 또는 부적격업자를 배제하기 위하여 현장 시공체제나 공사관리업무를 강화해야 한다는 요구가 높아지는 경우, 이것은 기술자 확보가 필요하게 되어 결국 현장경비가 증가하게 된다. 법령 등의 변경으로 어떠한 영향을 받게 되는지 세심한 주의가 있어야 한다.

그러나 법 개정으로 새로운 수요가 창출되거나 위축되는 경우도 있다. 예컨대,「주택법」의 개정으로 재건축에 대한 규제가 강화되어 결과적으로 재건축·재개발 시장이 대폭적으로 냉각되는 사례 등이다.

표 4-13. 외부 환경변화 분석표(예시)

| 분석·검토항목 | 예<br>(양호) | 아니오<br>(곤란) |
|---|---|---|
| • 건설산업기본법, 건축법, 주택법, 주거환경법, 국가계약법 등의 관련 제도가 변경됨에 따라 발주물량이 감소하는 등 영향을 받는다. | | |
| • 환경관련 법령의 재·개정에 따라 건설관련 규제가 강화되고 이것이 업계에 영향을 미친다. | | |
| • 업계순위 하락가능성 또는 순위하락 결과에도 불구하고 악영향은 없다. | | |
| • 입찰이나 회계투명도의 요구가 강하며, 지방연고 업체우대책이 완화될 경우에는 불리한 영향을 미친다. | | |
| • 은행의 불량채권처리가 강화되면 자사가 영향을 받는다. | | |

## 7. 안정성 분석으로 자사의 현상을 전체적으로 파악한다

표 4-14. 안정성 분석표

| 『No(아니오)』의 수( - ) | | | | | | | | | | 영향력<br>구 분 | 『Yes(예)』의 수( + ) | | | | | | | | | |
|---|---|---|---|---|---|---|---|---|---|---|---|---|---|---|---|---|---|---|---|---|
| 10 | 9 | 8 | 7 | 6 | 5 | 4 | 3 | 2 | 1 | | 1 | 2 | 3 | 4 | 5 | 6 | 7 | 8 | 9 | 10 |
| | | | | | | | | | | 자사의<br>경영력 | | | | | | | | | | |
| | | 5 | | 4 | | 3 | | 2 | 1 | 고객의<br>동향 | 1 | 2 | | 3 | | 4 | | 5 | | |
| | | | | | | | | | | 경쟁사의<br>동향 | | | | | | | | | | |
| | | | | | | | | | | 환경변화에<br>따른 영향 | | | | | | | | | | |

안정성 분석이란 기업의 장, 단기 채무에 대한 자금능력을 평가하는 비율로 부도나 파산 등으로 망할 가능성이 어느 정도인지를 파악하는데에 활용이 되는 분석 방법이다 이것으로서는 유동비율, 부채비율, 이자보상비율 등이 있다. 이와 같이 기업의 현상을 파악하는 방법으로서는 회계 등의 수치로 측정하는 방법 외에, 이제까지 보아왔던 것과 같은 질적인 측면에 착안하여 분석하는 기법도 있다. 기업 활동은 오히려 수치로 나타나지 않은 사항 가운데 중요한 것을 함축하고 있는 경우가 많은데, 일의 성질에 착안하여 분석한 정성적 분석이 유용성이 높다.

정성적 분석의 결과를 상기와 같이 일람표에 정리한 다음 장단점을 시각적으로 포착되도록 하면 이해하기 쉽다. 오른쪽의 횡선이 왼쪽의 횡선보다 길어지는 것이 바람직한 상태를 나타내고 있다.

▶ 안정성 분석표에서 기입된 4가지 항목의 『예』 및 『아니오』의 수를 위 표에 기입한다. 막연하다고 생각되는 상기의 결과와 차이가 있으면 그 원인을 생각해 본다. 새로운 발견이 될 것이다.

# 05 SWOT분석으로 경쟁력을 파악한다

## 1. SWOT분석의 개념

SWOT는 강점(Strength), 약점(Weakness), 기회(Opportunity), 위협(Threat)의 머리글자를 모아 만든 단어로 경영 전략을 수립하기 위한 분석 도구이다. 내적인 면을 분석하는 강점·약점 분석과, 외적 환경을 분석하는 기회·위협 분석으로 나누기도 하며, 긍정적인 면을 보는 강점과 기회 그리고 그 반대로 위험을 불러오는 약점, 위협을 저울질하는 도구이다. 이러한 분석을 통해 경영자는 회사가 처한 시장 상황에 대한 인식을 할 수 있으며 앞으로의 전략을 수립하기 위한 중요한 자료로 삼을 수 있다

SWOT분석의 목적은 각 사업에서 발생된 외부 환경 분석과 내부환경분석을 통하여 '자사의 힘'과 '시장의 매력도'를 파악하여 경영개선이나 재생의 가능성과 경영자원의 집중에 무게를 두는 사업이 어떤 것인지의 방향성을 제시하는데 있다. 다시 말해 SWOT분석은 조직의 형태와 미래의 잠재력을 분석하는 도구로서 기업이 보유한 자원 및 능력의 강·약점을 바탕으로 환경의 기회, 위협에 능동적으로 대처해 나가기 위한 전략대안을 개발하기 위한 것이다. 이 SWOT분석은 다음과 같은 3가지의 장점이 있어, 제품이나 사업의 평가방법으로 유용하게 쓰인다.

- 객관성 : 제3자에 대한 객관적인 설명에 우수하다.
- 명시성 : 사업의 현재위치에서 장래의 방향성을 명시한다.
- 검증성 : 사업가치의 성장정도를 내외의 환경에 근거로 삼는다.

## 2. SWOT분석 체계

[1] 강점(Strength) : 타사보다 우세하거나 뛰어난 점으로 '경쟁력'을 의미한다. 우리 회사만의 특별한 콘텐츠나 제품의 다양성으로 타사에서 제공할 수 없는 제품이나 서비스를 말한다.

[2] 약점(Weakness) : 타사와 비교했을 경우 뒤떨어지거나 부족한 점을 말한다. 낮은 브랜드 인지도나, 타사에 비하여 안정적인 수입원(수주선)이 없는 경우 등이다.

[3] 기회(Opportunity) : 강점과 약점과도 이어지는 부분이기도 하다. 이러한 요인은 '외부적인 기회'로서 예컨대, 법규나 제도가 자사에게 유리하게 진행되는 경우로서, 우리 스스로가 만든 기회가 아닌 것이 특성이다. 사회적인 트렌드에 맞추는 것이 중요하다.

[4] 위협(Threat) : 기회와 마찬가지로 우리 스스로의 힘으로 당해낼 수 없는 '외부적인 요인'에 초점을 맞추어야 한다. 중소기업이나 전문업자는 대기업의 브랜드를 이길 수 없고, 이는 대기업의 독점이나 시장점유율 등으로 이어지게 된다.

SWOT분석은 ① 경영환경분석을 통해 환경이 기업경영에 미칠 기회·위협요인을 추출하고, ② 내부 경쟁력분석을 통해 기업의 강·약점을 추출하며 ③ 기회·위협요인과 강·약점을 조합하면 4개의 조합이 가능하다. 따라서 이에 따른 SWOT Matrix를 작성하고 요인간의 관계성을 고려한 전략대안을 개발한다. 기업 내부의 강점과 약점, 기업 외부의 기회와 위협을 대응시켜 기업의 목표를 달성하려는 SWOT 분석에 의한 마케팅은 4가지 전략으로 이뤄진다. 이러한 전략대안은 다음과 같다.

① SO(강점-기회)전략

기업의 강점을 활용하여 환경의 기회를 살리는 전략으로, 이 부분에서 도출되는 가장 중요한 전략이 「신규사업진출전략」이다. 예컨대, "현재 우리 회사가 A라는 사업에 진출하는 것이 타당한가"라는 주제에 있어서는 우선
㉠ 우리 회사는 진출하려는 사업과 관련하여 어떠한 강점(Strength)을 가지고 있으며,
㉡ 우리 회사는 진출하려는 사업과 관련하여 어떠한 약점(Weakness)을 가지고 있는가?
㉢ 진출하려는 사업은 우리 회사에게 어떠한 기회(Opportunity)를 가져다주는가?
㉣ 진출하려는 사업은 우리 회사에게 어떠한 위험(Threat)을 가져다주는가 등을 도출하는 것이다.

② ST(강점 - 위협)전략

　강점을 가지고 위협을 회피하거나 최소화하는 전략으로서, 기업경영에 위협이 되는 요인에 대하여 자사가 갖고 있는 강점을 통해 극복하는 전략을 도출한다.

③ WO(약점 - 기회)전략

　약점을 보완하여 기회를 살리는 전략이다. 경영환경을 기회로서 주어지지만 기업이 갖고 있는 약점으로 인해 기회를 적절히 이용하지 못하는 상황으로서, 이 부분에서는 약점을 보완하면서 사업기회를 최대한 활용하는 전략을 도출한다.

④ WT(약점 - 위협)전략

　약점을 보완하면서 동시에 위협을 회피하거나 최소화하는 전략이다. 경영환경이 위협으로 다가오는 동시에 기업의 힘마저 없는 상황으로, 경영체제 재정비 등을 통한 방어 전략을 수립한다.

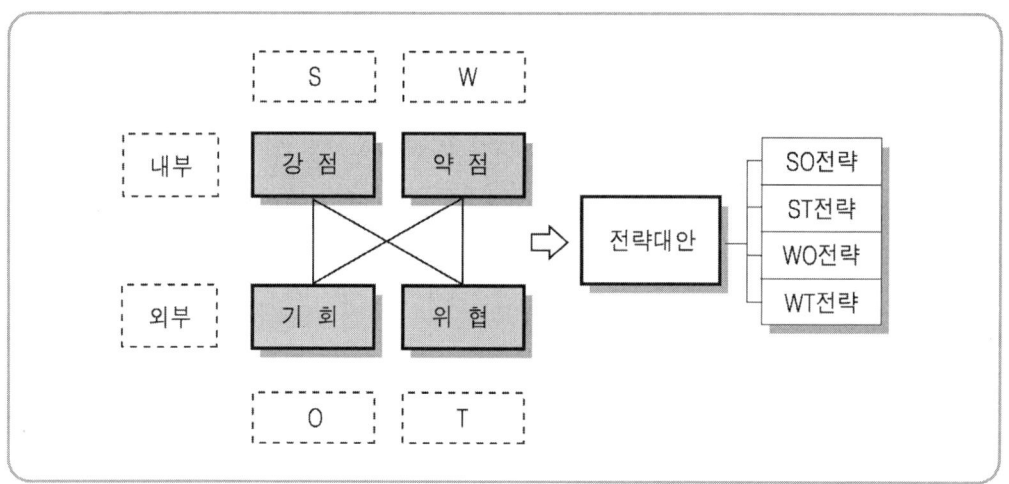

그림 4-6. SWOT분석 개념도

여기서 강점과 약점은 조직에 의해 결정되는 내부인자를, 기회와 위협은 조직이 제어

해야 할 외부인자, 조직이 대응해야할 환경 인자를 말한다.

|  | 기회 | 위협 |
|---|---|---|
| 강점 | SO | ST |
| 약점 | WO | WT |

⇒ 비전 / 전략과제 / 추진기반 구축

## 3. SWOT분석과 전략선택

건설산업의 경쟁은 신규 건설시장 축소, 최저가 입찰제도(종합심사 낙찰제도로 변경됨), 주 5일 근무제도, 재건축관련 규제강화 등에 따라 더욱 심화되고 있다. 이러한 건설환경의 변화는 산업의 주축을 이루고 있는 건설사들로 하여금 변화에 적응하고, 더 나아가 새로운 환경을 선도하기 위한 다각적인 노력을 요구하고 있다. 그러나 건설공사는 공기지연을 유발하는 수많은 불확실성이 존재하고 있으며, 이러한 불확실성에 대한 인식과 그에 따른 체계적인 전략수립과 관리가 부진한 경우 건설공사의 경쟁력을 확보하는 것은 매우 어렵다. 이러한 환경변화에 적절히 대응하고 지속적인 발전을 꾀하기 위해서는 SWOT분석을 통한 경영전략 수립과 이에 맞는 전략선택이 더욱 절실한 때이다.

표 4-15. 경영전략 선택

| 자사의 상황(A) \ 주변상황 | 순풍(기회요인) | 역풍(위협요인) |
|---|---|---|
| 체력충실 (강점) | • 경영의 선택기법이 다양함<br>• 신규 사업 진출전략 | • 기업 활동 영역(domain)을 중점 이행토록 함 |
| 체력부족 (약점) | • 호기를 놓치지 않고서 체력회복에 전력투구함 | • 한정된 선택방법내에서 생존방안을 모색함 |

기업이 경영전략을 고려하는 경우에는 자사의 현재 상태에 위 그림의 4개 분야를 더하여 5가지 관점에서 분석하는 방법이 많이 쓰인다. 자사의 강점과 약점에 더하여 각 4가지 요인이 자사에 주어진 영향이 「순풍(breeze)」인지 「역풍(opposition swelling)」인지에 따라 경영개선에 중점을 두어야 하는 분야가 다르다.

|  |  | 시장 환경 ||
|---|---|---|---|
|  |  | 기회요인(O) | 위협요인(T) |
| 자사의 경쟁력 | 강점(S) | [SO전략]<br>① 선진기술 및 관리능력 향상 (EC화·CM화 적극추진)<br>② 개발사업 다각화(레저·관광)<br>③ 환경·플랜트 사업 등 특화 사업집중 | [ST전략]<br>① 자금동원능력 강화<br>② 독자기술개발 및 기술제휴<br>③ 우수협력업체와 전략적 제휴 |
|  | 약점(W) | [WO전략]<br>① 보수성 극복 및 조직 활성화<br>② 구체적이고 체계적인 교육으로 인적자원 능력향상<br>③ 수주활동 지원강화 | [WT전략]<br>① 지속적인 교육투자로 사내 우수 인력 양성<br>② 시공경험의 DB화로 품질·가격 우위의 수주 정책<br>③ 권한의 하부위임을 통해 활성화, 의사결정 신속화 |

그림 4-7. SWOT분석에 입각한 전략대안(예시)

▶ SWOT 분석은 외부로 부터의 기회는 최대한 살리고 위협은 회피하는 방향으로 자신의 강점은 최대한 활용하고 약점은 보완한다는 논리에 기초를 두고 있다.

# 06 리스크 분석과 관리

## 1. 개 요

리스크(risk)란 조직의 경영자원에 손실 또는 장해를 초래한다고 생각되는 사태의 발생요인 및 그 영향을 말한다. 여기서 경영자원은 조직 구성원의 능력이나 생활과 건강, 금전적인 자원, 부동산 설비 등의 물적 자원, 정보, 기술, 문화 등을 지칭한다. 따라서 기업이 위치하고 있는 사회적 입장이나 경제적 환경을 함축하고 있다.

리스크매니지먼트(risk management)란 원래 기업을 리스크나 위험으로부터 어떻게 지키는가에서 출발했다. 리스크매니지먼트는 조직의 목적을 달성하는데 리스크 부담과 극복의 균형을 노린 것으로서, 조직을 파탄이나 도산으로부터 지키고, 사업을 영속(永續)하여 성장, 발전하기 위한 과학적이고 합리적인 관리를 하는데 있다. 기업경영의 목표는 기업가치의 극대화라는 것이 일반적 입장이다. 기업은 이윤추구과 동시에 손실회피(안정성)를 효과적으로 관리(management)하여 기업경영의 목적인 기업가치의 극대화시키기 위한 것이다.

여기서 기업의 가치를 결정하는 2개의 축은 수익성과 리스크라고 볼 수 있다. 과거 산업발전의 초기에는 경영이 지금에 비해 단순 하였고, 불확실한 요인도 지금보다 적었으므로 수익성 위주의 경영관리로 기업목표를 달성할 수 있었다. 그러나 최근에는 기업들의 경쟁 환경이 더욱 격화되고 그에 따라 리스크가 크게 느껴지면서 리스크도 적극 관리 할 필요성이 증대 되었다.

이러한 입장에서 리스크 분석은 새로 실시하거나 현재 진행 중인 기획(계획)이 제대로 완성되어 가고 있는지 우려되는 점들을 철저히 밝혀내고, 그것을 어떻게 극복할 것인지 혹은 불투명한 불안 요소에 대해서는 어떻게 대응해 나가야 하는지를 검토한다. 그리고 결정된 안건·방법·방향을 실행함에 있어 뭔가 바람직하지 않은 일이 발생하지는 않을지, 만일 발생하면 어떻게 대응해 나가야 좋을지도 검토한다. "장래에 무슨 일이 벌어지지 않을까 걱정이야", "향후 뭔가 기회를 찾아내야 하는데…"와 같이 이런 고민을 현실적으로 과제화하기 위한 프로세스가 리스크분석 프로세스이다. 즉, "만약 일이 발생하면 어떻게 한다"라는 것을 명확히 하는 사고 수순을 말한다.

## 2. 자사 현상분석과 리스크분석과의 연관성

만약 기업이 새로운 분야에 진출하고자 할 경우에는 그 사업이 직면하고 있는 리스크를 예측하고 그에 대처하는 방안을 세우지 않으면 안 된다. 그 경우 각각의 리스크가 기업 활동을 구성하는 요소와 관련이 있는 지를 밝히는 것은 올바른 대처방안을 강구하는데 매우 유익하다. 예컨대, 자원부족 리스크에 빠지지 않기 위해서는 자사의 경영력의 어디가 강점을 가지고 있고, 어느 곳에 약점이 있다는 것을 충분히 이해하는 것이 전제가 된다.

리스크를 분석하는 절차로서는 일반적으로 아래와 같다.
① 장래 집행되어야 할 계획과 영역을 명확히 하고,
② 장래 어떤 일이 일어날 것인가를 예측하고,
③ 리스크를 최소화하고 기회를 최대한 활용할 수 있는 행동을 사전에 준비하고,
④ 언제든지 그것들을 실행에 옮길 수 있는 절차를 만들어 내는 것이다.

표 4-16. 리스크 연관표

| 자사의 현상<br>구성요소 \ 리스크 종류 | 수요부족 | 자원부족 | 반 격 |
|---|---|---|---|
| 자사의 경영력 |  | ◎ |  |
| 고객의 동향 | ◎ |  |  |
| 동업자의 동향 | ○ |  | ◎ |
| 환경변화에 따른 영향도 | ○ | ○ | ○ |

보기 : ◎ 관련이 많음, ○ 관련이 있음.

## 3. 신규분야 진출 시 예상되는 3가지 리스크

### (1) 3가지의 리스크란?

새로운 분야는 진출기업에 따라서는 미지의 세계이다. 거기에는 여러 가지의 다양한 리스크가 있어, 신규분야 진출에 실제로 성공하는 경우는 기껏해야 전체의 10~20% 정도라는 말이 있다. 그 정도로 성공확률이 높지 않다는 반증이기도 하다.

**표 4-17. 리스크 유형별 특색**

| 리스크의 유형 | 리스크별 특색 |
|---|---|
| 수요부족 리스크 | • 예상하는 정도의 시장규모에는 미치지 못한다.<br>• 대체품의 출현으로 매출이 증가하지 않고 있다. |
| 자원부족 리스크 | • 준비한 자금이 충분하지는 않다.<br>• 본업의 수익력이 약화되고 체력이 지속되지 않는다. |
| 반격 리스크<br>(counter risk) | • 생각하지 않았던 강력한 경쟁자가 있다.<br>• 갑작스런 반격으로 인해 손해를 입었다. |

### (2) 수요부족 리스크의 대응책

- 회사 규모에 걸맞지 않게 높은 매출계획을 세우지 않는다.
- 인맥을 통한 정보수집을 사전에 충분히 활용한다.
- 사업계획수립의 속도를 높인다.
- 인수·합병 등의 M&A기법을 활용한다.

수요부족 리스크는 신규분야진출 리스크 가운데서 가장 크다. 먼저 회사의 실정에 걸맞지 않게 높은 매출계획을 세우지 말아야 한다. 투자가 큰 경우 매출계획도 크게 설정하지 않을 수 없는데 처음부터 큰 모험을 하지 않는 것이 좋다.

신 시장에 관한 조사를 할 경우에는 지역경제와 밀착하고 있는 인적 네트워크를 통하여 중소건설업의 강점을 발휘해야 한다. 신규분야는 일반적으로 성장분야이고 또 틈새시장(niche market)이거나 공개된 시장정보 등이 없는 경우가 많아 공식적인 데이터를 이용하는 데에는 한계가 있다. 신규분야 진출은 일반적으로 예상보다 크게 늦어지는 경우가 많고, 이것은 결국 매출계획을 달성하는데 어려울 수밖에 없다. 최후로 인수·합병 등에 의한 신규분야 진출을 선택한 경우에는 기존 회사의 매출실적이 있기 때문에 매출부족 리스크는 발생하지 않는다.

> ▶ 현재 사업경영상 고객의 동향에 무엇인가 변화의 조짐은 없는지. 고객의 동향이 안정되어 이후에도 확실한 매출계획예상이 기대되는가. 혹은 그 반대로의 경향이 보이는가. 기존 사업의 안정도가 높다면 신규 사업의 수요부족리스크의 위험성도 완화될 것이다.

### [1] 중소건설업의 신 시장 조사의 특색

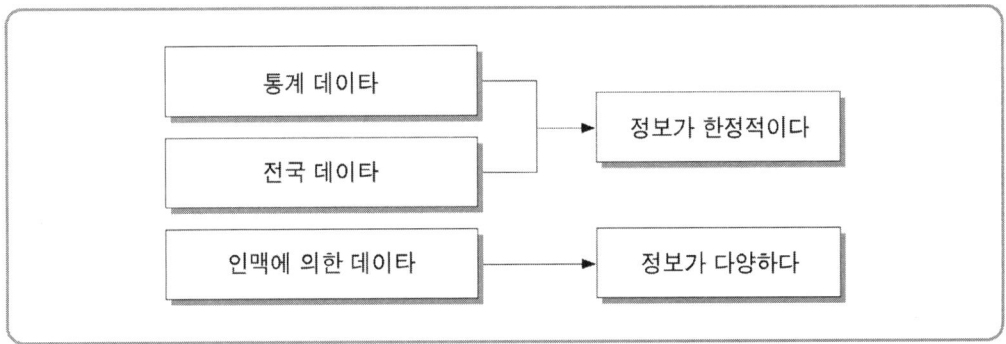

중소건설업자가 신규분야에 진출할 경우 다음과 같은 특색이 있다.
① 어느 특정 지역을 근거로 한 신규분야에 진출하기 위한 크고 넓은 시장은 없다.
② 다수의 기업이 참가하여 치열한 경쟁을 하는 시장에는 대기업과 맞설 수 없기 때문에, 아직 나머지 사람이 잘 알지 못하는 새로운 시장으로 진입하는 것이 바람직하다.
③ 대기업의 눈에는 보이지 않는 틈새시장이 있다.

위와 같은 시장에서는 공식적으로 정리된 정보로서는 파악되지 않는 것이 일반적이다. 그것은 ① 사소한 분야나 협소한 지역에 관한 것이기 때문에, 데이터 자체가 없거나 ② 새롭게 업계에 진출해 있기 때문에 동일한 데이터가 전혀 정비되지 않은 등의 이유 때문이다. 따라서 대기업에서 사용하고 있는 각종 통계데이터 등을 활용해서 하는 시장조사는 중소건설업의 실정과는 부합되지 않는 경우가 많다. 중소건설업은 지역밀착형 산업으로 두텁고 광범위한 인맥을 가지고 있기 때문에, 이러한 인맥을 매개로 하여 정보를 입수하는 것이 적절한 시장조사방법이라 말할 수 있다.

▶ 인맥은 보배이다. 이 보배는 관리를 지속하지 않으면 고사하게 된다. 귀하가 추진하고 있는 인맥의 관리기법은 어떠한 것인가?

## [2] 인맥을 기본으로 한 신 시장 조사법

표 4-18. 신 시장 조사표(예)

| 정보종류별<br>분야별 | 수주<br>관련 | 기술<br>관련 | 동종<br>타사 | 가격<br>관련 | 지역기업<br>정보 | 행정<br>관련 | 법개<br>정 등 |
|---|---|---|---|---|---|---|---|
| 건축설계분야 | O | O | | | | | |
| 구입처·외주선 | | | O | O | O | | |
| 대 학 | | O | | | | | O |
| 관 공 서 | | O | | | | O | |
| 부동산분야 | O | | | | O | | |
| 은 행 | | | O | | O | | |
| 정 치 가 | O | | | | | O | O |
| 협회·조합 | | O | O | | | | O |

"뱀의 길은 뱀이 안다"라는 속담이 있다. 그 분야의 사람은 그 분야에 있어서는 실제로 광범위한 정보를 가지고 있다. 평소 정보수집에 유의하고 수집된 정보를 수주와 연결하는 등 많은 정보는 알지 못하는 사이에 축적되고 회사에서도 큰 재산이 된다. 정보를 수집할 때 주의해야할 사항은 아래와 같다.

① 원하는 주제의 범위를 좁혀 정보를 심도 있게 관찰한다. 관련정보를 얻으면 예리한 눈으로 놓치지 말아야 한다.

② 정보는 이쪽에서 들어가지(in-put) 않으면 나오지(out-put) 않는다. 교제하는 사람이 유익하다고 생각하는 정보를 GIVE하면, 반대로 상대방은 유익한 정보를 TAKE하는 것이 된다. 즉, Give and Take가 성립되는 것이다. 그렇기 때문에 평소부터 부지런히 지속적으로 인맥관계를 형성하지 않으면 안 된다.

▶ 상기의 ○표는 통상 정보원이라고 생각되는 것을 정리한 것이다. 실제로 정보입수가 가능한 것에 ●을 붙인다. 어떤 분야의 정보원이 많고 또 적은가가 명확해 진다. 인맥구축에 개선해야 할 점은 없는가

### (3) 자원부족리스크에의 대응책

| 1. 자원부족 대응책 | · 자기자금을 충분히 준비한다.<br>· 기존사업의 수익성을 개선하고, 자금흐름을 정상화시킨다.<br>  은행과의 채널을 강화한다. |
|---|---|
| 2. 인재부족 대응책 | · 직원에게 교육·훈련을 실시하여 기술력을 배양한다.<br>· 다른 지원을 통해 전력을 보완한다. |

신규분야의 진출에서는 ① 신규설비투자 ② 필요운전자금 ③ 적자보전자금 ④ 기술도입료 ⑤ 광고선전료 ⑥ 기타 운전자금 등과 같이 많은 자금을 필요로 한다. 이와 같은 자금을 무리 없이 조달할 수 있다면 신규분야 진출에 있어 절반은 성공한 셈이다. 신규 사업은 기업의 여력이 있을 때에 진출하게 된다. 성급한 진출은 자금부족이나 치밀한 계획 없이 진출하는 경우가 많은데, 이는 탄환이 부족한 상태로 전투에 참가하는 것과 크게 다를 바 없다.

자금준비를 위해서는 ① 우선 자력으로 할 수 있는 만큼 자금을 모으고, ② 기존사업의 자금흐름을 개선하고, ③ 은행차입을 용이하게 해야 한다.

다음 항에서 설명하고 있는 '사채모집'에 의해 자금을 조달하는 경우도 증가하고 있다. 자금부족과 더불어 또 하나의 문제가 인재부족이다. 신규분야진출은 당연히 사장주도로서 이루어져야 하는데 이 경우에도 핵심인재의 확보가 필수요건 임을 잊지 말아야 한다.

▶ 신규사업진출의 필요성이 절실함에도 불구하고 경영자원이 충분하지 않는 경우에는 다른 사람과의 제휴를 염두에 두고 전략을 검토하여야 한다.

[1] 사채모집에 의한 자금조달

① 사채의 의미와 성질

사채(社債)란 일반 공중으로부터 자금을 모집할 목적으로 집단 혹은 대량으로 부담하는 회사 채무이고 이를 표시하는 유가증권이 발행된 것을 말한다. 이 증권을 채권 또는 사채권이라 하고 이에 대한 권리자를 사채권자라 한다. 따라서 채권은 정부·공공단체와 주식회사 등이 일반인으로부터 비교적 거액의 자금을 일시에 조달하기 위하여 발행하는 차용증서를 지칭한다.

② 사채와 주식과의 비교

궁극적으로 주식회사가 증권시장에서 자금을 조달하기 위해 발행한다는 면에서는 사채와 주식 간에는 별 차이가 없다. 그러나 주식발행은 원금을 갚을 의무도 없고 배당도 형편이 어려우면 주지 않을 수도 있으나, 사채는 회사 이익에 관계없이 일정한 이자만 제때 갚으면 되고 원금상환은 장기에 걸쳐 나누어 할 수 있다. 또한 사채권자는 회사경영에 참여할 수 없지만 주주는 주주총회의 의결권을 갖는다. 이러한 사채는 배당압력과 경영지배권의 위험 없이 비교적 장기자금을 일시에 조달이 가능하며, 상환기일과 이율의 확정으로 일정기간 동안 안정된 자금의 사용과 자금계획 수립이 용이한 장점이 있다.

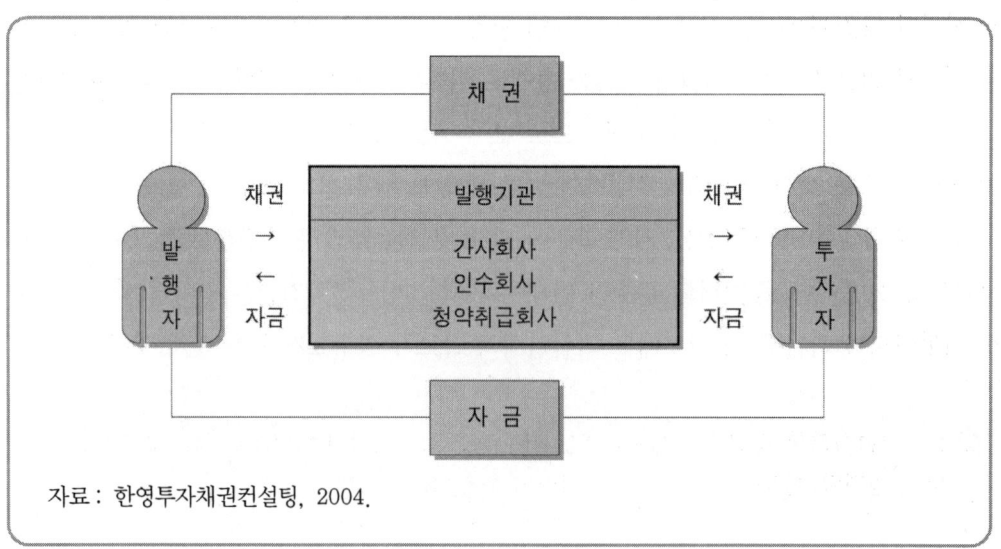

자료 : 한영투자채권컨설팅, 2004.

③ 채권발행시장의 구분

- 발행자 : 채권발행에 의해 자금을 조달하는 주체로서 정부, 지방자치단체, 특별법에 의해 설립된 법인, 주식회사 형태의 기업 등이 있다.
- 투자자 : 채권발행시장에서 모집, 매출되는 채권의 청약에 응하여 발행자가 발행한 채권을 취득하는 자로서 자금의 대여자이다. 투자자는 기관투자자와 개인투자자가 있으나 우리나라에서는 기관투자자가 대부분이다.

④ 회사채의 발행형태

- 사모(private placement) : 불특정 다수인을 대상으로 하지 않고 소수의 특정인 즉, 보험회사·은행·투자신탁회사 등의 기관투자가나 특정개인에 대하여 개별적 접촉을 통해 매각하는 방법이다.
- 공모(public placement) : 발행주체가 불특정 다수인에게 채권을 매각하는 방법으로 채권발행에 따른 제반업무처리와 발행에 따른 위험을 누가 부담하느냐에 따라서 직접발행과 간접발행으로 구분한다.

## (4) 반격 리스크(counter-risk)의 대응책

① 대기업이 주목하는 큰 시장은 피한다.
② 강력한 경쟁상대가 있는 시장은 피한다.
③ 타 기업이 모방하지 않는 기술 등을 가진다.
④ 우선은 그다지 눈에 띄지 않게 활동한다.

신규분야에 진출에는 필연적으로 동업경쟁자들의 반격이 야기된다. 일반적으로 낮은 가격을 무기로 중소기업에 진출하면 상대방 경쟁업체는 가격인하경쟁으로 반격하고, 이렇게 될 경우 신규로 진입한 기업은 일단 획득한 고객을 빼앗기게 된다. 대형회사는 일부 상품을 차별적인 낮은 가격으로 치고 나와도 기업전체의 체력감퇴에 따른 영향은 미미하였다. 결국 신규분야진출에 성공하기 위해서는 차별화(differentiating)가 관건이다. 차별화된 상품은 하루아침에 만들어지지 않는다. 신규분야진출에 성공하기 위해서 많은 기업은 오랫동안의 잠복기간을 거친다는 사실을 잊어서는 아니 될 것이다.

# 07 경쟁력강화에 활용되는 회사분할 제도

## 1. 회사분할로 새로운 출발을 시도한다

회사 분할제도는 기업구조조정 및 특정업무 전문화, 인수·합병의 활성화를 위하여 주식회사를 분할하여 1개 또는 수개의 회사를 설립하는 것(상법530조의2의1항)으로써, 기업의 경영 성과를 향상시키기 위해 취하는 경영 전략 중의 하나이다. 회사분할은 회사영업의 일부 또는 전부를 다른 회사에 승계하는 조직법상의 행위를 말한다. 회사분할 절차에 의하여 영업을 다른 회사에 이전되는 회사를 '분할회사'라 하고, 영업을 다른 회사로부터 이전받는 회사를 '승계회사'라 한다.

기업의 자본수익성을 높이기 위해서는 강점이 발휘되는 사업을 선택하여 여기에 경영자원을 집중(concentrating)할 필요가 있다. 사업을 감안한 결과 자사에는 계속할 수 없는 사업은 타사에 분할·매각 또는 합병하는 등의 다양한 방안이 고려될 수 있다. 따라서 회사분할의 목적은 한계사업정리, 업종전문화 등 기업재편을 통한 경영효율성을 제고하고, 유망사업 전문 육성 및 거대기업의 소규모 전문화, 사업의 위험분산 등을 위해 행해지고 있다.

회사분할제도(spin-off-system)는 다음과 같이 분류된다.
① 인적분할 : 분할되는 회사의 기존주주들이 분할 후의 회사가 발행한 주식을 취득하는 형태의 분할을 말한다.
② 물적분할 : 분할 후의 회사가 발행한 주식을 기존주주가 아닌 분할되는 회사가 주식의 총수를 취득하는 형태의 분할을 말한다.
③ 단순분할 : 분할된 부분이 독립하여 각각 신설회사로 남아 있는 형태
④ 분할합병 : 분할된 부분이 존립중의 회사와 합병되는 형태
⑤ 복합분할 : 단순분할에 분할합병의 병용(倂用)신설

## 2. 현상과 대책

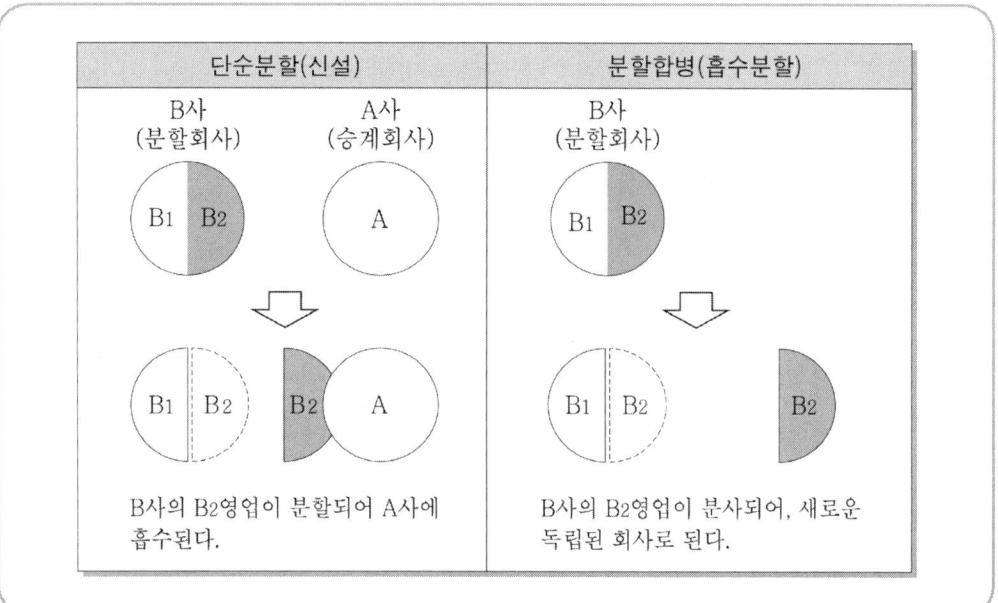

### (1) 현 상

예컨대, 토목공사업면허를 보유하고 있는 B건설회사는 사정상 많은 부동산을 보유하고 있으나, 아울러 채무과다로 고전하고 있다. 이에 따라 금리부담이 커지고 손실이 누적되어 자기자본도 적자로 전락하였다. 이대로 방치하면 자금사정이 더욱 어려워져 경영상의 문제 외에 자본금 7억 원 이상인 건설업 등록조건을 충족하지 못하기 때문에 건설업등록이 취소당할 처지에 있다.

### (2) 대 책

B사로서는 경영상 부진을 면치 못하고 있는 부동산 부문을 분리하여 이것을 별도의 회사로 독립시키는 방법과, 토목부문 자체를 분리하여 새로운 회사로 독립시키는 2가지 방법을 생각할 수 있다.

이 경우 전자는 시간이 지날수록 건설회사의 재무체질은 건전화되나 곧바로 채무초과 상태를 해소하기는 어렵다. 채무초과 상태를 해소하는 방법으로서는 분할하는 부문에 많은 이익이 발생하는 경우에 이것을 분리함으로써 매각이익으로 나타날 수가 있기는 하나, 이것은 모든 회사가 일반적으로 취하는 방법은 아니다.

이에 비해 토목부문을 별도의 회사로 독립하는 방법으로서는 승계하는 자산과 부채 간의 차액이 7억 원 이상이면 건설업의 등록요건에는 영향을 미치지 않는다. 과거의 무거운 짐을 던다는 점에서는 후자의 분할합병이 좋다고 본다.

### (3) 유의사항

건설업에 있어서 분사(分社)의 경우 시공실적은 나눌 수 없지만 자금 분할은 가능하다. 건설업체들의 시공능력평가는 경영평가·공사실적·기술능력·신인도 등 4가지 요소에 의해 결정되고, 이 가운데 경영평가가 가장 높은 비중을 차지한다. 따라서 경영평가의 한 요소인 자본금을 줄이면 시공평가액은 당연히 줄어들게 된다.

그러나 분사를 하기 위해서는 시행중인 공사가 있을 경우 발주기관들의 동의를 받아야 하고, 공제조합을 포함한 금융권으로부터도 동의를 얻어 내어야 한다. 아울러 상장법인인 경우에는 3개월 동안의 공시기간을 거쳐야 한다.

## 3. 회사분할에 쓰이는 경영능력 강화책

### (1) 승계하는 측의 이점

① 지금까지의 영업부문외에 영업 전개를 위하여 신규 개척한 지역을 영업기반으로 하는 회사를 받아들인다.
② 기술력이 있는 사원을 흡수분할에 의해 한데 모아 자사가 거두어들인다.
③ 흡수분할에 의거 매출 또는 기술자를 늘리고, 입찰조건이나 시공능력상의 평점을 향상시킬 수 있다.
④ 규모 확대로 건설시장에서 우위의 자리를 강화하고, 장래의 포석으로 작용한다.

## (2) 분할하는 측의 이점

① 채산성이 없는 영업부문을 분리하여 전사적인 경영효율을 향상시킨다.
② 업종이나 업태가 다른 영업부문을 분할하여 경영책임을 명확히 하여 경영효율을 향상시킨다.
③ 영업 전부를 분할을 하여 모(원)회사를 지주회사로 하여 경영기능분담을 명확히 한다.
④ 분할된 회사의 종업원을 이동하여 인건비의 합리화를 기한다.
⑤ 안정된 퇴출보장(happy retirement)을 위해 매각되는 부문을 별도의 회사로, 그 후 주식회사를 양도하고 자금을 회수한다.
⑥ 후계자가 복수인 경우 회사를 분할하여 각각으로 사업 승계되는 조건을 사전에 정리한다.
⑦ 결손이 있는 회사가 회사분할을 통해 가지고 있는 이익을 계상하여 결손을 정리함으로써 은행 등의 평가를 높인다.
⑧ 부동산과 차입금을 별도의 회사로 이전하여 재무재구축의 효과를 높이고, 이에 따라 기업을 재구축(slim화)하여 결과적으로 입찰실적에 활용한다.

## (3) 분할에 따른 문제점

다른 한편으로 조직이 분할됨에 따라 다음과 같은 문제점이 예상된다.
① 서로 다른 업종에 종사하는 멤버들과의 교류에 의한 정보 창출의 기회가 줄어든다.
② 종업원들 간에 일체감이 결여된다.

따라서 분할은 이러한 문제점도 예상되기 때문에 분사제도를 시행할 때는 종업원의 주인의식 고양과, 그룹 내부 기업 간의 시너지 효과 추구를 제1의 목표로 정하고 신중하게 검토할 필요가 있다. 참고로 회사의 분할합병에 대한 상세한 법적내용에 대하여는 아래의 유권해석이 도움이 될 것이다.

**[질의] 상법상 분할합병의 해석(2003. 6. 5)**

상법 제530조의2제3항에 의하면 "회사는 분할에 의하여 1개 또는 수개의 회사를 설립함과 동시에 분할합병 할 수 있다"라고 규정되어 있는데 예를 들어 A건설회사가 건설업을 분할하여 B회사를 설립함과 동시에 C회사(설립중 혹은 존립중인 회사)와 합병할 수 있다라는 뜻인지, A건설회사가 건설업을 분할하여 B회사를 설립함과 동시에 A건설회사의 분리된 건설업과 B회사와 합병할 수 있다라는 뜻인지요? 상법상 회사의 분할은 양도·양수와 어떤 차이점이 있나요?

참고로 국가기관에서는 건설업의 분할을 양도·양수로 해석하여(건설산업기본법에서 양도·양수로 본다는 규정은 없습니다)건설업 분할시 건설산업기본법에서 정한 양도·양수절차를 거치도록 행정기관에서 운용하고 있습니다.

**[답변] 오세오(www.osed.com) 2003. 6. 18.**

1998년 개정상법에 신설된 회사분할은,
(1) 분할에 의하여 1개 또는 수개의 회사를 설립하는 "단순분할"(상법 제530조의 2 제1항)
(2) 분할에 의하여 1개 또는 수개의 존립중의 회사와 합병하는 "분할합병"(상법 제530조의2제2항)과
(3) 위 단순분할 및 분할합병을 병행하는 형태로서, 분할에 의하여 1개 또는 수개의 회사를 설립함과 동시에 분할 합병하는 "신설 및 분할합병"(상법 제530조의 2 제3항)의 세 가지로 나누고 있습니다.

따라서 질문하신 제530조의2 제3항의 해석은, A 건설회사가 건설업을 분할하여 B회사를 설립함과 동시에 A건설회사의 다른 사업부문과 다른 C회사와 합병할 수 있다는 것이 되겠습니다.

만약, A건설회사가 건설업을 분할하여 B회사를 설립하고자 한다면 이는 위 단순분할에 따르면 되고, A건설회사가 건설업을 분할하고, 이러한 분리된 건설업을 존립중인 다른 회사에 흡수합병시키거나 혹은 다른 존립중인 회사와 더불어 새로운 회사를 설립하는 경우에는 위 분할합병의 절차에 따르면 될 것입니다.

이러한 상법상 회사의 분할합병절차를 취할 때, 일반적인 영업양도, 현물출자, 합병 등에 따른 절차보다 간소해 지는 한편(경우에 따라 신회사의 설립절차, 채권자보호절차 등이 요구되지 않음) 그 효과면에서 연대채무의 발생, 주식의 귀속 등에서도 차이가 나게 됩니다.

한편, "건설업의 양도등"을 규정하고 있는 건설산업기본법 제17조에 따르면, 건설업자가 건설업을 양도하거나, 건설업자가 비건설업자인 법인과 합병하는 경우에는 이를 양도로 보고 건설교통부장관의 인가를 받도록 규정하고 있는 바, 귀 질의의 경우, 만약 건설업자인 A건설회사가 건설업을 분할하여 B회사를 설립하거나 또는 위 분리된 건설업을 비건설업자인 C회사에 흡수합병시키거나 C회사와 더불어 다른 새로운 회사를 설립하는 경우에는, 건설업 자체가 A건설회사가 아닌 별개의 법인으로 귀속되는 효과가 발생하므로, 위 건설산업기본법의 규정에 따라 양수도 절차를 밟아야 할 것으로 보입니다. 다만, A건설회사가 건설업외의 다른 사업부문만을 분할한다면, 건설업은 A건설회사가 그대로 잔존하므로 양수도 절차를 취할 필요가 없을 것으로 판단됩니다.

## 제5장

# 경영의 내실화를 통한 기업재건 전략

1. 기업재건을 위한 프로세스 / 195
2. 기업재건을 위한 다양한 방안 시도 / 215
3. 종합적인 판단을 한다 / 234
4. 공적평가에 관한 판단도 중요하다 / 244
5. 다양한 방법 중에서 장래의 방향을 선택해야 / 246
6. 기업재건의 요체 / 248
7. 기업회생에 대한 법적 검토 / 251
8. 리스크관리를 철저히 한다 / 258
9. 외부와 제휴를 모색한다 / 268

# 01 기업재건을 위한 프로세스

## 1. 개 요

　기업이 추구하는 경영목표 가운데 가장 중요한 것이 이익창출이다. 기업의 미래를 위한 투자나 주주배당은 물론 직원들에 대한 보상이나 사회공헌도 그만큼의 이익이 있어야 가능하다. 이러한 이익을 충분히 창출하기 위해서는 그에 상응하는 효율적인 경영이 뒤따라야 하는 것은 당연하다. 이와 같이 경영의 효율성과 기업재건을 위해서 그동안 여러 가지 경영기법들이 개발 보급됐고 기업경영에 실제로 보급되어 왔다. 그러나 기업재건에 관한 수많은 기법들이 도입·시도되었지만 기대에 미치지 못했다. 이것은 기업마다 처한 상황이 다름에도 불구하고 우선 도입해보자는 조급한 판단과 기업 간에 처하고 있는 상황이 충분히 반영되지 않았기 때문인 것으로 판단된다.

　경영이란 '경제 환경에 적응하는 업'이라 정의하고 있다. 변화의 시대를 맞아 기업은 항상 새로운 분야로의 도전을 계속하지 않으면 안 되며, 그것을 가능하게 하기 위해서는 지속적으로 기존사업부문에 견실한 실적을 쌓아야 한다.

　"실패는 성공의 어머니"라는 말이 있다. 새로운 분야에 도전하여 성공할 확률이 많은 것은 아니다. 그러나 끊임없는 도전을 지속적으로 하는 것만이 최후의 승자가 될 수 있다는 사실은 부인할 수 없다. 신규 사업도 그것이 성공하여 회사 내에 정착되면 어느덧 기존사업으로 된다. 하나의 큰 성공에 안주하여 다음 도전에의 기개가 흐려지면 장기적인 안목으로 본다면 결국 사회에서 미아로 전락하게 된다. "경영은 '공격'과 '방어'의 균형을 유지하는 것이다"는 말을 되새겨 볼 때이다.

　기업재건은 종래의 방법으로는 도산하는 운명에 처해있는 기업을 단기간 내에 회생[起死回生]을 실현하는 것이다. 그렇기 위해서는 과거의 경영방식과 결별할 필요가 있는데, 그것은 말처럼 결코 쉬운 것은 아니다. 경영자를 비롯하여 전 직원의 혼신의 노력이 없이는 이룩할 수 없는 과제인 것이다.

## 2. 기업재건을 위한 일반적인 프로세스

기업을 재건하기 위해서는 그 업종이나 규모에 따라 다른 접근이 필요하다. 제조업인지 서비스업인지 또는 대기업인지 아니면 중소기업인지에 따라 동일할 수는 없는데 일반적으로 다음과 같은 프로세스로 진행된다.

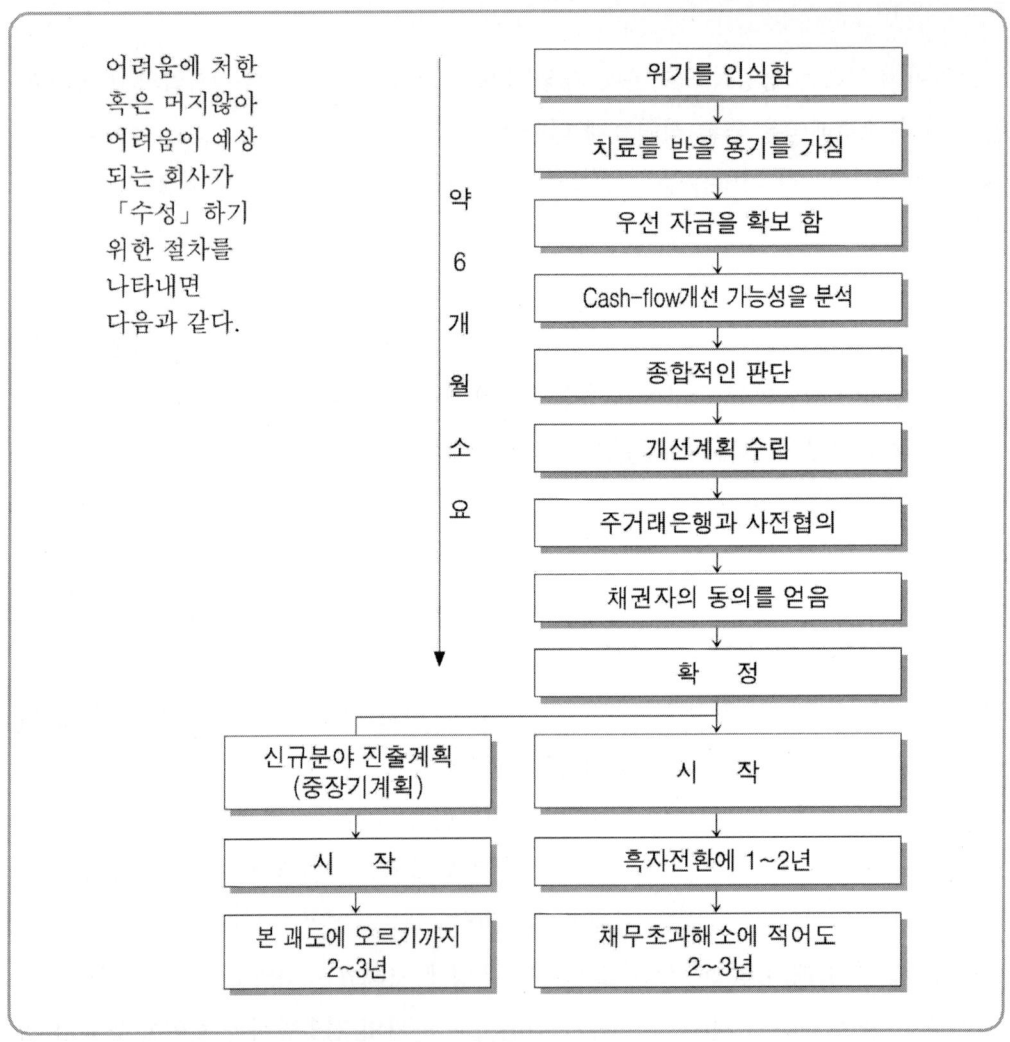

그림 5-1. 기업재건의 프로세스

## (1) 위기를 인식한다

### [1] 현재의 실상에 대한 경영자의 인식

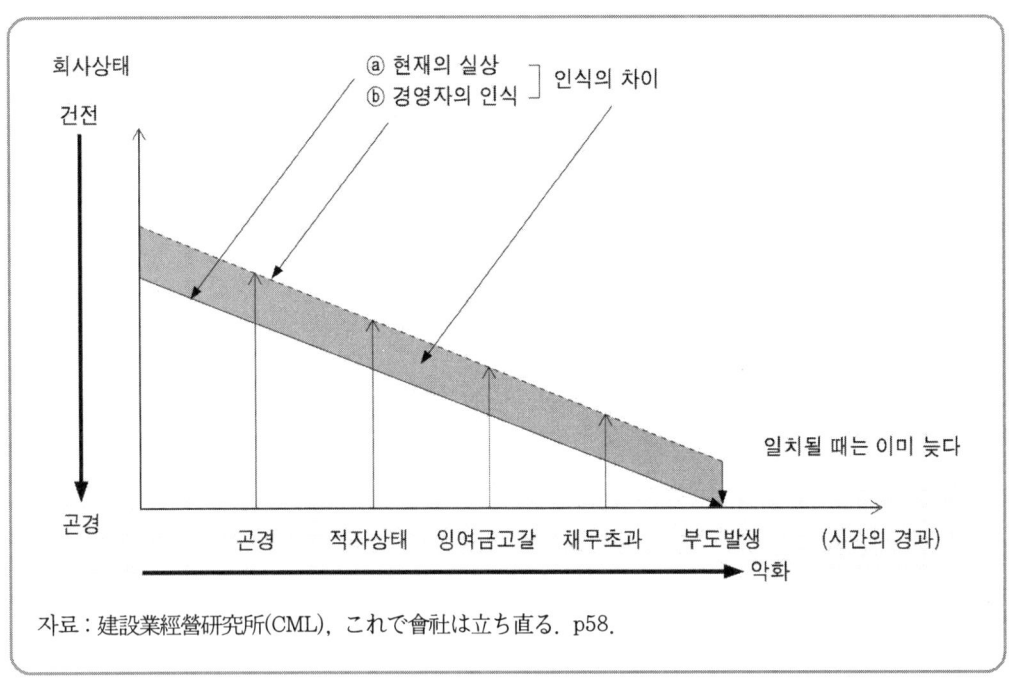

그림 5-2. 회사의 실상과 경영자의 인식차

경영자의 입장에서 보면 회사는 자기의 자식과 같다. 자기의 자식을 귀여워하지 않는 부모는 없다. 그러나 자사(自社)에 대한 애착이 때론 객관적인 판단력을 흐리게 만드는 경우가 적지 않다. 신속하게 손을 쓰면 충분히 살릴 수 있는 많은 기업이 파산하는 사실이 이것을 웅변으로 증명하고 있다. 먼저 경영자가 자랑스러운 나의 회사를 객관적인 시각에서 바라보고, 이를 바로잡아 나아가는 것이야말로 개혁에 성공할 수 있는가의 여부를 판가름 짓는 최초의 관문이다.

### [2] 경영위기의 징후들

경영위기의 징후를 알아보기 위해서는 아래와 같은 질문표(questionnaire)를 작성하여 하나씩 체크해 나가면 매우 용이하다.

표 5-1. 회사위기에 대한 징후 사례표

| 질 문 내 용 | Yes | No |
|---|---|---|
| ① 최근 사원의 퇴사가 지속되고 있다. | | |
| ② 은행으로부터 금리를 인상한다고 알려왔다. | | |
| ③ 각종 보험료의 지불이 체불되어 있다. | | |
| ④ 적자를 감수한 출혈수주가 증가하고 있다. | | |
| ⑤ 거래처가 납품단가를 올리기 시작했다. | | |
| ⑥ 경리담당자가 피곤한 기색이 보인다. | | |
| ⑦ 어음결제일이 가까워오는데 자금회전이 불안하다. | | |
| ⑧ 현장의 출근시간이 느슨하다. | | |
| ⑨ 경영진 간의 알력이 있다. | | |
| ⑩ 직원 결근이 증가하는 경향이 있다. | | |
| ⑪ 본업이외의 적자가 늘어나고 있다. | | |
| ⑫ 대형 주거래선이 도산하여 미수손실의 피해가 늘었다. | | |
| ⑬ 은행이 어음교환을 잘 해주지 않으려 한다. | | |
| ⑭ 시장에서 가격의 '할인경쟁'이 격화된다. | | |
| ⑮ 오래된 거액 단골 거래선과 동업을 한다. | | |
| ⑯ 종업원 전체의 고령화가 진행되고 있다. | | |
| ⑰ 작업용 기계 등이 낡고 녹 슬었다. | | |
| ⑱ 기술부문에서 핵심적인 간부사원이 최근 퇴직했다. | | |
| ⑲ 세무조사로 많은 금액의 부인이 탄로 났다. | | |
| ⑳ 계속하여 분식결산을 해오고 있다. | | |

상기 20항목 가운데에서

- YES가 12이상은 ............................ → 위기상황
- YES가 8~11 .................................. → 위험
- YES가 4~7 .................................... → 주의
- YES가 0~3 .................................... → 안정

한편, 사태가 더욱 악화되어 부도가 발생하는 경우도 있다. 부도란 법적으로 수표 또는 어음의 소지인이 지급인, 인수인 또는 발행인에게 지급제시를 하였으나 지급이 거절

당한 것을 말한다. 따라서 몸이 아플 경우 나름대로 사전에 조짐이 있듯이 부도의 경우에도 일반적으로 아래와 같은 징후가 있다.

표 5-2. 부도발생 징후 사례표

| 질 문 내 용 | Yes | No |
|---|---|---|
| ① 작업자들이 갑자기 바뀐다. | | |
| ② 현장출입 담당자(관리자 · 임원)가 갑자기 바뀐다. | | |
| ③ 협력업체 본사와 연락시 담당자 또는 책임자와 연락이 장기간 안 된다. | | |
| ④ 현장 식당의 식대 체불이 길어진다. | | |
| ⑤ 담당이사가 과기성을 요구하는 사례가 빈번해 진다. | | |
| ⑥ 작업량 대비 작업자들이 갑자기 줄어든다. | | |
| ⑦ 작업자들의 노임이 체불된다. | | |
| ⑧ 장비비, 자재비의 어음결제기간이 길어진다. | | |
| ⑨ 경쟁업체로부터 자금압박, 부실경영, 부도조짐 소문이 들린다. | | |
| ⑩ ……… | | |

만에 하나 부도가 발생한 경우에는 신속히 적절한 조치를 취해야 한다. 하도급공사와 관련한 실제 투입기성을 정확히 산출하여 당해 업체로부터 정산합의서를 징취하고, 현장에서 발생한 해당업체의 미지급현황을 상세히 조사 파악하고, 관련 증빙자료를 첨부하여 당해업체 대표자(부득이 한 경우는 현장대리인)의 기명 또는 서명 날인을 받도록 한다. 또 기성미지급금으로 노임을 정리하고 잔액이 있을 경우 우선순위별로 잔여 미지급금을 처리하는 등의 조치가 따라야 한다.

> ▶ 자사의 현상에 대한 위험정도를 예측하는 것은 쉬운 일이 아니다. 상기의 체크리스트를 자사의 실정에 비추어 냉정하게 판단하여 본다. 회사 위험도가 안정적이지 않다면 어떠한 행동을 하여야 하는지 고려하여야 할 것이다.

## (2) 치료를 받을 용기가 있어야 한다

### [1] 사장의 결단이 모든 일의 시작이다

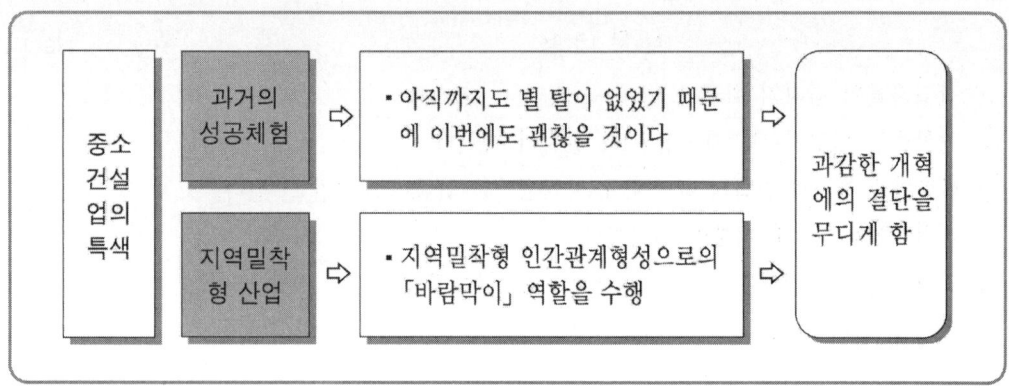

개혁이 필요한 것은 그냥 앉아서 결단으로만 되는 것은 아니다. 건설업은 우리나라 GDP의 12% 내외를 차지하고 있는 거대산업이다. 특히 지방 경제에서는 그 존재가치는 크며 하나하나가 그 지역의 상위에 속하는 기업도 많다. 그 때문에 상위권에 속하는 건설업체 중에는 때때로 과거의 성공체험이 지금도 농후하게 남아있는바, 그것이 개혁의 속도를 느리게 하는 측면이기도 하다.

또 건설업은 지역밀착형 산업이다. 수주는 두말할 것도 없이 하도급관계로 형성되기 때문에 사원채용, 하도급 및 자재업체 선정 등 자기고장의 인간관계를 지탱하고 있는 면이 크다. 이 때문에 예컨대, 외주선의 변경이나 인원구조조정을 단행하는 경우에도 이러한 틀을 벗어나지 않는 형식적인 대책에 그치는 사례가 많다.

그러나 오늘날 경제 환경의 변화속도가 빠르고 하루가 다르게 경쟁이 치열한 기업환경에서는 개혁을 미루어야 할 여유는 없다. 관련되는 사람 사람마다에 일시적으로는 고통이 있어도 기업이 지속적으로 존속(going concern)하기 위해서는 머뭇거릴 시간이 없다. 과감한 결단으로 실행하는 용기가 다시금 사장에게 요구되고 있다. 실행을 함에 있어서 결단의 여부는 종이 한 장의 무게차이에 지나지 않으나 그것이 최종적으로는 미치는 영향은 천지차이라는 것을 알 수 있다.

### [2] 무리한 욕심은 화(禍)를 부른다

IMF사태는 우리에게 많은 것을 가르쳐 주었다. 특히 건설업을 경영함에 있어서 지나친 덤핑수주나 무리한 사업 확대는 오히려 위기를 심화시킬 수 있으므로 회사의 능력에 맞는 수주를 통해 경영의 내실을 기해야 할 것이다. "지나친 것은 부족함과 같다"는 과유불급(過猶不及)의 의미를 새겨야 할 것이다.

공사수주에 앞서 회사의 조직과 자금 그리고 감당할 수 있는 관리의 범위를 정확히 파악하고 경제적인 한계를 설정하여 운영하여야 할 것이다. 분수에 넘는 무차별적이거나 공격적인 수주를 함으로써 외형을 무리하게 키운 수많은 기업들이 쓰러진 사례들을 보아왔기 때문이다. IMF사태 이후 기업들이 유동성 확보나 채산성을 따져 내실을 기해야 살아남을 수 있다는 교훈을 깊이 새겨야 할 것이다.

### [3] 종이 한 장의 무게 차이가 크게 다르다

예를 들면, 지금 어려움에 처해있는 회사의 경영층이 그 일을 의식하고 개혁을 하려고 용기와 의욕을 가진다. 이때 우선 가장 먼저 할 수 있는 것은 절약이다. 과거의 관례에 사로잡히지 않고 원점(zero base)에서 지출을 삭감한다. 그러면 자금에 여유가 있어 이익도 발생하게 된다. 이와 같이하여 발생된 자금은 회사의 사업 확장을 도모하는 밑천(seed money)이 된다.

한편 비록 자각은 하고 있더라도 개혁의 큰 변화에 한발 물러서서 그대로 방치한 경우에는 어떻게 될까? 매출감소에 수반하여 자산이 과대해지게 된다. 추진력의 원천인 엔진(매출)이 줄어들고, 차체(자산)가 무거워 진다. 그러면 회사는 발생된 적자를 은폐하려하고 표면적으로는 신용을 유지하려고 힘쓰게 된다. 그 결과는 말하지 않아도 파산에 이르게 된다. 오늘날의 경제 환경은 회사의 부실을 그대로 방치하면 시간이 흐른다고 그것이 자연치유 될 정도로 낙관적인 것은 아니다.

종이 한 장의 무게차이가 곤경에서 탈출(ESCAPE)하는가 아니면 실패(FOUL)에 이르는가의 분수령이 된다.

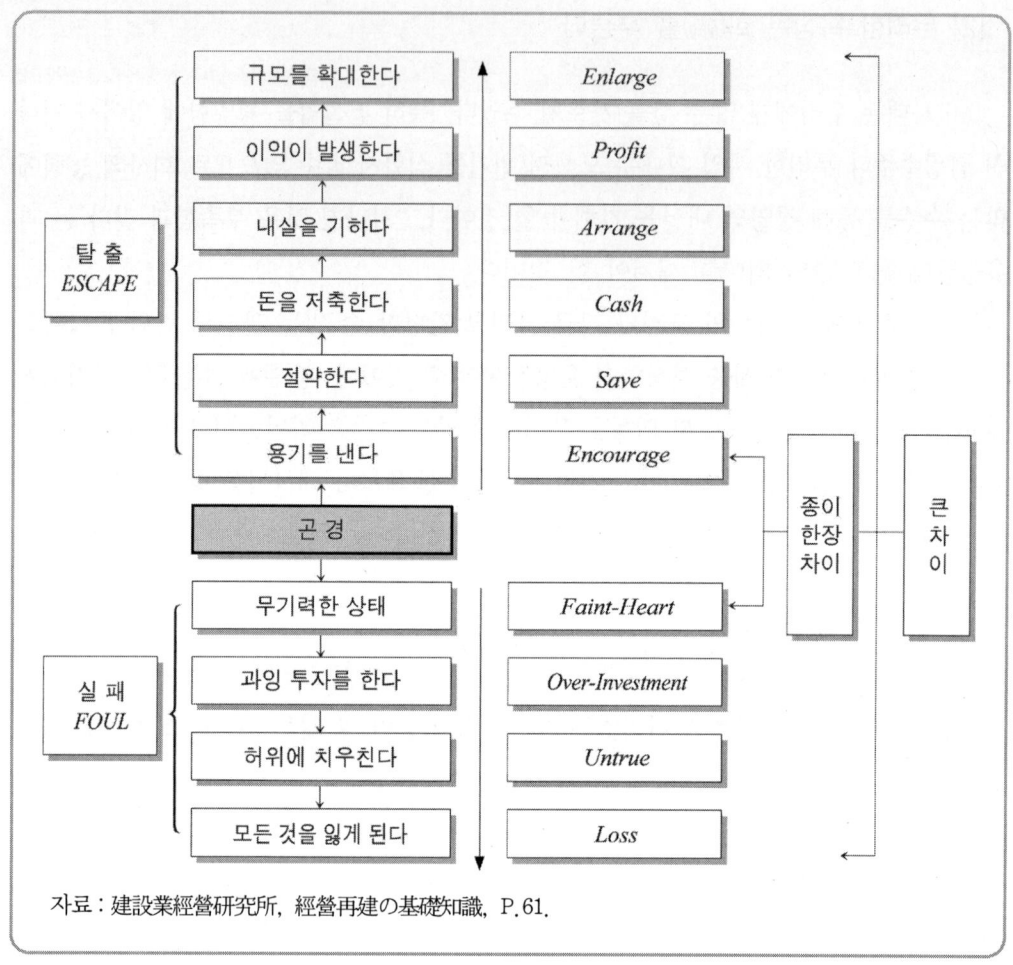

그림 5-3. 곤경에서의 탈출과 실패의 흐름도

### [4] 외부의 전문가를 활용하라

우리는 몸을 살피기 위해 의사와 상담한다. 그러나 상담을 받는 상대방이 실수라도 하면 좋은 어드바이스는 받을 수 없고 결과도 만족스럽지 못하다. 따라서 우리는 기업회생에 대하여 각 분야별 전문가를 유효하게 활용하면 많은 도움을 받을 수 있다.

① 변호사

사업의 재건계획에는 관계자의 동의를 얻고 계약서를 작성하는 등 법률전문가의 관여가 불가피하다. 또한 재건인가 청산인가 그리고 재건인 경우에도 자체적으로 진척시킬 것인지, 아니면 법적인 절차를 통해 실행하는지 등의 중요한 방향과 관련하여 법률전문가의 조언은 필요하다.

각각의 변호사는 나름대로 전문분야가 있는데 기업재건에 있어서는 돈과 시간이 걸려도 경험이 풍부한 변호사에게 의뢰하는 것이 바람직하다. 회사재건을 시도하는 경우에는 파산 등의 법적인 청산을 전문으로 하는 변호사는 피하는 것이 좋다.

② 공인회계사

공인회계사는 감사 등을 통하여 회사의 경영에 관하여 다양한 정보를 가지고 있다. 장래 경영의 형태를 구체적인 계획으로 이행하고 이를 계획서로 정리하는 점에서 유익한 후원자가 될 수 있다. 또한 공인회계사는 많은 경우 세무사를 겸하고 있다.

③ 세무사

재건계획과 세금은 불가분의 관계이다. 자산처분(외상처리 등)에 있어서 손금경리의 가능성이나 채무면제를 받는 경우 이익에 대하여 과세유무의 조사는 중요하다. 동시에 거래의 상대방 즉, 이쪽에서 외상 처리한 상대방의 과세관계나 임원 등이 보증채무를 이행하여 구상권을 포기한 경우에 자산양도에 관한 소득세 등의 부담, 당사에 대하여 채권포기한 회사의 손금처리의 문제 등 과세에 관한 많은 문제점이 발생한다.

이처럼 익금 및 손금의 발생을 합리적으로 기획(planning)하고 현재 상황에서 결손금과의 관련을 포함한 가장 합리적인 납세계획을 책정하는 것은 기업재건의 성공을 위해서는 절대적으로 필요한 것이다.

④ 감정평가사

부채를 줄여 주거래은행의 동의를 얻기 위하여 회사 소유부동산을 처분하는 경우도 많다. 이 때 부동산의 가격을 높게 제시할 뿐 팔리지 않아 고생하고, 낮게 설정한 곳도 처분이 쉽지 않아 담보권자인 은행이 채권회수가 어렵다고 하여 반발을 자초하기도 한다. 처분가능액을 공정하고 적정하게 산정하기 위해서는 부동산감정 전문가의 의견을 듣는 것이 좋다.

### ⑤ 기업재건전문 컨설턴트

컨설턴트(Consultant)란 기술상의 상담에 응하는 전문가이다. 회사 입장에서 은행과 절충하기 위해서는 은행의 내부사정에 정통하고 동시에 풍부한 경험을 지닌 재건컨설턴트의 역할이 매우 중요하다. 재건금액의 대소에 관계없이 앞으로 의뢰하는 사례가 증가할 것으로 보인다. 경영지도사 등이 전문회계인과 팀을 구성하여 자금의 대출, 융자 및 운용 등에 대한 자문활동을 하고 있다.

## (3) 우선 자금을 확보하라

### [1] 자금 확보의 필요성

어려움을 극복한다는 것은 현재의 경영괘도를 변화하는 것으로서 용이한 일은 아니다. 그것은 바로 전쟁이라 말할 정도이다. 싸움에는 군자금이 불가피한 것과 마찬가지로 재건을 위해서는 우선 자금이 필요하다. 그 요점은 자금을 절약하는데 있다.

### [2] 고리[高金利]를 멀리해야 한다

어려움에 직면한 때에 냉정해 지는 사람은 그리 많지 않다. 그러한 때에는 위험한 징후가 소리 없이 다가온다. 위험한 자야말로 처음에는 "천사보다 온화하다"는 말이 있다. 오늘날에는 금리가 낮아 이자부담에 대한 자금압박은 종전보다는 다소 여유가 있긴 하지만, 자금력과 담보력이 충분하지 못한 중소 건설업의 경우는 크게 달라진 것이 없다.

고리[私債]로 빌릴 때에는 절차가 매우 간단한데 처음에는 '어둠속에서 만난 등불'이라 착각하는 정도이다. 당초에는 감미로운 마력을 지니고 있으나, 시간이 지나 위험성을 깨달을 때쯤이면 때는 늦어 몰락에의 길을 재촉하게 된다. 이와는 반대로 금융기관으로부터 유리한 조건으로 차입하고자 할 경우 그 절차는 매우 복잡하다. 시간도 걸리고 품도 번거롭다. 그러나 착실한 재건을 원한다면 그러한 것을 피하지 말아야 한다.

한편, 어음발행의 문제이다. 어음을 거래하고 있는 기업 중 극히 일부를 제외하고는 상당수가 리스크 발생의 가능성이 높은 편이다. 특히 전문건설업에서 어음을 발행한다는 것은 자금이 부족하다는 것이며, 부족한 자금의 조달이 불확실 하다는 개념으로 생각한다.

많은 기업들이 초기에 투입되는 비용과 자재를 외상으로 구매할 수 없어 어음이라도 있어야만 가능하다고 말하고 있으나, 어음을 주어야만 자재를 구입할 수 있을 정도의 기업이라면 부실화의 가능성이 많다는 기업으로 분류할 수 있을 것이다. 즉, '어음발행은 기업의 수명을 단축시킨다.'라고 볼 수도 있을 것이다. 결론은 "고금리의 무서움을 알아야한다"는 것이다.

## [3] 자금을 절약한다

기업의 재건과 자금잔고는 밀접한 관계가 있다. 내일 어음을 결재할 자금조차 없으면 '야반도주' 밖에 다른 방법이 없는데 부도가 10일후에 난다면 민사소송이나 파산 등의 절차로도 대응할 수 있는 처지가 아니다.

적어도 6개월 전후의 운전자금이 확보되면 재건을 위하여 본격적인 행동을 개시할 수 있는 시간적 여유를 가지게 된다. 자금을 확보하는 방법으로는 다양한 수단을 동원할 수 있다. 자본참가 대상자를 모집한다든지(대부분의 중소업자인 관계로 현실적으로는 쉽지 않다), 금융기관이나 또는 친지 등으로부터 차입, 외상금을 조기에 회수하거나, 주식·출자금·각종 회원권 매각 등을 생각할 수 있다.

> ▶ 자금은 능력 이상을 초과하지 말아야 한다. 상기 수단으로 아직도 손에 와 닿지 않는가?
> 자사의 자금 확보 가능성을 금액으로 확인하여 보아라.

## [4] 재건에 필요한 지출

재건에는 아래와 같이 여러 가지 지불해야 할 돈이 필요하다. 어려움에 처해있는 건설업의 경우 공사도 하기 전에 선수금을 먼저 써버리는 경우가 많고, 재건성공을 위해서는 당면한 자금을 확보하는 것이 필요불가결 하다.

확보된 자금은 상계(相計)해 버리는 일이 없도록 은행구좌에 입금하는 것도 잊지 말아야 한다.
① 퇴직금 지불자금
② 부동산매각에 수반한 담보말소의 등록세 등의 세금·비용
③ 부동산을 매각하고 차입금을 변제 할 때 담보력 부족 때문에 필요하여 추징한 돈
④ 연체하고 있는 세금 등의 지불자금
⑤ 미불된 구입대금이나 미불급여에 대한 지불자금
⑥ 당장 필요한 운전자금(당면 2개월의 운영할 수 있을 정도)
⑦ 컨설팅 대금

[5] 일일 자금집계표를 작성한다

자금변통이 어려울 때에는 매일 아래와 같은 「일별 자금흐름표」를 작성하고 부도발생 등의 사고가 없도록 신경을 쓰지 않으면 안 된다.

**표 5-3. 일일 자금집계표(예시)**

| 항목 | | 일자 1 | 2 | 3 | 4 | ...... | 28 | 29 | 30 | 31 | 합계 |
|---|---|---|---|---|---|---|---|---|---|---|---|
| 전일에서 이월 | | | | | | | | | | | |
| 수입 | 외상매출금 회수 | | | | | | | | | | |
| | 어음기일 입금 | | | | | | | | | | |
| | 전도금 | | | | | | | | | | |
| | 차입·어음할인 | | | | | | | | | | |
| | 합 계 | | | | | | | | | | |
| 지출 | 지급어음결재 | | | | | | | | | | |
| | 급료·경비지급 | | | | | | | | | | |
| | 외상매입금 지급 | | | | | | | | | | |
| | 은행지급 | | | | | | | | | | |
| | 합 계 | | | | | | | | | | |
| 다음날 이월 | | | | | | | | | | | |

## (4) Cash flow의 개선

### [1] 경영악화의 원인을 확인한다

우선, 당해 기업의 경영자·간부 들은 자금의 중요성을 철저히 인식하여야 한다. 비록 본업의 이익은 순조롭더라도 자금관리에 실패하여 도산에 이르는 소위 '흑자도산'의 경우가 많기 때문이다.

표 5-4. 경영악화의 원인

| 구분 | 경영악화의 원인 | 해당(유O)·무(×) | 회복(가O)·부(×) |
|---|---|---|---|
| 급성질환* | • 법률 등의 변경의 영향 | | |
| | • 거래선의 도산, 거래정지 | | |
| | • 은행의 대출조건 강화 | | |
| | • 사장(Top)의 사망 | | |
| | • 시장의 급격한 냉각 | | |
| | • 재해로 인한 손실 | | |
| | • … | | |

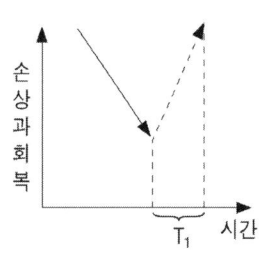

| 구분 | 경영악화의 원인 | 해당(유O), 무(×) | 회복(가O), 부(×) |
|---|---|---|---|
| 만성질환** | • 사장의 리더십 결여 | | |
| | • 사장 보좌진의 역량부족 | | |
| | • 경영진 간의 알력 | | |
| | • 본업 및 본업이외의 적자 | | |
| | • Cash flow의 마이너스 | | |
| | • 사원의 기술력 부족 | | |
| | • 고비용(인건비 등)체질 | | |
| | • 누적적자의 증대 | | |
| | • 상품력(brand image)부족 | | |

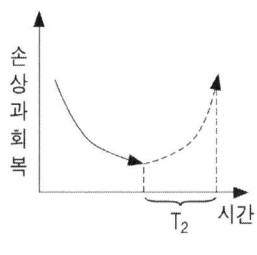

(주) T는 개선에 필요하다고 생각되는 기간을 나타냄. $T_2 > T_1$
\* 사외에 문제가 있음
\*\* 사내에 요인이 있음

Cash flow란 문자 그대로 현금의 흐름을 말하는 것으로서 기업에 투입된 자본은 여러 가지 자산형태를 취하지만 결국에는 재화, 서비스에 편입되어 판매되고 현금수입을 수반한다. Cash flow의 강학적 의미는 기업이 결산기 마다 세금을 공제한 이익금에서 배당금과 임원상여금을 공제하고 감가상각액을 더한 것을 나타낸다. 이것이 많을수록 외부자금에 대한 의존도가 줄어들기 때문에 재무의 건전성을 표시하는 지표로 쓰인다.

오늘날의 경영악화의 원인으로 가장 많은 것은 수요 감소(발주물량 감소)이고, 다음으로는 기존의 무리한 사업 확장에 있다. 요컨대 어려운 경영을 지속하다가 최근 매출이 급격히 감소하여 도산에 이르는 경우가 있다. 이것은 위의 그림에서 보면 만성질환에 해당된다. 그렇기 때문에 회복까지 기간은 오래 걸리는데 일반적으로 허리를 고정시켜 지속적으로 치료하지 않으면 회복되기 어렵다고 보고 있다.

### [2] Cash flow의 개선 전체도

경영의 재건은 최종적으로는 Cash flow의 개선으로 집약된다. 이에 대한 활동으로서 각종의 재건방안이 실행된다. 노무·영업·재무 및 사업의 각 재건방안과 Cash flow개선의 관련항목을 그림으로 나타내면 아래 [표 5-5]와 같다. 각각의 개선방안을 실행하고자 하는 경우 그것이 전체적인 입장에서 그와 같은 역할이나 목적을 가지고 있는가를 이해하는 것이 필요하다.

**표 5-5.** Cash flow의 개선책

| 결산항목<br>재건종류 | 손익계산서 | | 대차대조표 | |
|---|---|---|---|---|
| | 비 용 | 수 익 | 자 산 | 부채·자본 |
| 노 무 | ○<br>(인건비 : 고정비) | | | |
| 업 무 | ○<br>(원 가 : 변동비)<br>(판관비 : 고정비) | ○ | ○<br>(매각채권) | ○<br>(매입채권) |
| 재 무 | ○<br>(지급이자 : 고정비) | | ○<br>(고정자산) | ○<br>(차입금) |
| 사 업 | ○<br>(전체) | ○<br>(전체) | ○<br>(전체) | ○<br>(전체) |

Cash flow개선의 5가지 관점

① 돈을 벌지 않고 사업을 방치한다 → 사업재구축(restructure)

② 이익을 발생시킨다 → 노무·사업·재무 재구축

③ 운전자금을 개선한다 → 업무 재구축

④ 고정자산을 처분한다 → 재무 재구축

⑤ 차입금을 줄인다 → 재무 재구축

[3] 솔선하여 먼저 행동하라

① 경영진들의 보수를 대폭 삭감 한다

개혁은 먼저 경영자 자신부터 시작해야 한다. 그것도 눈에 보일 정도로 신뢰성이 있게 출발하여야 한다. 주위에 충격을 주는 정도가 아니고서는 개혁의 출발에는 실패한다. 사장 월급을 적어도 50% 이상 줄이는 방법이다. 최고 경영층이 최대의 고통을 감수하지 않고서는 사원들이 회사의 개혁을 진심으로 받아드리지 않기 때문이다. 더욱이 이때 사장이 회사로부터 물러 받은 지대가임(地代家賃) 등 있으면 개인의 차입변제에 지장을 가져오지 않는 정도까지 대폭적으로 인하하는 것이 필요하다.

② 사장의 회사에 대부금 채무면제

사장이 회사에 많은 자금을 빌려주고 있는 소규모기업의 경우 사장이 회사에 대하여 그 채권을 포기(회사로서는 채무면제)하게 되면, 회사는 일시적으로 거액의 이익이 계상되어 많은 액수의 누적결손금이 해결된다.

사장의 입장으로서는 회사로부터 변제 받을 수 있는 채권을 포기하게 되어 경제적으로는 큰 고통이 따르나, 회사가 제자리를 잡고나면 장래 임원보수 등의 인상에 실질적인 손실이 회복되도록 하는 것도 잊지 말아야 할 것이다. 그러나 이 경우에는 회사가 받는 면제이익에 대하여는 과세되고 있는데, 같은 회계연도에의 손실계상 등을 같이 고려하고 어렵게 결단한 채무변제이익에 많은 세금으로 기업에서 유출되는 일이 없도록 대책을 세우는 것이 필요하다.

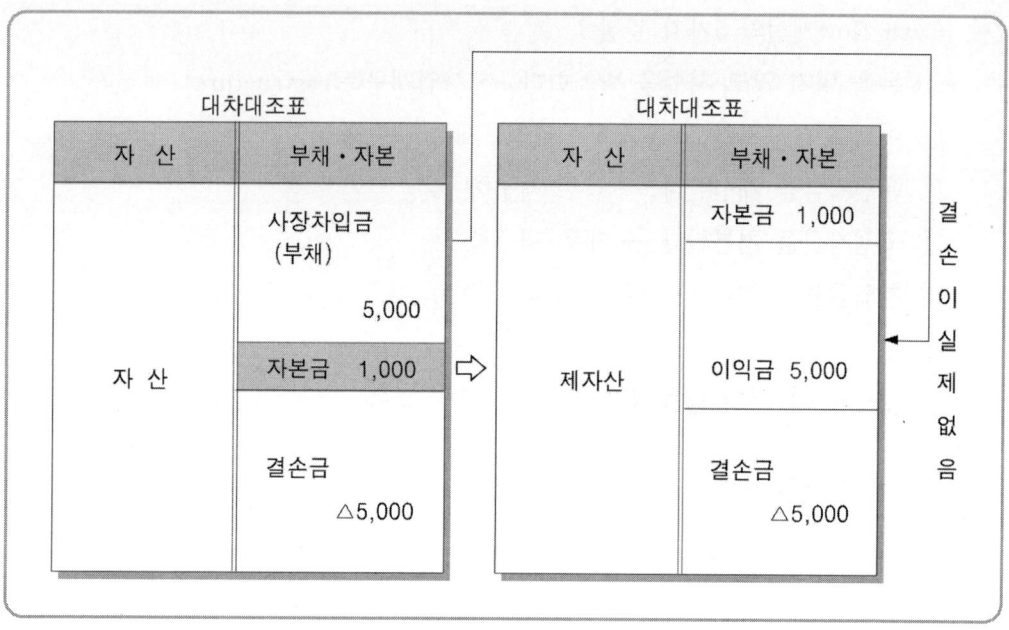

③ 사장으로부터 차입금을 자본금으로 대체

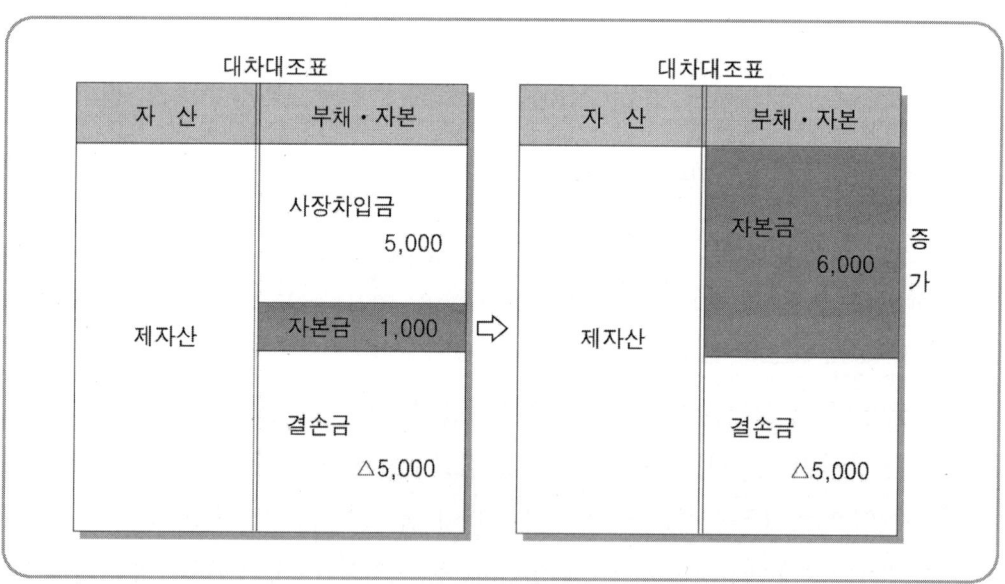

상기의 채무면제익(이익)의 계상과 같은 효과가 있는 것으로는 사장이 회사에 대하여 가지고 있는 대부금이라는 재산(회사에 있어서는 차입금)을 현물출자 하는 방법도 있

다. 이 경우 다음과 같은 효과가 기대된다.
　㉠ 자본의 부가 충실하다.
　　증자 전에는 채무초과액이 4,000만원이었으나 증자함에 따라 자본의 부는 반대로 플러스 1,000만원으로 개선되었다. 이것은 은행이 회사를 심사할 경우에 많은 보탬이 된다.
　㉡ 심사에 있어 평가상승효과가 기대된다.
　　증자 전에는 자본의 부는 마이너스 4,000만원으로 되는데, 증자 후에는 플러스 1,000만원으로 변한다. 증자하는 본인이외에 주주가 있는 경우 그 사람은 주주로서 이익을 얻는 것이 된다.

## [4] 분식과 결별하라

### ① 분식회계란?

분식(粉飾)이란 문자 그대로 실제의 모습보다 좋게 보이도록 하기위해 얼굴에 분칠을 한다는 의미로서, 기업이 자금융통을 원활히 할 목적으로 또는 실적을 좋게 보이기 위해서 고의로 자산이나 이익을 부풀려 계산하는 회계를 분식회계(window dressing settlement)라 한다.

"악마의 유혹"이라고도 불리는 분식회계는 그 수법에 있어 다양한 형태가 있는데, 아직 창고에 쌓여 있는 재고의 가치를 장부에 과대하게 계상하는 수법, 팔지도 않은 물품의 매출전표를 끊어 매출채권을 부풀리는 방법, 매출채권의 대손충당금을 고의로 적게 쌓아 이익을 부풀리는 수법 등이 주로 이용된다.

이것은 기업경영자가 결산 재무제표상의 수치를 고의로 왜곡시키는 것으로, 회사의 재무상태를 거짓으로 만들어지기 때문에 투자자나 채권자들의 판단을 흐리게 할 우려가 있고, 탈세와도 관련이 있어「상법」등 관련 법규에서도 엄격히 금지하고 있다.

분식결산은 불황기에 회사의 신용도를 높여 주가를 유지시키고 자금조달을 용이하게 할 수 있으나, 주주·하도급업체·채권자등에 불이익을 줄 수 있다. 특히 건설업계에 있어서는 ① 재고자산 과대계상, ② 부채은익, ③ 손실(파생상품)을 계상하지 않는 등이 대표적인 건설회계자료 부실유형 중의 하나이다.

### ② 분식이 만연되고 있다

어려움에 처한 건설업체는 대소를 불문하고 분식이 행해지고 있는 경우가 많다. 재무구조가 악화되면 금융기관으로부터 돈을 빌리기 위해 '악마의 유혹'으로 불리는 분식을 선택하기 쉽다. 분식이 회사의 입장에서 본다면 손쉽게 신용도를 높이는데 좋은 도구이기는 하나, 한편 거래은행으로서도 회사가 채무초과가 되면 회사에 대한 금리인상이나 대출금 회수 등을 시행함으로써, 이로 인해 회사와 알력이 생기는 것을 종종 보아왔기 때문에 적자가 계속되면 가능한 한 결산을 피하려 할 것이다.

또한 공공공사의 보증을 한 각 공제조합이나 보증회사도 문제 있는 결산서로서는 보증을 해주지 않는데, 되도록 문제가 없는 결산서를 수령하면 된다고 생각하고 있다.

### ③ 분식에서 도산으로

그러나 분식을 하는 것이 당연하다고 생각하는 기업체질은 결과적으로 이를 조장하고 있고, 주위의 무신경한 대응으로 인해 기업개혁이 지연되고 파산하여 많은 기업을 파탄에 몰아넣고 있는 사실은 부정할 수 없다. 건설업에 있어서 도산의 특색은 건전하다고 생각되던 기업이 어느 날 갑자기 도산하는 경우가 있는데, 그 원인은 알고 보면 실제로 분식에 기인된 것이 많다.

### ④ 분식을 알아보는 방법

분식으로 작성된 결산수치를 가지고서는 개혁의 그림을 그릴 수 없다. 정확한 진단만이 올바른 치료를 할 수 있기 때문이다. 재무조사를 의뢰하면 이를 전문적으로 검토하는 공인회계사 등 외부전문가가 있긴 해도, 회사의 최고경영자는 자사의 실상을 정확하게 파악하는 의미에서도 결산서가 왜곡된 부분이 없다는 것을 확인하는 것이 필요하다.

또한 거래처로부터 기업매수를 하는 경우에도 그 말이 합당한 지의 여부를 판단하는 것은, 대상기업의 현상을 결산서를 통해 이해하는 것이 가능하다. 이 경우에 회계에 대한 소양을 갖추는 것이 경영자로서 매우 중요하다.

과거 IMF 사태 이후 기업들의 영업실적이 악화되면서 분식회계가 급증한바 있다. 우리나라에서는 공인회계사의 감사보고서를 통해서도 분식회계 사실이 제대로 밝혀지지 않는 경우가 많다.

⑤ 분식 발견의 체크리스트

분식을 알아보는 방법으로서 분식발견을 위한 조사가이드라인을 기술하였다.

표 5-6. 분식조사 체크리스트(예)

| 체 크 항 목 | 수정액(만원) | |
|---|---|---|
| | 차 변 | 대 변 |
| ① 회수불능·매출상대(매출을 발생하는 곳)의 완성공사 미수입금은 없는가? | | |
| ② 회수 불가능한 수취어음은 없는가? | | |
| ③ 완성공사지출금 가운데 자산성이 없는 것이 혼재하고 있지는 않는가? | | |
| ④ 매출과 관련하여 미성공사지출금에 빠트린 원가가 없는가? | | |
| ⑤ 매각부족으로 인한 고정자산의 과대계상은 없는가? | | |
| ⑥ 대표자 대부금이 규칙적으로 회수되지 않는 것은 없는가? | | |
| ⑦ 이연자산에 자산성이 없는 것이 계상되어 있지 않는가? | | |
| ⑧ 가불금이나 대부금에 회수불가능 한 것이 혼입 되어 있지 않는가? | | |
| ⑨ 원가·인건비·경비 등의 계상에서 빠진 것은 없는가? | | |
| ⑩ 은행차입금은 전부 계상되고 있는가? | | |
| ⑪ 자산과 부채가 부당하게 상계되지는 않았는가? | | |
| ⑫ 대표자 차입금에 실질적인 변제 불필요한 것은 없는가? | | |
| ⑬ 법인세 등의 미불은 적정하게 계상되어 있는가? | | |
| ⑭ 원가·경비의 계상구분은 바른가?(이익의 과대계상 유무) | | |
| ⑮ 겸업부문 이익의 과대계상은 하고 있지 않는지? | | |
| ⑯ 부정한 평가익의 계상은 없는지? | | |
| ⑰ 매출과 원가를 과다하게 이중경리하고 있지 않는가? | | |
| ⑱ 경정청구를 분식의 수단으로 악용하고 있지 않는가? | | |
| ⑲ 이중장부는 없는가? | | |
| ⑳ ········ | | |

자료 : 建設經營硏究所, 建設經營の基礎, 日刊建設工業新聞社, 2004.

⑥ 분식의 폐해

분식회계의 폐해는 개별 기업의 도산뿐만 아니라 우리경제의 침체 내지는 몰락에 이르게 한다. 분식회계를 통하여 단기적으로는 위험을 회피하거나 기간 이익을 유연화 시키는 등 이를 통한 반사이익을 거둘 수 있겠지만, 장기적으로는 기업, 투자자, 채권자와 거래처, 종업원과 금융기관의 파멸로까지 이어져 우리나라 경제의 위상과 신인도를 급속히 악화 시키게 된다. 그 중에 특히 큰 폐해라고 생각되는 것이 아래 3가지가 있다.

① 경영자의 자사에 대한 감식안(鑑識眼)을 흐리게 한다.
② 종업원의 회사에 대한 신뢰를 손상 받게 한다.
③ 은행 등의 외부기관의 회사에 대한 신뢰를 떨어뜨린다.

▶ 분식회계로 인해 왜곡된 재무제표가 일반인에게 공표된다면 그 피해는 매우 클 수 있다. 재무제표는 사람에 비유하면 건강진단보고서와 같다고 볼 수 있다. 예컨대, 정상적인 사람의 최고 혈압은 120~130 정도다. 그런데 과거에는 건강상태도 괜찮고 우수한 성적은 내던 야구선수가 최고혈압이 갑자기 250까지 높아졌다면 고혈압 때문에 운동선수로서 계속 뛰는데 큰 문제가 생길 것이다. 그러나 그 사람에 대한 건강진단보고서가 왜곡돼 정상적인 혈압을 가진 것으로 보고된다면 아무도 그 사람의 몸에 이상이 있는지를 알 수 없을 것이며, 야구단은 거액의 계약금과 연봉을 주고 그 사람과 재계약할지도 모른다. 결국 그 선수에게 투자한 구단은 큰 손해를 보게될 것이다. 이처럼 기업의 건강상태를 보여주는 재무제표가 왜곡된다면 이와 비슷한 일이 발생할 수 있다. 분식 여부는 결산서나 회계장부를 문제의식을 가지고 살피지 않으면 발견할 수 없다. 분식이 이루어질 위험성이 높을 경우 중점적으로 체크하는 것이 효율적이다.

## 02 기업재건을 위한 다양한 방안 시도

### 1. 인력재구축

우리나라의 인건비는 원가에서 차지하는 비중이 매우 높다. 사람에 의한 업무가 엄선되어야 하는 이유가 여기에 있다. 업무의 합리화를 철저히 하고 한사람마다 업무의 질과 양을 고도화 하여 부가가치를 높여가야 한다. 인건비를 효율화함과 동시에 변동비화 하고, 매출감소에서도 이익을 올릴 수 있는 근육질의 체질로 바꾸어야 한다.

표 5-7. 전략적 인건비 삭감 방안

| 방 안 | 구체적인 내용 |
|---|---|
| 1. 채용개혁 | • 정규사원 채용억제<br>• 채용방법 개선<br>• 고령사원 활용(유경험자 활용) |
| 2. 업무개혁 | • IT화<br>• Part · Arbeit화<br>• 표준화 및 매뉴얼화 |
| 3. 임금시스템개혁 | • 단기사원의 직무급화<br>• 정규사원의 능력급 · 성과급 |
| 4. 장기인건비계획 | • 회사의 인력운용방침 시행 |
| 5. 교육 · 훈련개혁 | • Part · Arbeit의 전력화<br>• 정규사원 자원능력 강화 |

인건비는 최대의 코스트중의 하나로서 부가가치와 인건비를 균형 있게 맞추어야 한다. 그렇게 하기위해서는 인건비의 변동비화를 철저히 해야 하고, 정규사원을 정예로 엄선하고 IT화를 통해 생력화경영(省力化經營)을 도모해야 한다. 생력화란 노동력을 절약하기 위해 산업의 오토메이션화, 무인화를 촉진하는 것을 의미한다.

인건비를 절약하기 위해서는 채용에서부터 육성에 이르기까지 위의 [표 5-7]에서와 같이 다양한 접근방법이 있을 수 있다. 그러나 여기서는 인원삭감을 중심으로 살펴보고자 한다.

### (1) 인원삭감

경영은 '사람(man)'과 '물자(material)'로부터 이루어진다. 따라서 '인력'의 재구축 없이는 경영의 재구축은 불가능하다. 인력을 줄이면 인건비 자체가 삭감되는 것은 물론이지만, 사람의 활동에 수반하여 발생하는 대다수의 부대경비 예컨대, 여비교통비·통신비·차량비·접대비·사회보험료 등도 역시 자연적으로 감소된다.

#### [1] 인원삭감에 성공하려면

인원삭감에 성공하기 위해서는 ① 장래성 ② 설득력 ③ 매력 있는 퇴직조건 등의 3가지조건을 갖추어야 한다.

표 5-8. 인원삭감의 성공조건

| 성공조건 | 조건의 내용 |
|---|---|
| 1. 장래성 | • 능력주의 인사<br>• 공정한 평가<br>• 인원삭감의 필요성 이해 |
| 2. 설득력 | • 퇴직자 선정의 객관성<br>• 개인적인 상황을 배려 |
| 3. 매력 있는 퇴직조건 | • 퇴직금 적립<br>• 재취업 알선<br>• 경력경로(Career Development Path) 개발지원 |

유능한 핵심인재를 지속적으로 받아드려 실전에 투입하기 위해서는 사원들은 장래성에 대한 희망과 구조조정에 대한 당위성을 인식시킨 후에 재구축을 진행하여야 하고, 나아가 재구축을 원활히 진행하기 위한 설득력 있는 퇴직조건을 제시하는 것이 필요하다. 이러한 사정을 감안할 때 '재구축은 아직 여력이 충분히 남아있을 때에 시작'하는 것이 바람직하다는 것을 알 수 있다.

## [2] 인원삭감의 절차

| | 인원삭감 절차(Soft → Hard) | 자사의 선택은 (해당에 O) |
|---|---|---|
| Soft ↓ Hard | • 위기감의 공유<br>• 잔업 억제<br>• 상여금 삭감<br>• 신규채용 중지<br>• 파-트·아르바이트·정리해고<br>• 일시 귀휴<br>• 조기퇴직제도 도입<br>• 재택근무<br>• 전출<br>• 희망퇴직<br>• 퇴직권고<br>• 일제지명해고<br>• 도산 | |

(주) 부당노동행위가 있는 경우에는 해고권이 남용되어 노동감독기관으로부터 고발 등의 행정조치를 피하기 위해서도, 상기의 프로세스를 밟아 재구축을 진행해 나가는 것이 필요하다.

그림 5-4. 인원삭감의 절차

## (2) 인사관리의 포인트[17]

### [1] 「SPOKE」시스템을 만든다

인사재구축은 사람을 감원하는 것으로 끝나는 것은 아니다. 직원의 삭감은 철저하게 시작하고 더욱더 사원이 의욕을 가지고 움직일 수 있도록 인사시스템을 만들어 갈 필요가 있다. 사원 모두의 인력(manpower)이 S·P·O·K·E로 조립된 때에 차바퀴가 몇 가닥의 철선(spoke)으로 고정된 것과 같은 형태고, 회사의 인사시스템이 원활하게 회전

---

[17] 建設業經營研究所(CML), "中小建設業 これで會社は立ち直る", 日刊建設工業新聞社, 2003, p76.

을 지속하게 될 것이다.

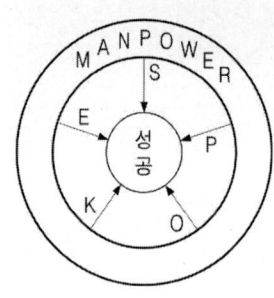

- Specialist 육성(타사에도 통용되는 기술)
- Pay off로 비용절감
- Outsourcing으로 유연한 체질
- Knowledge로 의식의 통일
- Elastic한 조직(유연한 조직)

그림 5-5. 인사관리와 SPOKE시스템

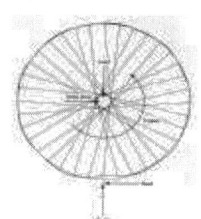

## [2]「Pay off」활용으로 임금율을 줄인다

'Pay off'란 인력을 활용하는 방안을 의미하는 것으로서 그 첫머리 글자를 인용하여 부르고 있다.

- Part (파트인력)
- Arbeit (아르바이트 인력)
- Young (젊은 인력)
- Old (노령인력)
- Foreign (외국인 근로자)
- Female (여성근로자)

인건비 삭감은 사람의 수를 줄이는 것과, 1인당 임금율을 인하하는 것으로 달성될 수 있다. Pay off(예금지불을 일부 정지하는 조치)가 은행의 경영격차의 확대를 배후에서 지원하는 것에서도 같은데, 직원의 구성을 P·A·Y·O·F·F(임금지불의 의미도 포함)로 구축하면 노무비의 측면에서 기업의 가격경쟁력은 크게 높아지게 된다.

### [3] 업무를 분해하여 재편성 한다

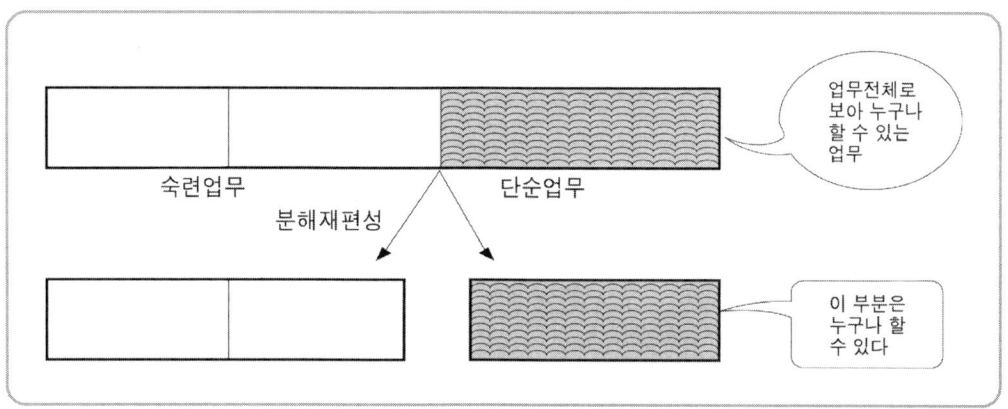

모든 업무를 파트화(Part·Arbeit)할 수는 없다. 업무의 성격에 따라 숙련 또는 전문지식을 요하지 않는 단순 업무인 경우에는 정규직원이 아닌 사람으로 활용할 수 있고, 이를 위해서는 업무를 단순 업무와 전문업무로 구분하여 재편성 할 필요가 있다. 이 역시 인건비를 절감할 수 있는 전략이기도 하다.

## (3) 인원삭감의 수단으로서 회사분할

### [1] MBO

MBO (Management By Out)는 M&A의 일종으로 회사의 경영진이나 종업원 등의 내부관계자가 사업이나 주식을 매수하는 것을 말한다. 제3자가 아니며 원칙적으로 대상 사업의 기존의 경영진(Management Group)이 매수자로 되는 점이 가장 큰 특징이다. 그 실행형태로서는 M&A에 의한 양도, 회사분할, 합병매수 등을 조합한 것에서 유래되었다.

구체적으로는 받을 회사가 준비되고, 거기서 자금이 조달되고 매수가 행해진다. 매수나 매수 후 경영주체에 따라 여러 가지 형태로 나누어진다.

① EBO (Employee Buy Out) : 종업원
② MEBO (Management Employee Buy Out) : 경영진과 종업원
③ MBI (Management Buy In) : 외부전력 등

사업이 다르면 임금체계나 급여수준, 인사고과를 행하는 방법 등도 다른 데, 이와 같이 서로 다른 것을 분사를 통하여 경영효율을 높이는 것이 바람직하다. 회사분할에는 이러한 본래의 목적은 당연한 것이고 기타 인원삭감 수단으로서의 역할도 기대할 수 있다.

아래 그림에서 예를 들면 회사의 한 부문(A부문)을 분할하여 별도의 회사로 독립하고, 그 사업부문에서 일하고 있는 사원도 포괄적으로 새로운 회사로 이적하고, 자기 책임으로 새로운 기분으로 능력을 발휘하게 하는 것은 회사의 입장에서 보아도 바람직하다. 그리하여 그 신설법인의 주식을 임원진(MBO)이나 종업원(EBO)이 사서 가지는 경우도 있다.

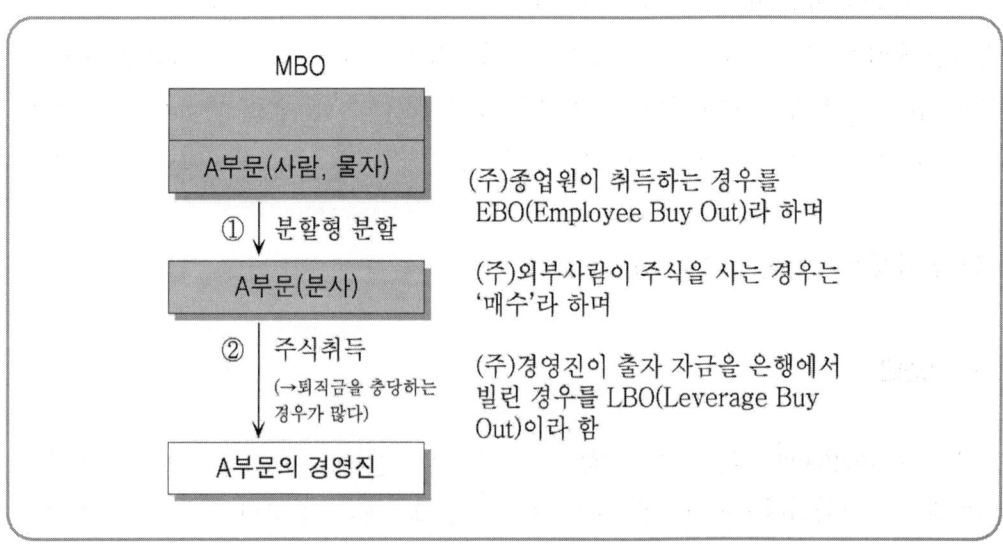

그림 5-6. 회사분할과 MBO

[2] MBO의 장점

① 회사는 재구축의 방편으로서 유리하고,
② 회사는 대량해고를 방지할 수 있다.
③ 사원은 자본취득(capital gain)의 즐거움이 있다.

### (4) 직원의 만족도를 높인다

회사에서 인원감축이 진행되면 직원들의 사기에 막대한 영향을 미치게 된다. 따라서 이러한 문제가 있으면 후속조치로 직원들의 사기향상에 신경을 써야 한다. 따라서 오늘날에는 고객만족(CS : Customer Satisfaction)과 동시에 종업원만족(ES : Employee Satisfaction)의 중요성이 요구된다. 만족도가 저하되면 업적이 저하되고 이는 회사의 실적과 이익에 직결되는 등의 악순환이 반복된다. 따라서 종업원의 처우와 함께 사기앙양은 매우 중요하다.

## 2. 업무재구축

### (1) 비용관리

업무재구축은 일하는 방법을 전적으로 개선하고 불필요 한 것을 제거하여 새로운 방법으로 조립하여 바로 고치는 것이다. 이 활동은 우선 현재의 비용파악에서 출발한다. 이러한 비용은 개선계획책정이나 관리목적에서 아래처럼 구분하여 파악하는 것이 필요하다.

[1] 고정비를 삭감한다

① 뿌리를 자른다

고정비는 사람이나 물자와 깊은 관련을 가지고 있다. 사람을 줄이면 사무실을 줄일 수가 있어 임대료의 절감이 가능하고, 아울러 통신비, 보험료, 여비교통비 및 접대비 등은 자연적으로 줄어든다.

감가상각비, 고정자산세, 보험료 등은 고정자산이 감소하면 이와 병행하여 삭감되는 비목이다. 이렇기 때문에 업무재구축에 따른 경비 삭감은 '사람'과 '물자'를 삭감하면 기타의 많은 고정비가 대폭적으로 절감된다.

**표 5-9. 원가별 재구축비용 항목**

| 구 분 | 비 용 항 목 | 변동비 | 고정비 |
|---|---|---|---|
| 제조원가 | 재료비 | ● | |
| | 외주비 | ● | |
| | 노무비 | | ◉ |
| | 경 비 | | ● |
| | 감가상각비 | | ● |
| | 임차료 | | ● |
| | 연료비 | | ● |
| | 보험료 | | ● |
| | 여비교통비 | | ● |
| | 기타원가 | | ● |
| 판관비 · 일반관리비 | 임원보수 | | ◉ |
| | 급료 | | ◉ |
| | 상여 | | ◉ |
| | 복리비후생비 | | ◉ |
| | 감가상각비 | | ● |
| | 지대가임 | | ● |
| | 수도광열비 | | ● |
| | 통신비 | | ● |
| | 고정자산세 | | ● |
| | 보험료 | | ● |
| | 광고 선전비 | | ● |
| | 업무추진비 | | ● |
| | 기타 경비 | | ● |

(주) 엄밀히 말하면 판매비·관리비내의 경비가운데서도 변동비부분이 다소 포함되어 있는 경우가 있다. 그러나 통상적으로 완성고 전후 범위에서는 거기서 얼만가의 경비에서는 그 모두를 고정비로서 보아 손익분기점을 산정하여도 엄밀히 고정비와 변동비로 구분하여 구하는 금액과 결론에 이르러서는 큰 차이가 없는 경우가 대부분이다. 따라서 변동비와 고정비의 구분에서 실무적으로서는 상기와 같이 나누는 것도 문제는 없다.

(주) ◉ 는 인건비(노무재구축 대상)
　　● 는 업무재구축의 대상으로 있는 비용임

② 기존의 관례를 다시 살핀다

고정비는 대부분의 경우 일상적인 관례에 따라서 지불되는 경우가 많다. 그다지 의미가 없는 모임 때문에 지불되는 회의비, 업무상의 공헌도가 별로 없는 것임에도 불구하고 지불이 지속되는 자문료 등 많은 것이 있다.

그렇기 때문에 제로베이스에서 근본적으로 다시 살펴보아야 한다. 또한 아웃소싱으로 대체함으로서 업무의 수준을 유지하여 비용을 절감하는 경우도 많다. 정식사원은 핵심 업무에만 종사하고 기타는 외주로 주는 것도 유력한 합리화 정책이다.

[2] 변동비를 삭감한다

업무재구축에 따라 비용절감(cost down)의 효과는 회사 전체의 비용의 70~80%를 점하는 변동비에서 가장 크다. 이를 실행하기 위해서는 ① 구매·외주선의 변경, ② 입찰 및 견적에 따른 비용절감, ③ 누수(loss)나 보수를 없애고, ④ 과잉품질여부를 재점검하며, ⑤ 공구의 다기공화로 외주비를 삭감하고, ⑥ 실행예산관리의 철저를 기하는 등 그 방안을 고려할 수 있다. 또한 변동비의 절감과 같이 큰 효과를 도출하기 위해서는 매출 관리를 철저해야 한다.

정리하면 ① 공사견적을 철저히 하여 적자수주를 회피하고, ② 공사비에 대하여 수금관리를 철저히 하고, ③ 가격(원가)관리의 3가지 점으로 요약된다.

(2) 업무를 표준화 한다

업무를 추진하는 방법에 문제가 있는지 어떤지, 아니면 핵심을 벗어난 일에 매달리고 있는지를 분석해 보아야 한다. 업무품질을 떨어뜨리지 않고 효율적인 업무를 추진하기 위해서는 '업무의 표준화'가 필요하다. 일의 중심은 다음과 같이 어떻게 「본연의 일」을 증가시키는 것이 중요하다.

① 데이터베이스 경영(고객·상품·노하우)

필요한 데이터가 막상 찾을 때 없어 처리가 되지 않고 지연되는 경우가 의외로 많다.

업무에 필요한 데이터는 자동적으로 축적되어 필요시에 곧바로 검색·인출될 수 있도록 하는 것이 필요하다.

② 프로세스 표준화

'누구라도 할 수 있는 처리방법'을 표준프로세스로 확립하여 두고 그룹웨어 등에 등록한다. 또 '예상되는 비정기적인(irregular)경우'를 정리하여 숙달된 자가 처리하는 규정에 따르게 하고, 업무의 난이도에 따라 담당하는 사람의 인건비 단가를 적절히 관리한다.

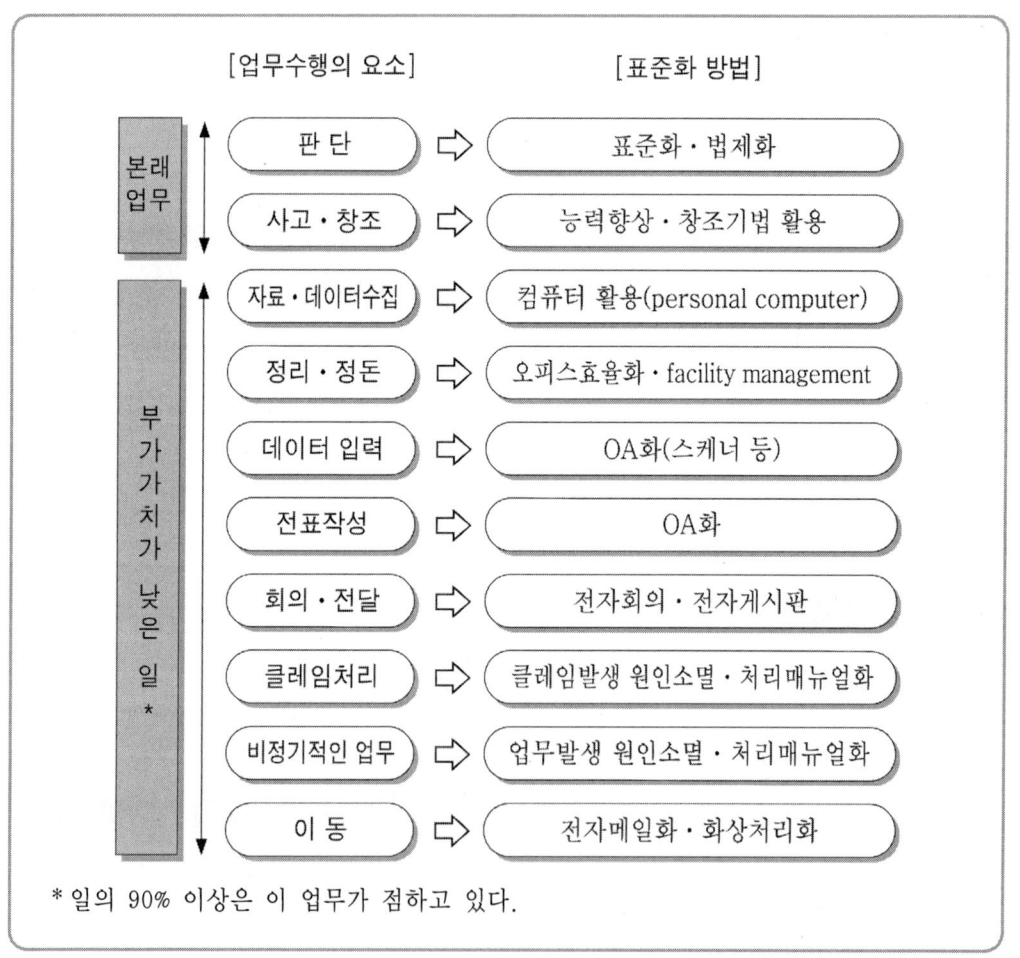

그림 5-7. 업무표준화 방법

③ 프로세스의 매뉴얼화

원칙적인 처리방법을 매뉴얼 화하여 누구라도 균일한 업무품질을 목표로 하도록 한다. 또 신규직원에게 교육을 시행하는 것이 효율적이다.

④ 업무 산출물(out-put)의 평가기준 명확화

누구와 같이, 어느 선까지 산출물을 높이는데 필요가 있는 '품질기준'과 '평가기준'을 명확히 정해 두어야, 품질의 균일화와 과잉품질에 따른 낭비를 배제할 수 있다.

⑤ 노하우공유화 체계(연수·능력평가)

새로운 업무는 매뉴얼에 따라서 수행하는 체제, 연수기회 제공, 업무마다 능력평가기준 설정 등에 따른 필요한 노하우(know-how)를 공유화하는 것이다.

⑥ IT활용

데이터 베이스작성과 매뉴얼 등의 보존을 group ware상에 둔다. 업무처리 프로세스 자체를 원칙적으로 일체 시스템 상에 처리하는 것이 업무품질의 균일화를 도모할 수 있다. 연수도 personal computer로 network하여 연수강사의 초빙이나 수강자의 사정에 맞는 학습이 가능하다.

⑦ 업무표준화를 위한 업무분류

다음과 같은 기준을 설정하고 업무를 분류한다.
A : 파트·아르바이트가 가능한 업무
B : 정규사원업무이나 일일 연수로 담당자의 교체가 가능한 업무
C : 경험·능력을 요하는 정사원업무
업종에 따라서 전종업원의 총시간 가운데서 경험·능력을 요하는 정사원업무의 비중을 20% 정도로 억제토록 한다.

⑧ 업무표준화를 진척시키는 가운데서 검토할 것

업무표준화를 진행하는 가운데서도 '그 업무는 폐기할 것인가?' '더욱더 상위공정·하위공정으로 나아가는 것이 효율적인가?' '업무빈도를 떨어뜨리지는 않는가? 등을 검토한다. 특히, 업무 그 자체를 없애는 것이 가장 비용절감효과가 크다. 업무효과가 이에 따른 비용을 밑도는 경우에는 업무를 없애는 것이 바람직하다.

일의 수혜자가 누구인가? 메리트는 있는가? 그러면 과잉서비스는 아닌가? 없어지는 경우에는 기업이익에 어떠한 영향이 나타나는가? 외주로 주면 안 되는가? 등을 검토하는 것이 좋다.

### (3) 영업력을 강화한다

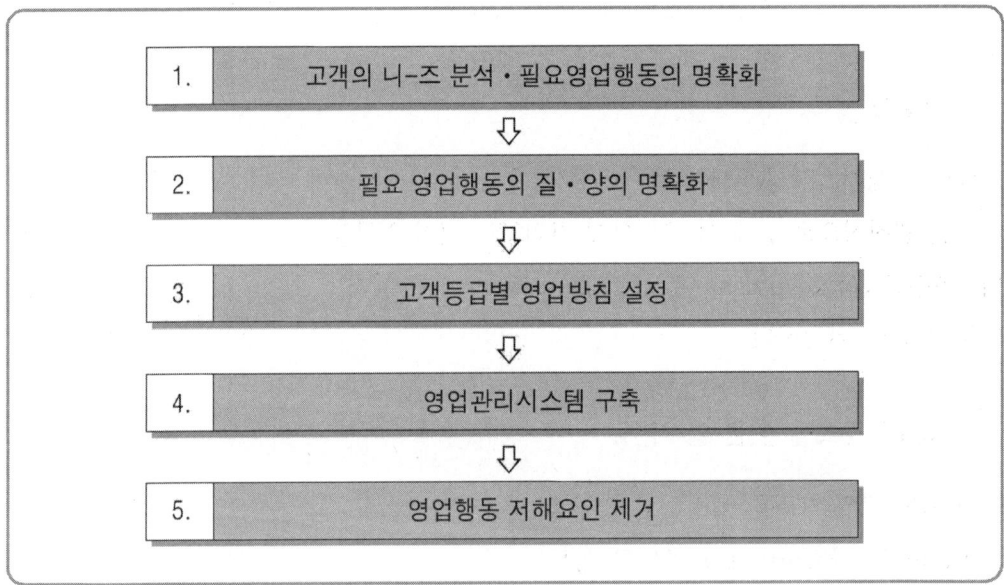

그림 5-8. 영업력 강화 단계

영업활동은 기업존속을 위해 가장 중요한 활동이나, 예상외로 자사의 고객·시장에 알 맞는 영업활동에 대한 연구를 소홀히 하는 기업이 의외로 많다. 영업 강화를 위한 절차로서는 5단계가 있다. 각각의 단계까지 현상분석과 개혁안을 검토할 필요가 있다.

① 고객의 요구 분석

우선 가장 중요한 것은 고객이 영업맨에 무엇을 기대 하는가하는 요구사항(needs)을 분석하는 것이다. 뛰어난 영업의 행동을 분석하는 것도 효과가 있다.

② 성과를 올리기 위한 「필요행동」을 도모한다

고객으로부터 기대되는 행동이 명확해 지면 성과를 올리기 위해 '필요행동'은 어느 정도 필요하고 행동의 질적 수준은 어느 정도 필요한 가를 추정한다. 그리하여 매출증가 계획에 의해 어느 정도의 활동량이 필요하며 계획책정이 가능한가? 등의 필요행동에 따른 실행을 도모한다.

③ 고객의 중요도에 따라 활동량을 설정한다

그 경우 한정된 시간 내에서 최대의 효과를 얻기 위해서는, 고객의 중요도에 따라 행동량을 고려할 필요가 있다. 목표로 하는 고객을 list-up하여 중요도 및 구매력에 따라 A·B·C로 분류하여 지속적으로 관리한다.

④ 영업맨의 「필요행동 관리시스템」을 만든다

영업맨의 성과관리 뿐만 아니라 필요행동을 착실히 이행하고 있는가를 프로세스 관리하는 것으로서 계획달성율의 향상이 실현된다. 또 인재육성의 구체적인 방법도 명확해진다.

영업 관리의 대상은 고객·상담·행동의 3가지가 있다. 고객관리에는 첫째, 고객의 니즈를 적확히 파악하는 것이고 둘째, 고객의 핵심인력(key man)에 대한 밀착도·친밀도를 관리하는 것이다.

⑤ 영업맨이 필요행동에 집중하는 체제를 만든다

'어떠한 행동을 어느 정도 실행할 필요가 있는가?'가 명확해 지면 실행에 따른 저해요인도 명확해 진다. 그러한 저해요인을 배제하기 위해서는 실제로 일할 시간을 확보하기 위한 대책을 세워야 한다.

## 3. 재무 재구축

　재무 재구축은 비교적 단기간에 큰 효과를 거둘 수 있다는 점에서 재구축 정책의 중심이다. 또 이 재구축에는 많은 경우 금융기관과의 협조가 필수적이라는 것도 유의해야 한다.

### (1) 부동산에 과잉투자와 과대차입금

　오늘날 건설 불황 원인은 대부분 업체난립과 이에 상응한 발주물량 부족 및 부동산의 과대투자에 기인한다. 앞에서 검토한바와 같이 비용절감의 상당부분이 재무재구축을 수행하면 달성이 가능하나, 실무적으로는 다음과 같은 곤란한 문제가 있다.
　먼저, 부동산의 가치가 하락하는 경우이다. 유휴자산이기 때문에 이것을 매각하려고 해도 처분가격에서 차입금을 변제하고 나면, 추가자금에서 몰린 돈을 지불하지 않으면 담보가 가치가 없는 것(시세가 담보가치를 넘어섬)이 현실이다. 추가자금이 없는 때에는 다른 담보물건을 차입하여 처분을 추진한다.
　또한, 하나의 부동산에 대하여 복수의 금융기관이 담보를 설정하는 경우가 많다. 임의매각으로 처분하는 경우 모든 담보권자의 동의가 필요한데 부동산의 매각대금절차로서는 상위의 담보권자의 채무를 변제하기 때문에, 하위의 담보권자는 채권이 회수되지 않는 경우가 있어 실익이 없다.

### (2) 공동담보의 문제점

　공동담보란 하나의 담보물로는 채무를 모두 담보하기에 부족한 경우 다른 재산도 함께 하나의 채무에 대한 담보물로 제공되는 것이다. 이 경우에 각각의 물건에 담보금액이 정해지는 것이 아니며 각각의 담보물이 채권 전부를 담보하는 것이다. 따라서 '갑'이 채무를 변제하지 못한 경우에는 채권자인 은행은 공동담보물 전부에 대해서 경매를 신청할 수도 있고, 담보물 중에 하나의 물건에 대해서만 경매를 신청할 수도 있다. 전부 신청하는 경우에는 각 부동산의 경매대가에 비례하여 채권의 분담을 정하고, 하나의 부동산에 대해 경매를 신청하는 경우에는 경락대금에서 채권 전액의 변제를 받을 수 있다.
　돈을 빌리게 되면 차입시점에서 담보설정에 대하여는 충분한 주의하지 않는 경우가 많은데, 후일 이것을 고려하면 담보 설정시에 금융기관과 충분한 협의를 한 후에 절차를 진행하는 것이 바람직하다. 금융기관입장에서 사정이 좋은 것은 채무자인 회사의 입장에서는 불이익으로 작용되는 경우가 많다.

### (3) 이자율 인하

회사가 오랫동안 채무초과의 상태에 있다가 자산처분으로 벗어버리고 정상적으로 회복된 때에는 시간을 두고 금리인하를 기대하는 것이 좋다. 금리는 회사의 채무자의 신용에 따라 설정되는 것으로 정상거래선과 주의거래선과는 상당한차이가 있는 것도 일반적이다. 금리는 고정비가운데 비중도 높고 또한 일정기간마다 반드시 지불해야하는 경비이다.

## 4. 사업 재구축

### (1) 사업 재구축의 성격

채산성이 없는 사업에서 철수하는 것은 사업 재구축 정책가운데서도 비교적 단기간에 실행이 가능 한 것이다. 사업 재구축은 다른 재구축과는 극명하게 달라 전략적인 수단으로, 장기 전략으로서 기업이 신 분야 진출에 도전하는 것도 또한 사업 재구축의 범위에 포함되는 것이다. 사업 재구축을 확실히 추진하기 위해서는 부문별 손익이 정확하게 파악되지 않으면 안 된다.

### (2) 손익분기점을 구하는 방법

#### [1] 손익분기점의 개념

회사의 어떤 사업부문이 손익분기점매출을 장래에도 달성되기 어렵다고 생각될 때에는 그 사업은 폐지할수밖에 없다. 사업존속을 위해서는 얼마간의 매출이 달성되어야 하며, 이를 알아보기 위하여 손익분기점을 구할 수 있다.

매출이 비용보다 큰 경우 이익이 발생하며 그러하지 아니하는 경우 손실이 발생하거나 이익도 손실도 발생하지 않는다. 이와 같이 일정기간의 매출액이 그 기간에 지출된 비용과 같아서 이익도 손실도 발생하지 않는 지점을 손익분기점(Break Even Point : BEP)이라 한다. 그리고 그러한 판매량 또는 매출액 지점을 조업도(volume)라 부른다. 일반적으로 손익분기점(비율)이 낮을수록 영업활동의 채산성이 양호함을 의미하며, 반대로 높을수록 채산성이 좋지 않음을 의미한다.

## [2] 손익분기점 산출

손익분기점을 구하기 위해서는 우선 어떤 기간 동안 회사 전체의 매출액과 비용을 조사한 다음 이를 고정비와 변동비로 나눈다. 고정비는 직원의 급여, 임차료, 관리비, 이자비용과 같이 생산량 또는 판매량에 관계없이 고정적으로 발생하는 비용이며, 변동비는 재료비나 판매수수료, 또는 소모품비용처럼 생산량 또는 판매량에 비례하여 증감하는 비용이다.

손익분기점 분석은 여러 가지 유용성을 가지고 있다. 무엇보다도 시장에 최초로 출시된 신제품이 얼마가 팔려야 이익이 나기 시작하는 지를 확인하기 위해 최소한의 판매량을 예측한다든지, 혹은 사업초기 회사차원에서 얼마만큼의 이익을 내기 위해서는 어느 정도 시간이 걸릴 것인지 등을 예측하는데 유용하게 활용할 수 있다. 이러한 내용을 가지고 손익분기점을 계산하는데 주로 다음의 공식이 이용된다.

① 손익분기점(채산점)을 산출하는 공식

$$\text{손익분기점} = \text{고정비} \div \left(1 - \frac{\text{변동비}}{\text{매출액}}\right)$$

② 어떤 일정한 매출을 하였을 때에 발생하는 손익액을 산출하는 공식

$$\text{손익액} = \text{매출액} \times \left(1 - \frac{\text{변동비}}{\text{매출액}}\right) - \text{고정비}$$

③ 특정의 목표이익을 얻기 위하여 필요로 하는 매출액을 산출하는 공식

$$\text{필요매출액} = (\text{고정비} + \text{목표이익}) \div \left(1 - \frac{\text{변동비}}{\text{매출액}}\right)$$

예컨대, 매출액 : 24억 원, 비용합계 : 20억(고정비 8억, 변동비 12억)원, 이익 : 4억 원인 경우를 가정해서 계산하면

$$BEP = 8 \div (1 - \frac{12}{24}) ≒ 16억 \ 원이다.$$

따라서 매출액이 14억 원밖에 되지 못하면 1억 원의 적자가(ⓐ의 경우) 발생한다. 반면에 매출액이 20억 원이 되면 2억 원의 흑자가(ⓑ의 경우) 발생한다. 만약 다음해에 고정비가 10% 증가하고 변동비는 변함이 없을 때 이 회사가 5억 원의 이익을 거두려면 27.6억 원의 매출실적을 올려야 할 것이다. 이 경우 BEP는 17.6억 원인데, 산식으로 나타내면 다음과 같다.

• 필요매출액 = (8×1.1+5) ÷ (1-0.5) = 27.6억 원
• BEP = 8×1.1÷(1-0.5) = 17.6억 원

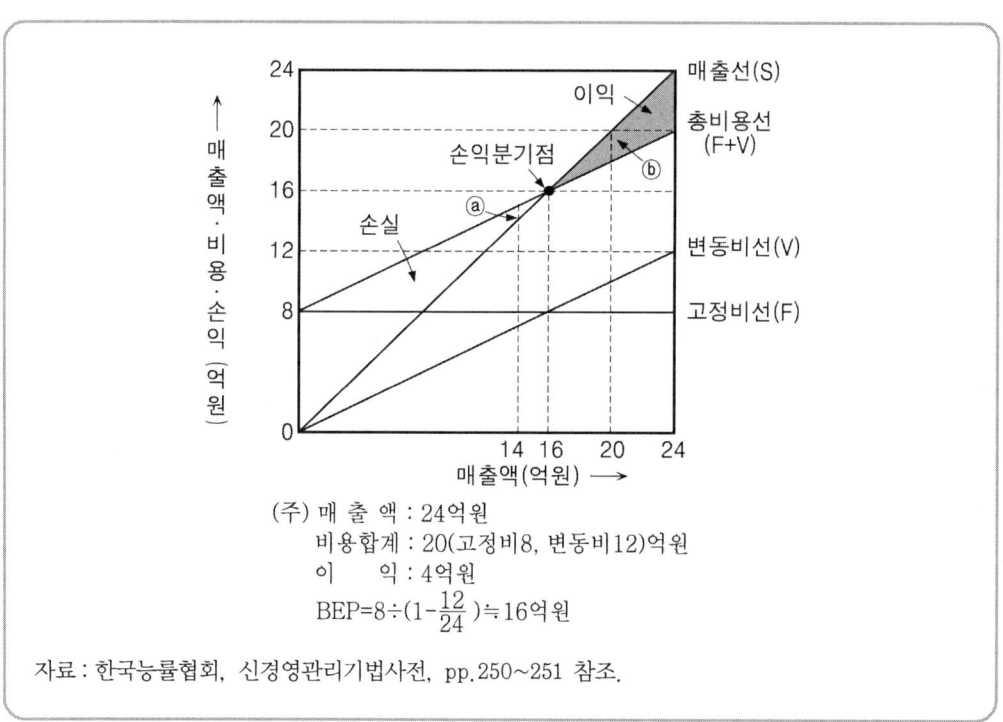

그림 5-9. 이익도표

그러나 비용을 고정비와 변동비로 2분하는 것은 편의적 방법이므로 이 논리를 적용하는 범위는 제한적일 수밖에 없는 한계가 있다.

### [3] 손익분기점 분석에 의한 개혁방안 검토

재건계획을 세우는데 있어 기본은 수익구조분석이다. 사업단위까지 기능별(판매 · 생산 · 개발 · 물류 · 관리 등)로 총 비용을 변동비와 고정비로 구별한다. 각 비용의 삭감가능성과 판매증가에 필요한 정책을 정확하게 알아낸다. 사업의 수익구조 개선모델은 ① 현상유지형 모델 ② 축소균형형 모델 ③ 확대균형형 모델 등 3가지의 경우가 있다.

현상유지형 개선모델이란 현재의 기업규모를 유지하는 범위에서 고정비 삭감과 변동비 삭감을 추진하는 정책으로서 이 정도로서는 재건은 곤란한 경우가 대부분이다.

그리하여 다음의 축소균형형 재건모델의 검토에 들어간다. 이것은 결단력 있게 고정비를 삭감하는 방법으로서 대규모적인 인건비 재구축을 함께 하는 경우가 많다. 이때 고정비 삭감을 넘어서는 부가가치의 감소가 발생하고, 균형점에 달하지 않고 적자확대로 이어지는 것으로서 충분한 분석이 필요하다. 그리하여 기능별 비용분석을 통해 서비스수준 저하가 고객만족에 그다지 영향이 없는 분야에서 비용압축을 검토한다.

이와 같은 방법으로서도 축소균형이 성립되지 않을 경우(고정비 삭감이 불가능 혹은 수입 감소에 관계되는 경우 등)나 어느 정도 추가투자로 매출이 확대될 가능성이 있는 경우에는 확대균형 재건모델을 적용하게 된다. 이것은 비용의 추가투하를 넘어서는 부가가치확대가 예상되는 경우에 유리하다. 원래의 상품력이 확고한 경우나 판로강화가 가능한 경우에는 이 전략이 성공할 가능성이 높다.

### [4] 수익구조 개혁모델

위에서 설명한 3가지의 수익구조 개선모델을 손익분기점그림으로 나타내면 다음과 같다.

| 제5장 | 경영의 내실화를 통한 기업재건 전략

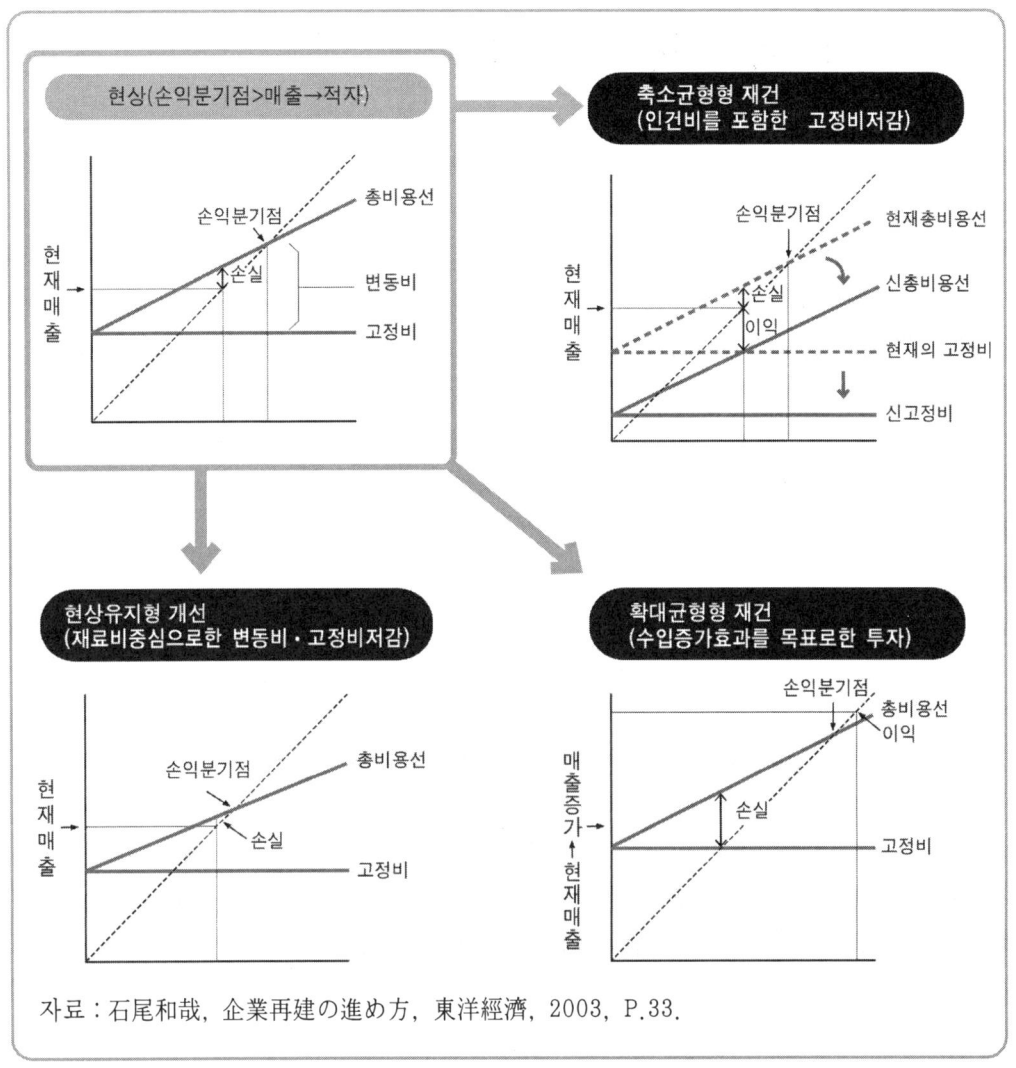

그림 5-10. 수익구조 손익분기점 모델

## 03 종합적인 판단을 한다

### 1. 의사결정 프로세스

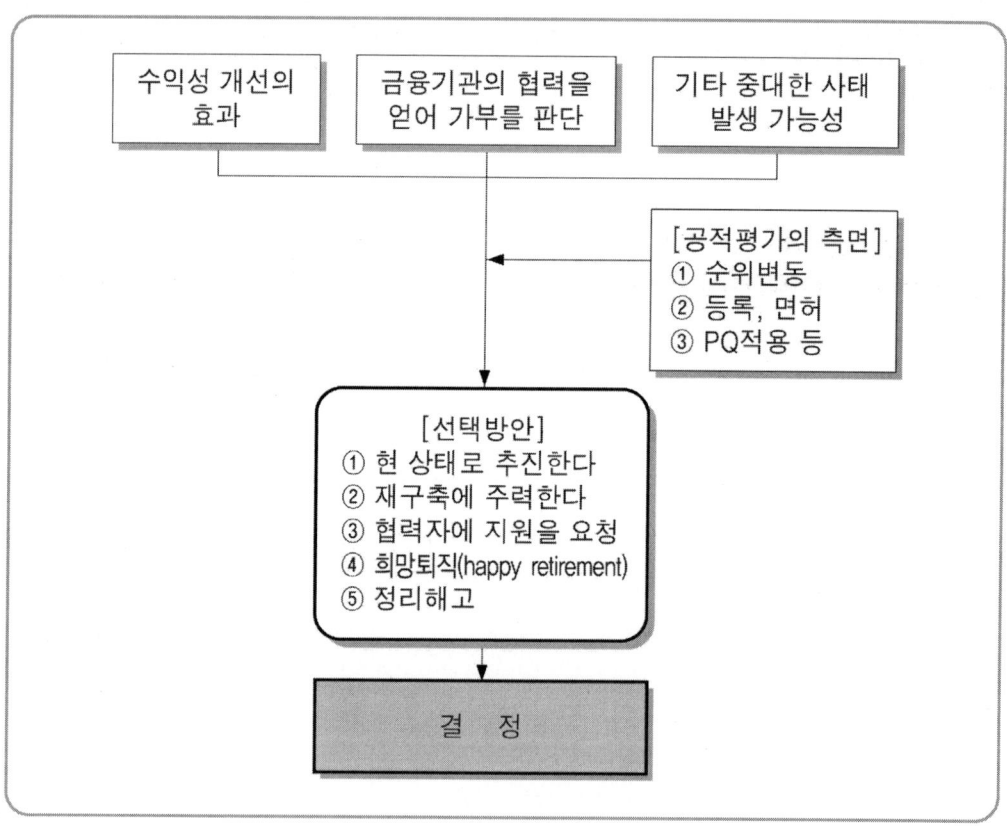

그림 5-11. 의사결정 프로세스

## 2. 수익개선의 성과를 위해서

### (1) 수익성의 수준을 판별한다

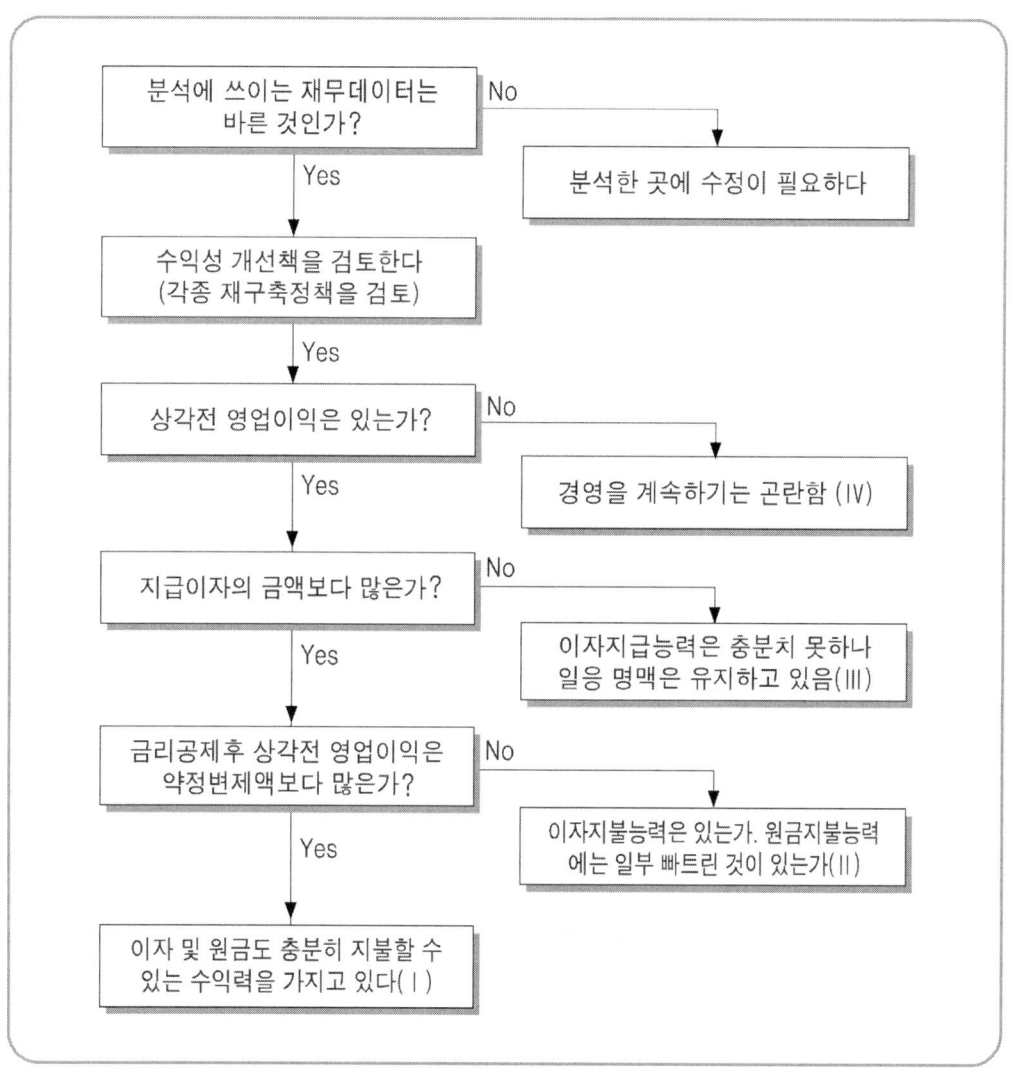

그림 5-12. 수익성 수준 판단 프로세스

## (2) 수익성 수준에서 장래의 방향을 설정한다

표 5-10. 수익성판단과 장래방향 모색

| 수익성<br>판정구분 | 장래의 방향을 모색함 |
|---|---|
| Ⅳ. 파 산 | • 사업지속의 기본적 조건을 충족하지 못함<br>• 조속히 사업을 중지하는 방향으로 선회 |
| Ⅲ. 위 험 | • 적자체질이 해소되지 않아 결국 사업 중단. 단, 일부 몇 배의 이자를 지불하고 은행도 약간의 시간적 여유를 주는 것 등이 있다 |
| Ⅱ. 주 의 | • 이자는 모두 지불하고도 흑자경영. 단, 원금변제에는 은행 또는 공제조합과 협의 할 필요가 있음 |
| Ⅰ. 정 상 | • 합격수준으로 대 금융기관과의 관계도 특별히 문제가 발생되지 않는다 |

수익성은 (Ⅳ)가 최저의 수준이다. 상각 전에 적자로 있으면 차입금이 늘어나게 되는데 사업을 계속하더라도 얻을 수 있는 것은 없다. M&A로 매각되면 그것보다 더 좋을 수는 없지만 그렇지 않으면 직접 사업을 중지하는 방향으로 정리해야 한다.

(Ⅲ)의 경우도 적자이어서 기본적으로는 사업을 계속하는데 따른 이점을 발견할 수 없다. 그러나 수익성 회복의 가능성도 약간 남아있어 은행도 당분간은 개선의 방향으로 노력을 지켜보게 될 것이다.

(Ⅱ)의 경우는 기본적으로는 흑자경영으로서 충분히 사업을 계속할 조건은 있다. 은행으로서도 버리기 어려운 거래처이기 때문에 원금의 변제조건변경 등에 대하여도 충분히 상담에 응할 것이라고 생각된다.

(Ⅰ)은 수익성에는 문제가 없다. Cash flow도 충분하여 차입여력도 생기는데, 적극적인 설비투자를 이행하여 사업을 확대하는 방안도 고려하고 경영을 다잡아 가야할 것이다.

## (3) 은행 등 금융기관의 협력의지가 절대적이다

다수의 중소기업 경영자(CEO)들은 영업과 생산에 대해서는 충분한 경험과 훈련을 쌓아왔기 때문에 그 분야에 대한 노하우가 풍부하지만 인사, 회계, 경리, 총무, 경영기획 등 지원부서 역할의 중요성을 낮게 평가해 거의 모든 일을 혼자서 처리하는 등 시스템 경영이 이루어지지 않고 있는 것이 현재의 실정이다.

중소기업에서는 가장 시급한 현안의 문제가 기업의 자금수급이며, 이를 위해서는 은행이나 금융기관에서의 대출이 필수적이다. 은행에서 대출을 심사하는 주요한 목적은 대출금 연체나 대손 발생 등 대출취급에 따른 위험을 최소화하려는데 있다. 대출을 하려면 대출심사가 정확하게 이루어져야 하고 이를 위해서는 신용분석을 통해 이루어진다. 이와 같이 수익개선의 성과를 위해서는 금융기관과의 관계를 적절하게 유지하는 것이 매우 중요하다.

### [1] 은행의 신용평가시스템[18]

은행권에서는 대체로 여신거래 기업에 대해 기업의 규모 등을 기준으로 대기업, 중소기업, 소기업, 신설기업 등으로 구분해서「기업체신용평가표」를 작성하고, 동 신용평점 결과에 따라 여신을 취급하고 있다. 모든 은행은 자체적으로 개발한 기업체신용평가표의 평가항목을 기준으로 삼아 신용평가 대상기업체에 대해 항목별로 평가해 그 평가결과를 점수화하고, 각 평가항목의 점수를 합해 종합신용평점을 산출한다.

이렇게 산출된 종합평점을 여신 가부결정, 대출조건 등의 결정, 우량·불량기업 판단의 중요한 기준으로 활용하는데 이를 '신용평점제도'라고 한다. 이러한 신용평점제도의 특징은 다음과 같다.

① 양적 요소와 질적 요소로 구성되어 있다. 즉 재무안정성, 수익성, 활동성, 생산성, 성장성 등 재무비율 평가항목으로 구성된 양적 평가요소와 사업성, 경쟁력, 경영자의 경영능력, 은행거래신뢰도, 업력, 규모 등 질적 평가요소로 구성되어 있다.

② 전 평가항목에 대해 평가의 중요성을 고려하거나 우량·불량상태를 민감하게 반영하는 정도를 고려해 평가항목별로 가중치(배점)를 차등해서 부여하고 있다.

---

18) 기은신용정보(주)컨설팅사업부, 신용평점관리와 경영혁신, 새로운 제안, 2007, pp.99~101.

표 5-11. 기업체종합평가표(예시)

## 기업체종합평가표(예시)

업 체 명 : ○○건설(주)
결산년도 : 2018년도(2018. 1. 1. ~ 2018. 12. 31)

| 평가요소 | | 평가항목 | 배점<br>(가중치) | 평점등급 | | | | | 평점 |
|---|---|---|---|---|---|---|---|---|---|
| | | | | A | B | C | D | E | |
| 재무<br>항목<br>(양적요<br>소) | 안정성 | 자기자본비율 | 6 | 6 | 4.8 | 3.6 | 2.4 | 1.2 | |
| | | 고정장기적합률 | 4 | 4 | 3.2 | 2.4 | 1.6 | 0.8 | |
| | | 당좌비율 | 4 | 4 | 3.2 | 3 | 1.6 | 0.8 | |
| | | 차입금의존도 | 5 | 5 | 4 | 4.2 | 2 | 1 | |
| | 수익성 | 총자산경상이익률 | 7 | 7 | 5.6 | 4.2 | 2.8 | 1.4 | |
| | | 매출액영업이익률 | 6 | 6 | 4.8 | 3.6 | 2.4 | 1.2 | |
| | | 금융비용/매출액 | 5 | 5 | 4 | 3 | 2 | 1 | |
| | 활동성 | 총자산회전율 | 4 | 4 | 3.2 | 2.4 | 1.6 | 0.8 | |
| | | 영업자산회전율 | 4 | 4 | 3.2 | 2.4 | 1.6 | 0.8 | |
| | 생산성 | 총자본투자효율 | 4 | 4 | 3.2 | 2.4 | 1.6 | 0.8 | |
| | | 부가가치율 | 4 | 4 | 3.2 | 2.4 | 1.6 | 0.8 | |
| | 성장성 | 유형자산증가율 | 3 | 3 | 2.4 | 1.8 | 1.2 | 0.8 | |
| | | 매출액증가율 | 4 | 4 | 3.2 | 2.4 | 1.6 | 0.6 | |
| 비재무<br>항목<br>(질적요<br>소) | 사업성 | 성장전망 | 2 | 2 | 3.2 | 1.2 | 0.8 | 0.4 | |
| | | 수익전망 | 2 | 2 | 1.6 | 1.2 | 0.8 | 0.4 | |
| | | 시장성 | 5 | 5 | 4 | 3 | 2 | 1 | |
| | | 미래현금흐름 | 2 | 2 | 1.6 | 1.2 | 0.8 | 0.4 | |
| | | 업종유망성 | 2 | 2 | 1.6 | 1.2 | 0.8 | 0.4 | |
| | 경쟁력 | 인력개발 | 2 | 2 | 1.6 | 1.2 | 0.8 | 0.4 | |
| | | 기술개발 및 품질혁신 | 4 | 4 | 3.2 | 2.4 | 1.6 | 0.8 | |
| | | 정보화 기반 | 1 | 1 | 0.8 | 0.6 | 0.4 | 0.2 | |
| | | 가격경쟁력 | 2 | 2 | 1.6 | 1.2 | 0.8 | 0.4 | |
| | | 국제경쟁력 | 2 | 2 | 1.6 | 1.2 | 0.8 | 0.4 | |
| | 경영<br>능력 | 경영자의 경영능력 | 4 | 4 | 3.2 | 2.4 | 1.6 | 0.8 | |
| | | 노사관계 | 2 | 2 | 1.6 | 1.2 | 0.8 | 0.4 | |
| | | 근로조건 및 복지수준 | 1 | 1 | 0.8 | 0.6 | 0.4 | 0.2 | |
| | 신뢰성 | 은행거래 신뢰도 | 3 | 3 | 2.4 | 1.8 | 1.2 | 0.6 | |
| | | 세평 | 2 | 2 | 1.6 | 1.2 | 0.8 | 0.4 | |
| | 기 타 | 인력규모 | 2 | 2 | 1.6 | 1.2 | 0.8 | 0.4 | |
| | | 기업군 | 2 | 2 | 1.6 | 1.2 | 0.8 | 0.4 | |
| | | 신용위험(감점) | -3 | -3 | -2.4 | -1.8 | -1.2 | -0.6 | |
| | | 기타 신용위험(감점) | -3 | -3 | -2.4 | -1.8 | -1.2 | -0.6 | |
| | | 금융규제(감점) | -4 | -4 | -3.2 | -2.4 | -1.6 | -0.8 | |
| | 신용평점 | | 100 | | | | | | |

자료 : 기은신용정보(주)컨설팅사업부, 신용평점관리와 경영혁신.

③ 전 평가항목을 몇 단계(예컨대, A, B, C, D, E 등급의 5단계)로 나누고, 단계별로 점수를 차등화해서 부여하고 있다.

④ 비재무항목의 경우는 평가자의 주관적인 판단이 개입될 가능성이 많기 때문에 구체적인 검토 작업을 할 수 있는 '검토표'를 마련하고 있다.

⑤ 이러한 신용평가표는 평가기준이 기업의 업종과 규모에 따라 차등 설계되어 있다.

표 5-12. 업종별 평가기준 예시(건설업)

| 총자산규모 | 재무평가항목(배점) | 비재무평가항목(배점) |
|---|---|---|
| 총자산 70억 원 이상 외부감사 대상기업 | 안정성(19), 수익성(18) 활동성(9), 생산성(8) 성장성(6), 합계(60) | 사업성(13), 경쟁력(11) 경영능력(7), 신뢰성(5) 조정항목(4, -10), 합계(40, -10) |
| 총자산 10억 원 초과 외부감사 비대상기업 | 안정성(18), 수익성(17) 활동성(7), 생산성(7) 성장성(6), 합계(55) | 사업성(14), 경쟁력(12) 경영능력(9), 신뢰성(6) 조정항목(4, -10), 합계(45, -10) |
| 총자산 10억 원 이하 소기업 | 안정성(14), 수익성(13) 활동성(5), 생산성(4) 성장성(4), 합계(40) | 사업성(18), 경쟁력(14) 경영능력(14), 신뢰성(10) 조정항목(4, -10), 합계(60, -10) |

(주) 위 예시에서 나타내고 있는 모든 표는 어느 특정 은행에서 실제로 운용되고 있는 기업체신용평가 관련 기준이 아니고, 기업체신용평가표의 특징을 설명하기 위해 임의로 설정한 것임

## [2] 은행은 거래선을 어떻게 관리하나

위의 표는 국내 일부 은행에서 적용하고 있는 새 모형의 신용평가시스템인 「신자산건전성 분류제도(Forward Looking Criteria : FLC)」로서 금융기관의 여신자산에 대하여 차주(借主)의 과거 실적 외에 상환능력과 위험을 감안하여 등급을 부여하는 체계이다.

금융기관은 거래선을 구분, 그 구분내용에 따라 ① 금리의 수준을 결정하고(평가가 낮은 거래선에 대하여는 높은 금리를 설정), ② 융자를 실행을 하거나, 또 ③ 회수를 단행한다.

표 5-13. 은행의 거래선 관리표

| 단계별 | 채무자 구분 | 손 익 상 황 | 자사의 현 위치 |
|---|---|---|---|
| 1 | 정상 | • 채무상환능력이 양호하여 채권회수에 문제가 없는 것으로 판단되는 거래처 | |
| 2 | 요주의 | • 채권회수에 즉각적인 위험이 발생하지는 않으나 향후 채무상환능력의 저하를 초래할 수 있는 잠재적인 요인이 존재하는 거래처 | |
| 3 | 고정 | • 향후 채무상환능력의 저하를 초래할 수 있는 요인이 현재화되어 채권회수에 상당한 위험이 발생한 거래처 | |
| 4 | 회수 의문 | • 채무상환능력이 현저히 악화되어 채권회수에 심각한 위험이 발생한 것으로 판단되는 거래처에 대한 자산 중 회수예상가액 초과부분은 회수의문 | |
| 5 | 추정 손실 | • 채무상환능력의 심각한 악화로 회수불능이 확실하여 손실처리가 불가피한 것으로 판단되는 거래처에 대한 자산 중 회수 예상가액 초과부분 | |

금융감독원에서는 자산건전성 분류단계를 결정하는 기준으로서 ① 채무상환능력기준, ② 연체기간, ③ 부도여부 등을 제시하고 있으며, 최종적인 자산건전성 단계는 3가지 기준 중 가장 낮은 단계를 적용하도록 하고 있다.

기업여신의 경우 채무상환능력기준·연체기간·부도여부 등 모든 기준을 적용하여 자산건전성을 분류하는 것을 원칙으로 하나, 여신규모 또는 자산규모가 작은 기업에 대하여는 채무상환능력에 따른 비용 및 재무제표의 신뢰성 등을 고려하여 연체기관과 부도여부만을 기준으로 건전성을 분류할 수 있도록 하고 있다. 기업이 원활하게 자금을 조달하고자 하는 경우에는 적어도 요주의선이상의 순위에 있는 것이 바람직하다.

## [3] 건설공제조합의 신용평가

표 5-14. 조합원별 제출자료(외부감사를 받지 않는 법인)

| 구 분 | 평 가 서 류 | | 비 고 |
|---|---|---|---|
| 1. 신용평가서 | • 별도양식 | | |
| 2. 조합원 실태 관련 자료 | • 조합원실태현황<br>• 사업자등록증 사본<br>• 건설업등록수첩 사본 | • 금융거래상황확인서<br>• 국민주택기금(임대사업)차입확인서<br>• 신인도 및 기술력 등 명세서 | |
| 3. 재무제표 관련자료 | • 대차대조표<br>• 손익계산서<br>• 원가명세서<br>• 합계잔액시산표 | • 이익잉여금(또는 결손금)처분 계산서<br>• 대차대조표 부속명세서(주요계정명세서)<br>• 주요 손익계정명세서 | |
| 4. 법인세신고 관련자료 | • 법인세 과세표준 및 세액신고서<br>• 법인세과세표준 및 세액조정계산서<br>• 소득금액 조정 합계표<br>• 과목별 소득금액 조정명세서<br>• 수입금액조정 명세서<br>• 가지급금 등의 인정이자 조정명세서(갑, 을)<br>• 주식 등 변동상황명세서(갑) 또는 주주명부 | | |

## [4] 은행에 제출하는 경영개선계획을 구할 것

은행에 경영개선계획을 종합하여 제출할 때에 고려하여야 할 점은 아래의 3가지로 요약된다.

첫째, 계획서에 최고경영자의 경영에 관하여 미래상을 명확히 제시하여야 한다. 장래 전망을 자기의 언어로서 성의 있게 은행 측에 설명하는 것이 중요하다. 그렇기 때문에 이를 다른 사람에게 의뢰하여 작성된 계획서로서는 설득력이 약하다.

둘째, 계획서상의 숫자는 근거(fact base)를 가지고 있지 않으면 안 된다. 현재의 실적에서 계획달성에 이르는 프로세스가 정확하게 설명되어야 한다. 예를 들면 현재 인건비가 월 8,000만원이 5,000만원으로 줄어든다면 어떤 업무가 얼마만큼 조정되며, 아울러 직급별 각각의 사원의 급여도 얼마나 감액되는지를 일목요연하게 알 수 있도록 일람표 등의 자료로 설명하는 것이 바람직하다.

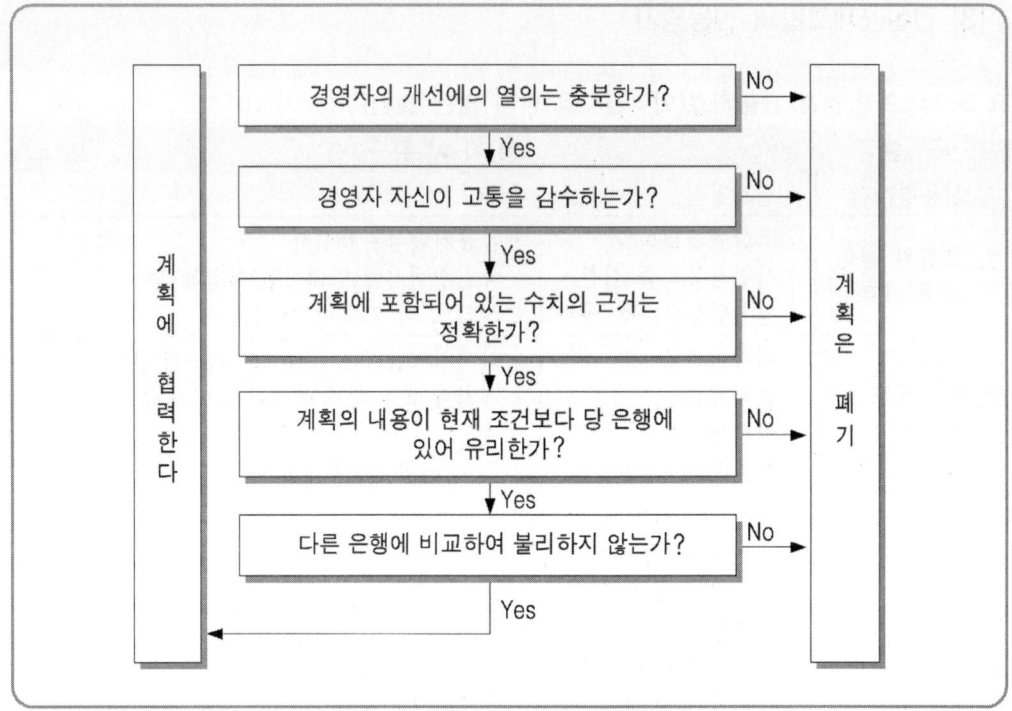

그림 5-13. 경영개선 계획평가 프로세스

셋째, 은행의 입장을 배려하는 일이다. 은행에서는 횡측(가로)의 체질이 강하게 남아 있음을 유념해야 한다. 경영개선에는 대부분의 경우 은행이 관여하게 되는데 각 은행과도 공평한 입장에서 개선에 적극적으로 협력하고 있다는 것을 나타내는 의미에도 보고서를 성실히 완수하는 것은 매우 중요한 일이다.

## 3. 기타 중대한 사태가 발생할 가능성이 있는지를 판다해 본다

① 핵심적인 사원(임원)이 대거에 퇴직한다.
② 대형 거래처가 연달아 발주를 정지 또는 취소한다.
③ 구입처 등의 납품정지
④ 은행의 경매신청
⑤ 자금의 완전한 고갈

K 건설회사의 예를 들면, 사장이 인원구조조정을 위해 지명해고를 단행했다. 이것은 많은 사원을 자극하여 퇴사한 사원이 주축이 되어 동종 사업을 하는 별도의 회사를 설립하여 영업을 하게 된바, 결과적으로 강력한 경쟁업체만 생겨나는 형상이 되고 말았다. 건설업은 타 사업에 비교하여 보더라도 사원의 기술력의 중요성이 특히 크다. 상기와 같은 사태를 초래하게 되면 회사의 재건은 불가능하다.

이처럼 개별수주산업에서는 일단 상처를 받게 되면 회사의 영업력을 회복시키는 일은 쉽지 않은 경우가 많다. 예컨대, 소매업에서는 파산 후에도 손님의 수가 줄어지지 않는 경우가 있으나, 건설업의 경우는 일단 신용불안이 유포되면 수주활동 측면에서 결정적인 손해를 입게 된다.

또 이러한 사태를 맞게 되면 건설업계의 정보의 전달속도는 매우 빠르기 때문에 외주선 등에 불안이 일거에 확대된다. 이때 구입처·외주선의 대응은 2가지로 나누어진다.

하나는 회피하면서 도망가는 유형이다. 비록 거래는 계속되더라도 납품단가를 대폭적으로 인상하는 경우가 있다. 이때는 공사의 이익확보가 어려워져 결과적으로 파탄의 속도를 앞당기게 되는 것이다.

최후로 자금고갈은 재건을 어렵게 만든다. 재건이라는 치열한 전쟁에서 자금이 없다는 것은 탄환 없이 전장으로 향하는 것과 같다. 위의 ①~⑤의 사태가 생긴 경우 경영의 재건은 불가능하다.

> ▶ 해마다 많은 수의 기업들이 도산하고 있으며, 창업자들은 성공의 꿈을 잃고 실의와 비탄에 빠진다. 그 이유는 무엇일까? 주도면밀한 준비(계획)를 하지 않는데 큰 이유가 있는 것은 아닐까? 그저 설립만 하면 차차 배워가면서 사업을 할 수 있으려니 생각했던 것은 아닐까? 문제가 눈덩이 처럼 커지는 것을 발견했을 때에는 이미 늦은 경우가 많다.

## 04 공적평가에 관한 판단도 중요하다

### 1. 공적평가에 유의해야 한다

민간시장에서 영업을 전개하는 경우에는 공적평가(公的評價)의 문제에 신경을 쓸 필요가 없다. 그러나 공공사업수주를 무시할 수 없는 일반 건설업에 있어서는 ① 건설업등록의 지속성의 문제 ② 시공능력공시상의 평가하락 문제 ③ 앞서 ②와 관련되는 「순위」 유지여부의 문제 등 재구축에 중대한 관심을 나타내어야 하는 점은 많다.

### 2. 입찰참가자격

정부가 발주하는 주요공사에 대하여 시공능력의 유무를 사전에 심사하는 제도로서 '입찰참가자격사전심사(Pre-Qualification)'로 흔히들 PQ라 한다. 입찰참가자격의 취득에 있어서는 기획재정부의 계약예규상 「입찰참가자격 사전심사요령」과 조달청의 PQ 심사기준인 「조달청 입찰참가자격 사전심사 세부기준」이 있고, 각 발주기관마다 다소 변형된 기준을 수립하여 시행하고 있다.

또한 하도급을 주로 하고 있는 중소건설업체 및 전문건설업체는 민간 발주처 나름대로의 발주방식에 따라야 하는바, 각각의 계약관행에 익숙해지지 않으면 안 될 것이다.

### 3. 건설업등록 요건

건설업자는 건설공사를 수행하는 것을 영업으로 하는 자로서 「건설산업기본법」에서는 업종에 따라 등록을 한 자만이 영위할 수 있도록 등록 제도를 두고 있다. 건설산업기본법상의 건설업은 종합건설업과 전문건설업으로 구분하되, 다른 법률에 의한 건설업(예컨대, 환경시설의 설계·시공업)은 당해 법률에 특별한 규정이 있는 경우를 제외하고는 종합건설업 또는 전문건설업으로 구분하지 아니한다(법8조).

여기서 '종합건설업'은 종합적인 관리 및 조정하에 시설물을 시공하는 건설업으로 토목건축공사업 등 5개 종류가 있다. 한편 '전문건설업'은 시설물의 일부 또는 전문분야에 관한 공사를 시공하는 건설업이라고 각각 규정함으로써 업종구분의 기준을 제시하고 있다. 전문건설업은 실내건축공사업, 토공사업 등 25개 종류가 있다.

건설업등록의 요건으로서는 종합건설업과 전문건설업 각각이 다르고 또한 업종에 따라 기술능력, 자본금 및 시설·장비 등이 다르게 규정되어 있다. 상세한 내용은 「건설산업기본법시행령」 제13조에 기술되어 있다.

## 4. 기타 유의점

상기 문제 이외에 회사재건에 있어 행정취급과 관련하여 유의해야 할 사항이 있다. 그 하나는 법적 정리를 단행하는 경우에는 실질적으로 입찰에서 어려움을 당하는 사례가 있다는 것이다. PQ기준상 업체를 평가하는 방법으로서는 시공경험, 기술능력, 경영상태 및 신인도 등으로 이루어지는데, 이중 경영상태 및 신인도는 기업의 평가등급이 큰 비중을 차지하기 때문이다. 공공공사에의 의존도가 높은 기업에서는 매우 중대한 문제이다.

종종 불이익을 당하는 사례와는 반대로 지방자치단체에서는 건설업계의 재편을 지원할 목적으로 합병 등의 경우 우대조치를 두는 경우도 있다. 이 메리트(merit)의 정도는 지방마다 다르기 때문에 구체적으로 절차를 진행함에 앞서 해당 지역의 담당자와 상세히 협의하는 것이 필요하다.

▶ PQ평가방식이 2005. 7. 1.부터 기존의 시공경험·기술능력·경영상태·신인도를 평가하여 일정점수(60점) 이상이면 PQ가 통과되던 심사방법이, 입찰참가자격여부만을 판단(pass or fail)하고, 최저가격 또는 최고가치(best value)방식으로 변경되었다. 즉, ① 업체별 재정능력을 가늠하는 경영상태 심사 ② 기술적 공사이행능력심사를 거쳐야만 입찰참가자격이 주어지는 '2단계심사방식'이 도입되었다.

## 05 다양한 방법 중에서 장래의 방향을 선택해야

### 1. 다양한 선택방법

수익성이 극단적으로 어려운 경우와 채무초과가 대폭적으로 있는 경우 기업의 수명도 다하게 되지만 조급한 대응이어서는 안 된다. 이때에는 먼저 후원자에게 M&A를 모색하는 것인데 이것이 여의치 않으면 곧장 폐업 등을 단행하게 된다. 시간적 여유를 두게 되면 기업의 가치가 하락됨과 동시에 채무가 늘어나면 임의 매각하게 되는데, 이럴 경우 경매에 의하여 처분가격이 크게 하락되고 만다.

표 5-15. 선택방안

| 담보력 등 \ 수익성 / 채무초과 유(×), 무(○) | Ⅳ × | Ⅳ ○ | Ⅲ × | Ⅲ ○ | Ⅱ × | Ⅱ ○ | Ⅰ × | Ⅰ ○ |
|---|---|---|---|---|---|---|---|---|
| • 회사의 담보능력과 보증인의 보증능력의 합계가 차입총액보다 많다. | ③ | ④ | ② | ② | ② | ② | ② | ① |
| • 상기의 물적·인적 보증능력은 없으나 유력한 후원자가 존재한다. | ③ | ③ | ③ | ③ | ③ | ①③ | ③ | ①③ |
| • 상기 어느 것도 불충분하다. | ⑤ | ④ | ② | ② | ② | ① | ② | ① |

| 선택사항 | | |
|---|---|---|
| | ① 지금까지와 같이 경영을 지속함 | 지속 |
| | ② 재구축에 주력 | 지속 |
| | ③ 후원자의 지원(M&A포함)에 의한 재건 | 매각 |
| | ④ 폐업 | 정지 |
| | ⑤ 도산 | 정지 |

담보가치가 충분히 있어 회수에 위험성이 없는 경우는 당분간 적자가 있더라도 은행이 개선활동이나 보증방안을 재촉하지 않는 것이 많다. 그러나 이것에 안주하여 개혁에의 걸음을 늦추어서는 안 된다. 은행이 예의주시하고 있는 때인 만큼 기업이 그 재산을 지키기 위하여 배전의 노력해야 할 중대한 때이다.

## 2. 선택방안과 경영과제

표 5-16. 선택에 따른 경영과제

| 진로선택 | 요소 | 사람 (Man) | 물자 (Material) | 자금 (Money) | 기술 (Machine) | 정보 (Information) |
|---|---|---|---|---|---|---|
| 지속 | 기존분야 강화 | 중점부문에 인원재배치 사원교육 | 유휴자산 처분 | 당면자금 확보 | 지속적 기술개발 | 시장정보 입수 |
| | 신규분야 진출 | 요원채용 사원교육 | 신규투자 | 투자자금 조달 | 신기술도입 | 시장조달 제휴계약 |
| 매각 | | 신조직으로 원활한 이동 | 이전절차 | 희망하는 가격으로 매각실시 | 신규조직으로 이전 | 매수정보 수집 |
| 정지 | | 원만한 퇴사, 재취업협력 | 신속한 처분 | 공평한 분배 | 두절 | 재취업정보 |

질병의 종류에 따라 처방이 다른 것처럼 경영의 진로여하에 따라 해결하는 과제도 다르다. 어떤 경우에 있어서도 가장 중요한 점은 경영자의 과감한 의사결정에 있다. 결단을 지연하면 채무는 늘어난다. 그 것은 또한 기업가치의 열세를 초래한다. 또 한 번 빼앗긴 시장을 재탈환하는 것은 매우 어려운 일이다. 오늘날의 시대는 '스피드(speed)가 생명'이다.

## 06 기업재건의 요체

이상과 같은 기업재건에 대하여 다양한 각도에서 살펴보았다. 결론적으로 기업재건의 요체는 개혁에 의하여 기업의 최대매출을 산정하여, 그 부가가치의 범위 내에 비용을 압축하여 기업을 다시 만들어 세우는 것이다. 매출을 올리는 잠재력을 정확히 산정하는 것은 물론 비용을 줄여 기업재구축을 단기간에 달성하는 것도 매우 어렵다. 따라서 매출확대가 가능한 분야에서는 투자를 집중 확대하고 투자회수가 1년 이내에 가능하도록 주의해야 한다. 기업재건의 요체를 정리하면 다음과 같다.

### 1. 흑자가 가능한 사업과 적자사업을 정확하게 구별할 것

다방면의 사업이나 상품 또는 지역적 채널을 전개하고 있는 기업의 경우 채산성이 없는 사업이 혼재되어 있는 경우가 많다. 장래 흑자가 실현될 수 있는 경우라도 Cash flow가 유지되지 않는 경우에는 과감하게 퇴출시켜야 한다. 즉, 경쟁력이 없는 분야를 과감하게 처분하는 것이다. 그러나 계절적인 영향이나 업종간의 상호 보완적인 역할을 하는 경우도 있다. 예컨대, 용역업종에서 설계업종과 감리업종을 겸업하는 경우 비교적 현금화가 용이한 감리업과 지속적인 매출을 기대할 수 있는 설계업종간에는 상호 취약점을 보완해 주는 역할도 있다.

### 2. 원칙적으로는 일단 축소한 후에 체력 회복을 기다려 성장전략을 취할 것

기업전체로 보아 이익이 확보되지 아니하는 경우 일시적으로 성장성의 확보를 중단하더라도 목전의 수익성 확보를 우선하여야 할 것이다. 양적인 측면에서의 성장성 보다는 질적 측면에서의 수익성에 비중을 둔다는 것이다. 우선 '이익'이라는 기초체력을 다진 후에 '성장'이라는 근육을 기르는 방향으로 전진해야 할 것이다.

## 3. 축소균형 가운데서도 장래 핵심 사업의 '싹'을 선별해 낼 것

채산성이 없는 사업을 잘라내는 경우에는 장래 핵심 사업을 어떻게 무엇으로 할 것인가를 명확히 하여야 한다. 건설업에서의 핵심사업(core business)은 시대와 국가의 정책에 따라 일정하지 않다. 과학기술의 변화에 따라 업무 및 공간의 변화와 다세대주택의 표준 모듈화, IT기반의 건축물의 확대, 건축물의 에너지 활용변화, 녹색건축물의 발전 등 미래의 건설 환경변화에 따라 핵심사업과 가치도 달라지기 때문에 시대의 흐름을 잘 읽어야 하는 안목이 요구된다.

## 4. 일반적으로 계획은 숫자(numberizing plans)로 표현할 것

기업재건은 단기간에 투자효과를 최대한으로 올려 수익성 향상에 매진해야 하며, 또한 대외적으로 신용확보에 충분히 대응할 필요가 있다. 그러기 위해서는 모든 전략·시책에 있어서 예상을 숫자로 명확히 나타내고 신속한 검증과 추가 시책을 실시할 수 있도록 해야 한다. 경영컨설턴트로서 자기계발분야의 명사 중 한사람인 브라이언 트레이시(Brian Tracy)는 계획을 수립함에 있어 'SMART원칙'이라는 것을 제시한바 있는데 그 내용은 다음과 같다.

- Specific : 목표는 구체적이고 상세하게 작성하여야 한다.
- Measurable : 목표의 달성기준이 명확하고 수치화되어 측정 가능해야 한다.
- Action-oriented : 목표는 Action plan에 의해 실천계획을 수립하여야 한다.
- Realistic : 목표는 현실적으로 실현가능해야 한다.
- Time-limited : 목표의 마감시한이 정해져 있어야 한다.

## 5. 손익분기점비율은 80% 이하를 유지할 것

손익분기점 비율은 손익분기점 매출액을 현재의 매출액으로 나눈 것(손익분기점상의 매출액 / 기간매출액 × 100)이다. 이 비율로 수익의 안전성을 파악할 수 있다. 손익분기점 비율이 높으면 매출이 조금만 감소해도 적자가 발생하게 되므로, 낮을수록 수익의 안전성이 높다고 할 수 있다.

　기업의 실적매출액과 손익분기점 매출액을 비교하면 매출액이 나중에 몇 % 감소하면 적자가 되는지에 대한 기준을 알 수 있는데, 이것을 경영안전율이라고 한다. 일반적으로 손익분기점 비율이 60% 정도면 수익력이 안전하다고 볼 수 있고 80% 정도면 보통, 90% 대를 넘어서면 위험수준이라고 본다.

## 6. 재건에 성공하기 위해서는 자금대책에 만반의 준비를 할 것

　처음에는 자금사정을 충분히 검토한 후 재건에 착수하고, 자금이 크게 부족한 시기를 정확히 예측하여 금융기관 등에 설득력 있게 설명하여야 한다. 필요한 시기에 융자를 받기 위해서는 그 이전에 경영계획을 달성하는 것이 필요하다. 이러한 것은 자금관련 컨설턴트의 도움이 필요하다. 시설자금, 운전자금, 창업기업을 중심으로 하는 R&D와 무상자금 등 실제 우리기업이 신청할 수 있고, 활용할 수 있는 지원사업과 정책자금이 무엇이고 어떻게 활용할 수 있는지에 대한 만반의 준비가 필요하다.

## 7. 실행책임을 명확히 하고 직원들에게 강렬한 위기감을 심어줄 것

　경영재건 중에 있는 기업 가운데서는 사장과 경영층 및 직원들 간에 느끼는 위기감이 각각 다르다. 재건계획을 작성함에 있어 분야별 실시책임자를 항목별로 명확히 하여야 한다. 그런 후에 각 부문 및 각 시책의 계획달성현황을 체크 리스트형식으로 작성하여 비교토록 한다. 위기의식이 경영층과 직원들 간에 서로 공유하고 있어야 하며, 기업이 처하고 있는 실정과 앞으로의 전망에 대한 경영진의 진솔한 설명이 있어야 한다.

# 07 기업회생에 대한 법적 검토

## 1. 채무자회생 및 파산에 관한 법률

「채무자회생 및 파산에 관한 법률」은 재정적 어려움으로 인하여 파탄에 직면해 있는 채무자에 대하여, 채권자·주주·지분권자 등 이해관계인의 법률관계를 조정하여 채무자 또는 그 사업의 효율적인 회생을 도모하거나, 회생이 어려운 채무자의 재산을 공정하게 환가·배당하는 것을 목적으로 2005. 3. 31. 법률 제7428호로 제정되었다.

채무초과 즉 자산보다 부채가 많은 채무자의 처리에 관한 법으로서 기존의 「파산법」, 「화의법」, 「회사정리법」 및 「개인채무자 회생법」 등 4가지 법을 통합하여 제정한 것으로 전체 총 6편 8장 및 660개 조문의 방대한 내용을 담고 있다. 따라서 이를 일명 「채무자회생법」이라 부르기도 한다.

부실기업에 대한 처리방향에 대하여 정리하면 다음 그림과 같다.

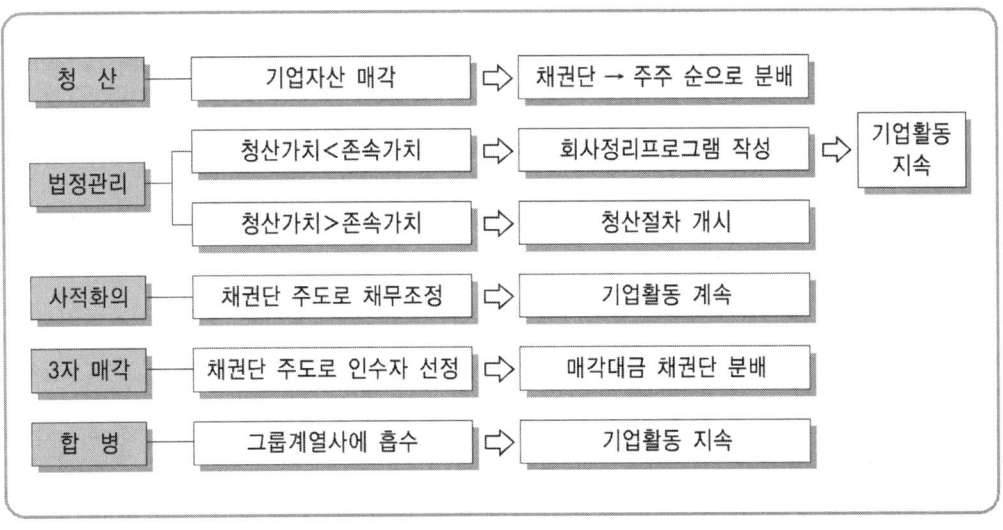

그림 5-14. 부실기업 처리방향

퇴출기업에 대한 처리프로그램을 살펴보면 [표 5-17]과 같다.

표 5-17. 퇴출기업 처리프로그램

| | 방법 | 회사존립여부 | 주요내용 |
|---|---|---|---|
| 퇴출 판정 기업 | 청산 | × | • 기업자산 매각 후 채권단·주주에 배당 |
| | 법정관리 | △ (존립과 청산 모두 가능) | • 법원 주도아래 회생프로그램 가동<br>• 법정관리신청이 거부되면 청산 |
| | 사적화의 | ○ | • 채권단 합의아래 회생작업<br>• 경영권은 그대로 인정 |
| | 제3자 매각 | ○ | • 채권단 지분매각으로 대주주가 바뀜 |
| | 합병 | × | • 그룹 계열사 등에 흡수합병 |

## 2. 법정관리와 워크아웃

법정관리란 재정적 궁핍으로 파탄에 직면했을 때 갱생의 가망이 있는 회사에 관하여 채권자, 주주, 기타 이해관계인의 이해를 조정하면서 회사의 정리, 재건을 목적으로 하는 절차이다. 법정관리는 「채무자회생법」에 의한 기업 부채를 동결시킨 후 법원의 관리하에 채권자, 주주 등의 이해를 조정해 기업을 정상화 하고자 하는 법정절차이다. 채권자 중 금융기관만이 합의하여 금융부채를 동결시키고 부채 조정을 통해 기업정상화를 도모하는 자율적인 합의절차인 기업개선작업과는 의미를 달리하고 있다.

이에 반해 워크아웃(Workout)이란 법원과 같은 공공기관의 힘을 빌리지 않고 부실기업에 대출해준 금융기관들이 주도해 기업을 회생시키는 방법으로 「기업구조조정촉진법」의 적용을 받는다. 워크아웃은 부실기업에 채권 금융기관이 추가적인 금융혜택(만기연장, 금리인하 추가대출 등)을 주는 대신에, 채권금융기관의 주도하에 기업에게 강도 높은 자구노력(구조조정)을 요구하는 것을 의미한다. 따라서 경영이 정상화되면 채권금융기관은 채권회수가 가능해지고, 기업은 수익성을 회복하여 국민경제적으로도 이익을 본다는 것이 기본취지이나, 이러한 노력이 실효를 거두지 못하면 퇴출의 수순을 밟게 된다. 이를 비교하면 다음 표와 같다.

표 5-18. 법정관리와 워크아웃

| 구 분 | 법정관리 | 워크아웃 |
|---|---|---|
| 적용법 | • 채무자회생법 | • 기업구조조정촉진법 |
| 채권자 구성 | • 채권자들이 국내외 다양할 때 | • 채권자들이 국내 금융사일 때 |
| 경영권 | • 경영권을 잃더라도 회사를 살리고자 할 때 | • 경영권을 유지하고자 할 때 |
| 신규자금 | • 금융회사 대출 외 자금유입 경로가 있을 때 | • 금융회사 대출이 필요할 때 |
| 채권금융회사와의 관계 | • 압력으로부터 어느 정도 자유로울 때 | • 자유롭지 못할 때 |

## 3. 기업회생의 절차

### (1) 회생절차 개시신청

사업의 계속에 현저한 지장을 초래하지 아니하고는 변제기에 있는 채무를 변제할 수 없거나, 채무자에게 파산의 원인인 사실이 생길 염려가 있는 경우에 법원에 서면으로 회생절차개시 신청을 할 수 있다. 이 때 신청권자는 채무자 본인 또는 채권자가 된다.

### (2) 심 사

법원은 회생절차개시 신청에 대한 결정이 있을 때까지 채무자의 업무 또는 재산에 대하여 다음과 같은 가압류, 가처분 그 밖에 필요한 보전처분을 할 수 있다(법43조).

① 보전관리 명령(법44조3항)
② 파산·강제집행·소송절차 등의 중지명령(법44조)
③ 회생채권 또는 회생담보권에 기한 강제집행 등의 포괄적 금지명령(법45조)
④ 채권자 협의회 구성(법20조)
⑤ 대표자 심문(법41조)

### (3) 회생절차 개시결정

채무자가 회생절차개시를 신청한 때에는 법원은 회생절차개시의 신청일부터 1월 이내에 회생절차개시 여부를 결정하여야 하며(법49조), 법원은 회생절차개시결정과 동시에 관리위원회와 채권자협의회의 의견을 들어 1인 또는 여럿의 관리인을 선임하고 필요한 사항을 정하여야 한다(법51조).

### (4) 회생채권 등 목록제출

법원은 채권자들로부터 회생채권 등 신고를 받아 회생기업이 변제하여야 할 채무를 집계하고 채권·채무를 확정하여야 한다. 회생채권 등 목록제출, 회생채권 등 신고, 회생채권 등의 조사의 순으로 이루어진다.

### (5) 제1회 관계인 집회

회생절차 개시와 관련된 사항을 정리하고 회생절차를 계속 진행할 것인지를 결정하는데 관리인은 회사가 회생절차에 이르게 된 사정을 설명하고, 채권액에 대하여 보고하고 법원이 선정한 조사위원회(회계법인)가 회생회사에 대한 실사결과를 보고한다. 채무자의 업무 및 재산사항 등에 관한 보고와 법원의 의견을 청취한다.

### (6) 회생계획안 제출명령 및 회생계획안 제출

법원은 채무자의 사업을 청산할 때의 가치가 채무자의 사업을 계속할 때의 가치보다 크다고 인정하는 때에는 ① 관리인 ② 채무자 ③ 목록에 기재되어 있거나 신고한 회생채권자·회생담보권자·주주·지분권자의 어느 하나에 해당하는 자의 신청에 의하여 청산(영업의 전부 또는 일부의 양도, 물적분할을 포함한다)을 내용으로 하는 회생계획안의 작성을 허가할 수 있다. 다만, 채권자 일반의 이익을 해하는 때에는 그러하지 아니하다(법222조).

채무자의 부채의 2분의 1이상에 해당하는 채권을 가진 채권자는 회생절차개시의 신청이 있은 때부터 제1회 관계인집회의 기일 전날까지 회생계획안을 작성하여 법원에 제출할 수 있다(법223조).

### (7) 제2회 및 제3회 관계인 집회

회생계획안의 제출이 있는 때에는 법원은 그 회생계획안을 심리하기 위하여 기일을 정하여 관계인집회를 소집하여야 한다. 다만, 법 제240조의 규정에 의한 서면결의에 부치는 때에는 그러하지 아니하다(법224조).

### (8) 회생계획 인가

관계인집회에서 회생계획안을 가결한 때에는 법원은 그 기일에 또는 즉시로 선고한 기일에 회생계획의 인가 여부에 관하여 결정을 하여야 한다(법242조). 회생계획은 채무자, 회생채권자·회생담보권자·주주·지분권자, 회생을 위하여 채무를 부담하거나 담보를 제공하는 자 및 신 회사에 대하여 효력이 있다. 이러한 회생계획은 인가의 결정이 있은 때부터 효력이 생긴다(법246조).

### (9) 회생계획의 수행

회생계획인가의 결정이 있는 때에는 관리인은 지체 없이 회생계획을 수행하여야 한다. 회생계획에 의하여 신 회사를 설립하는 때에는 관리인이 발기인 또는 설립위원의 직무를 행한다. 관리위원회는 매년 회생계획이 적정하게 수행되고 있는지의 여부에 관하여 평가하고 그 평가결과를 법원에 제출하여야 한다. 관리위원회는 법원에 회생절차의 종결 또는 폐지 여부에 관한 의견을 제시할 수 있다(법257조).

### (10) 회생절차의 종결

회생계획에 따른 변제가 시작되면 법원은 관리인, 목록에 기재되어 있거나 신고한 회생채권자 또는 회생담보권자의 어느 하나에 해당하는 자의 신청에 의하거나 직권으로 회생절차종결의 결정을 한다. 다만, 회생계획의 수행에 지장이 있다고 인정되는 때에는 그러하지 아니하다(법283조).

## 4. 회생절차 흐름도

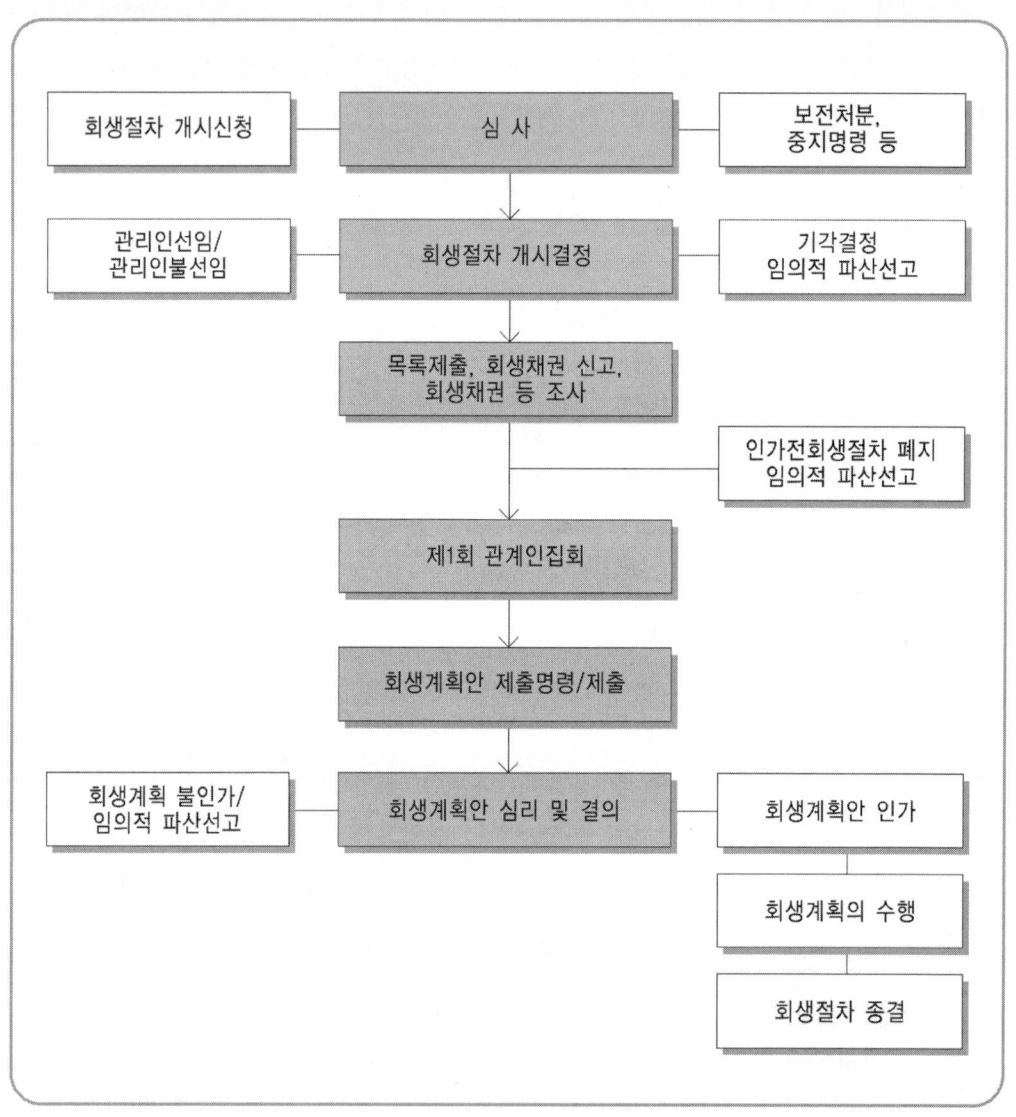

그림 5-15. 회생절차 흐름도

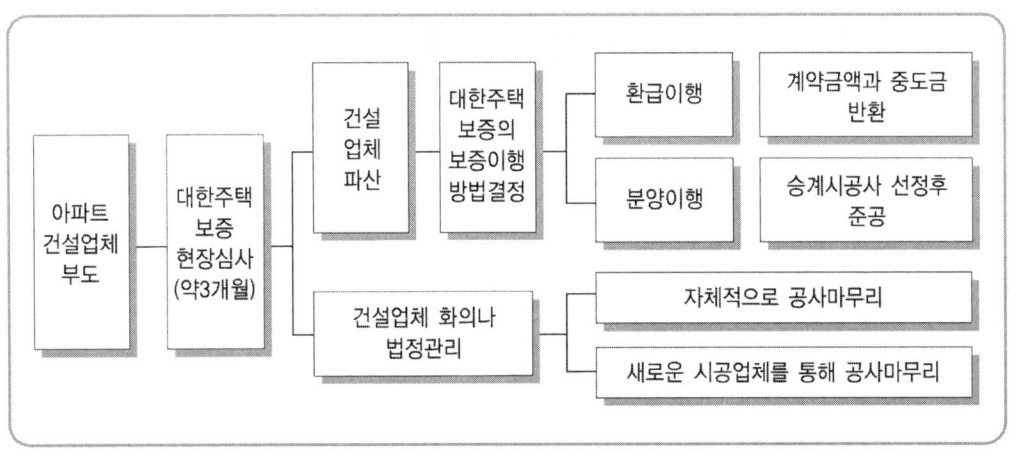

그림 5-16. 아파트건설업체 부도 후의 일반적인 처리과정

## 5. 워크아웃, 개인회생, 개인파산의 구분

표 5-19. 워크아웃, 개인회생, 개인파산의 구분

| 구 분 | 사전채무조정 개인워크아웃 | 개인워크아웃 | 개인회생 | 개인파산 |
|---|---|---|---|---|
| 운영주체 | 신용회복위원회 | 신용회복위원회 | 법 원 | 법 원 |
| 시행시기 | 2009. 4. 13 | 2002. 10. 1 | 2004. 9. 23 | 1962. 1. 20 |
| 대상채권 | 협약가입 금융기관 보유채권 | | 제한 없음(사채포함) | |
| 채무범위 | 5억 원 이하 | 5억 원 이하 | 담보채무(10억) 무담보채무(5억) | 제한 없음 |
| 대상채무자 | 30일 초과 90일미만 | 연체기간 6개월 이상인자 | 과다채무자인 봉급생활자, 영업소득자 | 파산원인 |
| 보증인에 대한효력 | 보증인에 대한 채권추심 불가 | | 보증인에 대한 채권추심 가능 | |
| 채무조정수준 | 무담보채권 최장10년 담보채권 최장 20년 | 변제기간 8년 이내 이자채권전액감면 | 변제기간 5년 이내 변제액>청산가치 | 청산 후 면책 |
| 법적효력 | 변제완료시 면책(사적조정) | | 변제완료시 법적면책 | 청산 후 면책 |
| 은행연합회 '연채 등' 정보해제여부 | 미등록 | 신용회복지원 확정시 모든 '연체 등' 정보해제 | 변제계획 인가시 해제 | 면책결정시 해제 |
| 특수기록정보내용 | 미등록 | 신용회복 지원 중 | 개인회생절차 진행 중 | 파산으로 인한 면책결정 |
| 특수기록정보 삭제시기 | 미등록 | 채무변제 완료시 | 채무변제완료시 | 면책결정 후 7년 경과 시 |

# 08 리스크관리를 철저히 한다[19]

## 1. 리스크란?

리스크(risk)의 개념은 위기 또는 위험으로서 보험론, 경제학, 마케팅론 등의 입장에서 다양하게 정의되고 있다. Mac Crimon과 Wehrung에 따르면 사고(peril)·사고발생의 불확실성(uncertainty)·사고발생의 가능성(possibility)·재해(hazard)의 결합·예상결과와의 차이·불측의 사태(contingency)·우발사고(accident)·위험(crisis)·위험상태(danger)·위협(threat) 등에 리스크라는 말이 사용된다고 말한다.

이는 광의의 개념이고 일반적으로는 '사고발생의 가능성'이라 해석하고 있다. 이러한 리스크의 원천으로서 '자연이나 환경의 변화와 인간이 관계되고' 있고, '의사결정의 미숙이나 결단의 실패'에 있다고 지적하고 있다. 따라서 리스크란 조직의 경영자원에 손실 혹은 장애를 초래한다고 생각되는 사태의 발생요인 및 그 영향이라 정의된다.

경영자원은 조직구성원의 능력이나 생활과 건강, 금전적 자원, 부동산 설비 등의 물적 자원, 정보, 기술, 문화 등을 가리키고 더욱더 기업이 처해있는 사회적 입장이나 경제적 환경도 포함된다. 이것이 발전하여 손해사실의 발생확률과 실제 발생된 때의 영향에 기인한다. 따라서 아래와 같은 등식이 성립한다.

> Risk = 손해사실 발생확률 × 영향도(손실예상액)

리스크는 불확실한 것에서 출발한다. 현대는 '불확실성의 시대'라 부르고 무엇이 발생될 것인가를 예측 할 수 없는 사태가 빈번하게 일어나고 있고, 사회의 변화에 따라 리스크도 변화하고 있다. 특히 기업의 리스크의 종류는 매우 다양하다.

---

19) 藤江俊彦, 實踐 危機管理讀本, 日本Consultant Group, 2004 ; 삼성경제연구소, CEO Information 267호 ; 上田和勇, 企業價値創造型 Risk Management, 2003. 참조

표 5-20. 기업의 리스크와 종류

| 분류 | 구체적인 사례 |
|---|---|
| 산업재해 | 천재, 폭발, 붕괴 |
| 환경공해 | 폐기물처리, 환경오염(대기·소음·토양·해양), 유해물질 누출 |
| 상품사고·사건 | 결함상품, 광고표시상의 문제, 식중독, 이물질혼입, Recall 등 |
| 경영리스크 | 도산, 폐업, 흡수합병, 거래선 리스크 |
| 사내불상사 | 횡령, 정보누출, 뇌물수수 |
| 인사관리 | 해고, 좌천, 구조조정에 따른 처우, 인권문제 |
| 주식·자본리스크 | 주주총회 혼란, M&A, 내부거래, 소문유포, IR Crisis |
| 노무관리리스크 | 노동쟁의, 과로사, 자살, 직업병 |
| Global Risk | 민족·종교문제, 문화마찰, 규제, 유괴·사건 등의 리스크 |
| 천재지변 | 지진, 풍수해, 화산폭발, 이상기후, 벼락 |
| 정치·경제사회 리스크 | 전쟁, 법률개정, 규제강화·완화, 환율시장의 급변, 자원에너지(전기, 석유 등)공급금지, 식량문제 |
| 기 타 | 컴퓨터 위기(해커 등) |

## 2. 리스크매니지먼트

사업을 구상하고 실행하며 유지 또는 발전시키는 과정에는 필연적으로 따르는 위험요소들이 있다. 따라서 리스크매니지먼트(Risk Management)는 기업이 안정적인 경영을 유지하기 위한 경영의 수단과 방법이라 할 수 있다. 기업을 리스크나 위험으로부터 어떻게 지킬 것인가라는 기업위험의 연구로부터 탄생되었다. 리스크매니지먼트의 목적은 기업경영의 목적을 기업가치의 최대화에 있는 것으로서, 그 가치를 저하하지 않는 것이다.

종래 리스크매니지먼트의 이론은 그 궁극적인 목적은 기업도산(failure)을 방지하고 그 도산요인을 과학적으로 관리(manage)하는 것이었다. 미국에서는 기업도산에 있어서 경영자의 의사결정이나 관리부주의가 주요한 원인으로 보는 경향이 있었고 리스크매니지먼트는 경영자의 중요한 과제였다.

최근에는 경제주체로서 기업, 지방자치단체, 공익법인 등 모두가 투명성을 사회로부터 강요받고 있고, 다양한 관계자와의 상호신뢰성 위에 스스로의 존재와 가치가 인정되고 있다. 리스크매니지먼트는 필히 이러한 주체가 존속하기 위한 것으로서 가치를 향상시키기 위한 것이다.

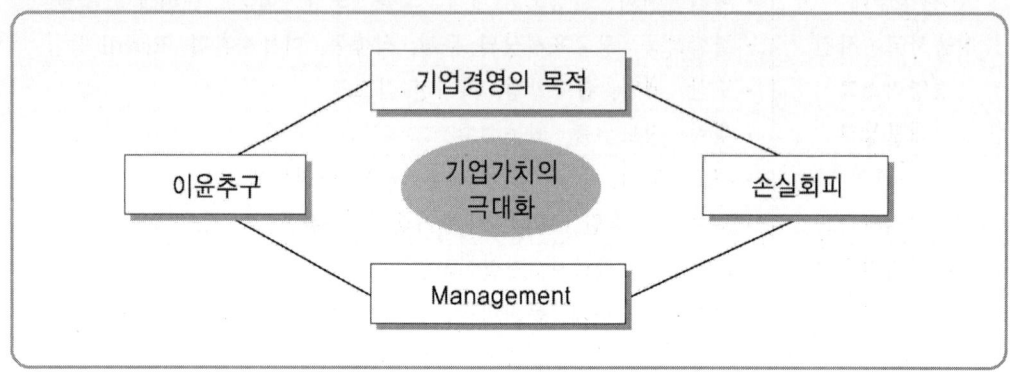

그림 5-17. 기업경영의 목적

## 3. 리스크매니지먼트와 위기관리

조직에서의 리스크대응은 방재, 안전, 위기관리 등의 용어로서 대상도 다르게 쓰이고 있다. 따라서 사용되는 리스크매니지먼트와 위기관리에 대한 상이점을 명확히 할 필요가 있다.

리스크매니지먼트(Risk Management)란 협의로는 통상 리스크전반을 대상으로 하여 불측의 사태가 가급적 발생하지 않도록 사전에 예방억제하기 위한 관리활동 전반을 의미한다. 리스크의 예측, 분석, 그에 대응하는 프로세스를 포함한 일체의 관리활동을 의미한다. Risk Assessment도 이 중에 포함된다.

위기관리(Crisis Management/Emergency Management)란 사고·사건 등의 불측의 사태가 발생된 때로부터 대응하는 관리활동이다. 긴급시의 발생 직전의 징후, 경계단계와 발생 직후의 복구(recovery)까지의 활동과정을 말한다. 그 때문에 리스크매니지먼트(협의)란 일상적으로 실시되는데, 위기관리란 어떤 일이 발생된 때로부터 실시되는 것이다. 그러나 본 장에서는 이를 총괄하여 리스크매니지먼트라 칭한다.

경제의 글로벌화, 디지털 시대의 도래, 신기술 출현 등에 따라 지금까지 경험하지 못한 것들이 위기관리의 대상으로 부각하게 되고 특히 국내 법제도가 세계표준을 지향하고 있고, 정부도 소비자의 권익보호를 강화하고 있어 기업이 제대로 대처하지 않으면 예측하지 못한 손해를 입을 가능성이 많게 되었다. 국내기업을 둘러싼 위기요인들을 정리하면 다음과 같다.

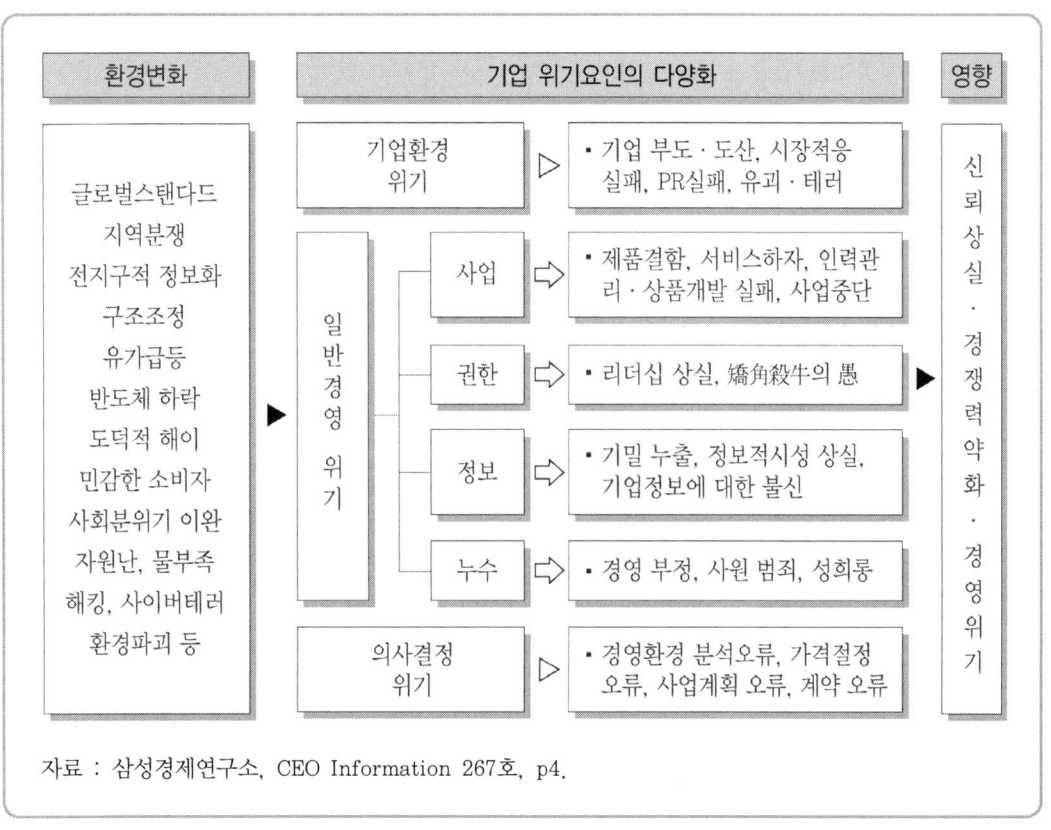

그림 5-18. 국내 기업을 둘러싼 위기요인들

이러한 비즈니스 리스크 매니지먼트의 변천상황을 살펴보면 [표 5-21]과 같다.

우리나라 기업의 위기관리의 자세와 시스템은 매우 취약한 상황이다. 제품결함 등의 사고가 연속해서 일어나고 있는데도 기업들은 일시적 무마에 급급하여 위기관리에 대한 인식이 부족한 실정이다. 상당수의 기업들이 '적당주의' 또는 '망각주의'로 대처하고 있으며, 위기관리의 필요성을 절실히 인식하지 못하고 있으며, 구성원에 대한 교육과 시스템 투자도 미흡한 실정이다. 국내기업의 위기관리 문제점으로 지적되고 있는 것은 다음과 같다.

표 5-21. 비즈니스 리스크 매니지먼트 변천(개요)

| 구 분 | 환경과 리스크 사항 | 기업의 Risk Management(RM) |
|---|---|---|
| 1930년대 | • 대공황<br>• 순수리스크 | • 보험관리형 Risk Management |
| 1950~<br>1960년대 | • 기업 활동의 확대<br>• 해외진출<br>• 손실의 규모의 대형화<br>• 투기적 리스크의 인식 | • 보험관리형 RM의 문제가 대두됨 |
| 1970~<br>1980년대 | • 해외에서 경쟁의 진전<br>• 기업의 사회적 책임 중시<br>• 배상사고 발생<br>• 투기적 리스크의 증대<br>• 보험인출 제한 | • Loss Control 중시<br>• 보험관리형 RM의 한계증대<br>• 경영전략형 RM의 중요성 증대 |
| 1990년대 | • 규제완화<br>• 경쟁의 일반화<br>• 기업의 사회적 책임 증대<br>• 배상사고 증대<br>• 투기적 리스크(금융리스크)의 다발화 | • Loss Control, 보험관리형 RM, 경영전략형 RM 및 위기관리형 RM의 전체적 관리중요 |
| 2000년대 | • 전진<br>• 사회적 책임(CSR), 환경에의 배려 필요성 증대<br>• 기업불상사 다발성 | • 기업의 부정에 의한 무형자산가치의 손실에 대응하는 RM<br>• 기업의 정보개시 요구의 증대<br>• 통치적 RM, 기업가치 증대에 공헌하는 RM |

자료 : 上田和勇, "企業價値創造型 Risk Management" 白桃書房, 2003.

① 전략적·실천적 위기관리체제의 구축미비

② 정확하고 신속하게 행동할 수 있는 교육 및 훈련이 미흡

③ 위기에 대한 감지능력 및 정보수집력이 미흡

④ 위기관리에 대한 안이한 인식이 팽배

따라서 우리에게 '강 건너 불'로 여겨졌던 다양한 문제들이 현실적인 위기로 대두됨에 따라 리스크에 대한 철저한 대비가 필요하게 되었다. 특히 국내 법제도가 세계표준을 지향하고 있고 정부도 소비자권익 보호를 강화하고 있어 기업이 제대로 대처하지 않으면 어려움에 처할 우려가 있어, 종합적인 위기관리 체제를 구축해야 할 시점이다.

표 5-22. 기업이 위기관리를 통해 대응해야 하는 주요 제도

| 제도 | 내용 |
|---|---|
| 리콜제도 (Recall) | ■ 제품에 결함이 발견될 경우 사업자가 정부와 협력하여 자발적으로 결함을 시정하는 소비자 안전제도. 사업자가 자발적으로 결함을 시정하지 않을 경우 정부 명령에 의해 강제적으로 리콜을 실시함 |
| 제조물책임 (Product Liability) | ■ 제조물의 결함에 의해 소비자, 이용자 또는 제3자의 생명, 신체, 재산에서 발생한 손해에 대해 제조업자, 판매업자 등 그 제품의 제조 판매에 관여한 자가 손해배상 책임을 지는 것을 의미함 |
| 집단소송 (Class Action Lawsuit) | ■ 공동의 이해관계가 있는 다수가 소송을 제기하는 것으로, 주로 많은 수의 피해자와 소액의 각각의 피해규모로 인해 개개인이 소를 제기하는 것이 어려울 경우에, 소비자 권익보호를 위해 다수의 소비자 피해청구를 일괄적으로 제소하여 보상받도록 하는 제도로 공해나 제품결함관련 소송이 주로 많음 |

## 4. 건설과 관련된 리스크

건설과정의 리스크는 기획 및 타당성 분석단계에서부터 계획·설계와 계약·시공과정을 거쳐 사용·유지관리단계에 이르기까지 시간의 경과에 따라 직면하는 리스크로 가장 보편적으로 사용하는 리스크 식별방법이다.

건설사업의 기획 및 타당성 분석단계에서의 리스크 인자는 주로 기대수익이나 사업추진을 위해 요구되는 회수율(rate of return)을 충족시키지 못할 가능성과 관련되는 것이다. 따라서 초기의 기획·타당성 분석단계에서 인식되는 리스크 인자는 계획·설계과정에서 재검토 반영되어 부정적 효과를 최소화 시키는 한편, 긍정적 효과를 극대화할 수 있도록 하여야 한다.

설계과정에서 빈번하게 발생되는 사항으로 설계기간 부족의 리스크를 생각할 수 있다. 설계기간이 부족할 경우 공사시공과정에서 도입, 활용되어 품질향상 및 공사비 절감에 기여할 수 있는 신기술·신공법 도입이 저해되고, 근원적으로 부적절한 자재나 공법이 선정되어 공사전반에 부정적인 영향을 미치기도 한다.

계약·시공단계에서 발생되는 리스크는 이전 단계의 것에 비해 보다 구체적이고 실질적인 형태를 띤다. 저가의 낙찰을 받거나 충분한 공기가 보장되지 않는 경우 공사비 부족으로 인한 기대이익 확보가 불가능하게 됨은 물론 공사부실을 피할 수 없게 된다. 설계과정에서 작성된 시방서가 부적합한 것으로 판명되거나 설계서와 현장 조건이 지나치게 상이할 경우 설계변경 범위가 과다해지고 그로 인해 공기부족, 공사비 상승이 유발된다. 불합리한 하도급 관계로 인한 원도급자와 하도급자 사이의 갈등, 안전사고로 인한 인적·물적 손상, 노사분규·파업·민원발생에 의한 갈등, 기상악화로 인한 공사 지연, 근래와 같은 건설경기 이상 현상에 따른 자재·인력·장비의 과부족 발생, 공사 감리·감독 부실 등도 시공단계에서 극복하여야 할 주요 리스크 인자이다. 건설생산 과정별 리스크 인자를 분석하면 다음 그림과 같다.(강부필, 건설경영의 이론과 실제, 태림문화사, 2004.)

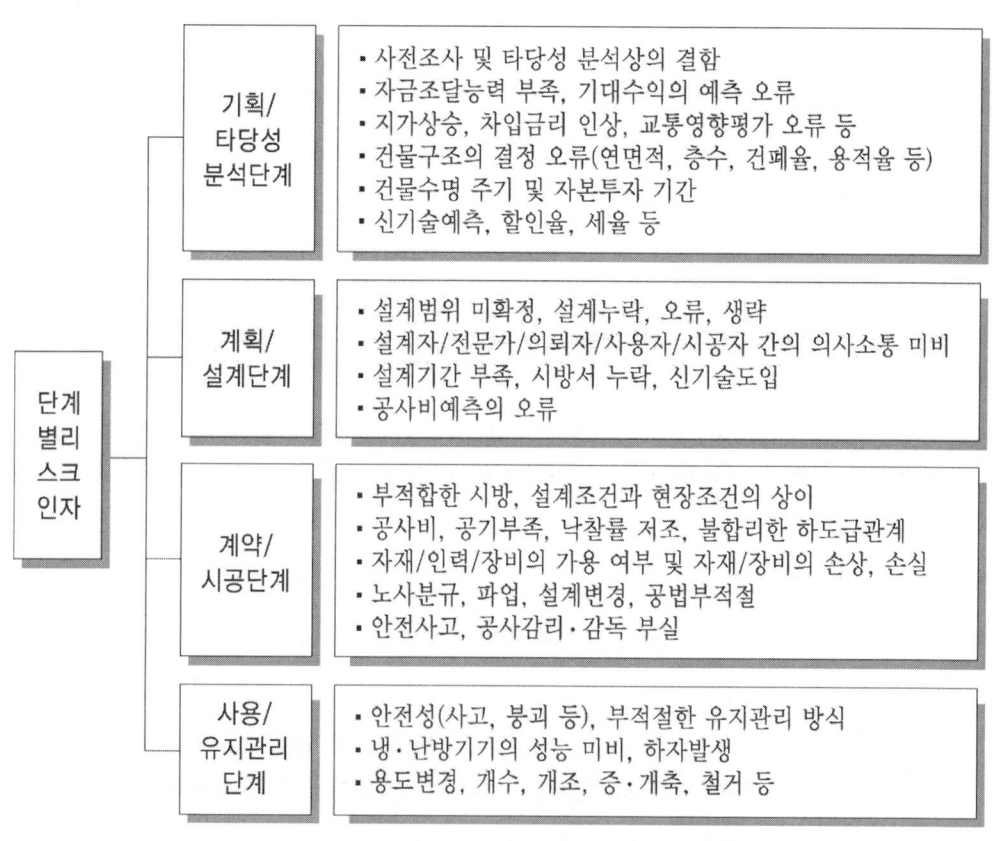

그림 5-19. 건설생산 과정별 리스크 인자 분석

건설과정의 최종단계인 사용 및 유지관리단계에서는 그다지 심각한 유형의 리스크인자가 존재하지 않는다. 그러나 이러한 단계에서는 건설계획이나 시공과정에서 충분히 고려되지 못한 것이 있는 경우에는, 이 단계에서 결과물로 나타날 수도 있다. 특히 부실공사로 인한 하자 발생의 경우 즉각적인 후속조치를 통해 건물성능에 지장을 초래하지 않도록 해야 함은 물론, 에너지 효율이 높은 냉·난방기기의 도입·운영을 통해 운영유지비가 과다하게 상승되지 않도록 해야 한다.

건설과정에서 직면하게 되는 다양한 유형의 리스크 인자를 종합적으로 정리하면 [표 5-22]과 같다.

## 5. 리스크처리 절차

리스크 매니지먼트에 관련된 처리절차는 아래와 같다. 특히 이 중에서도 가장 중요한

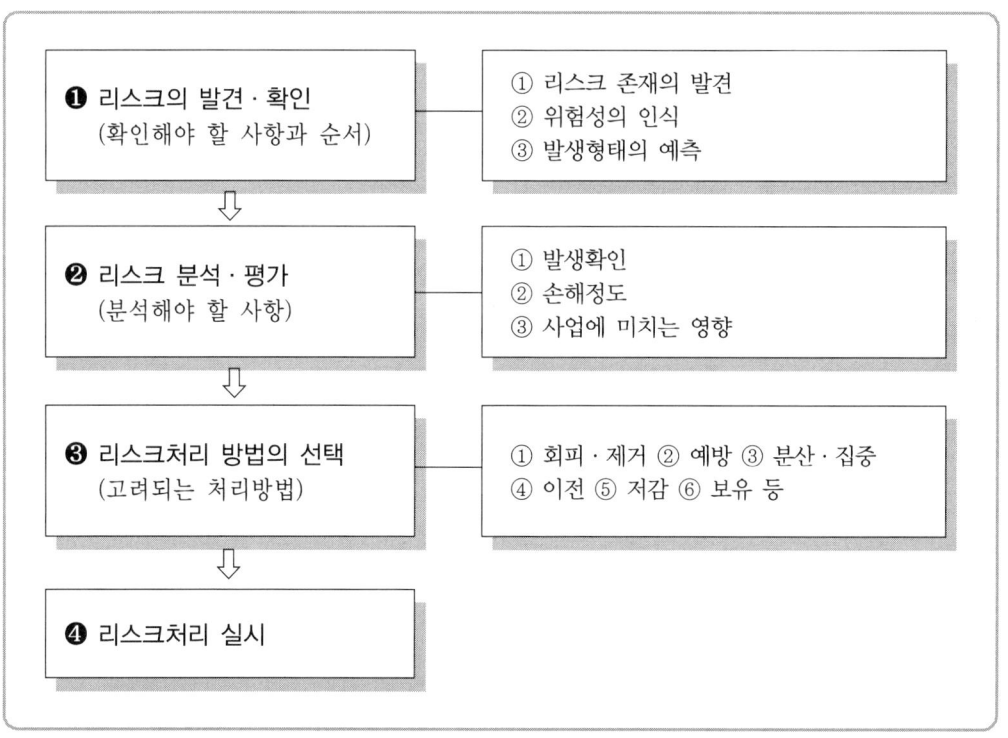

그림 5-20. 리스크 매니지먼트의 절차

것은 리스크를 발견하고, 분석·평가하고, 관계자와 공통인식으로 확인하는 것이다. 이것을 Risk Assesment 라 한다. 다음으로 그 리스크를 어떻게 처리하는가 하는 방법을 검토하고, 구체적으로 그 실시에 따른 여러 절차를 통상 Risk Control 이라 한다. 컨트롤의 방법은 다양한데 각종의 선택방법을 조합하는 것이 일반적이다.

## 6. 리스크 대응방안

"위기는 기회다"라는 말이 있다. 위기(risk)를 잘 활용하거나 대응하면 오히려 발전할 수 있는 기회(chance)가 된다는 의미이다. 기업의 리스크에 대한 대응방안은 다음과 같이 정리되나, 그러나 가장 중요한 핵심은 "원칙에 충실 하는 것"이다.

### (1) 초기에 신속하게 대응한다

사고 발생의 경우에는 재빨리 감지하고 비상수단을 강구하여 파급을 최소화 시켜야 한다. "호미로 막을 것을 가래로 막는다" 라는 말처럼 발생의 전조를 신속히 감지·대응하여 피해의 확산을 차단하는 것이 중요하다.

### (2) 사고와 정보를 신속하게 공개한다

이미지 타격 및 고객 손실 등을 우려하여 사건을 은폐하거나 미온적으로 대응하게 되면 나중에 더 큰 손실이 발생된다. 그러나 사건을 공개하면 초기에는 타격이 있겠지만 점차 고객의 신뢰가 회복되어 좋은 결과를 얻을 수 있다. 이를 위해서는 위기관리에 적합한 홍보체제와 함께 정보가 사내에 신속히 전달될 수 있는 시스템을 구축하는 것이 필요하다.

### (3) 수습은 비중 있는 책임자가 주도해야 한다

위기에 임해서는 톱(CEO) 혹은 최고리스크책임자(Chief Risk Officer : CRO)가 전면에 나서 수습을 지휘해야 한다. 법령준수관련 사고발생시 고객에 대한 책임수행 등은 최고경영자의 결심이 없이는 불가능 한 것이기 때문에 CEO의 명쾌한 방침과 부동의 자세가 필요하다. 미국은 상장기업의 10% 정도가 CRO를 임명해 놓고 있다.

### (4) 철저한 사후관리가 필요하다

'비온 뒤에 땅이 더욱 굳어지듯'이 큰 사고라도 사후관리를 잘하게 되면 오히려 회사의 발전에 도움이 된다. 사고 대응 경험을 매뉴얼에 반영하고 위기관리 체제를 개선하는 등을 통해 사고를 재도약의 계기로 활용해야 한다.

건설업의 경우 안전사고 또는 품질관련 사고가 발생한 경우에는 은폐나 축소를 하려고만 하지 말고, 이러한 내용을 관련자 회의 등의 채널을 통해 문제점과 대응방안에 대한 지식을 공유하는 계기로 활용해야 할 것이다.

### (5) 위기관리 시스템을 상설·가동하여야 한다

예방적 위기관리는 물론 사고발생시 전략적·실천적으로 대응할 수 있는 위기관리 체제를 구축하여야 하며, 향후 전개될 과정을 시나리오로 작성하여 가상훈련을 실시하는 것도 요구된다. 이를 위해서는 교육 및 훈련을 실시하야야 한다.

새로운 기술, 특허권, PL법, 집단소송 등 법무관련 리스크에도 철저한 대비가 필요하다. 전 세계를 무대로 활동하고 있는 건설업계의 경우에는 국가의 제도나 법령 등 리스크적인 요소가 많기 때문에 이에 대한 철저한 대비가 필요한 것은 두말할 나위가 없다.

### (6) 건설업은 생산 단계별로 이에 맞는 대응전략을 수립해야 한다

건설 생산단계별 리스크는 이를 어떻게 대응하느냐에 달렸다. 현실적으로 우리나라 건설업의 리스크관리를 현장에서 기술적 차원에서 이루어지는 안전관리 정도로 생각하는 경향이 있어, 현장과 기업 경영층의 리스크 관련 커뮤니케이션 부재 현상을 초래하고 있다. 따라서 기업차원에서 전략적으로 고려할 수 있는 리스크 분석·대응전략이 마련되지 못한 채, 문제가 발생되면 사후 해결을 위해 동분서주하는 경우가 없지 않다. 따라서 리스크는 발생인자에 따라 적절한 대응전략을 세워야 한다.

# 09 외부와 제휴를 모색한다

## 1. 자력진출인가 제휴인가?

　동종 또는 관련업종(또는 다른 업종)의 여러 중소기업들이 상호 협력하여 집단화·공동화·협업화를 실시함으로써 원가절감·품질향상·생산성 향상 등을 추진하는 경영전략을 '협동화 전략'이라 한다. 이는 개개의 중소기업으로서는 감당하기 어려운 시설·사업 등 공통된 기능을 여러 중소기업이 협력하여 구조적인 문제를 해결하거나, 규모의 경제를 실천하여 경쟁력을 강화하고자 실시하는 전략이다. 이러한 경우로서는 시설공동화사업·기업합병·공동구판사업·공동기술개발 및 도입사업 등이 있다.

　업무 제휴의 절차로서는 업무제휴계약서를 체결하고, 계약의 범위 내에서 업무 공동추진을 도모한다. 제휴 계약서를 MOU와 같은 의미로 사용하는 경우가 종종 있는데 이는 잘못된 것이다. MOU(Memorandum of Understanding)는 양해각서를 의미하는 것이지 제휴 계약서를 뜻하는 것은 아니다. 즉 제휴 계약서 중 하나의 형태가 MOU라 할 것이다.

　업무제휴계약서는 구체적인 약속사항을 명기한 문서로서 제휴기업의 확인·합의하에 체결되어야 한다. 업무 제휴의 사례로서는 다음과 같은 경우가 있다.

- 상품·기술개발 부문 : 공동연구개발, 라이선스 제공
- 생산·기술부문 : OEM, 제조위탁, 공동수주
- 판매·서비스부문 : 판매위탁, 서비스 제공위탁
- 신규분야진출 : 협동진출, 이업종(異業種)간 협력
- 정보부문 : 정보 공유화

　외부 환경이 급격히 냉각될 때에는 가격인하 등 수익성 개선에 주력하는 나머지, 기업의 서비스가 오히려 소홀해져 결과적으로는 도태되고 마는 경우가 적지 않다. 이러한 경우에는 기업은 위험을 무릅쓰고 신규분야진출에 나서지 않게 되는데, 그 경우에도 리

스크와 수익(return)간의 균형에 유의할 필요가 있다.

표 5-23. 자력진출과 연휴

| 검토항목 \ 선택 | 자력진출 | 연합제휴 |
|---|---|---|
| 기업 의사결정의 자유도 | ○ | △ |
| 개발비용의 과소 | ×(높다) | ○(적다) |
| 수익(return)규모 | ○(독점적) | △(분배됨) |
| 활성화되기까지의 속도 | △(시간이 걸림) | ○(개발기간 절약) |
| 경쟁분야의 심도 | △ | ○ |
| 지역 내의 강한 인맥활용 | △ | ○ |
| 독자의 기술력 | △(자가 부담) | ○(제휴활용) |
| 수요예측의 실패가능성 | ×(크다) | ○(적다) |

주 : 연합제휴(ally)로서는 ① 기술 제휴 ② 프랜차이즈 ③ M&A 등이 있다

우선, 원대한 목표에 운명을 걸겠다는 자세는 위험하다. 거대한 시장에서 성공을 거두기 위해서는 대기업과의 경쟁에서 승리해야 하는데, 이것은 일반 중소기업으로서는 승산이 없는 싸움이다. 또한, 오늘날 모든 분야에는 속도(speed)가 필수조건이기 때문에 성공하기 위해서는 경쟁자(rival)보다 한시라도 빨리 시장을 장악하는 것이야말로 싸움에서 승리하는 가장 중요한 요소가 된다. 지속적인 투자와 장기간이 걸리는 신규시장 진입에 자사단독으로 개발·참여하겠다고 맞서는 것은 무모한 도전이기 때문이다.

## 2. 연합제휴에 의한 리스크 감소효과

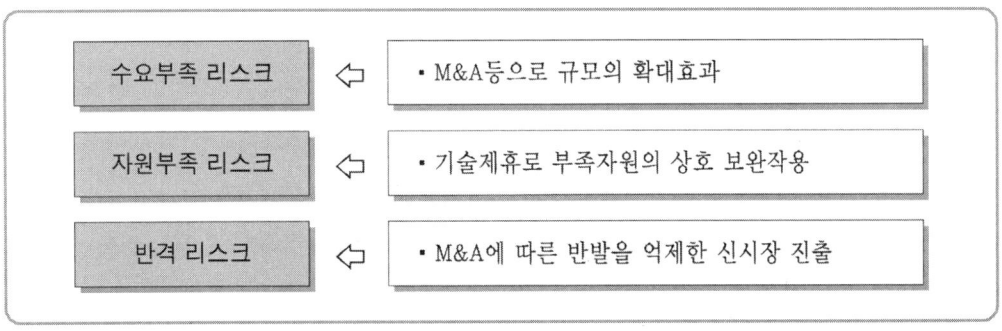

오늘날의 사회는 변화의 속도를 앞당기고 있다. 이와 같은 시대에서 생존하기 위해서는 무엇보다 변혁의 속도가 요구된다. 스피드를 높이기 위해서는 불필요한 것은 과감하게 잘라서 버려야 한다. 몸을 가볍게 하지 않으면 스피드는 나지 않는다. 그렇기 때문에 자사는 핵심 업무를 특화하고 타 제휴기업으로부터 필요한 부분을 조달(outsourcing)하는 유연한 조직을 만들어야 한다.

상호간의 연합 형태를 띤 제휴를 연휴(聯携)라 하는데, 이러한 연휴는 다양한 형태로 나누어진다. 가장 단순한 연휴가 기술 제휴이다. 프랜차이즈(franchise)도 제휴의 일종이다.

보다 심도 있는 연휴는 주식취득이라는 자본관계를 맺는 연휴이고, 가장 철저한 연휴는 상호 기업의 일부를 합체하거(회사분할)나 혹은 기업 전체를 합체하는(합병) 것이다. 기업은 상호간의 리스크를 줄이거나 효율을 높이기 위해 다양한 연휴를 맺고 활동하고 있는데, 업계의 수요문제는 더욱 어려울 것으로 예상되므로 앞으로 기업연휴가 더 많이 활용될 것으로 생각된다.

> ▶ 프랜차이즈(franchise)란 체인본부가(본점) 가맹점에 일정한 지역에서 자기상품을 독점 판매할 수 있는 권리를 주고, 각종 경영지도 등을 통하여 판매시장을 개척해 나가는 방식으로 보통 체인점방식을 말한다. 맥도날드, 롯데리아, 월마트 등 본점이 있는 상태에서 지점이 생겨나는 형태를 말한다.

## (1) M&A의 개념

M&A(Merge & Acquisition)는 기업의 인수와 합병을 의미한다. 기업들이 자신의 존속을 위하여 끊임없이 내부자원들을 이용하여 성장을 모색하다가 그것이 순조롭지 못하거나, 어려움을 느끼게 되면 외부경영 자원들을 활용하게 되는데 이러한 외부경영자원 활용의 한 방법이 M&A라 할 수 있다.

기업합병은 둘 이상의 기업이 결합하여 법률적으로나 실질적으로 하나의 기업이 되는 것을 의미하고, 인수는 인수대상기업의 자산이나 주식을 취득하여 경영권을 획득하는 행위이다.

## (2) M&A의 유형

M&A를 가장 기본적으로 구분하는 기준은 법률적 거래형태에 따른 것이다. 법률적 기준에 따라 M&A를 구분하면 기업합병, 기업인수, 매각으로 나눌 수 있다.

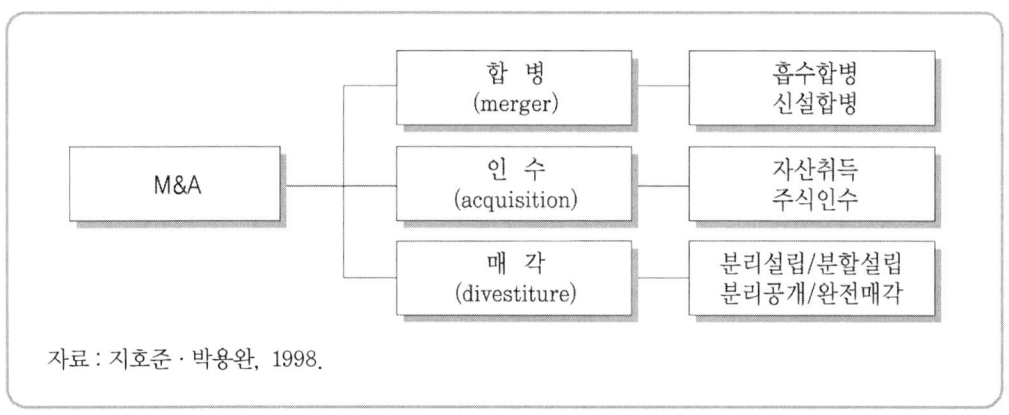

자료 : 지호준·박용완, 1998.

그림 5-21. M&A의 유형(거래형태별)

합병은 서로 독립된 두 개 이상의 기업이 청산절차를 거치지 않고 소멸기업의 권리의무가 존속회사에 포괄적으로 이전되어 하나의 기업이 되는 것을 말한다. 기업합병은 크게 흡수합병과 신설합병의 두 가지로 나눌 수 있다. 흡수합병은 한 회사는 존속하고 다른 회사는 해산하여 그 주주 및 재산이 존속회사에 포괄적으로 승계되는 경우이고, 신설합병은 모든 회사가 해산하고 새로운 회사를 설립하여 해산회사의 주주 및 재산을 신설회사에 승계시키는 것을 말한다.

한편, 기업인수는 인수기업이 대상기업의 경영지배권을 획득하기 위해 대상기업의 주식이나 자산을 취득하는 것을 말한다. 주식이나 자산취득은 단순히 재산의 부분적 취득과 달리 인수의 목표가 대상기업의 경영권을 획득하는데 있고, 합병과 다른 점은 취득 후에도 대상기업이 개별기업으로 계속 존재한다는 것이다.

기업분할(sell-offs) 또는 분리매각(divestiture)은 기업인수나 합병과는 반대로 방만하게 운영되던 사업부문과 종업원을 부채청산 등을 위해 기업을 분할한 후 매각하여 기업구조를 재편성하는 작업을 말한다.

### (3) M&A의 특징

인수나 합병은 어떻게 이루어질까? 한 기업을 인수하기 위해서는 그 기업의 경영권을 획득하기에 충분한 만큼의 주식 또는 자산을 취득하면 된다. 예컨대, A라는 기업이 B라는 기업의 주식 40%를 사들임으로써 B기업 내에서 최대 지분을 보유한 주주가 된다면 이때 A기업은 B기업을 인수한 것이 된다.

그러나 합병의 경우에는 여러 개의 기업이 모여 정해진 조건하에서 서로의 자산과 자본 등을 결합하여 새로운 기업을 만든다. 이러한 인수와 합병은 함께 이루어질 수도 있는데, 먼저 한 기업이 주식 취득 등을 통해 다른 기업의 경영권을 획득하고 난 뒤, 추후에 두 기업이 합쳐져 새로운 기업을 만드는 것도 종종 있는 현상이다.

M&A의 대표적인 4가지 방법의 특색을 정리하면 아래 표와 같다.

표 5-24. M&A의 특징

| 방법<br>검토항목 | 합 병 | 회사분할 | 영업양도 | 주식취득 |
|---|---|---|---|---|
| 매입목적 | 규모 확대 | 유망영업의 포괄취득 | 유망영업의 매수 | 새로운 지배권 확대 |
| 매각목적 | 경영에서 은퇴 | 채산성 없는 사업을 처분 | 채산성 없는 사업을 처분 | 현금획득 |
| 매수자금 필요여부 | 불필요 | 불필요 | 필 요 | 필 요 |
| 수주기회 | 감 소 | 경우에 따라 감소 | 경우에 따라 감소 | 변경 없음 |
| 자산부채의 이전절차 | 비교적 간단 | 비교적 간단 | 개별적 이전 절차를 요함 | 불필요 |

### (4) 왜, M&A인가?

일반적으로 기업의 인수·합병이 이뤄지는 것은 두 기업의 결합을 통해 시너지 효과가 발생함으로써 기업의 가치가 상승을 할 수 있다. 결합한 기업이 시장지배력을 확대함으로써 매출 증가나, 규모의 경제(economic of scale)를 통해 비용을 절감할 수 있다. 즉 인수·합병을 통해 경영의 다각화에 성공함으로써 기업의 가치를 상승시킬 수도 있다.

건설업에 있어서 합병이나 양도는 등록(면허)을 유지 또는 이전하거나 경력기간과 실적합산 등의 효과가 있다. 또한 상호간의 기술력 보완이나 경비절감 등도 가능하다. 최근 건설업 등록기준 강화와 건설·부동산 경기 침체로 건설업의 양도·양수·합병 등을 선택하는 중견 및 전문건설업체가 크게 늘어나고 있다.

이와 같은 현상은 수주물량이 감소함에 따라 자칫 건설업등록 말소 위기에 처한 업체가 적지 않기 때문인 것으로 풀이된다. 현행 건설산업기본법상 2년 동안 토목·건축·조경은 5억원, 토건·산업설비는 12억 원 이상의 공사를 수행한 실적이 없으면 건설업 등록이 말소된다.

한편, M&A에서 항상 긍정적인 측면만 있는 것은 아니다. M&A에서 너무 많은 비용을 투입하여 인수·합병의 주체가 된 기업의 가치가 하락하는 소위 '승자의 저주(winner's curse)'라는 현상이 나타날 수도 있고, 특정기업의 시장지배력이 높아져 소비자가 누리는 혜택이 감소하는 부작용이 나타나기도 한다.

표 5-25. 기업합병에 기대되는 효과

| 기대효과 | 효과내용 | 사례 |
|---|---|---|
| 상호보완 효과 | • 시장 확대(고객층의 확대)<br>• 기술력·인력·정보력의 확대<br>• 조직(영업소)의 확대<br>• 재무면의 확대(재산적 기반확대 등) | • 이업종(주택과 토목)간의 보완<br>• 지방업자가 전국적 중견기업으로 확대성장 |
| 원가절감 효과 | • 일반관리비 절감<br>• 연구개발투자의 효율화<br>• 가설기자재나 하도급기업의 효율적 활용<br>• 기자재구입량 증대에 의한 단가인하 | • 건설경기하락에 대비한 기업체력 보강 |
| 대외신용도 향상효과 | 경영규모 확대에 따른…<br>• 수주시의 신용력, 교섭력의 향상<br>• 자금조달력·운용력의 향상<br>• 인재확보를 통한 신용도 향상 | • 시공능력 향상<br>• 수주시 유리한 작용 |

> ➡ 승자의 저주(winner's curse)란 경쟁에서는 이겼지만, 승리를 얻기까지 너무 많은 것을 쏟아 부어 결과적으로 많은 것을 잃는 현상을 말한다. 치열한 인수·합병(M&A) 경쟁 속에서 지나치게 높은 가격을 써내고 인수한 기업이 그 후유증으로 어려움을 겪을 때 이 말을 쓴다. 예컨대, 금호아시아나 그룹이 대우건설 인수 자금의 절반 이상을 빌렸다가 그룹 전체가 유동성(현금 흐름) 위기를 겪었다. 한화그룹은 대우조선해양 인수 우선협상대상자로 선정되었다가 조선경기 침체로 인수를 포기하면서 3,000억원의 계약금을 날린바 있다.

### (5) M&A성공의 4가지 조건

M&A를 통해 시너지 효과가 나타나고 경영의 효율성이 높아지는 등 당초에 기대했던 효과를 거두려면 단기간 내에 인력·조직 등의 측면에서 과감한 구조조정이 이뤄져야 하는 등 다음의 4가지 조건이 요구된다. 그렇지 않으면 오히려 기업가치가 하락하고 합병의 부작용만 커지는 결과가 나타날 수 있음을 명심해야 한다.

① 대등한 합병은 하지 않을 것 → 세력다툼 때문에 위험성이 크다
② 지역 또는 업종을 보완하는 것일 것 → 상승효과가 기대됨
③ 같은 주거래은행을 이용할 것 → 지속적인 지원을 받을 수 있음
④ 인사혁신·인력 재구축을 단행할 것 → "쇠는 뜨거울 때 쳐라"

## 3. M&A를 활용하여 동업자의 반발을 줄인다

자력으로 새로운 시장에 진입할 경우에는 그 시장의 동업자에게 파이[share]를 빼앗는 것을 의미한다. 이에 대하여 예컨대, 합병으로 타사(A사)를 산하에 두는 형태의 확대방안은, 기존 A사의 지배권이 새로운 기업으로 이전할 뿐 시장을 빼앗는 것은 아니다.

자력진입에 비하여 동업타사의 반격이 비교적 쉬운 것이 M&A의 장점중의 하나이다. 이외에 사업을 일으키는데 있어 불안감을 덜어주고 자력진출에 비해 본 궤도에 이르기까지의 기간이 크게 단축되는 점 등의 특색도 있다.

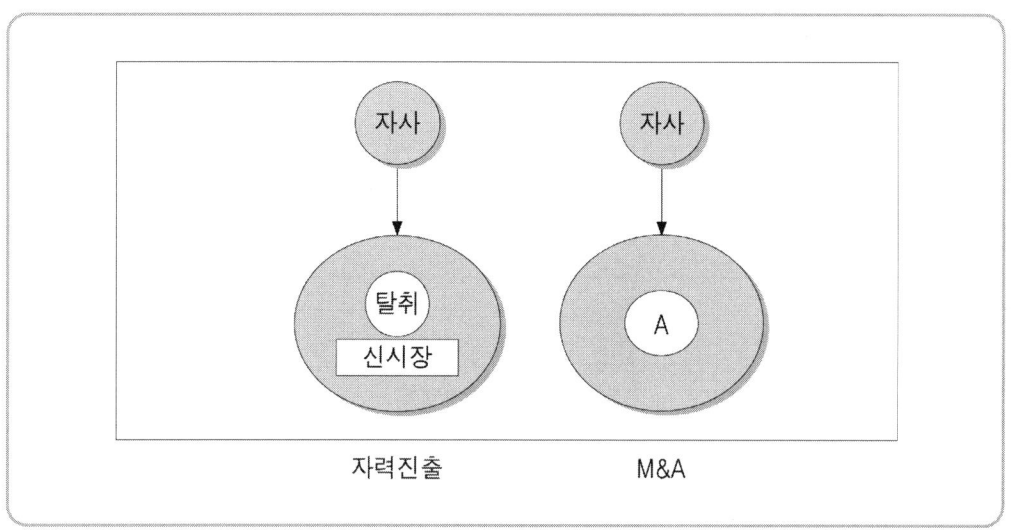

그림 5-22. M&A 유형

　M&A의 결점으로서는 ① 합병 후에 핵심인재가 퇴사하는 것과 같은 기술력 유출문제, ② 막대한 자금이 소요됨에 따라 재무체질이 악화될 우려가 있고, ③ 건설업에 있어서 특히 장부외 부채가 있을 수 있으며, ④ 사풍(社風)의 불일치로 인해 양 사 간의 알력과 이로 인한 사기 저하 등이 있다.

　M&A의 절차는 ① 매수전략 수립과 대상기업 발굴, ② 대상기업에 대한 현장정보 조사 및 가치평가, ③ 협상 및 관련 계약서 작성, ④ 인수 후 기업의 Restructuring 등 사후관리 등이 있다.

　어느 쪽이라도 M&A에서 타사를 비교적 쉽게 매수하기 위해서는 ① 팔려는 사람이 빨리 매각해야 하는 상황 하에 있고, ② 매각에 따른 금전적인 잡음이 없도록 투명한 절차를 거쳐야 하며, ③ 판매자가 사업의 장래에 자신 없는 경우인지 어떤지를 탐색하여야 한다.

## 4. 연합제휴로 기술력의 향상을 기한다

　연휴를 하는 경우 자사가 보유한 중요기술을 확인한 후에 새로이 사업전개를 하려는 방면에서 부족 부분을 보충할 필요가 있다. 위에서 본 바와 같이 중소 건설업체를 중심으로 기업 간의 연휴가 활발하게 이루어지고 있는데 이러한 현상은 앞으로 많아질 것으로 보인다.

동업종간의 연휴로서는 종합건설업자가 비용절감을 목적으로 연휴를 하는 사례가 여기에 해당된다. 수평적 연휴로서는 예컨대, 재건축시장에서 전문공사업자끼리의 연휴가 많이 발견된다.

수직적 연휴는 빌딩공사에서 업무의 흐름 예컨대, ① 측량 → ② 설계 → ③ 시공 → ④ 유지관리 등 각각 이에 속하는 기업이 서로 제휴하여 주문자의 요구사항에 효율적으로 응하는 체제를 만드는 것으로서, 앞으로는 제안능력(feasibility study)이나 비용절감의 요구가 강할 것으로 이 연휴의 필요성은 높아질 것이다. 아래의 [표 5-27]에서 나타난 바와 같이 경영자원이 한정되어 있는 중소건설업체로서는 제휴의 긍정적인 요인은 매우 크다.

표 5-26. 연휴의 효과

| 업종간의 조합 | 연휴주체업종 (예시) | 상대방업종 등 (예시) | 파트너의 중요한 장점 | | | | |
|---|---|---|---|---|---|---|---|
| | | | 기술력 | 영업력 | 자본력 | 정보력 | 가격인하 |
| 동업종 | 토목공사업 | 건축공사업자 | | O | O | | O |
| 수평적 | 도장공사업 | 미장방수업체 | O | | | | |
| 수직적 | 의장공사업 | 설계사무소 | | O | | | O |
| 업 내 | 주택업체 | 자재업체 | O | O | | O | O |
| 업 외 | 주택공사업 | 부동산업체 | O | O | | O | |

대한상공회의소가 285개 서울지역 제조업체를 대상으로 실시한 "대·중소기업 협력 실태조사"에 따르면 95.5%의 기업들이 기업협력의 필요성에 대해서는 절대적으로 공감(대기업 97.9%, 중소기업 94.3%)하는 것으로 나타났다(대한상공회의소 '대-중소기업 협력실태' 조사, 2004.11.16).

자료에 의하면, 가장 우선적으로 필요하다고 생각하는 협력분야로는 대기업이 생산혁신(34.8%), 기술협력(19.6%), 판매·마케팅(16.3%)을 지목한 반면, 중소기업은 판매·마케팅(24.2%), 기술협력(21.8%), 자금·신용(18.8%) 등에 비중을 두는 특징을 보여

대·중소기업 간의 협력분야에 대한 시각차를 나타냈다. 이는 대기업이 중소기업의 부품, 소재 등의 품질관리, 생산프로세스 개선 등을 통해 완제품 품질향상을 모색하는데 비해 중소기업은 판로 및 자금 애로를 타개하기 위해 대기업과의 수출알선, 판매지원, 자금지원 등의 협력에 더 많은 관심이 있는 것으로 분석된다.

협력 애로사항으로는, 대기업의 경우 기업협력을 제공하고 주도하는 입장에서의 '물적·인적 비용부담'(27.3%)이 가장 컸으며, '중소기업의 수용태세 미흡'(24.2%), '상호 협력방향 인식차이'(15.2%), '상호 이질적 시스템'(15.2%) 등의 순서로 조사됐다.

중소기업은 협력을 추구하는 목표, 분야 등에 있어 대기업과의 '상호협력방향 인식차이'(32.0%)가 기업협력에 가장 큰 걸림돌이라고 생각하였으며, '물적·인적 비용부담'(30.0%), '대기업의 지원미흡'(16.0%) 등이 뒤를 이었다.

이에 대해 대한상공회의소는 대·중소기업협력에 대한 상대방의 입장차이가 상당 부분 존재하고 있음이 확인되었으며, 협력 사업에 대한 비용부담도 양측 모두 크게 느끼는 것으로 해석했다.

대한상공회의소는 대·중소기업간 협력에 대한 상호 인식 차이를 극복하고 동반자적 협력관계를 유지·발전시키는 것이 중요하며, 대·중소기업이 협력을 더욱 증진해 나갈 수 있도록 관련 제도정비 등 환경을 조성하는 일이 시급하다고 덧붙였다.

> ▶ 자사가 추진하고 있는 연휴는 어떤 형태이며, 이를 위한 구체적인 실행방침은 무엇인지 검토하고 있나?

제6장

# 합리적인 관리기법을 통한 기업기반 구축전략

1. 원가관리에 철저해야 / 281
2. 재무관리에 유의해야 / 289
3. 프로젝트 파이낸싱(PF)을 활용한다 / 299
4. 효율적인 공사관리를 위한 실행방안 모색 / 305
5. 조직을 재구축한다 / 308
6. 인재육성은 필요한 인재상에서 도출해야 / 317
7. 직무분석을 통해 인력을 적재적소에 배치한다 / 322
8. 핵심인재를 육성한다 / 327

# 01 원가관리에 철저해야

## 1. 수익구조의 기본

건설업은 생산제품이 크고 금액 또한 고가여서 고객의 코스트 저감 요구가 증가하고 점차 가격경쟁이 치열해지고 있는 실정이다. "견적서와 실행예산서는 부장과 과장이 작성한다. 현장대리인이나 담당자는 품질이나 공정, 안전관리에 전념하라"라고 하는 건설회사가 아직까지도 존재한다.

비교적 이익이 많이 발생되던 시대에는 원가관리와 현장관리를 분리하여 생각하여도 그리 문제될 것이 없었다. 그러나 오늘날에는 현장에서 사소한 잘못도 대폭적인 원가증가의 원인이 된다. 따라서 현장기술자가 원가지식을 정확히 이해하여 원가관리를 실시할 필요성이 점증되고 있다.

## 2. 원가관리능력 = 원가저감 의욕 × 원가지식

원가관리능력은 원가저감에 대한 의욕과 원가지식과의 곱이다. 원가(cost)는 다음과 같은 특징을 지니고 있다.

① 원가는 변동비와 고정비로 나누어진다.
② 원가는 일정하게 정해져 있지 않다. 때문에 저감이 가능하다.
③ 현장기술자의 임무는 매출총이익(한계이익)을 도출하는데 있다.

여기서 '한계이익'이란 매출액에 변동비(외주비+재료비+노무비+현장경비)를 뺀 것이다. 건설회사는 현장이 이익의 원천이다. 그렇기 때문에 직원의 급료나 수도광열비 등의 경비를 지출하고 최종 이익으로 남게 되며, 그것을 축적하여 금후의 운영경비로 하는 것으로 경영이 성립된다.

## 3. 기업의 수익구조

회사가 벌어드리는 정도를 알기 위하여 아래의 수식으로 1년간의 경상이익을 산출한다.

```
        ㉠ 매출액(완성기성고) ↗(증가)
     −  ㉡ 공사원가 ↘(감소)
        ─────────────
        매출총이익
     −  ㉢ 판매비, 일반관리비 ↘(감소)
        ─────────────
        영업이익 ↗(증가)
     ±  ㉣ 영업외손익
        ─────────────
        영업이익
```

**그림 6-1. 기업수익의 구조**

회사전체의 영업이익이나 경상이익을 증가시키기 위해서는 ① 매출액(완성공사액)을 증가시키고, ② 공사원가를 감소시키며, ③ 판매비나 일반관리비를 줄이는 3가지 방법이 있다. 여기서 각각의 의미는 다음과 같다.

- ㉠ 매출액(완성공사액) : 공사나 업무를 수행하여 고객으로부터 받아드리는 돈의 합계를 말한다.
- ㉡ 공사원가 : 공사나 시설물을 수행하기 위하여 직접적으로 필요한 자금으로, 예컨대 하도급회사에 지급하는 외주비나 철근, 콘크리트, 목재 등의 자재비, 공사나 업무에 직접적으로 관계되는 종업원 급여 등의 노무비 및 중기임차료, 연료비, 경비원 등의 공사경비가 여기에 해당한다.
- ㉢ 판매비, 일반관리비 : 공사나 업무를 수행하기 위하여 간접적으로 필요한 자금으로서, 광고선전비, 판매촉진비, 교육훈련비 등
- ㉣ 영업외손익 : 차입금이나 예금의 금리 등

## 4. 이익을 발생시키는 경우와 그렇지 않는 경우

원가(또는 비용)는 이익을 발생시키는 원가와 이익을 발생시키지 않는 원가로 구분된다. 이익을 발생시키는 원가는 원가를 투입하여 업적이 올라가는 것이고, 이익이 발생하지 않는 원가는 원가를 투입하여도 실적이 올라가지 않고 오히려 마이너스요인으로 작용하는 원가이다. 이는 변동비와 고정비 나눠진다. 다음은 변동비에 대하여 고찰한다.

### (1) 협력회사 ⇨ 적정원가로 발주한다

이것이 기본적으로 이익을 발생시키는 코스트이다. 발주금액을 무턱대고 삭감하면 품질저하나 공기지연을 초래하고, 이로 인해 보수나 수선비용이 증가한다. 적정한 원가를 파악하는 것이 중요한 이유이다.

### (2) 현장에서 기자재 등의 소운반비 ⇨ 무계획한 코스트는 지불하지 않는다

계획적으로 지출된 코스트는 문제가 되지 않으나, 현장에서 판단해서 무계획적으로 지출되는 코스트는 낭비적인 것이 많다. 그 대표적인 예가 '기자재의 소운반비' 등이다.

### (3) 현장가설사무소나 자판기, 책걸상 ⇨ 사무소는 이익을 발생시키지 않는다

현장운영의 효율화에 도움이 되는 이익을 발생시키는 코스트는 많은 경우 낭비적인 요소가 많다. 본사에서 지급된 것은 해당되지 않으나 본사나 현장에서의 커피자판기, 책걸상 등의 활용에도 검토가 필요하다.

### (4) 현장에서의 정리나 정돈, 청소에 들어가는 비용 ⇨ 정리·정돈·청소·청결운동을 전개한다

정리와 정돈, 청소를 통해서 항시 청결을 유지한다. 휴게소의 정비 등 작업환경 개선에 들어가는 비용 등 협력회사나 근로자들의 사기를 돋우는 코스트는 이익을 발생시키는 코스트이다.

### (5) 사원의 급료 ⇨ '인재(人財)'를 위하여

'人財'나 '人材'의 급료는 이익을 발생시키는 코스트이나, '人在'나 '人災'의 급료는 이익을 발생시키지 않는 코스트이다. 이와 아울러 사원의 복리후생비는 정착 율을 높이는 계기가 된다.

다음은 고정비내의 판매비, 일반관리는 아래와 같은 내용에 대하여 고려할 필요가 있다.

#### [1] 광고선전비(신문광고나 DM 등) ⇨ 비용대비 효과를 체크할 필요가 있다

지불된 비용과 대비하여 매출증가의 효과가 높은 광고선전비라면 이익이 발생된 코스트이다. 만약 효과가 낮은 광고선전비는 이익이 발생되지 않는 코스트이다. 비용대 효과를 엄밀히 분석해볼 필요가 있다.

#### [2] 고객에 대한 접대교제비 ⇨ 전략적으로 사용되는가

고객과의 접점을 늘려가기 위해서는 영업 전략으로서 매우 중요하다. 전략적으로 사용되는 접대교제비는 이익을 발생시키는 코스트며, 그렇지 않다면 이익을 발생시키지 않는다.

고정비내의 일반관리비도 이익을 발생시키는 경우와 그렇지 않은 경우가 있다.

#### ① 통신비(휴대전화비나 우송비 등) ⇨ 보고·연락·상담이 기본이다

사외나 사내에서 커뮤니케이션(보고·연락·상담)부족으로 발생되는 회사의 손실은 매우 크다. 커뮤니케이션 촉진을 위한 비용은 이익을 내는 코스트이다.

#### ② 연구비 ⇨ '人財'는 이익을 발생한다

'人災'를 '人在'로, 나아가 '人材'나 '人財'로 육성하기 위하여 필요로 하는 효과적인 연구비는 이익을 발생시키는 코스트이다.

## 5. 매니지먼트 사이클

관리(Management)를 한다는 것은 PDCA 사이클을 실시하는 것이다. 여기서 PDCA란 각각 다음과 같은 의미다. Plan은 계획과 준비, Do는 실시 또는 집행, Check는 점검이나 확인, Action은 개선이나 재검토, 반성 등을 의미한다.

「P → D → C → A → P → D → C → A → P …」로 순환하는데 PDCA 사이클을 매니지먼트 사이클(Management Cycle)이라 부른다.

표 6-1. 5가지의 관리항목과 4가지의 관리수단

| 구분 | Quality | Cost | Duration | Safety | Environment |
|---|---|---|---|---|---|
| Plan | • 건설산업기본법<br>• 건축법<br>• 설계도<br>• 시방서<br>• 시공계획서 | • 원가규정<br>• 적산서<br>• 견적서<br>• 실행예산서 | • 공정표(전체, 월간, 주간) | • 노무관련법규<br>• 안전관련법규<br>• 가설계획 | • 환경관련법규<br>• 환경계획서<br>• 자재재생계획<br>• 폐기물처리계획서 |
| Do | • 사원/협력사에 대한교육<br>• VE제안 | • 지급<br>• 청구 | • 공정 간의 조정 | • 고용시나 신규 투입시의 교육<br>• 안전위생위원회 | • 사원/협력회사에 대한 교육이나 지도활동 |
| Check | • 검사<br>• 시험 | • 월별결산<br>• 공사정산 | • 일/주/월차간의 관리 | • 안전위생순시 | • 진척사항확인 |
| Action | • 불량품발생시 시정 / 예방 및 처치 | • 당해 공사에 해당하는 공사 개선<br>• 정산시 다음 공사를 위한 개선 | • 공정지연시 나타난 시정 또는 예방처치 | • 안전위생순시 지적사항<br>• 사고발생시 시정 및 예방 조치 | • 환경문제발생시 시정 및 예방 조치 |

## 6. 공사실행예산서는 '선서'와 같다

### (1) 실행예산

공사 실행예산은 시공계획의 내용, 공사 관리의 방침을 비용 면에서 뒷받침 한 것이며 시공 담당자가 집행하는 기준이 되고 공사 진도의 판단척도, 현장관리의 평가기준, 투자대비 손익판단, 원인 분석의 기준이 되는 자료로서의 역할을 맡고 있다.

공사실행예산은 해당 공사의 설계시방, 현장조건, 규모, 지역조건, 시공계획 등을 고려하여 구체적인 방침과 의지를 담은 시공조건과 합치하는 실측수치로 편성하여야 하며, 공사 실행예산서는 대별하여 실행예산 부문 및 제자원 계획 부문으로 구분 편성한다. 공사 실행예산의 종류는 ① 공사 실행예산, ② 가실행예산, ③ 공사 사전집행 실행예산, ④ 하자보수 공사 실행예산(준공 후) 등이 있다.

공사 실행예산서 편성 및 제출시기에 대해서는 회사마다 일정하지는 않으나, 공사의 착공일로부터 준공일까지의 실제적으로 소요되는 비용의 예정가액으로, 해당 공사 착공일로부터 20일 이내에 해당 공사의 현장소장이 실행예산 서식에 의거 편성하며, 해당 기술(공무)부서에 제출하고 해당 기술부서는 접수일로부터 15일 이내에 확정하여 결재 후 해당 현장에 통보한다.

이러한 실행예산은 "이정도의 비용으로 공사를 반드시 완성하겠다."라는 현장대리인의 의지를 담은 선서장(宣誓狀)과 같다. 따라서 특별한 사정이 없는 한 반드시 이행하여야 한다.

### (2) 실행예산과 원가절감

원가절감에 더하여 지적하는 포인트로는 다음과 같다. 즉 ① 재료비와 로스율(loss rate)관계, ② 노무비에서 작업인원수, ③ 외주단가의 타당성 문제, ④ 수량과 단가(수량 × 단가)와의 관계, ⑤ 월별 경비와의 관계 등에 대한 점검과 재검토를 통하여 원가저감을 도모할 수 있다.

특히 외주단가의 타당성에 대해서는 보다 면밀한 검토가 요구되는데, 외주비는 협력회사로부터 받은 견적을 기초로 실행예산서에 기재하는 경우가 많다. 이 경우에도 단가

의 타당성을 검토하지 않으면 안 된다. 예컨대,

- 목수는 몇 사람의 팀으로 몇 일간 작업하는 것으로 예정하고 있는가?
- 거푸집은 몇 회까지 사용할 수 있는가?
- 필요한 기계는 무엇이며 몇 일간 필요한 것인가?

이러한 것들을 명확히 하여 협력회사와 교섭하는 것이 바람직하다.

## 7. 이익창출을 위한 원칙

업적을 올리기 위한 3가지 요소와 3가지 원칙이 있다. 이러한 3가지 요소로는 ① 변동비, ② 고정비, ③ 매출액이고, 업적을 올리는 3가지 원칙으로서는 ⓐ 변동비의 삭감, ⓑ 고정비의 삭감, ⓒ 매출액의 증가이다.

업적을 올리는 3가지 원칙에 기초하여 업적 증가의 3가지 요소를 어떻게 조정하는가를 전략적으로 고려하여 경영하여야 한다. 여기서 가장 중요한 것은 고객과의 보고(report)·연락(communication)·상담(consultation)이 핵심이다.

```
        매출액(완성기성고) ↗(증가)
      - 변동비 ↘(감소)
        ─────────
        한계이익
      - 고정비 ↘(감소)
        ─────────
        영업이익 ↗(증가)
```

그림 6-2. 기업이익 창출을 위한 핵심 요소

(1) 매출액의 감소

① 고객과의 상호관계(보고·연락·상담)가 악화되고, 신규의 수주나 계속수주에 실패한다.
② 고객과의 상호관계(보고·연락·상담)가 악화되고, 다른 고객을 소개하지 않는다.
③ 이해관계자와의 상호관계(보고·연락·상담)가 악화되고, 신용이 추락한다.

### (2) 변동비(공사원가)의 증가

① 사내(공사부문이나 설계부문, 영업부문)의 상호관계(보고 · 연락 · 상담)가 악화되고, 반품, 재검토, 보수 등이 발생한다.
② 자재납품회사와의 상호관계(보고 · 연락 · 상담)가 악화되고, 필요한 때에는 필요한 자재가 납입되지 않고, 반품 · 재검토 · 보수 등이 발생한다.
③ 외주회사와의 상호관계(보고 · 연락 · 상담)가 악화되고, 현장에 반품 · 재검토 · 하자보수 등이 발생한다.

### (3) 고정비(판매비나 일반관리비)의 증가

① 관계자와의 상호관계(보고 · 연락 · 상담)가 자연스럽지 않고 통신비가 증가하고 있다.
② 회의가 비효율적으로 진행되며 회의비가 증가한다.
③ 사내 상호관계(보고 · 연락 · 상담)가 악화되고, 사원의 동기부여가 저하한다. 작업의 효율이 악화되고 인건비가 증가한다.

이러한 인자(因子)들로서 업적이 저하 하는가를 살펴 어떠한 문제가 있는지를 면밀히 검토하여야 한다.

### (4) 업적을 올리기 위한 시책

상호관계(보고 · 연락 · 상담)를 개선하고 업적을 올리기 위해서는 ① 방법(계획)의 개선으로 상호관계(보고 · 연락 · 상담)의 구조를 개선한다. ② 작업, 활동의 개선으로 상호관계(보고 · 연락 · 상담)의 방법이나 태도(작업이나 활동)를 개선하여, 그것이 관습화되도록 하는 교육을 실시한다.

이러한 개선을 지속하기 위해서는 '방법의 개선'과 '작업 · 활동의 개선'이 필요하다. 회의 진행방법도 변해야 한다. 보고서의 서식도 변해야 한다. 상호관계(보고 · 연락 · 상담)를 개선하는 방법도 필요하다. 이에 더하여 상호관계(보고 · 연락 · 상담)의 목적과 개요를 관계자에 주지시켜야 한다.

## 02 재무관리에 유의해야

### 1. 재무체질을 강화하라

흔히들 사업을 하는 사람들로부터 "앞으로 남고 뒤로 밑진다"는 말을 가끔 듣는다. 이는 결국 재무체질이 약하는 의미가 된다. 따라서 비대한 몸매는 운동으로, 마른 체질은 고른 영양보충으로 적당한 체형을 유지할 수 있는 것과 마찬가지로, 기업에 있어서도 이러한 조절이 필요한데 이것이 재무체질을 강화하는 것이다.

각종 재무비율들이 부진할 경우에는 먼저 비율이 산출되는 공식을 분해해서 접근해야 한다. 각종 비율은 분자를 분모로 나누어 산출한다. 그리고 낮아야 좋을지 높아야 좋을지가 정해져 있고, 분자와 분모는 각각 세부 계정과목으로 분해할 수 있다. 따라서 개선대책은 각각의 세부 계정과목을 줄이거나 늘리는 작업이라 할 수 있다.[20]

예컨대, 재고자산회전율에 대해 생각해보자. 이 비율은 높아야 좋다. 그러면 분자를 늘리고 분모를 줄여야 한다. 재고자산회전율의 공식은 "매출액/(기초재고자산+기말재고자산)/2"이다. 매출액에 평균 재고자산을 나누어 산출된다. 따라서 매출을 늘리거나 재고자산을 줄이는 전략이 필요하게 된다. 이와 같은 원리에 따라 살펴보면 재무구조를 개선하기 위해서는 자기자본을 증가하고 자산을 압축할 필요가 있다. 이렇게 해야 부채가 감소하고 자기자본비율이 높아진다.

### (1) 자기자본을 증가시킬 것

이익을 많이 올려 내부유보를 충실히 하면 자기자본이 증가하게 된다. 또한 증자를 하게 되면 그 만큼 자기자본이 증가하게 된다. 그러나 증자는 결국 대외적으로 부채를 늘리는 것이 되어 배당에 대한 부담이 있기 때문에 최선책은 아니다.

---

20) 기업신용정보(주)컨설팅사업부, 신용평점관리와 경영혁신, 새로운 제안, 2007, p.41.

따라서 이익창출에 의한 잉여금의 증대를 기하는 것이 재무체질을 강화하는 최선책이 된다.

### (2) 자산을 압축시킨다

오늘날과 같이 경제사정이 어려울 때는 매출채권과 재고자산을 감소하거나 유휴설비 등을 처분하여 불필요한 자산을 최소화함으로써, 자산유보를 위한 자본을 축소(부채의 변제)할수록 자기자본 비율을 높여야 된다. 이와 같이 재무체질강화방안을 대차대조표로 표시하면 다음과 같다.

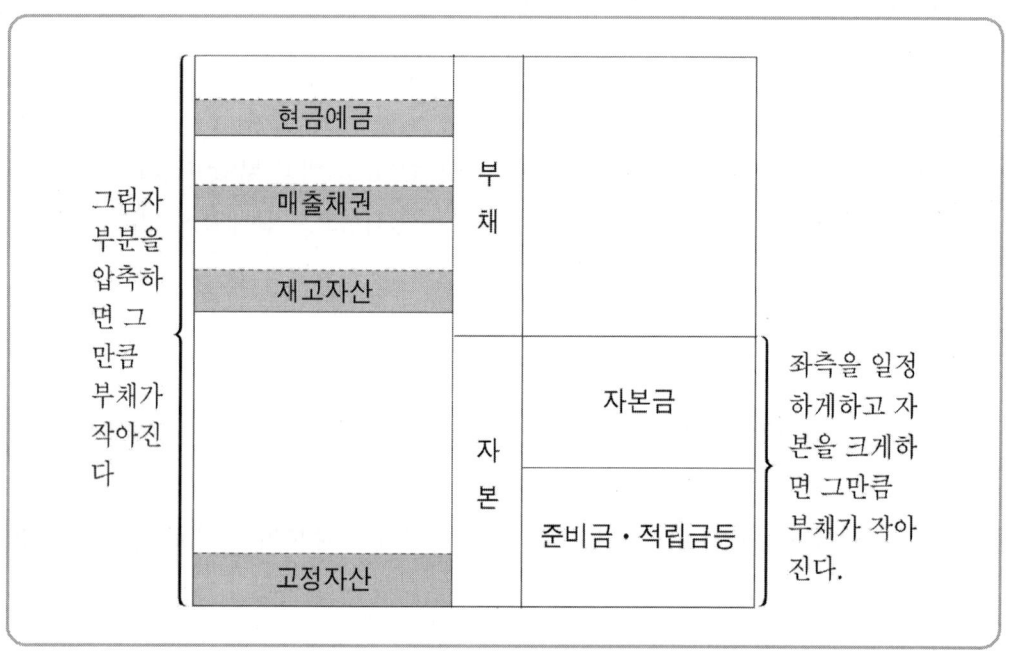

그림 6-3. 자산압축을 위한 대차대조표

## 2. 수익성 관리

사람으로 비유하면 영양흡수력 즉, 영양상태를 의미한다. 경영의 내실화를 도모하려면 이익을 극대화해 수익성을 높이는 것과, 자본을 적게 투입해 효율성을 높이는 두 가지 방법이 있다. 매출액 대비 이익의 비율이 클수록 수익성이 양호해지는데, 수익성 평가는 각종 이익 또는 비용과의 관계를 분석해 수익성의 양호 또는 불량을 판단하는 것이다.

이는 연간 매출액을 기준으로 어느 정도의 이익(영업이익, 순이익)을 올렸는지를 의미하는 것으로 수익성의 가장 대표적인 지표는 매출액순이익률(당기순이익÷매출액), 총자산순이익률(당기순이익÷총자산), 그리고 자기자본순이익률(당기순이익÷자기자본)이다. 이중에서 기업의 궁극적인 수익성을 측정하는 지표는 자기자본순이익률(Return on Equity : ROE)이다.

중소기업이 자기자본순이익률로 측정되는 수익성을 증진하기 위해서 선택할 수 있는 영업 전략의 대안은 크게 4가지이다.

① 부가가치 증가 → 매출액순이익률 향상
② 경비절감 → 매출액순이익률 향상
③ 매출증대 → 총자본회전률 향상
④ 총자본압축 → 총자본회전률 향상

한편, 조달청의 「입찰참가자격사전심사세부기준」(PQ평가기준)에는 수익성(매출액영업이익률, 매출액순이익률, 총자산순이익률, 총자산대비영업현금흐름표)과 안정성(유동비율, 부채비율, 차입금의존도, 영업이익대비이자보상배율) 및 활동성(자산회전율)을 항목별로 평가하고 있다.

### (1) 수익성 대책

#### [1] 총자본을 압축한다

수익성을 위한 방안으로 총자본을 압축하여 간소화(slim)하기 위해서는 자본의 낭비를 철저히 제거하는 것이 필요하다. 우선 제일먼저 체크해야 할 것은 유휴고정자산이다. 과다하게 떠안고 있는 불요불급한 자산이 있는지 어떤지를 체크한다.

다음으로 미가동자산(활용하지 않는 자산) 즉, 수익이 발생되지 않는 자산이 없는가, 고정자산대장에 해당하여 가동되고 있는가 아닌가를 한 번 더 조사해야 한다. 미가동자산이 있는 경우에는 곧바로 처분하고 감가상각을 정지한다. 미가동자산은 영업활동에 참여하지 않는 자산으로 감가상각의 필요가 없기 때문이다. 손실이 발생하여도 그 손실은 고정자산

매각손과 특별손실로 처리되기 때문에 경상이익에는 어떠한 영향도 주지 않는다. 미가동 자산을 처분하여 감가상각이 정지되면 경상비는 내려가고 그 처분이익은 올라간다.

### [2] 고정비를 변동비화 한다

#### ① 고정비의 내용을 검토한다

이익은 간단히 말해 완성고에 비용을 빼고 남는 것을 말한다. 다시 말해 완성고가 비용보다 많으면 이익이 나고, 반대로 비용이 완성고보다 많으면 결손이 발생하게 된다. 그래서 완성고와 비용이 완전히 같으면 이익과 손실은 나지 않는다. 이 수지 모양을 '손익분기점'(break-even point)이라 부르고, 공식적으로 이익이 발생하는가 또는 결손이 발생하는가를 구분하는 척도가 된다.

완성고가 답보상태인 오늘날과 같은 시대에는 이 손익분기점을 끄려 내리는 것이 매우 중요하다. 손익분기점이 낮은 기업은 비용을 억제하고 이익을 발생하는 경영체질을 가진 기업으로 전환해야 한다. 그러한 기업이 불황기에도 저항력이 있고, 완성고 하락이 있더라도 흑자를 지속할 수 있게 된다.

손익분기점을 인하하기 위해서는 우선 비용을 절감하여야 한다. 비용은 변동비와 고정비가 있기 때문에 변동비와 고정비를 함께 삭감하여야 바람직하다. 변동비는 재료비를 시작으로 주로 공사원가에 포함되는 것으로, 공사량이 늘어나면 증가하고 공사량이 줄어들면 적어진다. 그리하여 완성고에 점하는 공사원가비율(변동비율)을 인하하는 것도 필요한데, 기업이 안정적으로 흑자경영을 지속하는데 있어서 중요한 것이 고정비를 줄이는데 있다.

고정비 삭감이 큰 과제로 남게 되는데 중소건설업에서 고정비의 절반을 차지하는 것이 인건비이다. 그러나 이것은 간단히 삭감할 수 있는 것은 아니다. 그렇다면 어떻게 하는 것이 좋을까? 고정비는 인건비이기 때문에 삭감대상에는 될 수 없다고 속단하지 말고, 고정비에서 포함하고 있는 인건비의 내용과 성격을 보다 세밀히 검토하여야 한다. 또한 불요불급한 기계설비 등을 처분하여 쓸데없는 감가상각이 이루어지고 있는가를 살펴야 한다.

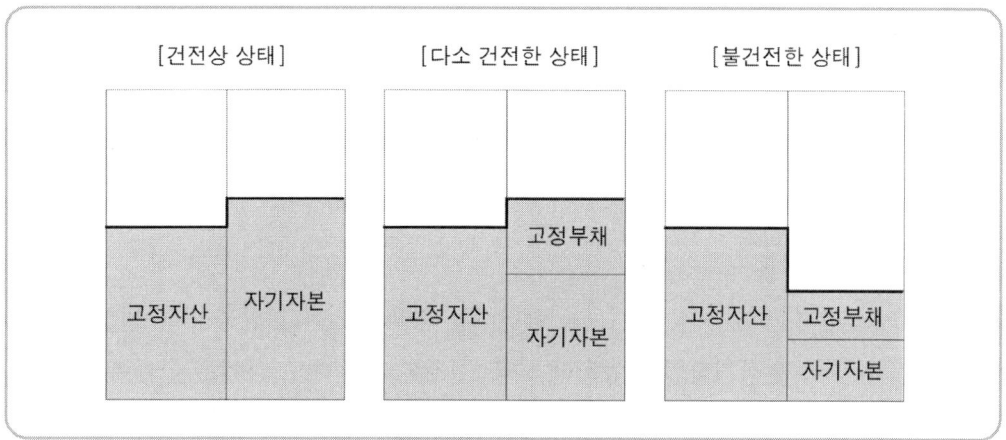

그림 6-4. 고정자산과 재무건전성

② '규모의 신화'와 결별한다

건설업자 특히, 확대지향성이 강한 중소건설업자를 어렵게 하는 것은 사람이나 물자를 고정비로 포함하고 있는 것이다. 그래서 이러한 유형의 경영자에는 대체로 고정비가 관념으로서 자리 잡고 있다. 모든 직원을 고정비로 포함하기보다는 일의 성격에 따라 단기고용이 가능한 팀을 편성할 수 있는 유연성이 있는 조직으로 디자인 하면 어떨까? 일의 필요에 따라 조직되는 팀의 코스트는 변동비로 되는데 일이 없으면(하지 않으면) 비용이 발생하지 않는다.

또한, 기계설비에 있어서도 가동률을 고려하여 상시 가동되는 것을 보유하고 일을 함에 있어서도, 가동률이 낮은 것에 대해서는 하도급업자에게 조달하거나 임대(rental)로 조달하도록 변경하는 것도 고려해볼 일이다. 이제부터는 사람과 사람, 물건과 물건이 기존의 기업이나 산업의 근간을 넘어서 정보통신이 맺는 네트워크의 시대이다. 고정비의 관념을 포함한 지금 그대로의 사고로는 이러한 네트워크시대에는 살아남을 수 없을 것이다.

[3] 원가개선을 한다

① 미활용자산의 처분

총자본을 압축하기 위하여 미활용자산을 처분하는 것에 대해서는 위에서 언급한바 있다. 활용되지 않고 고정자산으로서 자리 잡고 있는 한 그 방치에 따른 공간(space)이 필요하게 된다. 즉 지대·가임도 올리고 판매비 및 일반관리비를 헛되이 늘리는 원인이 된다. 경시되기 쉽지만 누적되면 비용에 부담이 된다.

② 현장 기술인 교육

현장 기술인은 현장에서 직접 시공을 담당하는 직책에 있는 사람들이다. 건설업에 있어서 이익률은 이 현장기술인의 능력에 따라 결정된다고 해도 과언은 아니다. 따라서 수주를 통해 완성고를 올리는 건설회사에서도 실제로 효율적인 시공을 통하여 이익을 올리려면 일선 현장에 근무하는 기술인들의 능력여하에 달려 있기 때문이다.

우수한 현장기술인은 현장 공정관리가 극히 정교하다. 언제까지 어떻게 몇 사람을 투입할 것을 정확하게 지시하고 투입된 노동력을 1시간까지도 시간을 지켜 효율적으로 운용하고 공기에 맞춰 공사를 완료한다. 이러한 인재는 교육을 통해서 배출할 수 있으나 교육을 받는 것이 시간적·비용적으로 어려울 때에는 기업외부에서 인재를 확보하여 현장관리의 노하우를 전수하는 방법이 있다.

### (2) 유동성과 안정성 관리

기업의 어느 정도 안전한가를 나타내는 것으로, 인체로 보자면 골격과 근육의 균형 상태를 의미한다. 여기서 보편적으로 활용하는 유동성 지표는 유동비율과 당좌비율이다. 유동비율은 유동자산을 유동부채로 나눈 비율이다. 유동자산은 1년 이내에 현금화가 가능한 자산인데, 현금·예금·매출채권과 재고자산 등이 가장 규모가 큰 항목이다.

유동부채는 1년 이내에 상환하여야 하는 부채인데 가장 규모가 큰 항목은 매입채무와 단기차입금이다. 유동비율은 「2 : 1의 원칙」이라는 것으로 유동자산은 유동부채의 2배, 비율로서는 200%인 것이 이상적으로 보고 있다. 유동비율이 100%를 하회하면 부채를 변제할 수 없어 도산에 이르게 된다.[21]

당좌비율은 유동자산 중에서 현금화가 가장 느린 재고자산을 제외한 나머지 자산, 즉 당좌자산(현금예금과 매출채권)을 유동부채로 나눈 비율이다. 당좌비율은 「1 : 1의 원

---

21) A constructor's guide to successful bidding, 1996 참조.

칙」이라 불리어 지는데 100%이상 있으면 지불능력에 문제가 없는 상태가 된다.

따라서 경영자는 우선 유동비율과 당좌비율의 변동추이를 관찰하여야 한다. 만약 이러한 비율들이 하락하는 추세에 있다면 유동성 하락의 원인을 규명하고 해결책을 모색하여야 한다.

안정성의 가장 대표적인 지표는 총부채를 자기자본으로 나눈 '부채비율'이다. 부채에 대한 원리금은 영업성과에 관계없이 고정적으로 갚아야 한다.

## [1] 유동성 대책

### ① 단기대책

유동비율은 유동자산과 유동부채의 비율이다. 따라서 유동비율을 높이기 위해서는 유동자산을 늘리고 유동부채를 줄여야 한다. 유동비율은 통상적으로 200%정도이면 이상적인데, 조달청의 「입찰참가자격사전심사세부기준」상 경영상태 평가 항목 중 최근년도유동비율은 A등급이 150% 이상(4.0점)으로 규정하고 있다.

### 가) 유동자산을 증가시킨다

우선 고정자산내에 '투자 등'에 계상되어있는 자산 가운데서 1년 이내에 현금화 혹은 비용화 되는 것은 가능한 한 유동자산의 항에 넘겨 계상한다. 예컨대, 임원이나 직원 등에 대하여 '장기대부금'도 1년 이내에 변제를 받을 목적으로 유동자산의 '단기대부금'에 대체시킨다. 이 밖에도 여러 가지 방법이 있으나 여하간 유동자산의 최대화에 노력하는 것이 단기결산대책의 제1의 비결이다.

### 나) 유동부채를 감소시킨다

유동부채를 감소시키는 핵심은 '차입금'과 외상매출금 및 공사미수금 등의 '외상채무'에 있다. 차입금에서 가끔 눈에 띄는 것이 단기지급에 보충하기 위한 '어음차입'이다. 통상적으로 어음차입은 지불기일이 1년 미만으로 한정되어 있기 때문인데, 채무구분으로서는 유동부채가 된다.

② 경영개선적인 관점에서 유동성의 대책

유동성이란 약술하면 기업의 단기적 지불능력을 나타내는 지표이다. 따라서 자금사정의 좋고 나쁨이 그 대로 유동성 분석의 각 비율에 나타나게 된다. 그렇다면 자금사정이 악화하는 경우와 반대로 좋은 경우는 어떠한 경우를 가리키고 있는가?

가) 유동성이 악화되는 경우

우선, 유동성이 악화되는 원인으로서 가장 먼저 고려되는 것은 다음과 같이 정리된다. 첫째, 실적이 나쁜 경우이다. 즉, 적자경영의 경우를 말한다. 공사 수주고의 절대액이 적고 고정비를 커버할 수 없는 경우에는 당연히 적자가 발생하고, 또 수주가 충분해도 이익률이 낮은 경우에도 채산성이 맞지 않아 적자가 된다. 그래서 적자가 발생하면 자금도 따라갈 수 없게 된다.

예컨대, 1억원에 도급한 공사에 대하여 원가가 1억 2,000만원이 들어가면 차액 2,000만원의 적자가 되고, 이것을 수입·지출과 함께 현금으로 한 경우에는 당연히 2,000만원의 자금이 부족하게 된다. 그리하여 그 부족자금을 보충하기 위해서는 외상거래선이나 협력업자에 지불을 늦추거나 혹은 은행 등으로부터 부족한 자금을 차입하지 않으면 안된다.

둘째로, 채산이 맞는 공사를 하고 있음에도 불구하고 공사대금회수가 늦어지는 경우에도 자금사정이 악화된다. 예컨대, 1억원의 공사를 7,000만원의 원가로 완성하여도 그 대금회수가 되지 않으면 공사원가 지불이나 기타 경비의 지불이 어려워져 자금을 조달할 필요가 생기게 된다. 조달자금에는 당연히 금리가 수반되게 때문에 이에 따른 유동성과 함께 수익성도 악화되고 만다. "회수되지 않으면 매출도 없다"는 것이 경영의 대 원칙이다.

끝으로, 자기자금에 여유가 없기 때문에 단기차입금 등을 이용하여 무리한 설비투자를 한 경우에도 자금사정이 악화된다. 회수에 오랜 시일이 걸리는 설비투자는 감가상각비·금리·보관비용·유지수선비·손해보험료 등 실재로 여러 가지 경비가 늘어나는 원인이 된다. 이것을 자기자본(나빠도 장기차입금)으로 남아있는 경우에는 별도로 단기차입금 등으로 취득한 경우에는 유동성에 따르지 않고 수익성(경상이익률)이나 건전성(고정비율·고정부채비율)까지도 악화되고 만다.

### 나) 유동성 개선을 위한 3가지 포인트

우선, 가장 먼저 얼마의 매출을 올리기 위해서 채산(採算)을 무시한 무리한 수주는 하지 말아야 한다. 원가에는 직접공사원가에서 보이지 않는 공사간접비나 판매비 및 일반관리비, 지급이자까지도 포함하고 있다.

둘째는, 완성시설물에 대한 공사대금회수는 최대한으로 앞당긴다. "매출은 대금을 회수한 때에 비로소 발생 한다"는 것이 상업의 철칙이다. 때문에 영업담당자는 대금회수를 경리담당자의 일로 여기는 경향이 있는데, 경영자는 이 점에 대해서도 관심을 기울여 영업인력의 교육에도 힘써야 할 것이다.

셋째는, 본사사옥, 기계, 차량 등 투자계획이나 채산성을 무시한 과도한 설비투자를 삼가 해야 한다. 단기적으로 필요하면 임대(rental)를 활용하는 것도 고려해볼 만하다. 그러한 편이 결과적으로는 안심이 되기도 한다. 사옥을 매각하여 임대로 전환하고 그 여유 자금으로 급한 악성채무를 정산하는 것이 기업으로서는 부담을 줄일 수 있는 길이기도 하다. 설비투자에 의한 고정비가 늘어나는 것을 극복하기 위해서 한계이익과 수주에서 언제나 채산성의 계산을 게을리 하지 않아야 할 것이다.

아울러 불필요한 고정자산 등은 가능한 한 처분하여 현금화(혹은 폐기)하는 것도 회사를 슬림화(slim)하고 유동성의 측면에서 보이지 않는 수익성을 올릴 수 있는 것이 된다. 건설업은 전통적으로 중후장대(重厚長大)를 좋아하는 업종으로서, 이러한 체질에서 하루빨리 벗어나 '규모의 신앙'을 과감히 버리는 것이 중요한 포인트이다. 규모는 작게 하고서도 재무체질이 견실한 회사, 기술력으로 차별화한 회사만이 어려운 시대에 살아남을 수 있을 것이다.

이와 같은 내용 외에 건설업계에서는 아파트의 경우 미분양 축소를 위한 자구노력, 분양률이 저조한 사업장은 공사 진행 속도를 지연하여 공사비 원가 투입속도 조정을 통한 현금흐름 개선, 민간공사의 경우 미착공 사업의 유동성 축소 노력, 초과근무 및 휴일근무 수당지급 방법 개선, 국내외 출장비 및 각종 통신비 절감 등이 있다.

## [2] 성장성 관리

기업은 두말할 필요도 없이 성장목표를 추구하여야 한다. 재무적 관점에서 보면 성장의 중요한 조건은 물론 장기적으로는 투자에 대한 적정수준의 수익성을 확보하는 것이지만, 단기적으로 성장에 필요한 투자자금을 무리 없이 조달하는 것이다.

내부자금은 유보이익과 감가상각비인데, 매출증대를 위한 신규투자에 투입될 수 있는 내부자금이 유보이익이다. 한편, 외부자금에는 증자를 통한 자기자본의 조달과 사채발행, 차입, 매입채무와 같은 타인자본의 조달이다.

중소기업의 경우 주식이 분산되어 있지 않고 소유주가 1인인 경우가 대부분이기 때문에 증자를 하여 추가적인 자본을 조달하는 것은 매우 어렵다. 따라서 성장에 필요한 자기자본은 사내유보를 통하여 조달할 수밖에 없다. 사내유보금이란 기업의 당기이익금 중 세금과 배당 등으로 지출된 금액을 제외한 뒤 사내에 쌓아둔 금액을 말하며, 단순히 '쓰고 남은 돈'이 아니라 사업 확장이나 영업 활동을 위해 기계·설비·건물 및 현금성 자산 등의 형태로 재투자되는 돈을 포함하는 개념이다. 손익계산서의 이익처분 항목 중 각종 적립금과 차기이월 이익잉여금이 사내유보 금액이 된다.

한편, 유보이익이 증가하면 기업이 감당하고 자금공급자가 수용할 수 있는 재무구조의 범위 내에서 부채를 추가로 조달 할 수 있다. 이렇게 추가적인 출자 없이 추구하는 성장을 자력성장이라 하며, 안정적인 수익성 및 일정한 사내유보율과 부채비율을 유지하면서 지속적으로 추구할 수 있는 성장을 '지속가능한 자력성장(self-sustainable growth)'이라 한다. 경영활동에 있어서 증자가 여의치 않은 중소기업은 매출성장의 목표를 반드시 자력성장 수준에 맞추어야 무리 없는 성장이 가능하다.

> ▶ 건설업체는 회사의 재무상태를 진단하여 실질자산과 겸업자산 및 부채의 평정을 통하여 실질자본금을 도출한 후, 건설업과 직접적으로 연관된 실질자본금이 건설업등록기준자본금 이상을 충족하는지를 판단하는 재무관리상태진단서를 발행하게 된다. 이를 건설업의 기업진단이라하며, 이를 통하여 건설업의 등록기준을 갖추고 있는지 평가하게 된다.

# 03 프로젝트 파이낸싱(PF)을 활용한다

## 1. 개 념

프로젝트 파이낸싱(Project Financing)이란 특정 사업을 수행할 때 시공사의 신용등급에 의하지 아니하고 당해 프로젝트에서 미래에 발생하는 수익(현금흐름)을 담보로 필요한 자금을 조달하는 금융기법을 총칭하는 개념이다. 이는 자금조달의 기초를 프로젝트를 추진하려는 사업주의 신용이나 물적 담보의 가치에 두지 않고, 해당 프로젝트 자체의 수익성에 두는 일종의 금융기법을 말한다. 이러한 용어는 해외건설 및 대형 프로젝트에서 빈번하게 등장하고 있으며, 일반적으로 큰돈이 들어가는 가스·석유와 같은 에너지개발, 항만·도로·발전소 같은 사회간접자본 투자에 있어 많이 활용된다. 우리가 자주 접하는 부동산 PF는 아파트, 주상복합, 상가 건립에 따라 앞으로 들어올 분양 수익금을 바탕으로 금융회사로부터 자금을 조달하는 형태이다. 따라서 이러한 PF사업은 그 성격상 중소업체가 활용하기에는 한계가 있다.

## 2. 유 래

프로젝트 파이낸싱은 국내에서는 「민자유치촉진법」 제정 이후 본격화되었다. 민자유치촉진법에서는 생산 활동의 기반이 되고 국민생활의 편익을 도모하는 사회간접자본시설을 확충하는 민자유치사업에 대하여, 각종 인허가상의 의제처리, 재정적인 지원, 토지수용지원 등 사업추진과정에서 지원과 출자총액제한 예외인정, 사회간접자본채권 발행허용, 상업차관 도입기준 완화 등 자금조달에 대한 규제완화를 통하여 프로젝트 파이낸싱 활용을 위한 사업추진과 자금조달을 지원하고 있다. 1995년 이화령터널 사업을 시초로 현재 수도권 신공항고속도로 등 현재 사용 중인 민자유치사업의 대부분이 프로젝트 파이낸싱을 활용하고 있다.

## 3. 특 징

### (1) 독립된 회사(Project Company)설립

부동산 개발과정에서는 시행사, 시공사 및 금융회사라는 각각 다른 3개의 주체가 관련된다. 시행사는 부동산 개발을 추진하는 사업주체이다. 시공사는 시행사에 의해 선정되어 실제로 건물을 짓는 건설회사이며, 금융회사는 자금 공급을 담당하게 된다. 그러나 대체로 시행사는 영세한 경우가 많기 때문에 금융회사는 PF대출을 해 줄때 대출조건에 시공사인 건설회사의 보증을 요구하는 경우가 일반적이다. 여기에서 시공사와 부동산 PF의 연결고리가 생기게 된다. 분양이 안 돼 분양수익금이 대출금보다 적어지면 건설사가 시행사는 대신해 빌린 돈을 갚아야 하는 문제가 발생한다.

### (2) 담보의 한정

프로젝트 파이낸싱의 담보는 프로젝트 회사의 자신에 한정되기 때문에 프로젝트 회사가 상환을 못하게 되면, 사업주가 충분한 담보 여력을 가지고 있는 경우에도 이것에 대해서는 권리가 없다. 이 점은 기업의 입장에서 보면 프로젝트의 영업이 부진하여 부득이 포기하는 경우에도 사업주 본사의 자신에는 영향을 받지 않고 계속 사업을 유지할 수 있는 구조로 되어 있다.

### (3) 철저한 자금관리

PF는 프로젝트 현금수입이 유일한 담보대상이 되기 때문에 대주(貸主)들은 자금관리를 위해 이른바 결제위탁계정(Escrow Account)을 설치하고 이를 관리한다. 결제위탁계정에는 출자금, 대출금, 부가세환급금, 사용료 등의 운영수입 등 프로젝트 관련 모든 현금수입이 집중 입금되며, 건설비용, 운영비용, 대출 원리상환금, 배당금 등 모든 출금이 대주단과 차주(借主)가 사전에 약정한 항목과 순위에 의거 계정을 통해 이루어진다.

표 6-2. 프로젝트 파이낸스와 기업금융기법의 비교

| 구 분 | 프로젝트 파이낸스 | 기업금융 |
| --- | --- | --- |
| 차 주 | 프로젝트 회사 | 모기업 또는 프로젝트 회사 |
| 담 보 | 프로젝트 현금흐름 및 자산 | 사업주의 전체자산 및 신용 |
| 상환재원 | 프로젝트 현금흐름 | 사업주의 전체 재원 |
| 자금관리 | 대주단의 위탁계좌에 의한 관리 | 차주가 임의로 관리 |
| 소구권 행사 | 모기업에 대한 소구권행사 제한 | 모기업에 대한 소구권 행사 가능 |
| 채무수용 능력 | 부외금융으로 채무수용능력 제고 | 부채비율 등 기존 차입에 의한 제약 |
| 여신관리제한규정 | 부외금융으로 회피 가능 | 적용됨 |
| 사후관리 | 엄격한 사후관리가 중요 | 채무불이행시 상황청구권의 행사 |
| 주적용 사업분야 | 자원개발, SOC사업, 플랜트 등 | 일반 사업 부문 |

자료 ; 박동규, 1999.

## 4. 문제점

부동산 개발과정에서 저축은행이나 은행 같은 금융회사가 토지매입이나 건설자금의 형태로 시행사에 자금을 발려준다. 따라서 만일 부동산 경기가 좋지 않아 분양이 잘 되지 않거나 분양대금이 대출금보다 적어지면 그만큼 부실이 발생하게 되는데, 이를 부동산 PF부실이라 한다. 토지매입 단계에서는 시공사인 건설사가 반드시 지급보증을 하는 것은 아니다. 그러나 대부분의 자금을 빌려주는 금융회사가 건설사에 지급보증 혹은 부채를 갚을 것을 약속받는 '채무인수약정'을 요구한다. 이 때문에 미분양으로 인해 부동산PF가 부실해지면 건설사가 재무능력이 약한 시행사를 대신해 대출금을 갚아야 하는 문제가 발생한다.

만일 해당 건설사가 재무상태도 좋지 않고 미분양도 심각하다면 두 가지 문제가 동시에 발생한다. 우선 건설사는 분양수익금에서 나오는 건설대금을 일부밖에 돌려받지 못하기 때문에 못 받은 대출금만큼 부실을 떠안아야 한다. 즉 부동산 경기가 침체돼 분양수익금이 개발과정에 들어간 비용보다 적으면 건설사가 부도가 날 수도 있고 금융회사의 건전성이 악화될 우려도 있다.[22]

---

22) 정찬우, "부동산PF는 무엇이며 왜 문제가 되나" Chosun Biz.com, 2010.5.28.

## 5. PFI사업화 방법과 선택[23]

### (1) PFI의 개념

　PFI(Private Finance Initiative)란 민간의 자금, 경영능력 및 기술능력을 활용하여 도로, 철도 등의 건설과 운영, 유지관리, 사업자금의 도입 등 전 과정을 건설회사 등 민간 기업에 맡기는 새로운 사회간접자본 구축방식으로서 1992년에 영국에서 시작되었다. 이 민간자금주도의 구축방식은 단순한 민자유치보다 규모가 훨씬 크고 자금 동원이 복합적이어서, 고도로 능률적인 금융부문의 뒷받침이 있어야 실현 가능한 공공사업 방식이다. 따라서 1개 프로젝트마다 기간이 한정되며, 사업주체는 복수의 기업이 출자해 설립하는 특정목적회사가 맡는 게 일반적이다. 그 사업대상도 각종 청사 등 대형건물 건설, 정보시스템 구축, 고속도로, 경전철 등에 이르기까지 확대되고 있으며, 보통 정부와 민간기업은 시설운영을 대행하는 기간을 25년, 30년 등 장기로 설정해 계약하고 민간운영이 끝나면 그 시설은 정부에 귀속된다.

### (2) PFI 사업방식

① BTO(Build-Transfer-Operate)방식 : 이는 민간사업자가 건설을 하고 준공 후 공공발주자에게 소유권을 이전하고, 그 후 민간사업자가 관리와 운영을 하는 방식이다. 우리나라에서 가장 많이 활용되고 있는 방식 중의 하나이다.
② BOT(Build-Operate)방식 : 민간사업자가 건설을 하고, 계속하여 민간사업자가 관리와 운영하고, 계약기간 종료 후에는 소유권을 이전하는 방식이다. 해외의 유료도로 건설 등에 활용되는 사업방식이다.
③ BOO(Build-Own-Operate)방식 : 민간사업자가 건설을 하고 준공 후에도 소유하면서 관리·운영하는 방식이다.
④ RO(Rehabilitate-Operate)방식 : 사업자가 시설을 개수(改修)하고 관리와 운영하는 방식이다. 소유권 이전은 없으며 지방공공단체가 소유자가 되는 방식이다.

---

23) 古阪秀三, "建築生産ハンドブック", (株)朝倉書店, 2007.

### (3) PFI 사업유형

① 서비스구입형 : 민간사업자는 스스로 조달한 자금으로 시설을 설계·건설하고, 유지관리 및 운영을 하며, 지방자치단체는 그 서비스의 제공에 대하여 대가를 지불하는 사업의 유형이다.
② 독립채산형 : 민간사업자가 스스로 조달한 자금으로 시설을 설계·건설하고, 유지관리 및 운영을 한다. 시설이용자로부터 요금수입으로서 자금을 회수하는 사업유형이다. 예컨대, PFI에 의해 수영장시설이나 주차장정비 등 이에 해당한다.
③ 혼합형 : 서비스구입형과 독립채산형이 혼합된 형태이다. 일부는 이용요금수입을 얻기도 하나, 전체로는 지방공공단체로부터의 대가에 의해 사업을 성립하게 되는 유형이다. 지역주민 주택시설, 유지관리, 운영과 주택이 병설된 회사경영 등의 사례가 이에 해당한다.

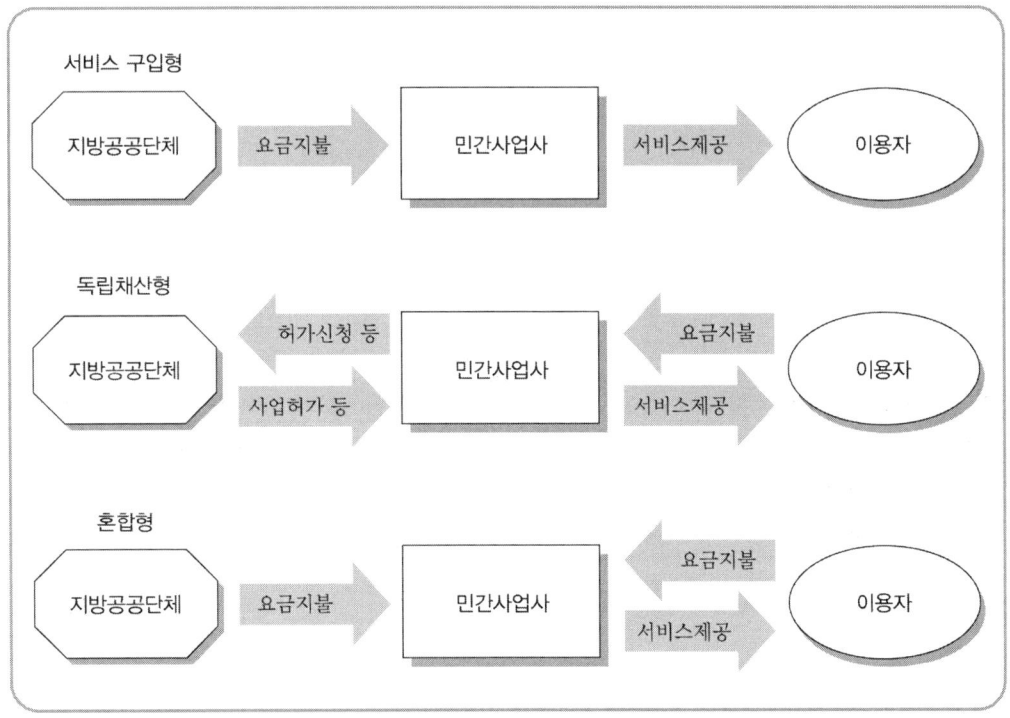

그림 6-5. PFI의 사업유형

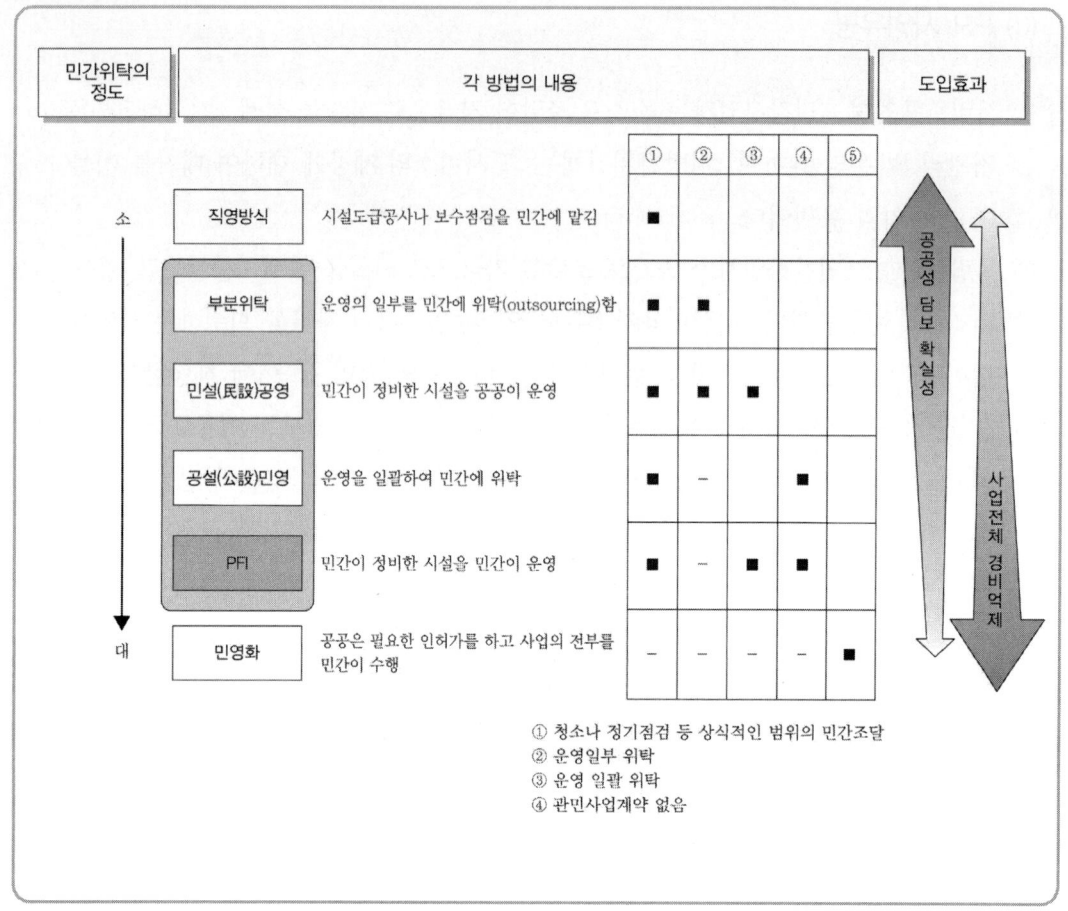

그림 6-6. 공공서비스의 민간위탁

▶ PFI 사업은 고객이 정부, 지자체이므로 사업시행자의 입장에서는 유력한 자금조달 방법만 확보되면 비교적 안정된 수입을 올릴 수 있고, 무엇보다도 국가경영의 혁신을 모색하고 있는 정부의 정책방향과도 부합되기 때문이다. 이것은 본래 정부가 수행해야 할 인프라 건설을 민간사업자가 설계·건설하고 자금조달에서 운영까지 책임지고 수행하는 DBFO(design-build-finance-operate) 방식을 말한다.

## 04 효율적인 공사관리를 위한 실행방안 모색

### 1. 시공계획발표회

본 공사 착공준비를 위한 단계에서 계약착공일로부터 일정 시점(약 40일 내외)에서 시공계획 업무체계에 따라 Mobilization계획, 민원근린대책, 공정계획, 관리계획, 실행예산작성, 협력업체 투입계획 등 공사전반에 관한 공사계획을 작성하여 예상되는 문제점과 해결대책 등을 발표, 참석인원과의 토의를 거쳐 합의토록 하여 그 확정된 내용을 현장시공관리의 근간으로 하는 것이다.

시공계획의 발표관련 주요내용으로서는 다음과 같다.

표 6-3. 시공발표계획의 주요내용(예시)

| 구 분 | 주 요 내 용 |
|---|---|
| 주관부서 | • 해당 공사관리팀 |
| 발표시기 | • 계약착공후 40일 만에 발표, 해당현장의 특수여건이 있을 경우 발표시기를 일부조정 할 수 있음 |
| 참석인원 | • 사업본부장, 본사의 관련부서, 현장직원 및 필요시 설계사무소 및 협력업체 |
| 합의서체결 | • 시공계획 발표 시 문제점에 대한 종합토의가 끝난 후 현장소장은 현장운영 목표 및 전략합의를 함 |
| Follow-up 체제 | • 실행예산 근거자료로 활용, 합의 및 결정사항 일정체크, 합의 및 결정사항 Monitoring |

### 2. 민원회의 운영

민원이란 건설과 관련이 있는 이해당사자가 이와 관련된 각종 사업행위로 인하여 발생하는 유무형의 정신적 피해나 재산상의 손실에 대하여 이해관계자가 권리, 피해보상 등을 건설사업주체나 정부기관에 요구하는 것을 말한다.

공사를 수행하는 과정에서는 발주처·인근주민·협력회사·언론기관 등 공사에 참여하거나 공사수행의 결과로 이해득실이 관련되는 개인이나 단체가 있어 민원이 끊이지 않는 것이 현실이다.

발생된 민원은 공기지연, 공사원가 상승, 주민과의 마찰로 인한 업체의 이미지 타격 등 많은 문제점이 발생된다. 따라서 여하히 민원을 예방하거나 아니면 신속하게 처리하느냐가 매우 중요한 화두로 대두되고 있다. 이러한 민원에 대한 효과적인 대응을 위해서
① 민원의 진행 및 결과에 대한 보고체계를 수립하고
② 임원회의에 민원종합보고
③ 관련 사례를 수집
④ 매뉴얼의 작성, 배포 등으로 체계화 하여야 할 것이다.

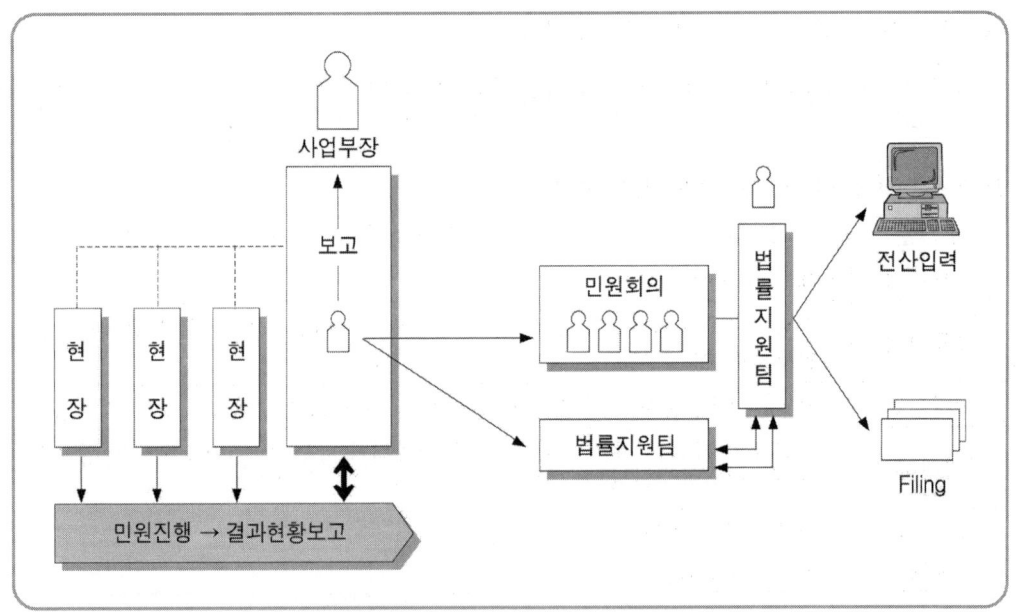

그림 6-7. 민원관련 보고체제 구상

이러한 민원에 대하여는 민원이 발생된 현장은 ① 민원의 내용, 발생경위, 진행 및 결과에 대하여 소정의 양식에 따라 신속히 보고하고, ② 법률지원팀 또는 공무팀은 민원종합내용을 임원회의에 보고하고, ③ 수집된 사례 및 자료를 근거로 관련 팀은 매뉴얼을 작성하고, ④ 이를 정기적으로 전 직원에게 교육을 실시하여 정보를 공유하는 것

이 바람직하다. 왜냐하면 민원이나 분쟁은 성격상 외부에 잘 알려지지 않아 반복되는 사례가 적지 않고, 따라서 대응방법 또한 체계적이지 못한 경우가 많기 때문이다(자료: ○○건설의 공사관리지침, 1999 참조).

## 3. 시공검토위원회

건설공사부문의 단위현장에 대한 실적을 업적평가의 기준에 의거 평가하여 우수한 품질획득, 무재해 달성, 공기 준수, 원가절감 등 제반 공사관리 활동의 효율을 극대화하기 위해 완공된 공사에 대한 전반적인 평가를 하는 것이다.

일반적으로 현장이 완료되면 준공정산보고로서 끝나버리기 때문에, 당해 공사를 통해 발생되었던 제반 문제점과 성공사례를 간과하기 쉬워 교훈이 될 내용이 사장되고 있는 실정이다. 따라서 이러한 문제점을 해결하고 기술력 향상을 도모하기 위해서는 이러한 사후평가제도가 바람직하다. 발주청은 정부공사로서 300억 원의 경우 완료시 사후평가를 통하여 사후평가서를 작성하도록 하고 있다(건진법52조, 영86조 참조).

평가대상은 소규모 현장 또는 평가가 곤란한 현장을 제외하고 일정한 공사금액(예컨대, 일반공사 100억원, 특수한 공사는 50억 원) 이상을 대상으로 당해 연도에 준공정산보고시 평가를 하며, 품질 · 안전 · 원가 및 공기 등에 대하여 담당부서에서 '평가기준'에 따라 수행하여 결과에 대하여 문제점을 평가하고, 우수현장에 대해서는 포상을 하는 형태로 진행할 수 있을 것이다.

| 평가의뢰 | 평가실시 | 취합 | 보고 및 포상 |
|---|---|---|---|
| · 공사관리부 | · 품질관리팀<br>· 안전관리팀<br>· 공사관리팀<br>· 담당임원 | · 공사관리팀 | · 정산보고<br>  (현장소장)<br>· 평가결과보고<br>· 포상 등 |

그림 6-8. 평가프로세스

## 05 조직을 재구축한다

### 1. 조직의 발전과정

기업이 추구하는 전략을 효율적으로 달성하기 위해서는 전략을 수행하는 인력과 그 인력들로 구성되는 조직이 뒷받침되어야 한다. 아무리 훌륭한 조직이라도 기업의 체질에 부합하지 않는 조직은 기업이 추구하는 목표를 성취하지 못할 것이다. 분명한 것은 조직구조는 기업의 경쟁력을 높이는 기반이 된다는 것이고, 기업의 존속·발전은 합리적이고 유기적인 조직구조 속에서만 가능하다는 것이다.

중소건설업체의 경우 조직의 규모가 작아 크게 신경을 쓰지 않고 오래전부터 내려오는 전통적인 방법으로 조직을 운영하는 경우가 많으나, 기술변화 및 고객요구의 변화 등으로 경영환경이 급변하고 있기 때문에 상황에 적절히 대응하기 위해서는 이에 걸맞은 조직의 개편이 필요하다.

### 2. 조직유형

조직이 기동성과 유연성을 갖추기 위해서는 어떤 조직 구조가 접합할까? 기업 규모가

| 기업규모의 변화 (단계별) | 조직착수 단계 | 조직정립 단계 | 조직확대 단계 | 조직통합 단계 | 참가 단계 |
|---|---|---|---|---|---|
| 조직유형 | 기능별 조직 | 부문별 조직 | 사업부제 조직 | 매트릭스조직 프로젝트조직 | Network조직 Team조직 학습조직 |

자료 : 삼성경제연구소, 조직혁신방안, 2000.

그림 6-9. 조직의 발전과정과 조직유형

커지고 역사가 오래 될수록 조직의 모습은 조정·통합과 종업원의 참여가 활성화되는 형태로 변모해 가는데, 조직변화에 대한 요구는 경영환경의 변화에 기인한다.

조직을 설명하는 모델로서는 다양한 형태의 조직이 있으며 요약하면 다음과 같이 정리된다.

### (1) 기능별 조직

기능별 조직(Functional Organizational Structure)은 계층형 라인조직으로 사업의 착수 및 정립단계에서는 강한 리더십이 요구되기 때문에 일반적으로 피라미드 형태를 띠게 된다. 그러나 마케팅 활동을 수행함에 있어서 특정 과업별로 부서를 독립 화함으로 분업의 원리를 실현하고 전문화의 이익을 도모하는 유형이다.

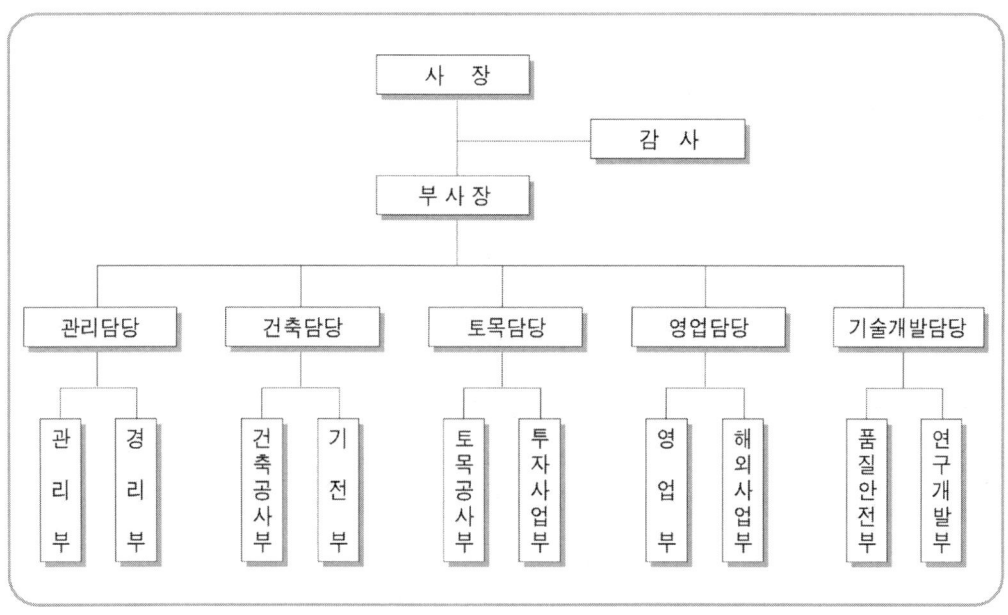

그림 6-10. 기능별 조직(예)

### (2) 사업부제 조직

사업의 영역이 확대되고 외적 규모가 커짐에 따라 권한위임의 문제가 발생한다. 조직이 확대되는 단계에서는 기업이 추구하는 사업단위를 중심으로 모든 권한과 책임을 위양하는 사업부제의 형태를 띠게 된다. 이러한 사업부제는 20세기 초반에 성공했던 조직이다.

### (3) 매트릭스 조직

20세기 중반에 접어들면서 고객니즈의 다양화와 개성화가 대두됨에 따라 이러한 경영환경에 신속하게 대응할 수 있는 매트릭스 조직(Matrix Organization)개념이 도입되기 시작하였다. 기능별 조직의 장점을 동시에 갖추려는 조직을 말한다. 이는 수시로 변하는 시장상황에 신속하게 대응할 수 있으며, 조정과 통합의 기능을 다할 수 있다.

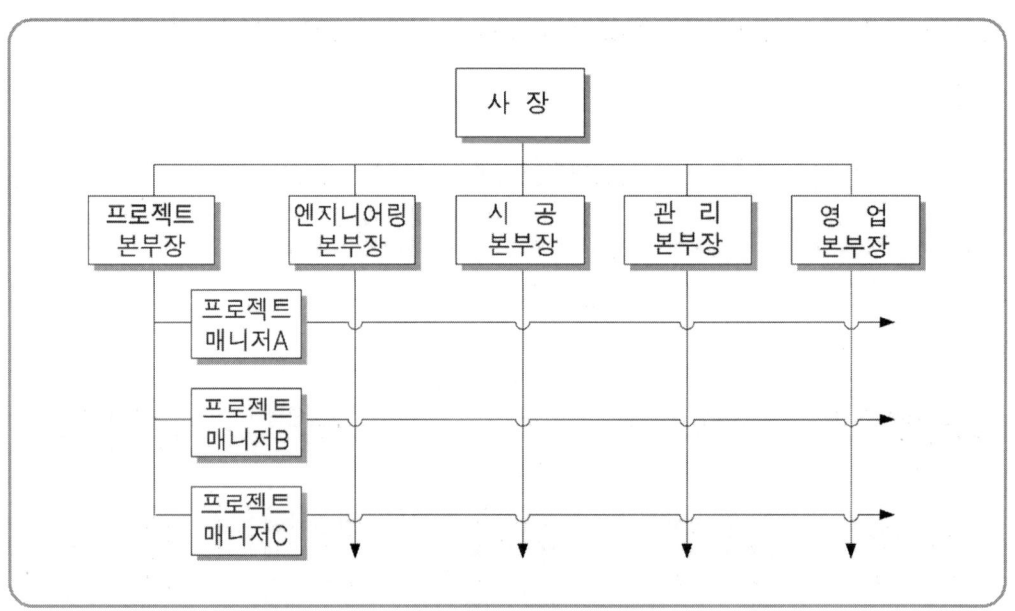

그림 6-11. 매트릭스조직(예)

### (4) 프로젝트 조직

이는 매트릭스 조직의 비효율성을 제거하기 위하여 한 단계 더 발전한 조직이라 할 수 있다. 프로젝트를 중심으로 기능을 통합하고 자기완결형을 추구하는 조직으로 복잡하고 장기적인 프로젝트에 적합한 조직이라 할 수 있다.

### (5) 네트워크 조직

20세기말의 경영환경변화는 기업의 새로운 변신을 요구하고 있으며 경영 다각화와 글로벌화의 급속한 진전은 기업의 분권화를 촉진하고 있는 반면, 경영자원의 효율성 제고와 전략기획 기능의 일원화는 기업의 통합화를 요구하는 일면도 있다. 이와 같이 분권과 통합이 상반되는 요구를 충족하기 위하여 분권형 네트워크 조직의 개념이 도입되기 시작하였다.

네트워크 조직은 기업의 핵심역량을 제외한 대부분의 기능을 기업외부에서 조달하는 가볍고 다기능화 된 조직이라 할 수 있다.

### (6) 팀조직

계층의 축소(flat화)를 통하여 신속한 의사결정을 가능케 하고 대폭적인 권한위양을 통하여 급변하는 환경변화에 신속하고 탄력적으로 대응할 수 있도록 조직을 간소화(slim)할 뿐만 아니라, 조직의 유연성(flexibility)제고에 기여한다. 팀조직은 구성원에 대한 과업할당과 권한부여로 개인의 능력과 창의성을 발휘할 수 있는 기반을 제공해 준다.

### (7) 학습조직

팀조직을 통해 학습(creative & learning)조직을 실현할 수 있다. 학습조직은 지식을 창출·획득·확산하는데 능숙한 조직, 새로운 지식과 통찰력을 반영하여 행동을 수정하는데 능숙한 조직, 잘못된 과거지식을 폐기하는데 능숙한 조직이다.

## 3. 조직 재구축(Restructuring)

### (1) 목 적

기업이 추진하는 조직혁신은 급격한 환경변화에 신속히 대응할 수 있도록 경영체질의 변화와 강화를 목적으로 한다. 최근 많은 기업들이 추진하고 있는 조직혁신의 기본방향을 대별해 보면 다음과 같은 세 가지로 압축할 수 있다.

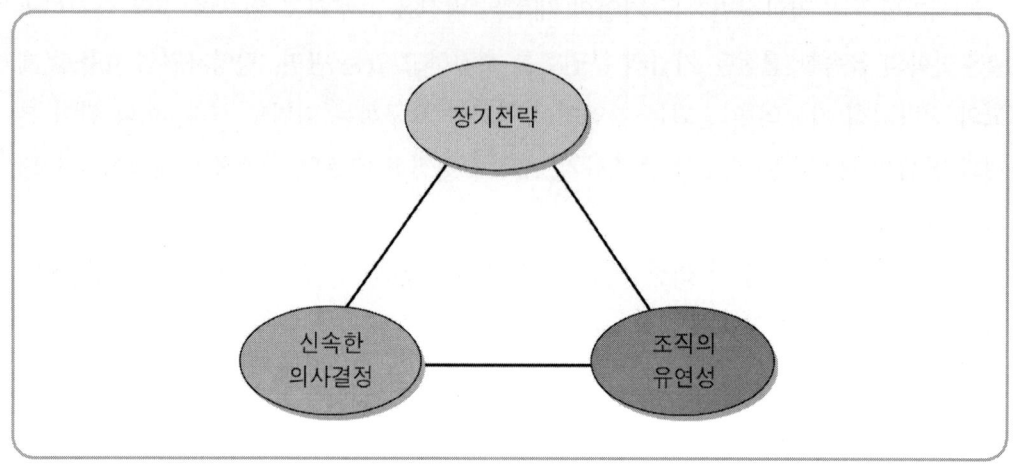

그림 6-12. 조직혁신의 기본방향

① 기업의 장기전략과 연계

조직은 전략추진이 용이하도록 구축되어 있을 때 효율성을 발휘할 수 있으며, 전략과 긴밀한 연계성을 가지고 있다고 할 수 있다. 최근 환경이 중시됨에 따라 기업에 환경안전팀이 신설되고 있는 것은 이러한 측면에서 이해될 수 있을 것이다.

② 계층별 간소화 및 조직의 Flat화를 통한 의사결정의 신속화를 도모함

기업이 환경변화에 적응하기 위해서는 경쟁요소의 하나인 스피드의 강화와 간접부문의 축소를 통해 현장지원을 강화함으로써 효율보다는 효과를 중시하는 조직으로의 변화가 불가피하다는 인식에서 추진되는 경우이다.

③ 조직의 시너지를 높이기 위해 조직의 유연성을 강화

오늘 날과 같은 급변하는 시대의 변화 속에서는 유연하게 대응할 수 있는 조직이 필수적이다. 따라서 기존의 계층별 조직(피라미드)보다는 조직 간의 시너지, 협력이 활성화되어 있는 팀 또는 매트릭스(Matrix)조직 등 보다 유연한 조직이 보편화되는 추세를

보이고 있다.

### (2) 조직재구축의 패러다임 변화

과거 안정적인 기업환경에서는 통제중심이 조직 패러다임(paradigm)의 지배적인 논리였으며 현재까지도 대부분의 기업에 영향을 미치고 있다. 경쟁력 있는 기업을 만들기 위해 계속되는 경영혁신에도 불구하고 과거 조직운영에 대한 타성을 답습하는 것은 기존의 패러다임을 극복하지 못했기 때문인데, 새로운 조직에 대한 패러다임은 다음과 같다.

#### ① 계층의 축소

높은 관리계층에서 낮은 관리계층으로 변화하고 있다. 정보기술의 발달로 중간계층의 역할이 축소되었으며, 의사결정은 그 일을 가장 잘 알고, 정확한 정보를 가지고 있는 곳에서 처리하는 것이 바람직하기 때문이다.

외국의 Manager 와 General Manager 는 우리나라의 과장, 부장과는 기본적으로 다르다. 이들은 소관분야에서 거의 전권을 가지고 업무를 추진한다.

#### ② 자율풍토의 조성

공식화에서 자율적인 합의를 중시한다. 변화하는 환경 하에서는 예측이 어렵고 적용기준이 같지 않기 때문에 자율적인 합의에 의하여 조정하는 것이 운영효율을 도모할 수 있다.

#### ③ 수직적 관계에서 수평적 관계로 변화

| 전통적 조직 | 미래의 조직 |
| --- | --- |
| • 수직적 관계중시<br>• 상사 주도의 조직운영<br>• 수직계층라인을 통한 명령과 지시 | • 수평적인 관계<br>• 상하보다는 동료 간의 관계 강조<br>• 의사결정라인의 대폭적인 단축 |

④ 권한의 집중에서 권한의 하부이양

계층을 단축하여 상위관리자가 수행하던 상당한 권한을 일선으로 위양(empowerment)하게 되므로 해당업무 수행자의 올바른 판단력과 책임감 있는 업무태도가 필요하다.

⑤ 내부통제에서 네트워크화로 변화

기업의 기능을 본사중심으로 내부통제하에 두게 되면 비효율성이 초래되므로 핵심기능만 보유하고 나머지 부가기능은 계열화하여 경영의 효율을 극대화하는 추세이다.

⑥ 부·과제에서 팀제로

전통적인 조직이 지니는 관료성, 경직성으로는 환경변화에 신속하고 유연하게 대응할 수 없다. John Welch는 "계층이 많은 조직은 추운 겨울에 여러 겹의 스웨터를 입은 사람과 같다. 외부환경을 잘 느끼지 못하고 반응이 느릴 수밖에 없다"고 언급하고 조직계층의 단순화(delayering)의 필요성을 주장했다.

⑦ 기능단위에서 프로세스 단위로 조직화

내부조직의 벽을 허물고 고객의 입장에서 업무를 신속하게 처리할 수 있도록 조직을 간단하고 유연하게 설계된 조직이다.

⑧ 계획·통제중심에서 지원중심으로 Staff기능 변화

기업의 핵심가치를 창조하는 것은 사업부문이므로 Staff의 기능을 사업부문으로 위양하고 Staff은 가치창출에 필요한 정보와 자원을 지원하는 역할로 변화하고 있다.

(3) 우리나라 건설업체의 조직구조

한국과 일본의 대형업체들의 조직은 외형적으로는 사업부제의 형태를 취하고 있다. 프로젝트별로 매트릭스 조직과 같은 Task Force Team이 구성되기는 하나, 이러한 조직을 항구적으로 가지고 있는 건설업체는 없는 실정이다. 각국 건설업체 조직구조를 보면 다음 표와 같다.

우리나라 건설업체의 조직구조는 각 기업들이 추구하고 있는 사업부문별로 본부를 구성하고 있고, 업무 및 관리부문을 별도로 운영함으로써 사업본부가 기능통합본부로서의 기능을 갖추지 못하고 있다. 또한 건설과 엔지니어링부문이 별도로 운영되고 있다는 점이 특징적이다.

일본의 대형 종합건설업체들은 전형적인 본부제의 형태를 취하고 있다. 전반적으로 본부는 공종별, 지역별, 사업분야별로 다양하게 구분되어 있다. 마케팅 기능의 강화를 통하여 건설과 엔지니어링의 통합을 추구하고 있다.

표 6-4. 한국·일본·미국의 건설업체 조직구조 비교

| 구 분 | 한 국 | 일 본 | 미 국 |
|---|---|---|---|
| 조직유형 | 본부제 | 본부제 | Network조직 |
| 영업기능 | 별 도 | 별도·통합 | 통 합 |
| 본사기능 | 많 음 | 많 음 | 적 음 |
| 기업특성 | 건설과 엔지니어링이 분리 | 엔지니어링과 건설통합, EC화 추구 | • EC화<br>• Project중심의 소기업 체제 |

자료 : 건설업체 인사관리자협의회, 조직·인력관리사례연구, 1997.

한편, 미국의 경우는 하나의 사업부문내에서 모든 기능을 수행하는 자기완결형의 개별기업의 형태를 띠고 있다. 또한 사업부문이 전략적 사업단위로 구성되어 있다는 점이 특징이라 할 수 있다. 미국 건설업체들의 조직특성은 기업 내부적으로는 주요 사업부문이 별도의 소기업으로 운영되고 본사는 통합자로서의 기능을 가지며, 핵심역량을 제외한 기능들은 외부에서 조달하는 Network조직의 모습을 갖추고 있는 것으로 볼 수 있다.

(4) 구성원에 활력을 부여하는 조직으로 변해야

오늘날과 같이 변화가 빠른 시대에는 무엇보다도 환경변화의 흐름을 잘 읽고 능동적으로 대응할 수 있는 신축적인 조직구조가 필요하다. 이를 위해서는 상부의 권한을 하부로 위양한다든지, 조직의 운영단위를 팀 형태로 운영하여 조직을 간소하게 가져가고 의사결정이 신속히 이루어질 수 있도록 해야 한다. 사람이 비대해지면 순발력이 떨어지고 건강에 문제가 생기는 것처럼 조직도 마찬가지이다.

한때는 초일류기업이었던 조직들이 몰락의 길을 걷게 된 것도 결국은 새로운 경쟁자의 증가, 기술환경의 급진전 등과 같은 경영환경에 유연하게 대응하지 못한데 그 원인이 있으며, 이는 특유의 수직적 조직구조에서 비롯되었다. 즉, 조직의 유연성 제고는 기업의 생존에 극히 중요한 요소가 된 것이다.

전통적인 계층 조직은 정보흐름의 병목(bottle neck)과 의사결정의 지연이라는 현상을 야기하기 때문에 그 한계가 드러나고 혁신의 대상이 된다. 조직의 몸놀림을 둔하게 만드는 수직적 피라미드 구조로는 국제화, 개방화 시대에 유연하게 대응하기에는 숨이 가쁠 수밖에 없다. 따라서 계층을 과감히 축소하거나 제거함으로써 시장변화에 유연하게 대응하기 위한 몸이 가볍고 날렵한 조직이 필요하게 된다.

자발성과 자율성을 가지면, 구성원들은 자기 일에 주인의식과 책임감을 가지게 되고 더 많은 주도성을 가지게 되며 이에 따라 더 많은 보람과 성과를 가져오게 될 것이다. 따라서 구성원에게 활력을 부여한다는 업무 위양(empowerment)의 개념은 기업의 경쟁우위 확보의 필수조건이 된다.

활력이 부여된 개인은 직무가 자신에게 속한다는 것을 알고 있다. 일의 수행방식에서 결정권을 갖는다면, 종업원들은 더 많은 책임을 느끼게 된다. 책임을 느끼게 되면, 더 많은 주도성을 발휘하고, 더 많은 일을 해내며, 일에서 더 많은 보람을 느끼게 될 것이다.

> ▶ 조직이란 영어로 organization으로 어원인 라틴어로는 organisatio(유기체 또는 여성명사로 조직)라고 한다. 즉 조직은 유기체이다. 따라서 조직은 시대의 변화와 기업의 상황에 따라 수시로 변하게 된다. 현재 우리회사는 어떤 조직체계로 운영되고 있으며, 이 조직의 장점과 문제점은 없는지 수시로 검토할 필요성이 있다.

# 06 인재육성은 필요한 인재상에서 도출해야

"불황일수록 기업수는 증가 한다"라는 건설업계의 특수한 현상은 굳이 1997년 IMF 외환위기의 사례를 들지 않더라도 잘 알 수 있다.[24] 장기간에 걸친 불황하에서 정부의 공공투자가 적극적으로 증가하지 못하고 있고, 그와 동시에 공동주택을 비롯한 민간투자 역시 제자리걸음을 하고 있는 실정에 있다.

이러한 상황 하에서 건설업의 경영자는 "경영이란 경영철학을 가지고, 그 신념에 기초하여 조직을 움직여서, 기업이익을 만들어 내는 것이다"라고 이해하고 있다.

## 1. 인재육성전략 비전이 회사에 있는가

'인재육성전략'에는 어떠한 인재를 어떻게 육성할 것인가 하는 '비전'(vision)이 필요하다. 그러한 비전은 형식적인 것 보다는 실제로 달성 가능한 내용을 담고 있어야 하고, 거기에 따라 이루어야 한다는 것을 직원에 이해시키는 것이 중요하다. 이러한 장래적인 「인재육성전략비전」을 문서화하는 기업도 있는데, 기존에 생각해왔던 내용을 문서화하여두면 매출액, 도메인, 그에 수반되는 설비관계, 거기에 포함하고 있는 자금계획 등에도 나타나야 한다. 그러나 인재육성전략비전을 문서화하여 사내에 개시하더라도 상당수의 직원은 그 내용을 이해하지 못하는 경우가 적지 않다. 비전이란 형식적인 문서화하는 것도 중요하지만, 그 보다는 비전의 내용을 파악하지 않으면 안 된다.

비전수립(교육/연수) 담당자는 사원과의 면담, 설문 등에 의해 조사를 하고, 비전에 이것을 연계시켜야 하는데 그로부터 출발되어야 한다. 인재육성전략 비전을 수립하면 경영이념을 기본으로 하여 중장기경영계획을 세우고, 아울러 검토하는 것이 매우 중요하다. 가칭 「인재육성전략 비전위원회」를 설치하여 비전을 작성하는 것이 바람직하다.

---
[24] 건설업체수를 살펴보면 IMF직전인 1997년에는 전체 28,063개(종합 3,896개, 전문 25,433개)였으나, 1988년에는 1,577개가 증가한 29,640개(종합 4,207개, 전문 25,433개)로 집계되었다.

## 2. 장래의 기업조직을 그린다

인재육성비전은 무엇을 토대로 하게 되는가 하는 문제가 있는데, 그것은 교육방침을 가지고 구체화하는 경영계획, 그 가운데서도 인재육성에 필요한 기간을 고려하여 중기 경영계획은 자금과 사람을 중심으로 구성하여야 한다. 중간 경영계획에 구성된 모습으로 인제육성전략비전을 작성할 때에는, 목표하는 장래의 기업조직의 모습을 개략적이라도 스케치하여 현상과 비교해서 실제 어떠한 인재를 육성할 것인지를 고려하여야 한

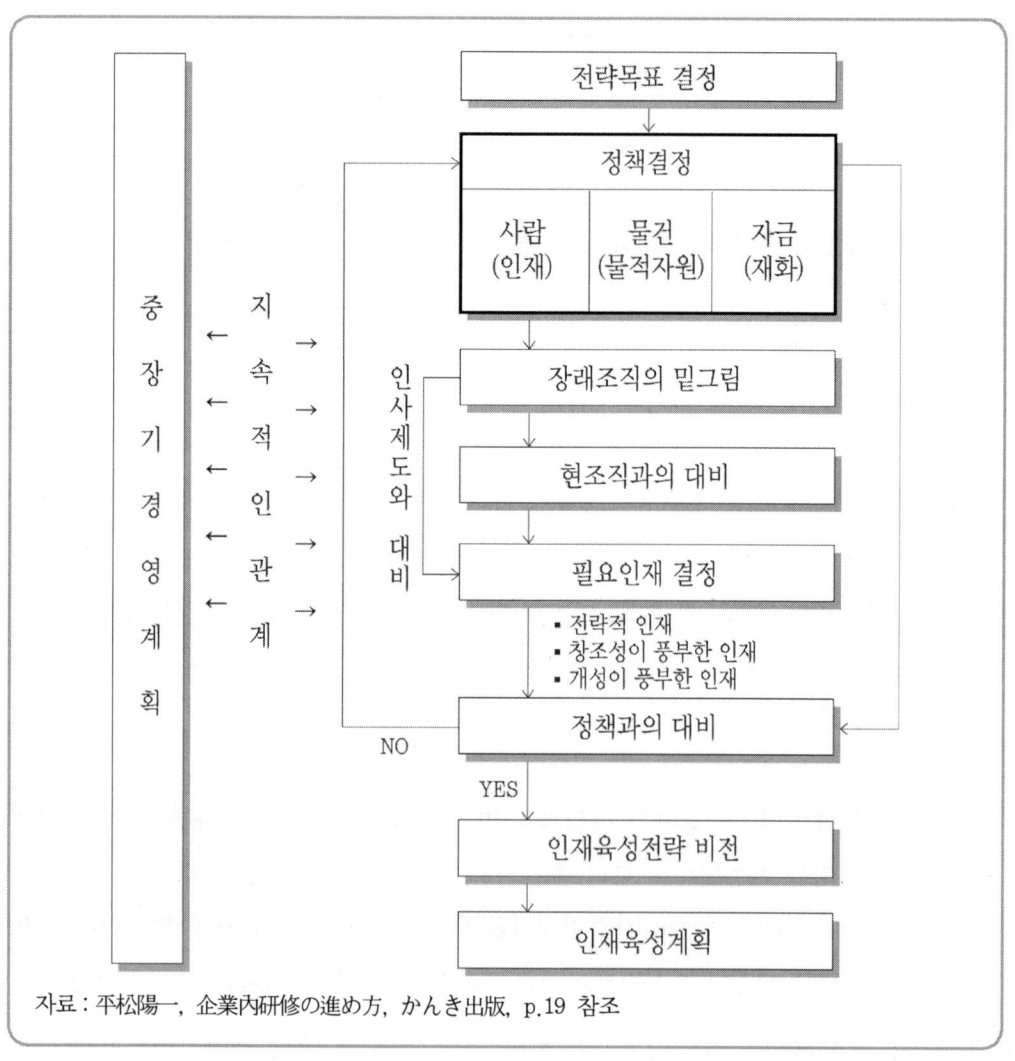

그림 6-13. 인재육성 프로세스

다. 그 후 이러한 욕구에 맞는 인재를 육성하려면 어떠한 교육이 필요한가에 대한 교육 니-즈를 도출하여야 한다.

일반적으로 중소기업이 장래의 조직에 필요한 인재상(人材像)에는 다음 [그림 6-14]의 상단과 같이 표현되며, 그 육성에는 하단과 같은 연수를 실행하게 되는데, 많은 경우 목표하고 있는 인재를 기르게 된다.

- 전략적 인재 ↔ Management Game
- 창조성이 풍부한 인재 ↔ 창조성 개발
- 인간성이 풍부한 인재 ↔ Human Skill 연수

## 3. 실패의 원인을 찾아낸다

실패의 원인으로서는 장래의 조직을 그리지 않고, 바람직한 인재로서 일반적으로 전략적 이고, 창조성과 인간성이 풍부한 인재라고 생각하면서, 그러한 3가지의 인재육성을 테마로 하는 교육·연수를 단순하게 생각하여 수행하는데 있다. 자사의 장래성의 조직을 스케치하여 그 조직에 필요한 인재상을 검토하고, 그러한 인재육성계획을 세워 인재육성전략비전을 만드는 것이 필요하다. 이러한 인재육성전략비전을 세우는 체크포인트로서는 다음과 같다.

① 경영비전이 명확하게 문서화되어 있는가?
② 경영비전이 직원 모두에 골고루 이해되고 있는가?
③ 경영비전에 인재에 관한 방침이 명확하게 수립되어 있는가?
④ 인재전략비전의 존재가치가 사내에 인식·공유되어 있는가?
⑤ 인재전략비전이 구체적인 행동을 야기할 때에 참고가 되는가?

## 4. 경영전략 가운데 인재육성전략을 편입시켜야

인재전략은 경영전략의 일익을 담당하는 것으로서, 장기적인 관점에 입각하여 계획적인 실행이 되지 않으면 안 된다. 인재육성전략 전체를 유기적으로 연관시켜 체계적으로 실시할 필요가 있다. 경영전략에 따른 인재육성전략은 다음의 두 가지의 관점에서 검토한다.

### (1) 인재육성의 과제

인재육성의 기본적인 과제로서는 장래에 도래하는 인재육성의 목적을 장래의 조직과 부합하지 않으면 안 된다. 기업조직이 처해있는 상황이나 장래의 예측, 최고경영자의 요청 등을 고려하여 사내의 컨센서스를 얻고, 납득시키는 노력이 필요하다. 또 과제에 있어서는 상시 체크할 필요가 있는데, 너무 단기일내 변경하지 않는 것이 좋다.

### (2) 운영조직

인재육성전략을 추진하기 위한 부문, 책임자를 명확히 정하고 추진 체를 확립한다.

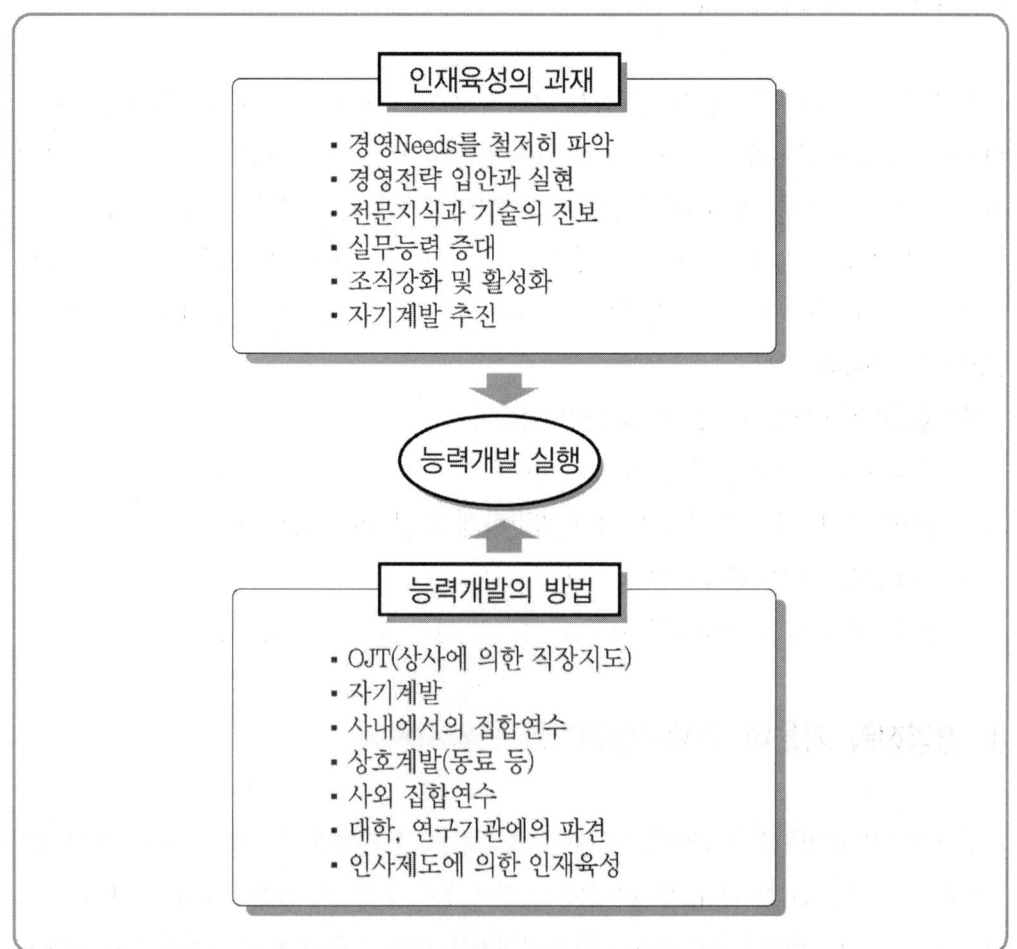

그림 6-14. 인재육성 전략의 프레임

그 구체적인 내용은 그림과 같다.

능력개발의 방법으로서는 [그림 6-14]에서 보는 바와 같이 다양하다. 상사에 의한 직장 지도인 On the Job Training이 중요한데 건설산업은 도제(徒弟)적인 성격이 농후하기 때문이다. 아울러 Self-Development, 사내에서의 집합연수, 사외의 집합연수와 대학이나 연구기관 등에의 일정기간 파견과 함께 인사제도에 따른 인재육성 등이 있다.

## 5. 성공하는 인재육성 방법 7가지 원칙

다음은 LG경제연구소(HRD, 2007)에서 주장하는 "성공하는 인재육성 방법의 7가지 원칙"을 인용하였다. 타산지석으로 삼을 수 있는 내용으로 이를 요약하였다.

제1원칙 : 적합한 사람(right people)을 뽑아라. 성공적인 인재 육성의 출발점은 회사가 필요로 하는 적합한 사람을 채용하는 것에서 시작한다. 해당 기업의 사업, 직무, 특성 및 문화에 가장 적합한 인재를 선발하는 것이 중요하다.

제2원칙 : 도전적인 업무를 부여하라. 구성원들의 역량을 높이기 위해서는 구성원들 스스로 고민하고 창의력을 발휘할 수 있는 기회를 지속적으로 제공하는 것이 필요하다.

제3원칙 : 문제 해결 도구를 제공하라. 회사는 구성원들이 자신들의 역량을 발휘하는 데 활용할 수 있는 적절한 지원 툴(tool)이나 방법론을 제공해 주어야 한다.

제4원칙 : 실험 및 학습을 장려하라. 구성원들의 역량을 제고하기 위해서는 구성원들이 자신들의 아이디어를 실험하고 이를 통해 학습할 수 있는 문화를 구축하는 것이 필수적이다.

제5원칙 : 기회가 큰 곳에 핵심인재를 활용해라. 기업이 핵심인재를 육성하고 또한 이러한 인재를 통해 보다 발전하기 위해서는, 최고의 인재를 기회가 가장 좋은 곳에 배치하는 관행을 만들어 나가는 것도 중요하다.

제6원칙 : 성공을 공유해라. 구성원의 기여 및 조직의 성공을 바탕으로 금전적 및 비금전적 측면 모두를 구성원과 함께 진정으로 공유하는 것이 필요하다.

제7원칙 : CEO가 직접 챙겨라. 인재육성을 위해서는 채용, 교육, 업무 수행, 보상 등 비즈니스 프로세스 전반이 서로 적합성 있게 연계되어야 한다. 따라서 인재 육성은 인사 등 하나의 부서가 담당해야 할 업무가 아니라 CEO가 직접 챙기는 업무가 되어야 한다.

## 07 직무분석을 통해 인력을 적재적소에 배치한다

### 1. 직무분석의 개념과 필요성

직무분석(job analysis)은 조직이 요구하는 일의 내용 또는 요건을 정리·분석하는 과정이다. 일반적으로 인사관리에 있어서 그 관리의 대상은 인간이라고 말하지만 실제로는 인간이 관리대상이 되지 않으며, 일정한 직무를 수행하는 인간의 행동이 관리의 대상이 되는 것이다. 따라서 합리적이고 과학적인 인사관리를 위해서는 각 직무의 내용과 특성을 구체적으로 파악하고 이해하지 않으면 아니 된다. 직무분석은 개개의 직무에 관한 제반 사실과 특성직무가 가지는 기본적 조건을 조사함으로써, 그 직무성격과 직무를 수행하는데 필요한 자격조건을 얻는 과정 혹은 방법이라 정의된다.

이러한 직무분석은 다음과 같은 인사관리의 제업무분야에서 합리적인 인사관리와 조직관리 및 직무관리를 위해서 필요하다

① 직무분석은 합리적인 조직계획의 기초가 된다.
② 직무분석은 업무개선의 기초가 된다.
③ 직무분석은 채용, 배치, 승진, 이동의 기준을 만드는 기초가 된다.
④ 직무분석은 인사고과의 기초 작업이다.
⑤ 직무분석의 결과는 종업원의 훈련 및 경력개발(CDP)의 기준이 된다.

### 2. 직무분석의 방법과 절차

직무분석의 방법은 그 분석의 목적에 따라서 상이하며, 또한 기업의 종류와 규모에 따라서 상이하지만 일반적으로 면접법(interviewing), 관찰법(observation Method), 워크샘플링법(work sampling method), 설문지법(questionnaire), 주요사건법(critical incidents method) 등이 있다.

## 3. 직무기술서와 직무명세서

직무분석은 직무기술서와 직무명세서의 기초가 된다. 직무기술서는 과업중심적인 직무분석에 의하여 얻어지며, 직무명세서는 사람 중심적인 직무분석에 의하여 얻어진다. 직무기술서(job description)는 직무분석의 결과에 의거하여 직무수행과 관련된 과업 및 직무행동을 일정한 양식에 기술한 문서를 말한다.

한편, 직무명세서(job specification)는 직무분석의 결과에 의거하여 직무수행에 필요한 종업원의 행동·기능·능력·지식 등을 일정한 양식에 기록한 문서를 말한다.

## 4. 건설업체의 직무분석 사례[25]

### [1] 본사의 직무분석표 사례(국내공사관리부)

| 부서의 사명 | 효율적인 공사관리 시스템 구축을 통한 현장의 공사 수행능력 향상을 도모함 | | | | | |
|---|---|---|---|---|---|---|
| 대분류(Duty) | 중분류(Task) | 업무습득 목표 수준 | | | | |
| | | 사원 | 대리 | 과장 | 차장 | 부장 |
| A. 원가관리 | 1. 하도급승인 | | ■ | ■ | | |
| | 2. 예산집행승인 | | ■ | ■ | | |
| | 3. 자금청구승인 | | ■ | | | |
| | 4. 중간손익점검 | | | ■ | ■ | ■ |
| | 5. 준공정산보고 | | ■ | | | |
| | 6. 현장 원가관리 현황 | ■ | ■ | ■ | | |
| | 7. 현장 원가관리시스템 구축 | | | ■ | ■ | |
| B. 외주기획 | 1. 우수협력업체 확보 | | ■ | ■ | | |
| | 2. 선정시스템 구축 | | ■ | ■ | | |
| | 3. 협력업체 평가 | | ■ | | | |

25) ○○건설주식회사의 본사 및 현장 직무분석표 참조

건설경영 이렇게 하라

| | 4. 협력업체 육성 | | | | | |
| --- | --- | --- | --- | --- | --- | --- |
| | 5. 협력업체 지원 | | | | | |
| C. 현장업무지원 | 1. 하도급계약 체결 | | | | | |
| | 2. 부도, 채권 관련업무 해결지원 | | | | | |
| | 3. 협력업체 문제야기 해결지원 | | | | | |
| | 4. 현장 일반 행정업무 지도 | | | | | |
| | 5. 입찰 실시 | | | | | |
| D. 건설관련 법령저촉 예방업무 | 1. 법령개정에 따른 대응방안 수립 | | | | | |
| | 2. 전파교육 | | | | | |
| | 3. 현장의 법 저촉행위 시정 | | | | | |
| E. 공무자원관리 | 1. 신임 공무자원 기본교육 | | | | | |
| | 2. 공무자원 배치 | | | | | |
| | 3. 현장공무 향상교육 | | | | | |
| F. 문서관리 | 1. 지침서 개정관리 | | | | | |
| | 2. 문서관리 | | | | | |

## [2] 현장의 직무분석표 사례(현장시공 직무)

| 부서의 사명 | 제반 시공자원의 효율적인 활용과 철저한 시공관리를 통하여 시설물을 건설함으로써 궁극적으로 고객만족을 실현함 |
| --- | --- |

| 대분류(Duty) | 중분류(Task) | 업무습득 목표 수준표 | | | | |
| --- | --- | --- | --- | --- | --- | --- |
| | | 사원 | 대리 | 과장 | 차장 | 부장 |
| A. 공통가설업무 | 1. 현장부지 여건조사 | | | | | |
| | 2. 가설시설물 설치계획 | | | | | |
| | 3. 전력,통신,상하수도시설설치계획 | | | | | |
| | 4. 환경시설 설치계획 | | | | | |
| | 5. Mob. 실행예산 작성 | | | | | |
| | 6. 양중계획 수립 | | | | | |
| | 7. 초기 대관 인허가 업무수행 | | | | | |

| | | | | | | |
|---|---|---|---|---|---|---|
| B. 공정관리 | 1. Milestone Schedule 작성 | | | | | |
| | 2. 전체 공정표 작성(PERT/CPM) | | | | | |
| | 3. 자원동원계획 작성 | | | | | |
| | 4. 진도관리 | | | | | |
| C. Engineering 업무 | 1. 공법계획 수립 | | | | | |
| | 2. 자재승인 요청 | | | | | |
| | 3. 시스템 검토(전기, 설비 등) | | | | | |
| | 4. Shop Dwg. 작성 | | | | | |
| | 5. 시험관리 | | | | | |
| | 6. 설계도서 검토 | | | | | |
| D. 장비관리 | 1. 장비동원계획 수립 | | | | | |
| | 2. 장비운용 관리 | | | | | |
| | 3. 중기조종원 및 신호수 관리 | | | | | |
| E. 자재관리 | 1. 자재 수급계획 수립 | | | | | |
| | 2. 자재청구 | | | | | |
| | 3. 자재검수 | | | | | |
| F. 품질관리 | 1. 품질관리계획 | | | | | |
| | 2. 공종별, 단계별 품질관리 | | | | | |
| | 3. 협력업체 품질평가 | | | | | |
| | 4. Testing & Commissioning | | | | | |
| G. 안전관리 | 1. 안전관리계획 수립 | | | | | |
| | 2. 안전시설물 설치 | | | | | |
| | 3. 안전점검 | | | | | |
| | 4. 안전교육 실시 | | | | | |
| | 5. 협력업체 안전관리 | | | | | |
| | 6. 사고발생시 조치 | | | | | |
| | 7. 노무관리 | | | | | |
| H. 원가관리 | 1. 실행예산 작성 | | | | | |
| | 2. 기성관리 | | | | | |
| | 3. 원가투입 개선방안 | | | | | |

| | | | | | | |
|---|---|---|---|---|---|---|
| I. 대고객관리 | 1. 홍보활동 | | | | | |
| | 2. 기술업무 | | | | | |
| | 3. A/S업무 | | | | | |
| | 4. 사전 민원파악 | | | | | |

[용어정의]

- 업무습득 목표 수준표 : 직무분석 내용 중 중분류(Task)항목별로 직위와 년차를 고려하여 도달하여야 될 목표수준을 제시하고 있음
- Duty : 직무 또는 부서업무를 구성하는 대분류 단위로서, 어떤 관련된 Task의 통합단위
- Task : Duty를 구성하는 직무 또는 부서업무의 중분류 단위로서, 의미 있는 수행결과를 내는 구체적인 업무단위

▶ 직무분석은 인사관리를 사람 중심에서 조직이 요구하는 일 중심으로 이끌기 위한 기본 자료를 얻는 과정이다. 따라서 합리적인 인사관리를 하려면 직무분석을 하여 직무를 정의하고, 이를 기준으로 필요한 인력을 계획하고 선발·배치·평가·이동·훈련·보상해야 하는 것을 원칙으로 하여야 한다. 우리회사는 이러한 직무분석이 수립되어 있는가?

# 08 핵심인재를 육성한다

## 1. 인재에 대한 인식

> 일본의 유력 경제주간지 '도요케이자이(東洋經濟)'가 최신호(2005.2.26일자)에서 "약진! 한류 경영의 수수께끼를 푼다"라는 특집기사를 통해 삼성전자의 성공비결로 ① 이건희 회장의 강력한 리더십, ② 인재에 대한 끊임없는 투자, ③ 속도감 있는 경영 등을 꼽았다(자료 : 조선일보 2005.2.27).

　내일은 예측하기 어려운 경영환경, 그리고 기업 간 치열한 경쟁으로 특징 지워지는 현재의 경영환경 하에서, 각 기업은 인재를 확보, 육성, 유지하는데 대단한 관심과 노력을 쏟고 있다. 이와 같이 인재에 대한 필요성, 최근에는 특히 핵심인재의 육성과 투자에 대한 관심이 높아지고 있다.

　그러나 아직도 많은 회사의 경영자, 특히 건설 산업계의 경영자들은 "막상 쓸 만한 인재가 눈에 띄지 않는다". 라고 푸념한다. 또한 "열심히 길러놓으면 다른 회사로 가버리기 때문에 굳이 많은 투자를 할 필요성이 없다. 필요하면 또 뽑으면 된다"라고 생각하는 분위기가 있다. 그러나 회사에 쓸 만한 인재가 부족하다는 것은 '기업이 요구하는 능력과 종업원이 가지고 있는 능력과의 괘리' 때문에 발생한다. 다시 말하면 기업교육은 종업원의 능력을 어떻게 개발·교육하여 기업에서 요구하는 방향과 수준으로 끌어 올리느냐에 초점이 모아진다.

　어떠한 경우이던 현재와 같은 경영환경 하에서는 유용하고 유능한 인재의 확보·육성이야 말로 장래 다른 기업과의 경쟁에서 이기기 위해서 반드시 갖추어야 할 필수적인 요인임에는 틀림없는 사실이다.

## 2. 21세기 건설산업의 경쟁요소로서 인재

기업을 경영함에 있어서 인재의 중요성은 재론할 여지가 없다. 작게는 기업에서부터 크게는 국가에 이르기 까지 존립의 성패는 훌륭한 인재에 달려있기 때문이다. 특히, 건설산업에 있어서는 향후 경쟁이 심화되고 건설수요가 다양하게 분화됨에 따라 분야별 전문성이 경쟁력의 제1척도가 될 것이다. 또한, 건설시장이 자율규제로 변화됨에 따라 재무·회계 및 계약·클레임 등 관리능력의 확보가 요구되는 등 '우수 인력의 확보'가 21세기 건설산업생존의 키워드(key word)가 될 것이다.

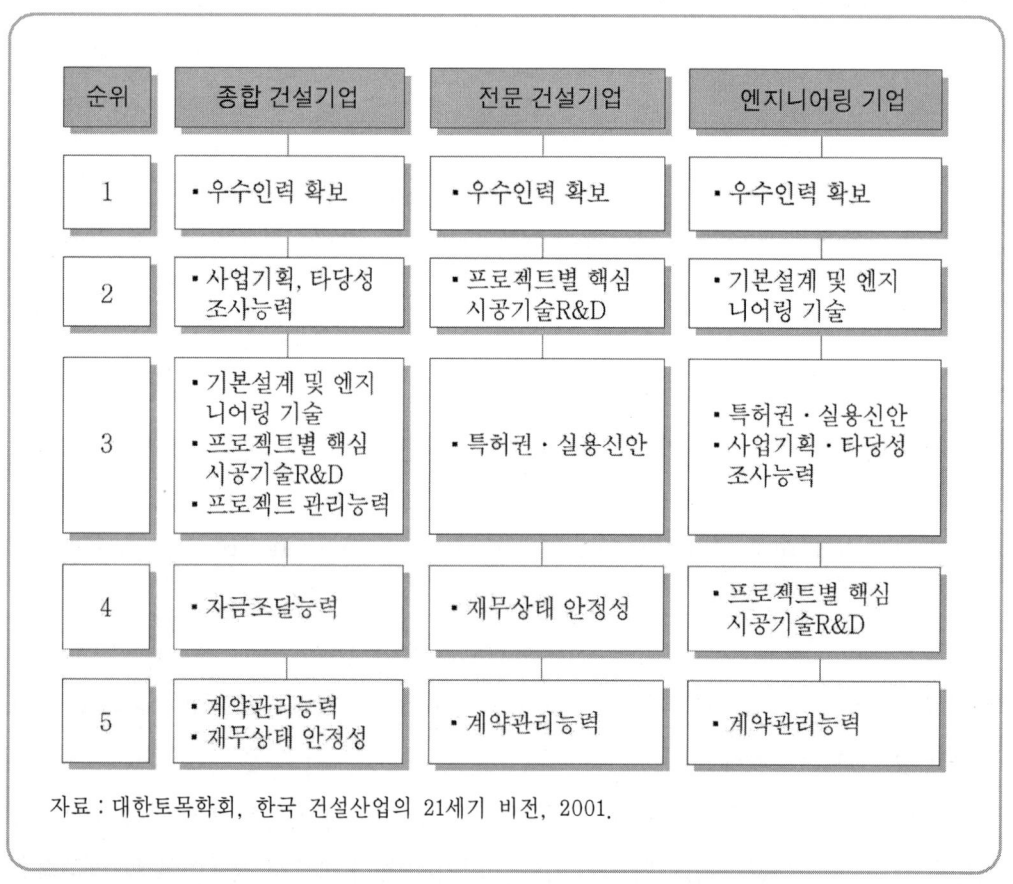

그림 6-15. 건설업 및 엔지니어링 기업의 21세기 경쟁력 요소 비교

## 3. 기업인사의 변화

모든 유기체가 그러하듯 기업인사에 있어서도 시대와 사회 환경의 변화에 따라 추구하는 내용과 방법에서 많은 변화를 가져왔는데, 이를 표로 나타내면 다음과 같다.

표 6-5. 기업인사의 변화

| 구 분 | 아날로그시대 | 디지털시대 |
|---|---|---|
| 조직구조 | • 정형화, 경계분명<br>• 위계적, 내부지향적 | • 네트워크화(무정형, 무경계)<br>• 수평적, 내외 개방적 |
| 인력관리 | • 전체인력의 확보, 유지<br>• 장기고용방식 | • 핵심인재 확보, 유지<br>• 다양한 고용방식 |
| 보상체계 | • 내부가치 중심<br>• 평등원리 기초<br>• 연봉 + 복리후생 | • 시장가치 중심, 실력주의<br>• 공평원리 기초<br>• 연봉 + 성과배분 + 스톡옵션 |
| 노사관계 | • 집단적 이해중시<br>• 임금인상, 근로조건 개선 | • 개별적 needs중시<br>• 성과배분, 고용가치 증진 |
| 기업문화 | • 폐쇄적, 위계적<br>• 순차적 의사소통 | • 개방적, 민주적<br>• 실시간 쌍방 간 의사소통 |

자료 : Vijay K. Verma, Human Resource Skills for the Project Manager, Project Management Institute, 1996.

## 4. 핵심인재와 핵심역량

핵심인재에 대한 정의를 내리기에 앞서 정의되어야 할 것은 현재 해당기업의 비즈니스 수행에 포함되어진 많은 활동 중 어떠한 활동이 그 사업을 수행함에 있어 해당 기업이 직접 보유하고 강화해야 할 역량이며, 타 기업보다 나은 우월적 위치를 점할 수 있게 해주는 역량이 무엇인지를 알아야 할 것이다.

건설업의 경우 공유할 수 없는 직군간의 지식, 기능 및 경험을 고려할 때 가급적 특정 사업영역에 있어 반드시 요구되는 또는 외부에서 조달할 경우 향후 경쟁력에 저해가 될 수 있는 업무영역을 구분하는 것이 효과적일 것으로 판단된다.

따라서 핵심역량(core competency)이란 경쟁기업에 비해서 우월한 경쟁우위를 가져다주는 기업의 능력이며, 기업성장의 근원이 되는 것으로, 이러한 역량을 지닌 인재를 핵심인재라 한다. 즉, 기업이 보유하고 있는 내부역량으로서 경쟁사와 차별될 뿐만 아니라 사업성공의 핵심으로 작용하는 경쟁우위에 있는 인력이라 정의할 수 있을 것이다.

## 5. 인재분류

### (1) 직무기준에 의한 인재분류

이에 대하여는 우선 직무특성이론을 주장한 Dave Ulrich의 '인적 자원의 차별화 전략'을 활용, 인력의 대체성과 직무의 전문성을 기준으로 Privotal, Retained, Buying, Outsourcing HR의 4개 영역으로 구분할 수 있다.

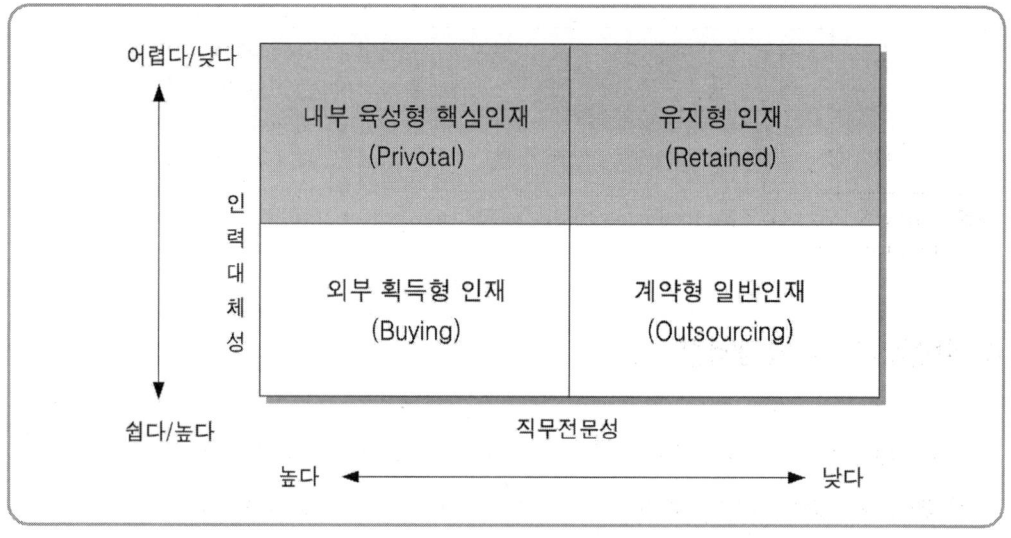

그림 6-16. 직무특성이론

### (2) 사람중심의 인재분류 기준

회사의 현 인력의 유형을 개인이 가진 능력의 수준과 회사가 추구하는 가치에 대하여 공감하는 정도를 기준으로 구분하는 방식으로, 회사가 추구하는 가치에 대한 개인의 공감수준과 개인이 보유한 능력수준을 비교하는 것이다.

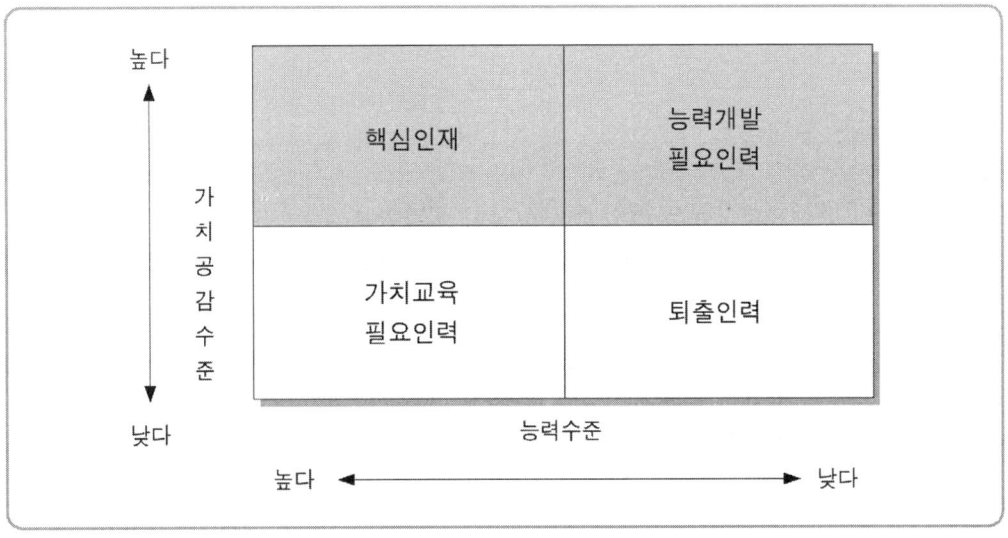

그림 6-17. 사람중심의 인재분류 기준

## (3) 유형별 인재요건 및 관련 직무

상기의 분류기준에 따른 인재요건과 관련 직무를 분류하면 아래와 같이 정리되는데, 업종에 따라 구분이 달라질 수 있다.

표 6-6. 유형별 인재요건 및 관련 직무

| 인재유형 | 인 재 요 건 | 관련직무(예) |
|---|---|---|
| 핵심인력 | • 직무의 전문성이 높고 또한 대체인력을 쉽게 찾을 수 없는 인력<br>• 외부노동시장에서의 시장가치가 높아 언제든 영입대상이 됨<br>• 무형의 지식이나 노하우의 비중이 높은 직무 수행자 | • 해외영업<br>• 수주견적<br>• Project관리등… |
| 내부유지<br>(능력개발) | • 직무의 전문성은 크게 높지 않으나 노동시장에서의 직무군 형성이 미흡, 비용을 지불하고서도 당장에 획득하기 어려운 직무수행 | • 현장관리<br>• 엔지니어링등… |
| 내부유지 | • 외부의 직종형성이 어느 정도 되어있음<br>• 회사가 보유함에 따라 크게 실익이 없는 직무수행 | • 본사지원업무… |
| 아웃소싱<br>대상인력 | • 쉽게 구할 수 있으며 쉽게 떠남<br>• 외부 노동시장에서 직종형성이 되어있는 직무수행자로서 대체가 쉬운 인력 | • 현장품질<br>• 하자보수<br>• 지원… |

## 6. 육성형태

### (1) 예상되는 문제점

핵심인재의 육성프로그램은 기업에 긍정적인 효과만을 주는 것은 아니다. 이러한 핵심인재 육성프로그램 도입 시 제기되는 문제로서는 다음과 같다.

첫째, 핵심인재 풀에 포함되지 못한 인력이 갖는 소외감, 불만에 따른 문제이다.

둘째, 핵심인재 육성프로그램을 통한 인재육성이 잘못하면 현재의 경영진과 유사한 인력만을 양성할 것이라는 것이다. 즉 바람직한 모델을 찾기가 쉽지 않다는 것이다.

셋째, 경영자나 리더가 과연 의도적으로 육성될 수 있는가 하는 원초적인 문제이다. 특히 우리나라의 조직문화를 고려할 때 너무 빨리 인재로 부각될 경우 장기적으로는 마이너스로 작용될 수 있다는 우려이다. 따라서 이 프로그램을 도입할 경우에는 매우 신중한 접근과 검토가 있어야 할 것이다.

### (2) 프로그램 설계시 유의사항

① 핵심인재의 선발기준이 명확히 설정되어야 한다.
② 핵심인재의 공개여부에 대한 기준이 있어야 한다.
③ 핵심인재의 최초 선발시기에 대한 검토가 필요하다.
④ 커뮤니케이션 전략을 마련하여야 한다.

프로그램의 도입목적 뿐만 아니라 세부내용을 누구에게 어떤 방식으로 전달할 것인가에 대한 커뮤니케이션 전략이 필요하다. 이를 통해 핵심인재의 공정성 여부, 그리고 선발되지 못한 구성원들의 좌절감을 최소화 시키는 노력의 일환으로 볼 수 있을 것이다.

### (3) 인재육성의 전체상

교육을 시행하기에 앞서 분명한 교육체계의 전체상(Training Road Map)을 확립하고 이에 따라 꾸준한 실행이 이어져야 할 것이다. 즉, 앞으로 나아갈 길을 정해놓고 끈기 있게 매진하여야 한다. 육성체계와 보상체계를 적절히 설계하여 핵심역량과 기업의 경쟁력을 극대화 할 수 있는 인재로 육성해야 할 것이다.

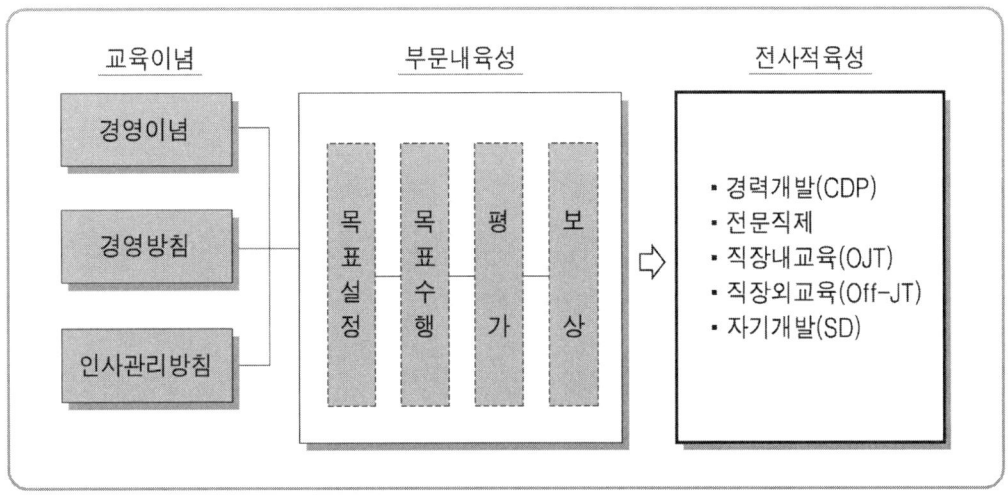

그림 6-18. 인재육성체계의 구상

한편, 건설업체의 교육과정은 직무능력향상을 목적으로 하는 전문화 단계에서부터 출발하여, 다기능화 단계, 그리고 관리능력향상에 비중을 두고 있는 고도화단계에 이르는 교육체계의 이미지를 그려볼 수 있다.

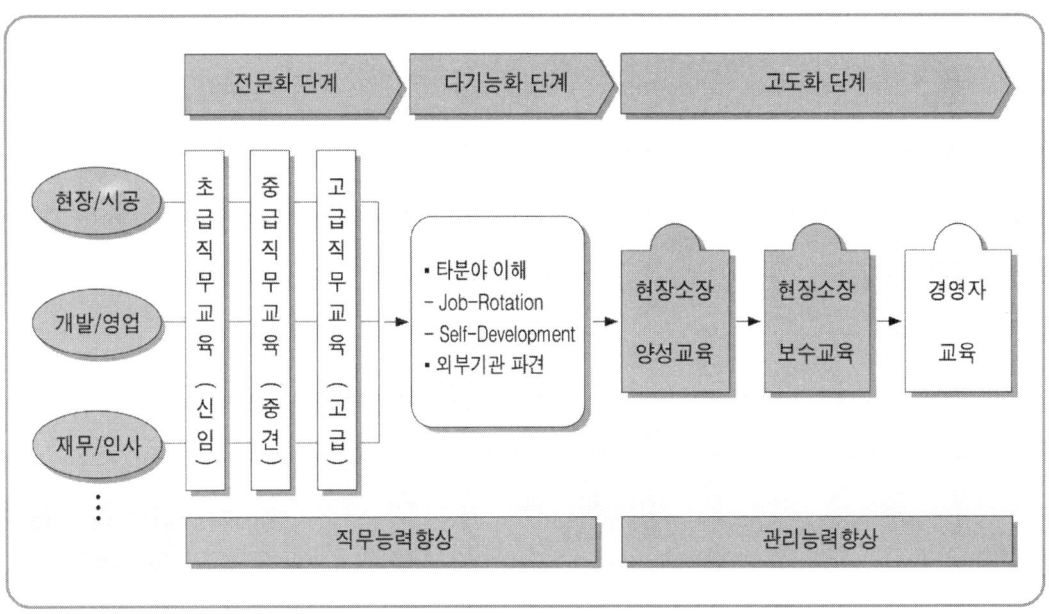

그림 6-19. 건설 분야의 직무교육체계의 전체상(예시)

제7장

# 일류회사를 지향한 기업의 실천경영 전략

1. 전 직원이 수주요원이다 / 337
2. 건설산업의 정보화를 구축한다 / 341
3. 확대경영도 필요하다 / 350
4. 신규 사업과 틈새시장 진출을 모색한다 / 354
5. 신규분야 진출 사례 / 365
6. 전문건설업의 혁신 전략 / 376
7. 기업경영과 사회적 책임 / 384
8. 건설산업의 윤리문제를 생각한다 / 389
9. 새로운 건설문화를 창출하자 / 398

# 01 전 직원이 수주요원이다

## 1. 건설업은 수주산업이다

생산에는 상품을 생산하고 나서 수요처가 결정되는 소위 예상 생산과, 수요처로부터 주문을 받아 생산을 개시하는 주문생산의 두 가지 유형이 있다. 예를 들어 기계, 조선, 건설 등은 단가가 거액이며 완성에 걸리는 시간도 길다. 또 이들 업종에서는 그 제품의 형태가 수요처의 특수한 사정에 따라 달라지게 되므로 수요처의 주문에 따라 생산하는 것이 보통인데 이와 같은 산업을 수주산업이라고 한다. 건설업은 자체적인 계획에 따른 공동주택 공사 또는 개발프로젝트 등을 제외하고는 전형적인 수주산업이다.

수주(受注)란 수요처로 부터 건설 프로젝트를 주문받는 행위를 말한다. 이러한 수요처를 주문자 또는 발주자라 한다. 수주를 통해 일거리가 창출되고 매출이 발생되며 건설회사가 운영되는 원동력이 된다. 따라서 건설프로젝트의 수주야 말로 매우 중요한 핵심적인 요인이기도 하다.

## 2. 전 직원이 영업사원이다

일반적으로 건설회사는 수주를 담당하는 부서를 영업부 또는 업무부라 부르는 것이 일반적이다. 이러한 업무를 담당하는 사람을 총칭하여 영업맨(business man) 또는 업무담당자라 한다. 이러한 영업맨의 수주행위는 기업의 사활을 좌우하는 주요한 핵심이기 때문에 회사원이면 누구라도 영업맨으로서의 자세와 마인드를 지니고 있어야 할 것이다. 다른 부서에서 영업 관련 업무를 수행하지 않더라도 수주관련 정보 수집 또는 정보망 활용을 통해 회사가 건설프로젝트를 수주할 수 있는 계기를 만드는 것이 필요하기 때문이다. 아래와 같은 전체적인 영업활동에서 적어도 공사수주와 관련된 정보수집과 관리, 수주활동은 전사원이 함께한다는 마인드가 매우 중요하다. 이러한 수주영업활동은 다음과 같은 업무와 절차를 거치게 된다. 물론 회사의 방침이나 규정에 따라서는 업무 분장을 이와 달리 하는 경우도 있다.
① 정보수집 및 관리 : 정보수집, 정보 분석, 정보관리
② 수주활동 : 추진방향 수립, 정보입수, 타당성 검토, 프로젝트 관리, 발주처 영업, 설계사무소 영업, 경쟁사 관리 등
③ 입찰업무 : 입찰공고 접수, PQ작성, 현장설명 참가, 적격심사 서류 제출
④ 계약업무 : 계약준비, 계약체결, 계약관리
⑤ 수금업무 : 선급금 신청, 기성금 신청, 공사대금 수령
⑥ 기타업무 : 사업계획 수립, 공사 시공실적 신고, 수주 및 수금실적 관리 등

## 3. 영업맨으로서 갖추어야 할 지식

영업맨으로서 성공하기 위해서는 기본적인 필수요건이 있다. 그것은 수주를 하고자 하는 상품(프로젝트)에 대한 폭 넓은 지식이다. 오늘과 같은 경쟁시장에서 수주활동에 성공하기 위해서는 그 상품에 대한 지식과 내용을 충분히 파악하고 있지 않으면 안 된다. 주문자가 상품에 대하여 여러 가지 다양한 질문을 하게 되고, 영업맨은 이에 대하여 충분한 설명을 하게 되면 자연히 신뢰관계가 형성되어 수주활동을 하는데 매우 유리한 입장에 서게 된다. 따라서 이러한 수주활동을 함에 있어서 영업맨이 갖추어야 할 기본적인 지식과 전문적인 지식이 있다.
① 회사에 대한 기본지식
② 국가계약법 등 계약관련 지식
③ 견적업무와 적산업무 지식
④ 수표, 어음관련 지식
⑤ 건설산업기본법, 건축법 등 건축 및 건축행정관련 제반 법규 지식
⑥ 자금흐름 및 회계 관련 지식
⑦ 발주자나 시행사의 경영내용 분석(대차대조표, 손익계산서, 신용도 등)
⑧ 공사관리 지식(공사관리, 원가관리, 품질관리 등)
⑨ 계약관련 클레임과 분쟁해결에 대한 지식

## 4. 착공에서 준공까지

건설공사의 시공은 공사의 수주를 통해 계약해서 착공하고, 그 건조물을 준공함으로서 종료된다. 공사를 수주하면 시공의 기본방침을 수립하고, 시공계획과 실행예산을 작성하여 이에 따라 공사를 진행하고, 그 결과를 검토하게 된다. 검토 결과는 각 종의 데이터를 축적하고 이러한 것은 다음의 공사를 수주하고 시공하는데 활용하게 된다.

이와 같이 착공에서 준공까지는 계획(PLAN), 실시(DO), 검토(CHECK)의 순서대로 진행된다. 이것이 P-D-C의 사이클이다.

### (1) 계획(PLAN)

① 목적, 방침을 명확히 한다.
② 관계사항, 관련사실을 파악한다.
③ 법규, 사례 등을 조사한다.
④ 5가지의 의문(5W1H)사항을 고려하여, 실시안을 수립한다.
왜(Why), 언제(When), 무엇을(What), 어떤 사람이(Who), 어디서(Where), 어떻게(How)

### (2) 실시(DO)

⑤ 적극적으로 추진한다.
⑥ 공기 · 원가 · 품질 · 안전을 준수한다.
⑦ 협력하고 지원한다.
⑧ 예측하지 못한 사태가 발생한 경우 곧바로 대처한다.

### (3) 검토(CHECK)

⑨ 결과를 정리한다.
⑩ 계획과 결과가 다른 것을 조사하여, 다음 계획시 참고한다.

이것을 고려하여 수주에서 준공까지의 경로를 표로 나타내면 다음과 같다.

표 7-1. 수주에서 준공까지의 절차

| 대구분 | 구 분 | 업무내용 | 비고 |
|---|---|---|---|
| 계획<br>(PLAN) | ① 수주<br>② 시공계획 | 1. 공사 집행 기본방침<br>2. 현장조직 편성<br>3. 실행예산 편성, 자금계획의 결정<br>4. 공사시공계획 회의(기본시공계획, 공정계획, 공사별 시공계획) | 영업<br>현장 |
| 실시<br>(DO) | ③ 현장사무소 개설<br>④ 착공<br>⑤ 준공<br>⑥ 현장사무소 철거 | 5. 현장기자재 및 장비 청구<br>6. 하도급계약<br>7. 선급금 청구, 기성고 확정 및 기성고 청구<br>8. 지급금액 검토 및 확정<br>9. 공사원가계산 중간보고서·총괄표 작성<br>10. 시공관리(공기엄수, 원가파악, 품질확보, 안전관리, 노무관리, 장비관리 등)<br>11. 공사도급금액 청구<br>12. 준공식 | 영업<br>공무<br>현장<br>경리<br>지원 |
| 검토<br>(CHECK) | ⑦ 경리자료<br>⑧ 보고 등 | 13. 공사원가계산 최종 보고서 및 총괄표<br>14. 공사비 원가계산 대조표<br>15. 하도급업자 평가보고서<br>16. 기타 관련 보고<br>17. 기술자료 검토<br>18. 기록물, 현장사진 등 정리·보관 | 현장<br>공무<br>지원 |

▶ 수주는 회사가 기술력 축적, 수익성 확보, 대외 신인도 향상 등 종합건설업체로서 변모하는 근간을 이루게 하는 매우 중요한 요소로 건설의 꽃은 '수주'라고도 한다. 따라서 이러한 수주업무를 담당하는 사람은 면허·실적·계약·기술인 관리 등 행정업무와 정부와 관련하여 적법하고 적절한 영업을 수행하는 대관업무를 수행하고 있기 때문에 회사는 유능하고 유용한 수주요원을 지속적으로 육성·확보하는 것이 매우 중요하다.

| 제7장 | 일류회사를 지향한 기업의 실천경영 전략

# 02 건설산업의 정보화를 구축한다

## 1. 건설산업의 정보화 개념

건설공사는 설계와 시공 및 감리로 구분되고, 시공을 전담하는 건설업체는 사업 성격에 따라서 종합건설업체, 전문건설업체 및 주택사업업체로 구분된다. 따라서 건설업체의 성격에 따라서 정보화 즉 정보시스템의 대상 및 범위도 달라진다.

건설업체의 정보화 개념은 그림에서 보는 바와 같이 건설정보시스템, 건설관리정보시스템 및 건설기술지원시스템으로 대별할 수 있다.

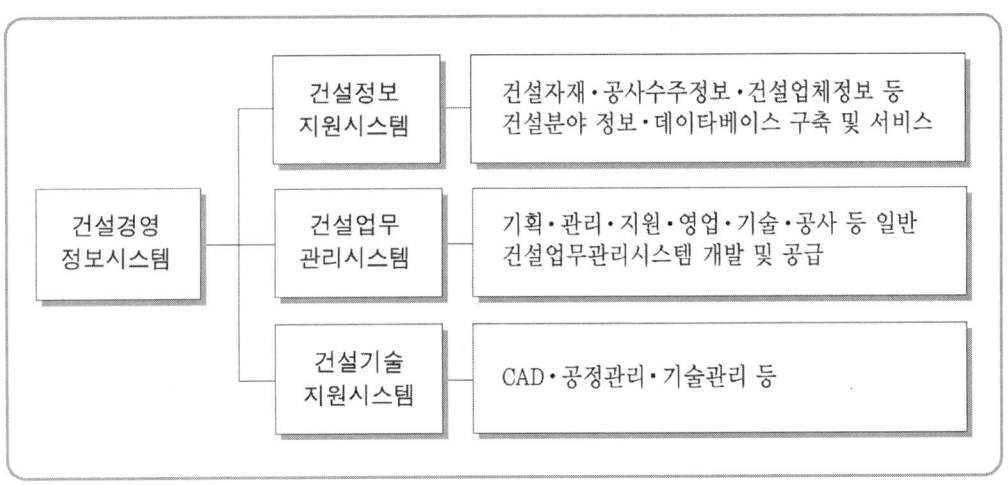

그림 7-1. 건설업체의 정보화 개념도

건설정보지원시스템은 건설자재, 공사수주·발주정보, 건설업체정보 등 건설업체가 필요로 하는 각종 건설정보를 체계적으로 수집, 분류 및 가공하여 데이터베이스를 구축하고 신속 정확하게 정보를 제공하여 활용할 수 있는 종합관리시스템이다. 이는 공사현장과 사무실에서 필요한 정보를 신속하게 활용함으로써 정보화 사회의 급속한 진전에 적극적으로 대처하고, 건설업무 생산성 향상과 대외경쟁력 제고에 기여할 수 있는 시스템으로, 단일 건설업체의 시스템보다는 공용 시스템의 성격이 강하다.

건설관리정보시스템은 기획·재무·인사·영업·공사 등 건설업무의 관리의 정보화지원을 통하여 업무수행능률 향상과 생산성 제고로 성공적인 사업수행에 기여할 수 있도록 컴퓨터 및 PC를 이용하여 업무처리를 할 수 있도록 개발한 시스템이다.

건설기술지원시스템은 기술적인 성격이 강한 시스템으로 CAD에 의한 설계도서 관리·공정관리와 기술관리 등이 포함되며, 아직은 국내기술에 의해 완전한 전산화가 어려운 분야로서 앞으로도 많은 연구가 지속되어야 할 것이다.

## 2. 통합사업관리시스템의 종류

### (1) ERP(Enterprise Resource Planning)

기업의 회계·판매·구매·생산·인사·자금 등 기업 활동전반에 걸친 업무를 유기적으로 전산화하여 경영 상태를 실시간으로 파악하고 조정할 수 있게 하는 전사적인 통합소프트웨어를 말한다. 즉 기업 내 통합정보시스템을 구축하는 것으로 전사적 자원관리로 불린다.

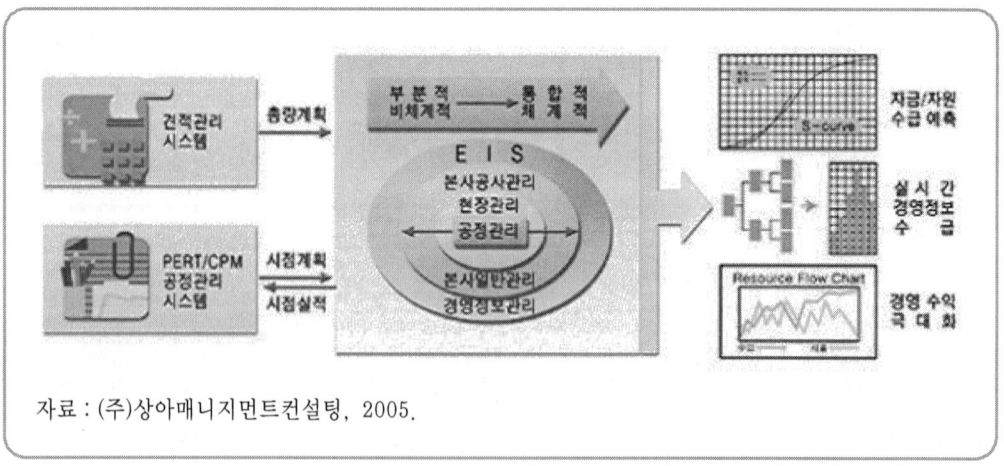

자료 : (주)상아매니지먼트컨설팅, 2005.

ERP는 ① 전사적 차원에서 정보시스템 integration을 실현하고, ② 회사경영자료의 실시간 집계 및 분석하고, ③ 재무 및 자금관리 효율성 제고에 그 목표가 있다.

ERP는 국내 대기업을 중심으로 도입되고 있으며, 1차적으로는 본사의 재무 및 회계관리에 중점을 두어 ① 기업내부업무는 ERP, ② 프로젝트 관리는 PMIS가 담당하고 있다. 또한 본사와 현장간의 사업 및 관리정보공유에 활용하고 있는데 ① 현장의 기성신청, ② 자재구매 신청 등에 종이 대신 컴퓨터와 네트워크를 통한 정보를 공유하고 있다.

ERP가 경영혁신 기법으로 새로운 바람을 불러일으키고 있는 것은 ERP Package로 불리는 혁명적인 소프트웨어가 개발된 것이 계기가 되었다. 그 동안 기업업무의 전산화는 개발요원들이 전산화를 요구하는 부서의 업무를 분석하고, 각종 개발도구를 이용해 회계 · 인사 · 급여 관리등을 직접 자사의 업무 프로세스에 맞게 구축하는 주문식 개발방법이 보편적이었다.

그러나 ERP에 따른 종합경영정보시스템을 지원하는 소프트웨어 패키지들이 개발 · 보급되면서 컴퓨터 사용자들이 워드프로세서 프로그램을 사다 쓰듯이 기업도 전문 소프트웨어업체의 경영 소프트웨어를 구입해서 실정에 맞게 적용하는 방식으로 변하고 있다.

### (2) PMIS(Project Management Information System)

이는 프로젝트에 관련 업무를 통합관리 함으로써 효과적인 정보검색과 상세한 정보관리에서부터 종합적이고 요약된 정보관리까지 일관성 있는 관리와 실무자의 업무와 사업수행을 위한 의사결정에 이르기까지 효과적인 기능을 하는 '건설관리시스템'이다.

건설 프로젝트에 대해 기획에서부터 시공 및 준공에 이르기까지의 업무를 On-line상에서 체계적으로 관리하도록 지원하는 종합 건설 프로젝트 관리 시스템으로, 사업주체 간의 효율적인 의사소통 및 보고시스템을 협업체계를 지원하고, 사업관련 자료 및 지식정보의 축적 및 공유를 지원하여 성공적인 프로젝트 완수 및 실질적인 지식관리를 지원하는 시스템이다. ERP가 주로 본사의 재무와 회계중심의 통합시스템인 것에 비해 PMIS는 프로젝트 중심의 통합시스템이다.

적용 현황으로서는 ① 발주자형 시스템, ② 건설기업별 PMIS, ③ SI업체별 시스템이 있고, Network체제에 따른 PMIS종류로서는 발주기관내 통합시스템, 감리회사내 통합시스템, 발주자 · 감리사의 통합시스템, 시공사PMIS, 발주자 · 감리사 및 시공사 통합시스템이 있다.

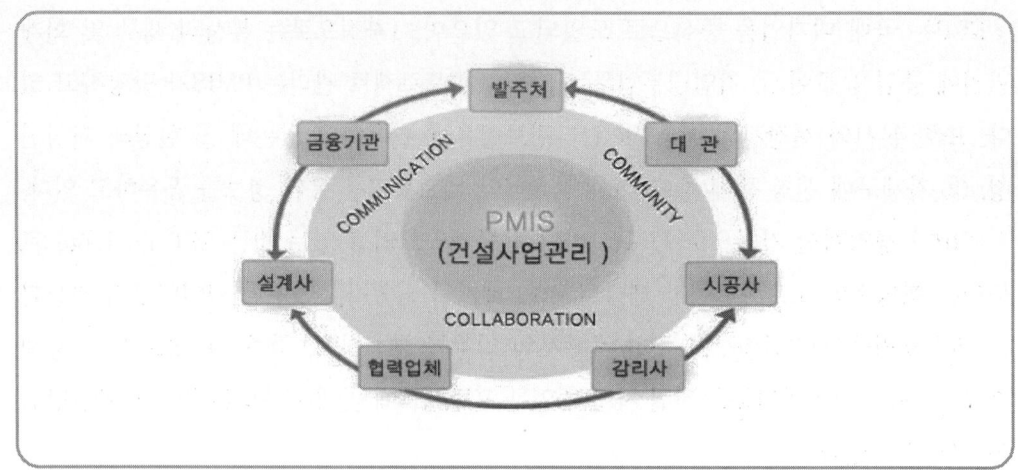

그림 7-2. PMIS개념도

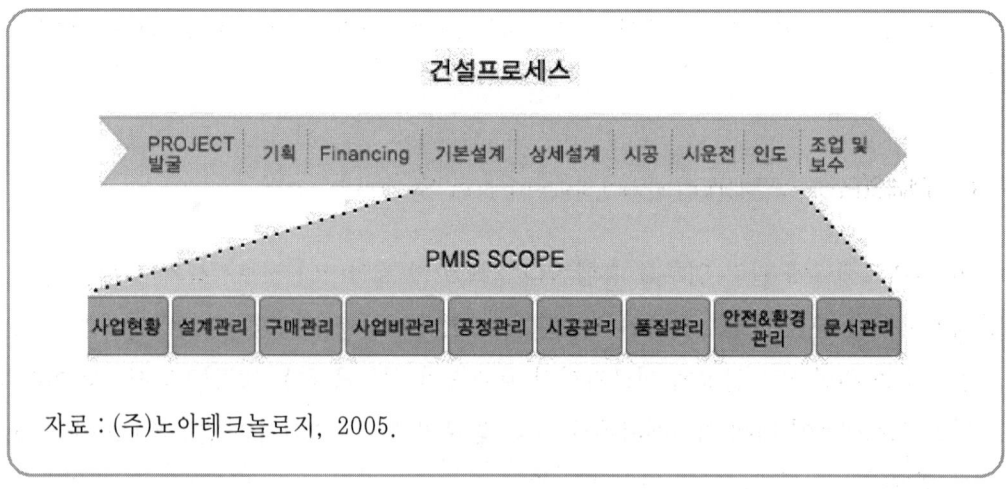

자료 : (주)노아테크놀로지, 2005.

그림 7-3. PMIS영역

## 3. 건설과 CALS 구축

(1) CALS의 개념

제품의 설계·생산·공급·조달 및 운용지원과정에서 문자와 그래픽정보를 통해서 디지털화하여 종이를 사용하지 않고 컴퓨터에 의한 교류환경에서 통합·자동화하는 개념이다. CALS의 어원은 기업 내 정보화에 초점을 두고 있는 Continuous Acquisition &

Life-cycle Support, 기업 간 정보화에 초점을 둔 Commerce At Light Speed로서 기업 내 정보화는 물론, 기업 간의 정보화 구축을 통한 정보관리 효율의 극대화를 이루기 위한 정책이다.

### (2) 건설CALS의 구현

건설CALS란 건설사업의 기획·설계·시공, 유지관리 등 전 과정의 생산정보를 발주청, 관련업체 등이 전산망을 통해 교환·공유하기 위한 정보화 전략을 말한다. 국토해양부(현, 국토교통부)에서는 건설공사지원통합정보체계의 구축에 의해 개발된 건설사업정보시스템을 업무에 활용하기 위하여 필요한 세부사항을 정한 「건설사업정보시스템 운용지침」을 제정하여 고시하고 있다(제정 2010.10.07, 국토해양부 고시 제2010-600호).

이 지침에 따르면 건설CALS 시스템의 사용자 및 담당자는 국토해양부 소속 직원으로 하고 그 접근방법으로서는 ① 건설사업관리시스템, ② 시설물유지관리시스템, ③ 건설인허가시스템, ④ 용지보상시스템을 사용하기 위하여 솔넷(오른쪽 메뉴하단의 카테고리)을 통해 건설CALS포탈시스템 기관포탈("http://mltm.calspia.go.kr")로 접속하도록 하고 있다. 다만, 항만건설통합정보시스템을 사용하기 위해서는 건설CALS포탈시스템 대민포탈("http://calspia.go.kr")로 접속하여야 한다. 이러한 CALS의 추진분야로서는 다음과 같다.

표 7-2. 건설CALS 단계별 정보화 대상

| 단 계 | 정 보 화 대 상 |
|---|---|
| 1. 설 계 | • 설계도면의 작성(CAD) • 구조해석 • 공사물량산출<br>• 설계도면의 CD-ROM화 |
| 2. 계 약 | • 견적내역 작성 • 발주공고(정보통신망) • 입찰신청서 접수<br>• 사전기능 심사 • 입찰 결과통보 • 계약체결 |
| 3. 시 공 | • 실행예산편성 • 실행계획서 작성 • 설계변경 • 현장관리 • 준공신청<br>• 준공도면, 준공도서 • 건설감리, 안전관리 |
| 4. 유지관리 | • 관리·유지보수 • 설계도면 관리 • 관련기관 업체 정보교환<br>• 각종 표준자료 관리 |

### (3) 건설CALS의 개념도

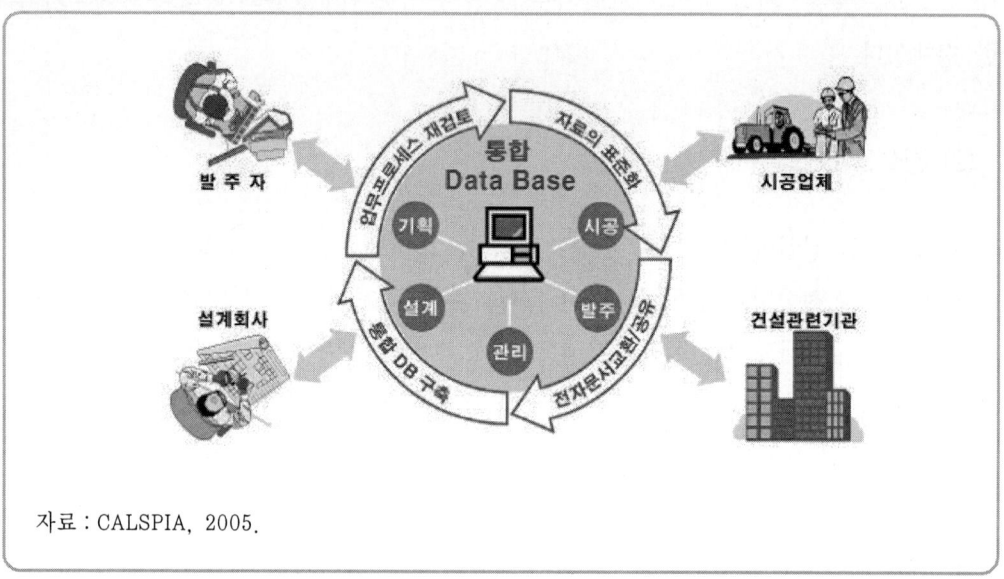

자료 : CALSPIA, 2005.

### (4) 건설CALS의 기대효과

건설CALS가 진전되면 계획·설계·시공·관리유지의 모든 면에서 신속한 대응이 가능하며, 이는 비용절감·품질향상·사업진행의 신속 및 효율화를 도모할 수 있다. 이리하여 기업경쟁력이 강화되고 BPR의 추진으로 업무의 변화가 현저하며, EC거래에 의한 시장의 국제화와 행정서비스의 고도화, 안정성의 향상과 품질향상 등 건설산업 전반에 걸쳐 미치는 영향이 클 것이다.

## 4. 건설CITIS

### (1) 건설CITIS의 개념

건설CITIS(Contractor Integrated Technical Information Service)란 '계약자통합기술정보서비스'로서 설계자·시공자 등 관련 업체와 발주기관이 인터넷 통신망을 이용하여 각종 설계도면·계약문서 등을 서로 전자적으로 처리토록 하는 시스템을 말한다.

## (2) 건설CITIS의 체계

발주자와 설계·시공 등 모든 건설업체들 간에 설계도면 및 각종 문서 등을 방문하지 않고 인터넷을 이용하므로 시간, 비용을 획기적으로 절감할 수 있다. 발주자의 입장에서는 온라인을 통한 업무처리로 체계적인 사업관리를 할 수 있고, 인터넷을 통한 신속한 업무협의를 할 수 있는 장점이 있다.

시공사 및 감리업체는 자체 PC와 인터넷을 이용하여 건설CITIS운영기관의 서비스시스템에 접속, 자료를 저장 및 조회하고 발주청과는 협회 서버를 통해서 자료 전송업무를 수행한다. 또한 시공사 및 감리업체는 공사현장에 PC, 전담요원 및 데이터전송을 위해 통신망 구축이 필요하고, 중요자료는 보안·인증체계를 적용한 암호와 자료로 송수신을 한다. 건설CITIS의 운용체계를 그림으로 나타내면 다음과 같다.

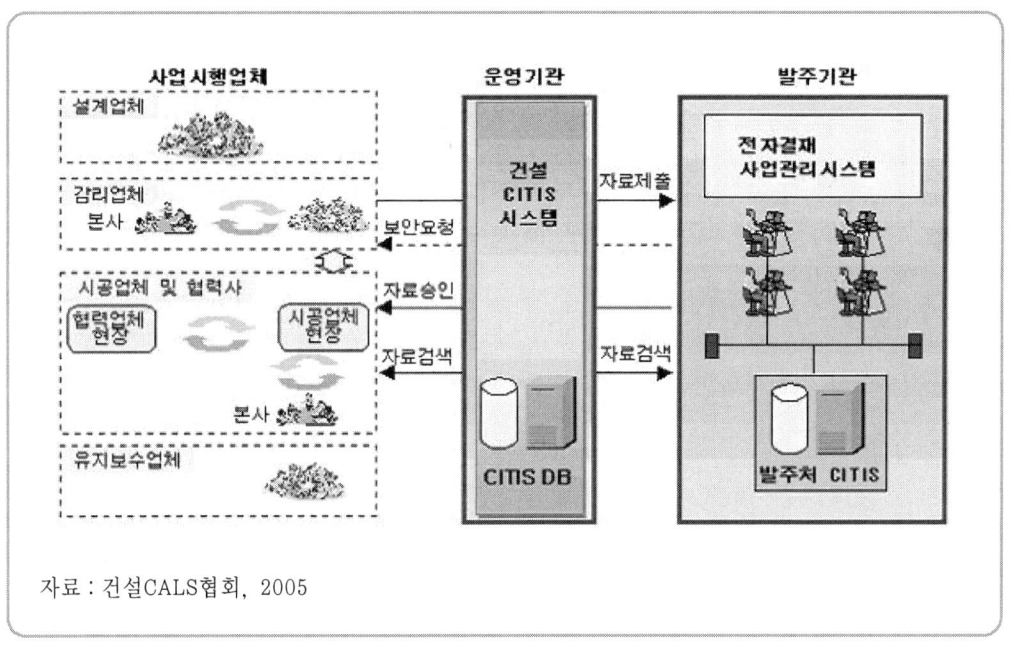

자료 : 건설CALS협회, 2005

**그림 7-4.** CITIS의 운용개념도

## 5. 사업관리업무보고시스템(CMRS)[26]

### (1) 사업관리업무보고시스템

사업관리업무보고시스템(Construction Management Report System)이란 「건설기술 진흥법」 제39조제4항 및 같은 법 시행규칙 제36조에 따라 건설기술용역업자가 건설기술용역업무를 효율적으로 수행하게 하기 위하여 국토교통부장관이 규정하고 있는 「건설공사 사업관리방식 검토기준 및 업무수행지침」 (시행 2015.6.30.) [국토교통부고시 제2015-473호, 2015.6.30., 제정]에 따라 건설기술용역업자가 월별·분기별보고서 및 최종보고서를 책자형태로 발주청에 제출하던 건설사업관리보고서를 CD-ROM으로 제작하여 제출할 수 있도록 하는 제도이다.

### (2) 주요내용

이는 종전의 「감리업무수행지침서」의 규정에 따라 공정현황, 품질시험성적 등 일반적인 현황위주로 간략하게 감리일지를 작성하여 현장기록물로서 효용성이 크게 떨어지던 것을 기술사항, 품질시험·검측서, 각종 문제점 발생 시 조치한 내용 등 기술적 사항 위주로 상세하게 작성한 '감리보고서'를 매월 또는 분기마다 CD-ROM으로 작성하여 제출하는 시스템이다.

이는 국토교통부, 감사원이 부실공사방지대책의 일환으로 마련된 제도로서, 현재 건설기술진흥법상 건설사업관리 업무를 수행한 건설기술용역업자가 작성·제출하는 보고서에 적용되고 있다.

### (3) 시스템의 구성

① 이는 공사현장에서 발생하는 문서를 입력하여 컴퓨터에 체계적으로 정리·보관하며,

② 각종 감리문서를 업무분류, 문서분류, 공종분류, 검색어 등으로 분류 후 입력하여

---

[26] 이 시스템은 「건설기술관리법」이 2014.5.23.부터 「건설기술진흥법」으로 개편됨에 따라 건설사업관리보고시스템으로 명칭이 변경된다. 그러나 내용면에서는 종래와 동일하다.

자료검색이 용이하며,

③ 서면(스캔자료), 워드, CAD, 엑셀 등 다양한 형태로 작성된 1건의 문서를 입력할 수 있으며,

④ 전산시스템에 입력된 각종 문서를 컴팩디스크(CD-ROM)에 담아 발주청(시특법상 1종시설물은 감사원)에 제출한다.

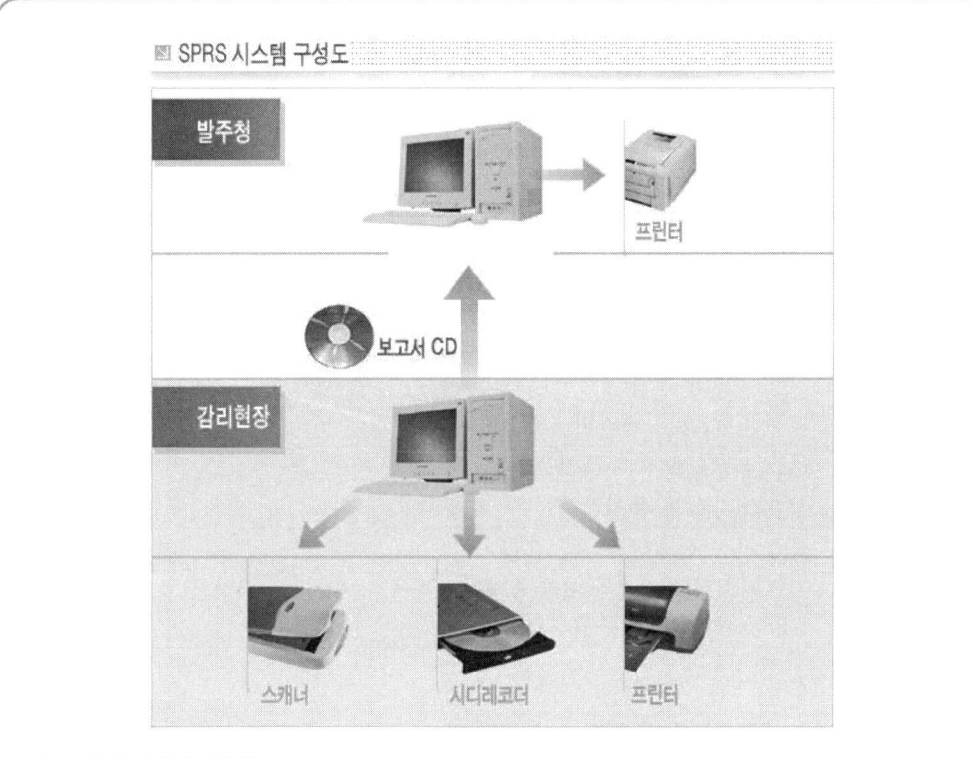

그림 7-5. CMRS 시스템 구성

▶ 4차 산업혁명 시대에 지속적인 성장을 위해서는 디지털화(Digitalization)가 필수요건으로 대두되고 있다. 이러한 디지털 혁신은 IoT, Big Data, AI, 로봇, AR 등 디지털 기술을 활용하여 기존 사업 모델의 변화를 촉진하거나 새로운 사업을 발굴하는 등의 활동을 의미하는 것으로, 건설산업 분야의 경우에도 예외일 수는 없는 시대적 환경변화이다.

# 03 확대경영도 필요하다

## 1. 기업이윤 극대화 형성요인

표 7-3. 기업이윤 극대화를 위한 방안

| 구 분 | 주 요 내 용 | 비 고 |
|---|---|---|
| 1. 매출증대<br>(수주확대) | ① 매출액 증대(수주액 증대)<br>② 생산성 향상<br>③ 새로운 수익원 개발(신규시장 개척) | • 직접적인<br>  접근방법 |
| 2. 비용절감<br>(Cost down) | ① 고정비 절감<br>　• 유휴자산 및 인건비 절감<br>　• 설비투자 억제<br>② 변동비 절감<br>　• 재료비 · 관리비 · 제경비 절감 | • 간접적인<br>  접근방법 |
| 3. 조직의<br>유지안정 | ① 종업원의 유지안정<br>② 노사관계 유지안정 | • 2차적인<br>  요인 |
| 4. 사회공헌<br>(CSR) | ① 양질의 저렴한 생산개발<br>② 사회적 책임에의 배려(종업원 · 주주 · 소비자 · 지역사회)<br>③ 공해방지, 지구환경의 보호 | • 기업의 사회<br>  적인 책임 |

　현대 기업의 기본 목적인 기업이 이익을 내기 위한 요인으로서 지금까지는 노동력의 효율적 이용을 통한 직접적인 방법인 '매출액 증대'만을 최우선으로 삼아왔으나, 오늘날에는 비용절감을 통한 이윤극대화로 시야를 돌리게 되었다. 이는 간접적인 요인으로 오늘날과 같이 기업환경이 어려운 때일수록 강조되는 부분이기도 하다.

　종업원 및 노사관계 등 '조직의 유지 · 안정'은 기업이윤 극대화를 산출하기 위한 2차적인 요인으로서, 이는 곧 생산성 증대와 비용절감으로 이어지기 때문에 또한 무시할 수 없는 사항이다. 기타 공해방지나 주주 또는 기업의 사회적인 공헌이나 지구환경보호에 관계되는 것은 장기적인 관점에서 본 것으로 사회적 코스트라 할 것이다. 이상과 같이 기업이윤의 극대화는 궁극적으로 사회적 책임을 완수하는 방향으로 이어져야 할 것이다. 따라서 매출액 증대와 같은 공세적인 경영에서 비용절감과 같은 수세적인 입장에서의 경영을 같이 생각할 때이다. 이상과 같은 공격과 방어의 입장에서 기업이 이익을 올리고 생존해 갈 수 있는 방향을 공격(매출확대)과 방어(비용절감)의 전략으로 로직트리(Logic Tree)를 정리하면 [그림 7-6]과 같다.

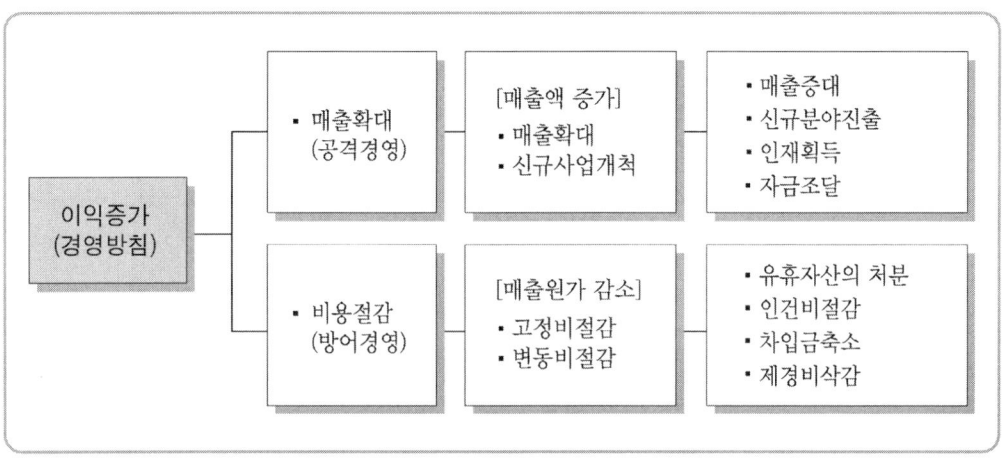

그림 7-6. 공격의 경영과 방어의 경영

## 2. 왜 '확대경영'이 필요한가?

수요확대가 지속되는 시장에서는 모든 동업자가 매출을 증가시키는 것이 가능하다. 과거 건설투자가 1991년 67조원을 기록한 이래 1997년까지의 6년간(1997년 연간 건설투자는 89조원)은 확실히 호황의 시대였다. 그러나 1997년 IMF외환위기를 정점으로 하여 건설투자는 감소로 바뀌고 2000년에는 약 96조원 대까지 위축되었고 이러한 하락 경향은 이후에도 지속되고 있다.

더욱이 최근 건설경기가 침체되면서 건설업 등록을 자진 반납한 업체가 급격하게 증가하고 있다. 2004년 들어 지난 3.4분기까지 건설업 등록을 자진 반납한 건수는 총 2,438건으로 2003년 같은 기간의 137건보다 18배에 달한 것으로 나타났다. 이와 같이 건설업등록증의 반납이 대폭적으로 증가한 것은 "향후 건설경기에 대한 전망이 비관적인 데다 건설경기하락에 따른 실적부진으로 영업정지를 피하려는 업체들이 건설업 면허를 자진 반납하고 있는 것으로 보인다"(건설산업연구원, 2004.11.15 발표).

표 7-4. GDP대 건설투자 동향(당해년 가격)

(단위, 조원)

| 구 분 | 2011 | 2012 | 2013 | 2014 | 2015 | 2016 |
|---|---|---|---|---|---|---|
| GDP | 1,333 | 1,377 | 1,429 | 1,486 | 1,564 | 1,637 |
| 건설투자(%) | 206(15.4) | 202(14.6) | 213(14.9) | 218(14.7) | 233(14.9) | 259(15.8) |
| 민 간(%) | 159(77) | 156(77) | 167(78) | 175(80) | 188(81) | 210(81) |
| 정 부(%) | 47(23) | 46(23) | 46(22) | 43(20) | 45(19) | 49(19) |

자료 : 한국은행, 「국민계정」(원계열, 명목 자료)

GDP대비 건설투자를 살펴보면 2008년에서 2009년 사이에는 17%이상의 비중을 차지하고 있다가 이후 14~15%로서 감소 내지는 점차 그 증가율이 둔화되기 시작하여 거의 제자리걸음을 보이고 있는 실정이다.

내용면에 있어서 민간투자는 전반적인 상승세를 보이다가 2016년에는 주택경기의 활성화에 힘입어 그 폭이 확대되고 있음을 알 수 있다. 그러나 정부공사의 투자는 정체이거나 어히려 감소추세를 면치 못하고 있는 실정이다.

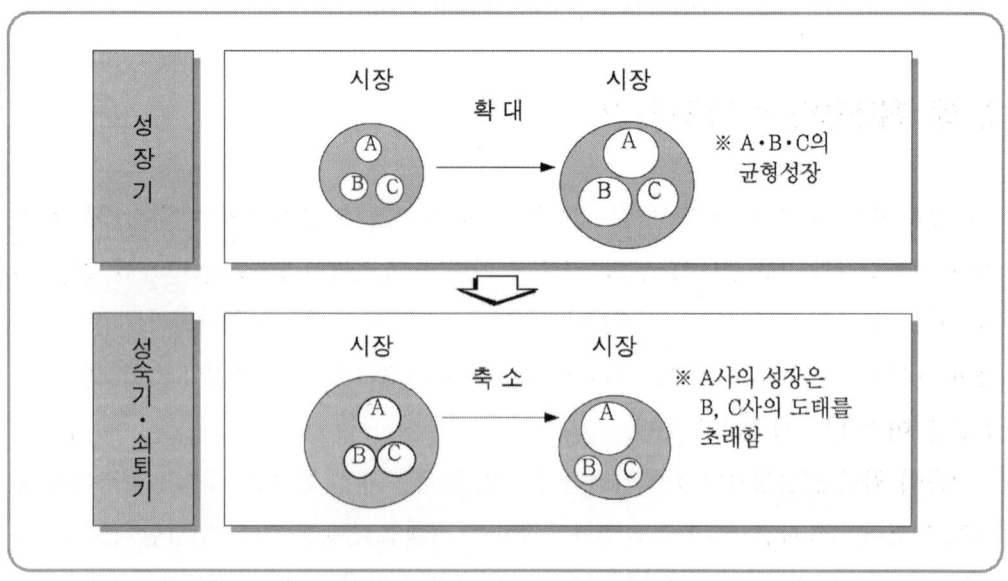

그림 7-7. 경영환경 변화와 시장

건설시장(파이)이 축소되는 시대에는 한 업자가 시장점유율을 늘리면 필연적으로 다수의 업자가 매출이 급격히 감소하게 된다. 이러한 상황 하에서 '현상유지는 곧 퇴보'를 의미한다. 공세적으로 경영에 임하지 않으면 안 되는 이유가 여기에 있다.

위와 같이 경영환경의 변화는 기업의 수익성을 악화시키는 위험요인임과 동시에 새로운 도약의 기회를 주기도 한다. 경쟁을 심화시키고 고비용 구조를 고착화 시킨다든지 신규 사업 기반의 미흡 등으로 기업의 생존과 수익성을 위협하는 요인이 있는 반면에, 신시장의 진출·확대와 새로운 성장산업의 부각 등의 기회를 제공하기도 한다.

우리는 오늘날 소수의 승자와 다수의 패자를 만들어 내는 그러한 시대, 무한경쟁과 적자생존 그리고 강자만이 살아남는 소위 '정글의 법칙'[27]이 지배하는 시대, 즉 부익부 빈익빈의 불균형의 시대로 이행하고 있음을 명심해야 할 것이다.

> ▶ 우리나라에서도 고도경제성장 과정에서, 예컨대 제1차 산업이나 유통업계에서 대규모적인 도태가 있었다. 자사의 사업영역에서는 양극화가 어떻게 진행될 것인 가를 예상하거나 또는 이에 따른 대비를 하고 있는가?

---

27) 정글의 법칙은 빌딩숲, 콘크리트 정글 속에 살고 있는 현대인들이 자연의 정글과 비교해 보며, 사회현상을 설명하는 내용으로 지식화, 디지털화, 세계화 되는 치열한 경쟁상황은 흡사 정글과 같다는 의미이다.
 ① 제1의 법칙 : 시계제로와 무한경쟁으로 나무가 우거져 앞을 제대로 볼 수 없는 시계제로인 상황처럼 직장인과 기업미래는 앞을 예측할 수 없는 무한경쟁의 세계이다.
 ② 제2의 법칙 : 적자생존과 시장적응이다. 정글에 적응하는 동물만이 살아남는 적자생존처럼 기업도 시장과 고객이 원하는 것을 만들어 낼 줄 아는 시장적응을 잘하는 기업만이 살아남는다.
 ③ 제3의 법칙 : 양육강식과 M&A로 강한 놈이 약한 놈을 잡아먹는 약육강식의 정글법칙처럼 기업도 강한 기업과 세계일류 기업만이 살아남아 약한 기업을 흡수 통합한다.
 ④ 제4의 법칙 : 위험천만과 위기관리이다. 표범과 같은 맹수와 독충들이 득실대는 위험천만의 정글처럼 기업도 곳곳에 사업과 경영의 위기가 있는데, 위기관리를 잘하는 기업이 살아남는다.
 ⑤ 제5의 법칙 : 생존본능과 시장경제로 정글의 생존본능은 먹지 못하면 죽는 것인데, 기업도 상품과 서비스를 팔아 수익을 내지 못하면 망하는 것이 시장경제의 원리이며 자본주의의 기본이다.
 ⑥ 제6의 법칙 : 진화이론과 발전이론으로 자연 세계는 열성보다 우성의 종자가 살아남고 진화한다는 진화이론이 있고, 인간 세계에는 역사의 기술은 계속발전 한다는 발전이론이다.
 ⑦ 제7의 법칙 : 먹이사슬과 유통사슬이다. 자연에는 생태계의 생존을 이어주는 먹이사슬이 존재하듯, 사회에는 이익과 가치를 확대 생산하는 유통사슬과 가치사슬이 존재한다.
 ⑧ 제8의 법칙 : 공생관계와 상생관계로 정글은 치열한 생존의 법칙이 존재하지만 기본적으로 모든 동식물이 생존하는 공생관계이듯, 사회도 치열한 경쟁과 비즈니스가 펼쳐지지만 기본적으로 인류의 생존을 위해 함께 살아가는 상생관계를 추구한다.
  영원한 리더가 없는 것이 정글의 특징이다. 사회도 영원한 승자와 강자는 없다. 강력한 경쟁자가 나타나 시장에 패하면 시장에서 퇴출기업이 되고 만다.
  자료 : 강대진, 정글CEO(blog.naver.com/tazankang)

## 04 신규 사업과 틈새시장 진출을 모색한다

최근 들어 건설경기가 급락하면서 건설업계는 생존을 위한 자구책 마련에 골몰하고 있는 가운데, 부동산 경기 침체 여파가 주택업계의 지각변동으로 이어지고 있다. 중견 주택업체들이 부동산 경기가 크게 위축되자 사업영역을 토건분야로 확대하고 있는 것으로 알려졌다. 민간공사로서 경기에 민감한 성격을 지닌 주택사업에서 벗어나 보다 안정적인 수익을 낼 수 있는 토목분야 사업을 적극 검토 중인 것으로 전해졌다.

"현상유지는 패배로 통한다".라는 말이 있다. 지금이야 말로 현상유지조차 곤란한 상태에 놓여 있는 것이 건설업계의 실정이다. 「내려가고 있는 에스컬레이터를 안간힘을 다해 올라가려는 모습」으로 비유되고 있다. 내려가는 에스컬레이터에서 거슬러 올라가려면 최소한 그 2배의 스피드로 뛰어 올라가지 않으면 안 된다. 걸음을 멈추면 점점 아래쪽으로 딸려 내려간다.

그렇지만 "위기야말로 기회의 시대이다". 바야흐로 건설업은 스스로가 기대고 서있는 기반을 재인식하고 새로운 미래상을 창조·구축하지 않으면 안 된다. 미지의 위험에 도전이다. 이와 같이 경영은 물의 흐름과 같아 물길이 막히거나 장애물이 있을 경우에는 조속히 이를 뚫거나 새로운 물길을 만들지 않으면 안 된다. 즉 건설업의 신규사업전략을 생각해 볼 때이다.

### 1. 신규 사업과 틈새시장

새로운 형태로 사업을 하는 신규 사업은 [표 7-5]의 개념도에서와 같이 그 전략방향을 크게 4가지 관점에서 접근하고 있다. 한편, 소비자들의 기호와 개성에 따른 수요를 대규모 집단으로 파악하기보다는 특정한 성격의 소규모 집단으로 파악하여 이러한 분야에 집중적으로 파고드는 시장, 남들이 등한시하는 기술이나 연쇄적 효과를 촉발하는 기술을 개발하여 기존시장이 커버하지 못한 틈새를 독창적인 아이디어로 파고드는 전략 산업 또는 이런

시장을 틈새시장(niche marketing)이라 부르며, 신규사업이외에 이러한 시장의 접근을 대안으로 생각해 볼 수 있을 것이다.

표 7-5. 신규 사업의 개념도

| 전략방향 | 신규 사업 사례 |
|---|---|
| ⓐ 시장침투전략 | • 영업사원의 증원을 통해 영업력 강화나, 생산성 향상에 의한 비용경쟁력을 무기로 해서 수주확대를 도모 |
| ⓑ 기술개발전략 | • 건설사업 확대전략<br>　- EC화 전략·국제화 전략·개발사업 전략·기술개발 전략 |
| ⓒ 시장개발전략 | • 건설사업 확대전략<br>　- EC화 전략·국제화 전략·개발사업 전략·기술개발 전략 |
| ⓓ 신규사업전략 | • 시장분야, 지역분야, 사업분야별 진출 |

이것은 특정한 성격을 가진 소규모의 소비자를 대상으로 판매목표를 설정하는 것으로 남이 아직 모르고 있는 좋은 곳, 빈틈을 찾아 그 곳을 공략하는 것이다. 이는 대량생산·대량유통·대량판매를 근저로 하고 있는 매스마케팅(mass marketing)에 대립되는 마케팅 개념으로, 최근 시대 상황의 변화를 반영하고 있는 개념이다. 이러한 틈새시장은 4가지 전략으로 접근해야 한다.

① 시대의 트렌드를 꿰뚫어보아야 한다.
② 고객의 진화하는 욕구와 라이프스타일을 끊임없이 추적해야 한다.
③ 틈새시장에서는 비용 대비 가치로 승부한다.
④ 전략적 브랜드 관리로 장수 브랜드가 되는 것이 좋다.

## 2. 신규분야 진출의 패턴

표 7-6. 신규분야 진출의 패턴

| 시장＼제품 | 기 존 | 신 규 |
|---|---|---|
| 기 존 | ⓐ 시장침투 | ⓒ 제품개발 |
| 신 규 | ⓑ 시장개발 | ⓓ 다 각 화 |

주: ⓑ, ⓒ 및 ⓓ가 신규분야 진출에 해당함

기업이 신규분야로 진출하고자 하는 경우 위의 그림의 ⓐ~ⓓ의 4가지 패턴으로 나눈다.

ⓐ는 기존의 제품을 기존(현재) 시장에 더욱더 침투되도록 하는 것이다.

ⓑ는 기존의 제품을 새로운 시장에 침투하는 것으로서, 예컨대 인접 시·군·구에 지점을 설치하여 영업을 확대하는 경우 등이 여기에 해당한다.

ⓒ는 새로운 제품을 기존의 시장에 판매하는 경우이다. 예컨대 맨션업자가 새로운 온천과 연결된 독특한(unique) 맨션을 판매하는 경우 등이 여기에 해당된다.

ⓓ는 새로운 제품을 새로운 시장에 판매하는 경우로서 기업전체에 사업분야의 다양성을 가져온다.

상기의 ⓑ, ⓒ 및 ⓓ가 신규분야 진출에 해당한다. 기업이 새로운 분야 진출을 달성하는 수단으로서는 자력진출과 제휴(외부도입)의 2가지 형태를 고려할 수 있다. 영업자원, 경쟁자와의 역학관계, 시장의 크기나 또 활용할 수 있는 기간의 장단 등이 어떠한가에 따라 진출의 유형이나 자력진출이 가능한지 여부가 결정된다.

▶ 보유자원의 상황, 지역의 경제동향 등으로 보아 ⓑ, ⓒ 및 ⓓ의 어느 것을 선택하는 것이 가장 타당하다고 생각되는가? 건설업에서 새로운 분야의 진출기반은 일반적으로 ⓑ의 경우가 많다.

## 3. 왜, '신규사업'인가?

신규 사업의 진출목표가 무엇인가를 생각해 보면 여러 가지 이유가 있을 수 있으나 다음과 같이 요약된다.

① 수익원의 다양화이다.

민간주택경기가 하락하면 수입원(source)이 안정적인 정부공사에 관심을 갖게 되어 토목면허(등록)를 취득하여 토목공사 수주에 관심을 갖게 되거나, 감리전문업체(사업관리용역엡체)가 설계용역업을 겸업하고 있는 것 등과 같다.

② 사업의 안정·성장을 도모할 필요성이다.

사업의 안정·성장은 기업에 있어 영원한 테마이다. EC화·국제화·개발사업의 중시 등은 물론, 현재 볼 수 있는 신규 사업들은 건설수주의 증대와 같이 어떠한 형태로든 본업에 플러스가 되는 것을 기본으로 하고 있다.

③ 자사의 기술보유·개발기술의 상품화를 겨냥하는 것이다.
④ 자신의 취약점을 극복하기 위한 수단도 있다.

전문적 지식이나 특수기능을 필요로 하는 경영시스템·판매기법·종업원에 대한 교육시스템과 같은 사업노하우와 기술·능력의 육성 및 습득 등을 목적으로 하는 것도 있다.

⑤ 인재·잉여자금·유휴부동산 등과 같이 보유경영자원의 적극적인 활용을 목적으로 하는 것도 있다.
⑥ 이질적인 사업에 진출함으로써 전사적 인재조직의 활성화를 목적으로 하는 경우도 있다.

## 4. 시장분석의 3가지 분석축

### (1) 제1의 축 : 상품시장 분석

[그림 7-8]에서는 건축·토목의 대 구분과 그를 기초로 한 세분화를 제시하고 있다. 이는 건설업체가 생산할 수 있는 공종 및 상품(products)을 나타내는 축이다. 건축분야에서의 주택, 아파트, 오피스빌딩, 생산설비로, 토목분야에서는 대지조성이나 도로, 교량, 댐, 지하철, 하수도 등 시장분야별 구분이다.

물론 이는 대상 고객이나 필요한 기술에 따라 다시 세분화가 가능하다. 예컨대, 주택은 목조단독주택과 중고층 집합주택으로 구분할 수 있고, 생산설비도 클린룸(clean room)으로 대표되는 정밀설비와 일반 공장으로 분류할 수 있을 것이다. 아울러 전기, 토목, 플랜트 공종부문의 건설상품을 망라할 수 있다.

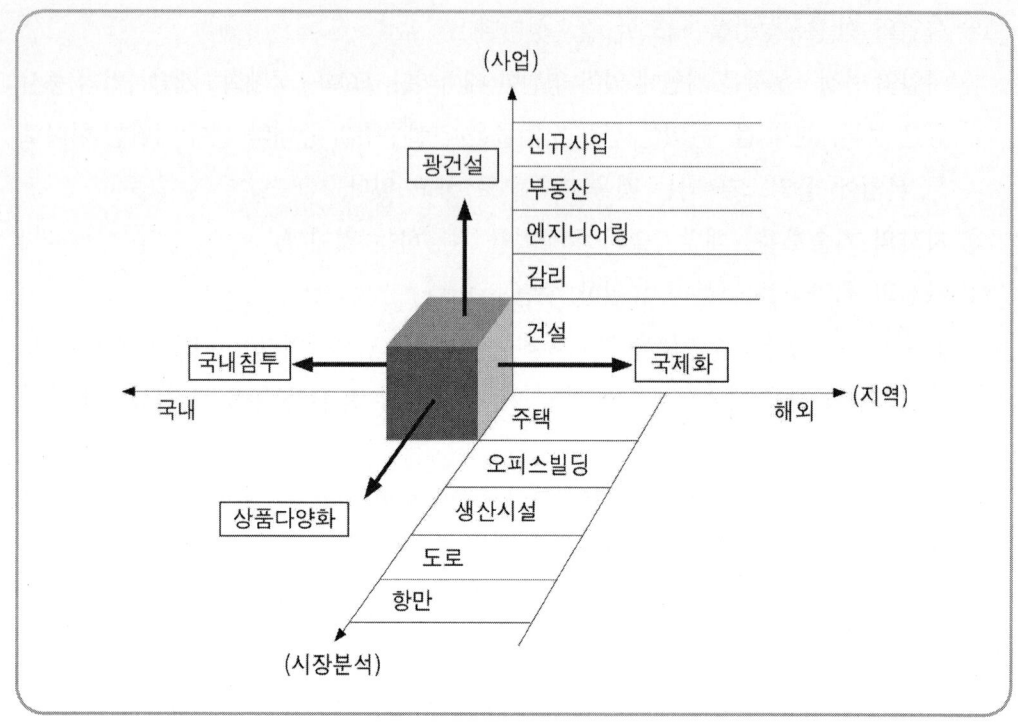

그림 7-8. 시장 세분화의 세 가지 축

## (2) 제2의 축 : 사업전개 대상지역

이는 건설업체가 활동할 수 있는 시장(markets)을 나타낸다. 구체적으로 어떤 도·시·와 같은 한정적 지역으로부터 전 세계로 지역을 확대해서, 어떤 범위로 자사의 활동지역을 설정할 것인가를 선택하는 것이다. 해외로 넓게 활동범위를 찾는 길은 '국제화 전략'이며, 대형 건설업체가 추진하고 있다.

반대로 국내의 일부 한정된 지역을 중심으로 예컨대, 시·군지역 등에서 업역확대에 주력하는 것이 '국내침투(지역침투)전략'으로서 일반적으로 '지방대형업자(토착기업)'로 불리어지는 기업이 지역침투전략을 추진해온 대표자라 할 수 있다.

이와 같이 제1의 축과 제2의 축은 건설사업의 태두리 안에서의 이야기이다. 이 두 축의 결합은 전개지역과 시장분야에 따라 다양한 선택방안을 가지고 있다.

### (3) 제3의 축 : 사업전개의 영역과 종류

이 축은 제1의 축과 제2의 축이 건설사업의 태두리 안에서 수평적인 확대를 하고 있는데 반해 수직방향의 확대를 꾀하는 전개방식이다. 즉, 건설이외의 사업영역으로 이른바 '종합건설'의 방향이다. 이 축은 주로 건설업체가 제공할 수 있는 기능(functions)을 나타내고 있다.

구체적으로는 부동산업이나 엔지니어링, 설계 등의 기술컨설팅을 비롯해서 건설과 비교적 관련성이 깊은 분야에서 많은 사례를 엿볼 수 있다. 예컨대, 프로젝트의 발굴, 기획, Financing, 타당성 조사, 기본설계, 상세설계, 구매, 시공, 감리, 부동산 개발사업, EC화 전략, 다각화 전략 등이 있다.

### (4) 전략책정의 세 가지 평가축

이때 세 개의 축에 따라 세분화된 시장에 대하여 각 기업은 어떻게 목표를 설정하고 접근해야 할 것인가는 성장전략의 구체적 책정이 불가결한 중요한 포인트이다. 이를 위해서는 [표 7-7]에 표시된 세 가지 평가축과 그 포인트에 대하여 자사의 시장전개, 영업영역(share)확보의 가능성에 관해 종합적으로 검토해볼 필요가 있다.

이 검토를 진행함으로써 앞으로도 중점적으로 시장전개를 계속할 것인가, 아니면 신규로 참여해야 할 시장인가의 여부를 판단할 수 있을 것이다.

표 7-7. 전략책정의 세 가지 평가축과 관점

| 평가축 | 평가의 주된 관점 |
|---|---|
| 1. 시장특성 | • 시장의 성장성<br>• 시장의 규모<br>• 시장의 성격 |
| 2. 경쟁자 | • 존재하는 경쟁자의 수 등<br>• 자사와 비교한 강점과 약점<br>• 장래 참여가 예상되는 경쟁자 |
| 3. 자 사 | • 보유하고 있는 경영자원의 질과 양(사람·자금·정보…)<br>• 주요한 고객<br>• 지점·영업소 등의 조직망 |

## 5. 신 시장 진출을 위한 프로세스

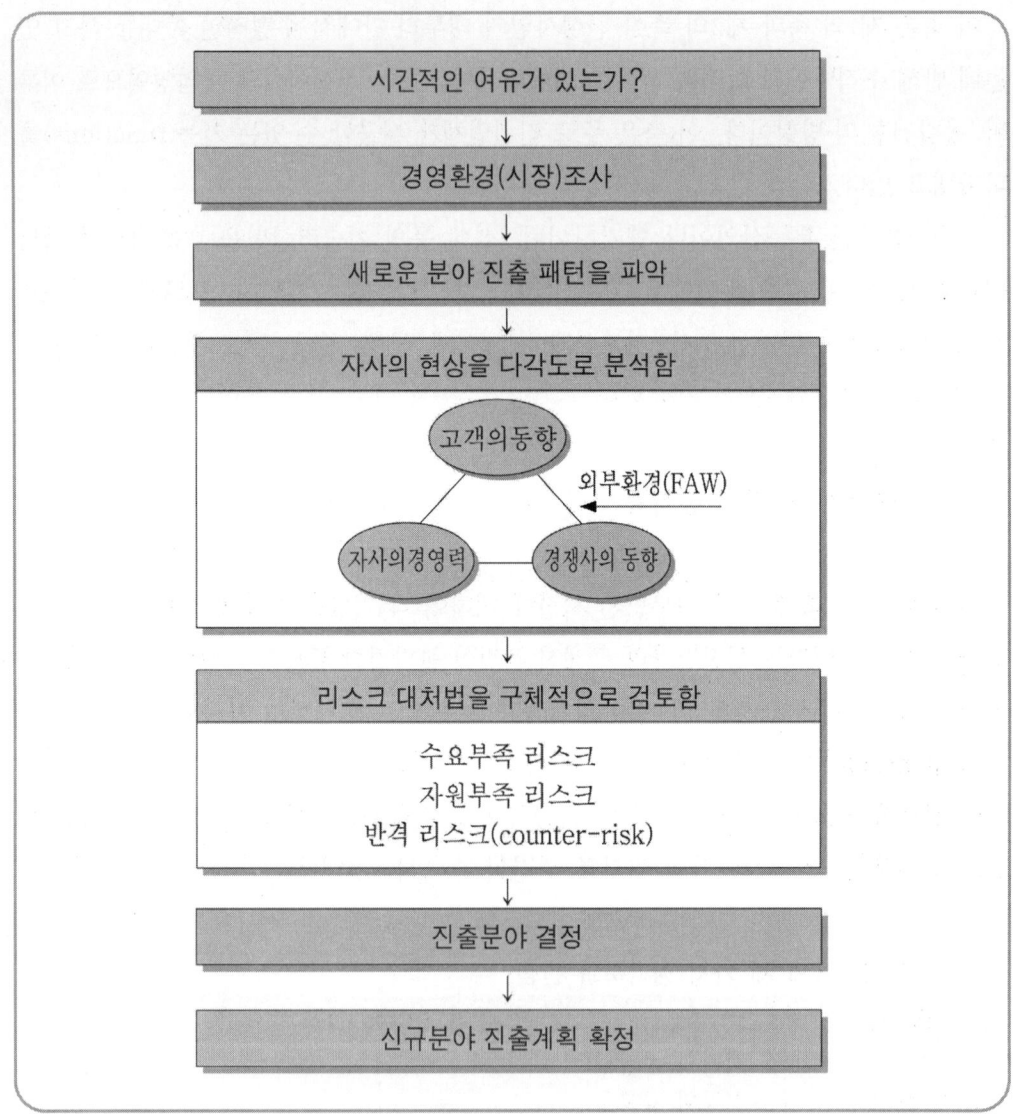

그림 7-9. 신 시장 진출을 위한 프로세스

우선 시간적으로 충분히 여유가 있는가를 확인한다. 시간적 여유가 있다면 경영의 선택 폭은 넓어지나 그렇지 않은 경우에는 즉효성이 있는 사업에 몰두하지 않을 수 없기 때문이다.

다음으로 자사의 상권에 대한 시장조사를 한다. 이 시장 환경이 추구하는 요구조건과 자사가 보유하고 있는 자원을 서로 비교하여 응용할 수 있도록 함으로써 추구하는 사업의 윤곽이 보인다. 이렇게 한 후 구체적인 리스크의 대소를 감안하면 도전하고자 하는 경영목표가 하향적(top down)으로 결정된다.

## 6. 신규 사업에 성공하려면

### (1) 사업 목표를 명확히 해야

목표와 성과에 관련하여 미국의 애리조나대학(Arizona State University)의 실험데이터가 있다. 학생들에게 "장래 무엇이 되고 싶은가?"라고 묻고 20년 후 추적조사를 하여본바 실제로 놀라운 결과가 나왔다.[28]

제1의 "특별한 목표는 없다"고 답한 그룹은 그 대부분이 평범한 경제생활을 영위했다.

제2의 "성공하고 싶다"고 답한 그룹은 어느 정도의 공백은 있어도 그 나름대로 성공한 사람으로서의 인생을 보냈다.

제3의 "구체적이고 명확한 목표수치로서 정열을 가지고 말한" 그룹은 대부분 큰 성공을 했다. 그것도 제2의 그룹에 비해서 연간수입이 월등히 많은 것으로 나타났다.

명확한 목표는 사람의 행동을 구체화시키고 의욕은 이를 달성하기 위한 지속적인 노력을 가져오게 한다. 이것은 개인이나 또는 회사 집단에서 바꾸어 적용하여도 같은 형태가 된다.

### (2) 항상 변화를 주시하면서 변화와 융합하는 유연성이 필요

새로운 사업이나 아이디어는 기업이 만드는 것이 아니다. 정치·경제·사회·문화·기술 등의 환경변화가 창출하는 것이다. [그림 7-10]에서 보는 바와 같이 산업은 성장요인과 제약요인이 항상 충돌하는 가운데서 생성·소멸된다. 따라서 이들 산업구조의 변화를 예의주시하면서 사전에 대비하는 것이 중요하다. 아울러 다른 업종과의 제휴도

---
[28] 建設經營研究所, 建設經營の基礎知識, 日刊建設工業新聞社, 2004.

고려하여 약점을 보완하고 강점을 살리는 유연성이 필요하다.

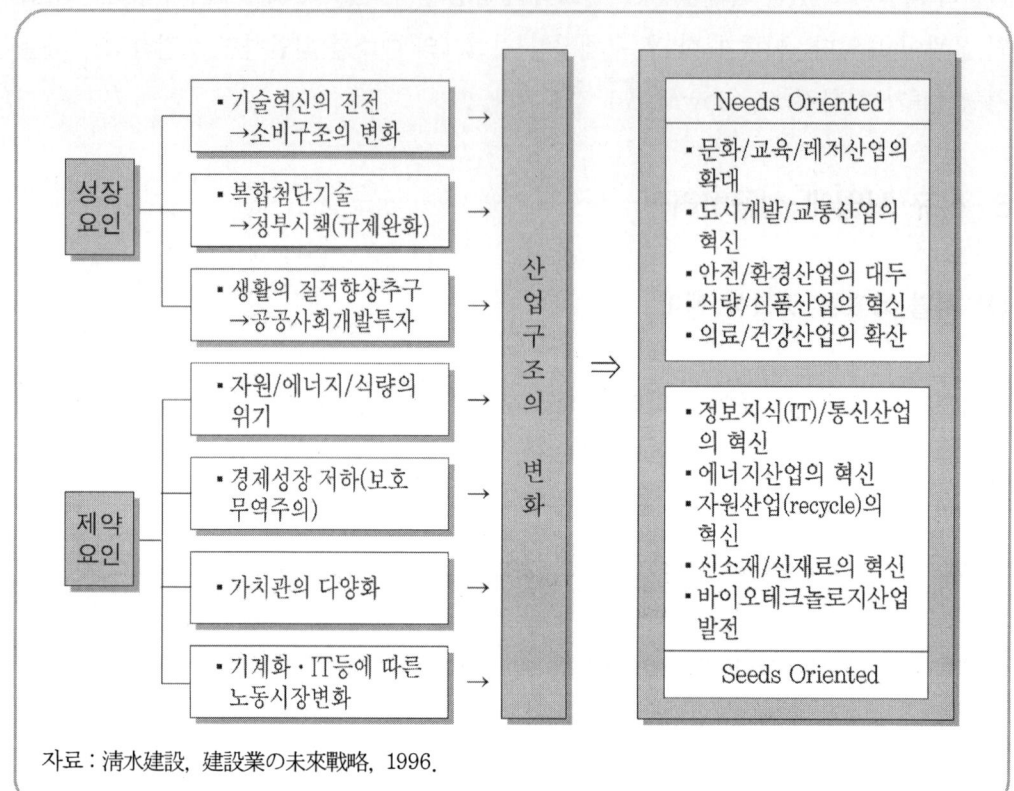

그림 7-10. 산업구조의 변화 예상

### (3) 자신의 강점을 최대한 발휘하라

신규 사업 진출에 있어서는 자신의 강점의 어느 부분을 상품화해서 내어 놓을 수 있을 것인가, 바꾸어 말하면 여하히 경쟁을 회피할 것인가를 충분히 검토하지 않으면 안된다. 설계기술인가, 생산기술(주택·토목·건축 등)인가, 아니면 시공관리기술인가 중에서 자신이 보유하고 있는 강점을 발휘할 수 있는 것이어야 한다.

### (4) 타이밍·스피드·기동성이 생명이다

앞으로 성장할 사업은 스피드(speed)나 기동성(mobility)이 있는 분야가 중심이 된다. 시장이나 고객의 수요변화를 재빠르게 포착(timing)해서 그 수요를 어떻게 제품과 연결시킬 것인가가 포인트이다. 산업이나 기업 또는 제품에는 모두 라이프사이클이 있다. 생성기 · 성장기 · 성숙기 · 쇠퇴기를 그리는 것과 같이 타이밍에 맞게 신속하게 그리고 기동성 있는 선택과 실행이 중요하다.

## 7. 신규 사업 진출에 있어서의 과제와 극복

### (1) 내부적 저해요인

신규 사업을 개발 · 추진함에 있어 최대의 문제는 기업내부의 혁신을 저해하는 요인이다. 기업이 크면 클수록 조직이 비대하면 비대해질수록 그 안에 속해있는 조직원은 내부지향적이 되어 변혁을 거부하게 된다. 이것이 신규 사업이나 조직의 활성화를 저해하는 요인이 된다.

① 과거 자신의 업적 또는 성공에 의한 자기만족이나 관습에 사로잡히기 쉽고,
② 리스크를 피하고 변혁이나 실패를 두려워하는 조직풍토
③ 시장수요 · 고객수요의 변화에 대한 대응이 둔감해지며,
④ 단기이익지향으로 장래의 사업에 대한 관심이 멀어진다. 예컨대, 재무 · 경리와 같은 관리부문은 예산관리나 이익관리가 주 역할이므로 수익을 압박하는 신규 사업에 반발하는 경향이 있다.
⑤ 신규 사업 진출로 종전의 고객과의 경합이 발생하기 쉬우며, 사업부문간의 벽, 스텝과 라인간의 벽, 사무계와 기술계간의 벽 등 내부지향성과 혁신을 저해하는 요인 등이 신규사업추진을 어렵게 한다. 따라서 이와 같은 내부저해 요인을 제거하고 반대로 위협이나 위기감을 성장의 발판으로 삼아야 할 것이다.

### (2) 수주 의존형에서 수요 창출형으로 전환

기존의 영업방법은 단골 거래처를 수시로 방문하여 사람을 사귀고 여기서 나오는 정보를 통해 업계에 연고권과 선점권을 주장하여 수주물량을 만들어 왔다. "발주될 공사가 기

존에 우리 회사가 시공한 도로에서 인접해 있다" 던지, "이 도로가 우리 회사 회장의 고향을 우회하여 지나간다. 던지, 참으로 "이유 없는 무덤은 없다"는 말이 실감날 정도였다.

그러나 고도성장기를 넘어선 지금은 건설투자의 확대에 한계가 있다. 따라서 종래와 같은 형태의 수주전략으로는 수주에 성과를 거둘 수 없다. 지금은 기획력이 성패를 좌우한다. 고객의 수요에 대해 어떤 방법으로(how to), 예산 범위 안에서(within budget), 주어진 기간 내에(on time) 구체화시킬 수 있는가가 요체이다. 즉, 주문자로부터 일감을 얻는 것도 중요하지만 스스로 일을 창출해 나가는 것이 더 중요하게 되었다. 신규사업개발에 있어서는 사업 창조·수요창조가 차지하는 비중이 더욱 높아지고 있다.

### (3) 리스크 양태가 다르다

신규 사업에 뛰어드는 타이밍이라든지 스피드·기동성·유연성이 성패의 길이기 때문에, 대기업이 채택하고 있는 합의제형 의사결정방식은 오히려 장애가 되기도 한다.

신규 사업은 당해 기업으로서는 미지의 부분이 많으며, 이러한 경험부족을 만회할 수 있는 것은 최고경영자의 결단력과 강한 성공에 대한 의지뿐이다. 또한 그 방법으로서는 "타사의 경우에서 배우는 것(benchmarking)"이 중요 하며, 그를 통해서 시대·업종·기업특성을 초월한 성장의 법칙을 발견하게 된다.

### (4) 유용하고 유능한 인재의 등용이 필수

사업은 '사람' 그 자체이다. 앞으로의 성장전략의 기둥으로 삼는 만큼, 기업에서도 가장 우수한 인재를 투입해야 한다. 인력구조조정을 위한 배출구로 삼을 목적으로 신규사업에 진출해서는 안 된다. 다시 말해서 '패전처리투수'와 같은 임무를 부여해서는 안 된다는 것이다.

변화에 과감하게 도전하는 강한 체질을 가진 사람, 스스로 성공의 개혁자(Change Agent)가 되겠다는 "창업가정신"에 넘치는 인재를 육성하여야 할 것이다.

# 05 신규분야 진출 사례

## 1. 신규분야 진출전략

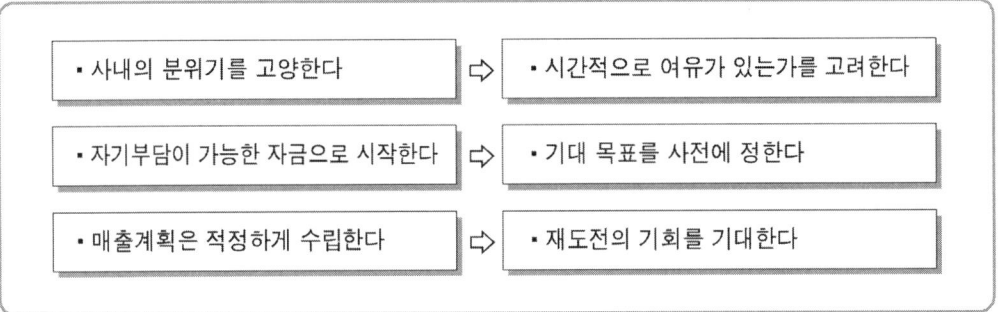

① 신규 사업에의 진출에 성공하기 위해서는 사내의 의사통일이 필수적이다. 그렇기 때문에 현재의 수준에서는 달성이 쉽지 않은 목표를 최고경영자가 신념을 가지고 전사원에게 제시하여야 한다. 명확한 목표와 직원 상호간의 의사가 일치되면 사내의 분위기는 점차 호응도가 높아질 것이다.

② 차입금 중심으로 사업계획을 세울 때에는 계상(計上)이 어긋날 경우 곧바로 주력사업의 자금에 악영향을 미친다. 따라서 가능한 한 자기가 부담할 수 있는 자금을 중심으로 계획을 세운다.

③ 매출은 예측하기가 가장 곤란한 분야이다. 신규분야에 진출할 경우에는 동업자들로부터 대소의 반격을 받게 되는 것이 일반적이다. 따라서 매출액은 제한적으로 신중하게 세우지 않으면 안 된다.

④ 예측할 수 없는 사태가 발생하여 계획의 진행이 늦어지는 경우가 있다. 따라서 시간적인 여유를 두고 판단할 필요가 있다. 이점은 차입금 변제시 거치기간의 설정과도 관련이 있다.

⑤ 신규분야의 진출은 모두가 성공한다고 볼 수는 없다. 성공의 확률은 기껏해야 10%전후까지라고 말하고 있다. 따라서 경우에 따라서는 「○○연간 누적적자가 ×××천만 원 이상이면 철수한다.」 등의 가정목표치(기준)를 세울 수도 있다.

⑥ 신규분야에 진출하겠다는 도전은 1회에 그치는 모험이 아니다. 처음에 불가능하여도 '마음을 강건하게 다져먹고' 재차의 도전기회를 기다리는 자세야말로 매우 중요하다.

## 2. 신규분야 진출사례

아래의 신규분야 진출에 대한 내용은 외국 건설업체의 사례를 정리한 것이다. 국가별로 처해있는 기업의 여건이나 배경이 다를 수가 있으나 건설 환경이 우리와 비슷한 점이 많아 타산지석으로 삼으면 도움이 될 것으로 보여 소개하고자 한다.

### (1) 회사 토지를 유효하게 활용하다

[1] 발안계기

S사의 본사는 전철역 바로 앞에 자리 잡고 있다. 10년 전에 세워진 본사는 현대적인 건축양식으로 세련된 디자인을 자랑하고 있다. 그러나 건설수요가 하락하고 회사의 매출에도 영향을 미쳐 해마다 실적이 감소하고 최근에는 손익분기점에 이르는 상황이 되었다.

마침 그러한 때에 지점용지를 물색하고 있던 대형 할인판매점에게 상업용지로서의 장점을 활용한 계획안을 제안하고, 대지를 그 회사에 임대하기로 결정하였다. 이 토지를 수익물건으로 전용하게 된 것은 회사로서는 어려운 상황을 타개하기 위한 커다란 비책이었다.

[2] 사업의 내용 등

회사는 본사 건물을 철거하고 시 외곽의 임차빌딩에 본사를 이전하였다. 임차인으로

부터 받은 임차료(토지대의 1년분)로 지급어음을 줄여 자금난은 크게 개선되었다. 더욱이 이 기회에 회사의 재무상태를 근본적으로 개선키 위한 작업에도 착수하여 정년이 가까운 사원에게 조기퇴사를 추진하는 동시에 부동산사업부문(토지와 그에 상응하는 차입금 및 부동산부문의 관리요원)을 분할하여 다른 회사로 이전했다.

### [3] 사업추진상 어려운 점 등

본사 이전에 대하여는 사내의 반대도 있었으나 은행의 지원이 있었고 사장이 결단하여 실행하게 되었다. 회사분할에 대하여는 세무사의 협력과 은행의 동의도 자연스럽게 얻어 비교적 단기간에 모든 것을 마무리하게 되었다.

## (2) 복원사업을 시작하다

### [1] 사업의 계기

T사의 신임부장은 연구에 몰두하고 있었다. 새로운 분야 진출에 대하여 세미나에 참가하고 거기서 아이디어를 얻어 '복원사업(restoration)'에 도전하는 발단이 되었다. 복원사업은 소재(素材)를 올바르게 오랫동안 보호하는 것을 주목적으로 설치하는 것으로, 기존의 기능을 유지하면서 낡고 더러워진 것을 아름답게 되살리는 기술이다. 단순히 클리닝과 달리 도료나 약품 등을 사용하여 분리하는 고도의 전문지식과 기술이 필요하고, 또 산업폐기물을 대부분 배출한다는 점에 리폼(reform) 등과는 다르다.

### [2] 사업내용

프랜차이즈계약에 따라 노하우를 제공받기 때문에 기술개발 등 어려움은 그다지 없었다. 관광시설이 많은 지역의 특성을 살려서 호텔, 레스토랑 및 골프장 등에 집중적으로 영업을 전개하였다. 어떤 호텔의 풀장복원공사를 시공하였고 비용은 개수에 비하여 전체금액의 10분의 1정도로 우선 변제케 하고 시공완료 후에 지불토록 제안하자 호텔의 오너는 매우 만족하게 생각하고 즉각 계속계약을 하자는 신청을 받았다.

[3] 차별화의 포인트

복원에 관한 높은 기술·지식 및 풍부한 경험을 지닌 인재의 유무가 차별화의 포인트가 된다. 구체적으로는 ① Reform과 비교할 경우 낮은 비용과 짧은 공기 ② 총괄적인 유지관리(full maintenance)를 초과한 높은 보수능력 ③ 평소에 고객의 요구를 정확히 파악하는 시설전문가의 존재(본사의 건설의 전문기술자가 전면적으로 지원)가 요인이 된다. 이후에는 외벽복원 및 방수·단열·방화에도 진출할 예정이다.

## (3) 해체에서 재생까지의 순환형 환경건설업을 지향 한다

[1] 사업의 계기

K사는 원래 하천모래를 이용한 플랜트를 운영하였으나 그 후 아스팔트나 콘크리트 덩어리 등을 재생, 플랜트 시설로 전환하기 위한 기회로 환경 분야로 진출하겠다는 기본전략과 부합하여 종래의 건설업과 관련이 있는 사업을 추진하게 되었다.

건설리사이클법이나 클린구입법 등으로 시공되는 순환형 회사를 지향하는 노력도 순조롭게 진행되고 있고, 앞으로는 유지관리사업이나 정원관리(gardening)사업과 더불어 변형된 토양오염 개량사업에도 참여하게 되었다.

[2] 사업화에서 어려웠던 일

리사이클 사업은 폐자재의 안정적인 공급이 없으면 제조활동을 지속할 수 없다. 원자재(raw material)에 대한 기준이 없기 때문에 가격이 저렴한 파진 재(破陣材)를 섞은 상품으로서는 시장에서 패배할 수밖에 없었다. 행정적으로서도 환경측면에의 배려로 앞으로 재생자재의 활용을 육성하고 있지만 100%재생 재와 그 외의 재생재 구별을 보다 명확히 해야 하지만 종래에는 이점이 불충분했었다.

[3] 이후의 과제

환경보전에 대한 사회의 관심도 점차적으로 높아지고 있는데 순환형 환경건설업은 더욱더 크게 성장할 가능성이 있다. 당사의 매출액 가운데는 건설도급공사가 절반을 차지하고 있는데 동종 타사의 매출액이 떨어지는 가운데서도, 매출액의 수준을 유지하고 있는 것은 새로운 분야의 매출액이 기여하고 있기 때문이다.

### (4) 판금공사업자가 이업종과 제휴하여 리폼공사에 진출

[1] 특 색

건축판금공사업을 수행하는 K사는 업무확장을 도모키 위해 이업종(異業種)과 연휴하여 리폼(reform)사업에 진출하였다.

[2] 내 용

① K사는 1988년부터 목공·미장·도장·판금의 4개 업종으로 리폼사업에 착수하였다. 그 후 목공 15개사, 전문공사업자 25개사로서 협동조합을 설립하여 주택신축공사 분야로 업무내용을 확대, 주택을 시공하게 되었다. 현재는 발전적으로 협동조합을 해산하고 지붕·판금·외벽의 종합 기획자로서 리폼사업을 진행하고 있다.

② K사는 「건물보존회」를 설립하는 외에 시공한 고객이나 신규고객을 대상으로 1일분의 일당정도의 연회비로서 회원을 모집하고, 지붕·누수를 점검하는 업무를 연 2회 실시하고 있다. 점검결과 건축물에 손상이 있는 경우에는 보수를 하고, 그 경우 일당이나 부품대 등은 실비로 받고 있다.

③ K사는 건축판금공사를 주 업무로 하여 리폼공사의 경험을 활용한 건축전반의 내외장공사와 동시에 자사가 개발한 주택자재를 제조판매도 한다.

[3] 성과 및 향후 방향

K사는 건축판금공사업계의 모임에서 동업자에 이러한 사례를 소개했다. 많은 관계자가 참가한 가운데 업계전체에 리폼에 몰두하는 자세를 PR했다.

### (5) 이업종 간의 제휴로 리폼공사에 진출하다.

#### [1] 특 색

M리폼협동조합은 건축·목공·도장·타일·벽돌 등 이업종의 중소건설업 14개의 사업자로 구성되어 연휴를 맺어 종합적인 리폼공사에 진출하고 있다.

#### [2] 내 용

① 콘크리트 구조물의 경우 시공 후 10년 이상 경과하면 외벽이나 옥상방수·베란다 등의 부분에 이상이 생겨 적절한 보수·개수를 하지 않아 외벽이탈 등의 사고가 발생하는 경우도 있었다. 이와 같은 경우 공사를 보다 효율적으로 하기위해서는 다른 분야의 중소건설업이 연휴하는 것이 효율적으로 M리폼협동조합도 이러한 관점에서 설립하게 되었다.

② 조합설립 당초에는 민간공사의 보수·개수공사를 주로 수행했으나, 현재에는 관공사도 수주하고 있다.

③ 조합에는 공동수주사업을 추진함에 있어서는 다음 4가지 점이 중요하다고 생각된다.
- 건축공사·도장공사 등 조합원이 그 전문분야에 보수·개수공사에 대응할 것.
- 이러한 소규모 공사, 긴급한 공사에도 확실히 대응되는 체제를 확립할 것.
- 신공법이나 신기술에 있어서 제안을 행하여 발주기관의 편의를 제공할 것.
- 검사위원회를 설치하여 중간검사와 병행하여 완성검사를 하는 공사에 만전을 기할 것.

#### [3] 성과 및 향후의 방향

조합에서는 빌딩이나 풀장시설의 보수·개수공사를 운수성이나 고용촉진사업단, 조합원의 지역 지자체 등으로부터 수주하고 공사를 분담 시공하는 방식으로 실시하고 있다.

## (6) 소비자가 공법을 이해·체감할 수 있는 전시장을 개설

### [1] 특 색

내장건자재를 판매·시공하는 N사는 일반소비자 등에 내장시스템공법을 이해·체감하도록 하기 위하여 전시장을 개설했다.

### [2] 내 용

① N사는 리폼·리뉴얼 분야에서 수도권을 중심으로 전개하고, 작업공정이 단축되는 생력화제품, 리사이클에 적당한 제품 등 폭넓은 제품을 제안을 하고 있다.

② N사가 개발한 전시장에는 각종 샘풀전시장 등 제품성능을 실시하는 실험장치의 설치, 개호(介護)를 겨냥한 고령자대응주택, 내장시스템공법의 공정소개, 소비자가 실제로 시공을 체험하고 기능공이나 시공관리자가 훈련하는 것을 손쉽게 접근할 수 있도록 시설을 설치하여, 눈으로 보거나 직접 만져볼 수 있도록 하는 전시장을 만들었다.

③ N사에는 전시장에서 소비자의 요구사항을 청취하여 리폼이나 리뉴얼에 관한 신상품개발을 추진하고 있다.

### [3] 성과·이후의 방향

N사에는 전국 사업소에 전임 담당자를 설치하고, 리폼·리뉴얼의 요구에 응하는 동시에 환경이나 건강을 테마로 인터넷쇼핑도 개설할 예정으로 있다.

## (7) 전문건설업자가 신 시장개척으로 다각화 경영

### [1] 특 색

전문공사업자가 다각화 경영을 추진한 사례가 있다. 건설업(본업)의 체질강화는 물론이고 관련되는 신규 분야에의 진출, 신규 사업 개발 등에 몰두하는 사례도 적지 않다.

### [2] 내 용

① K공업사는 PC교량 공사에서 실적을 쌓아갔다. 대형 프로젝트 수주를 포함하여 지속적으로 안정된 실적을 예상하고 있었다. 그러나 2003년 이래 하강하는 수주환경이 격심할 것으로 예상되어 업무다각화에 신경을 쓰게 되었고, 프렌차이즈사업에 가맹하는 형태로 주택분야에 전념하게 되었다.

전국적으로 통일된 가격으로 가맹점이 자재를 직접구입, 현장에는 Free Cut재에 못을 박아 쓰면 되는 것이었다. 이 사업의 영업은 젊은 직원들이 담당케 하고 사내에 역량을 집중시켰다.

② 조경업을 하고 있는 T사는 하도급중심에서부터 벗어나 개인수요자로부터 직접 일거리를 수주하는 형태로 옮겨가고 있다. 현재 그 비율은 60%가 된다. 본사에 Gardening의 옥외전시장을 개설하기 시작하고, 현장에서 이웃주민을 대상으로 한 견학회를 개최하고 있다.

③ 비계·토공을 전문으로 하고 있는 S사는 원도급에 대하여 건설부산물저감시스템의 제안을 시작했다. 폐기물처리와 양중·품질·안전을 종합적으로 관리하고, 비용절감을 목적으로 하고 있다. 현장에서 나오는 혼합폐기물을 저감하면 폐기물처리비용도 줄일 수 있다. 인원이나 예산의 여유가 없는 조그마한 현장에서도 간단히 폐기물을 삭감할 수 있다. S사에는 원도급회사 뿐만 아니고 많은 현장에서 쓰일 수 있는 시스템을 목표로 하고 있다.

### (8) 신 영역·신 시장에 사업전개를 전략적으로 도모하다

### [1] 특 색

산업·건설관련 상사인 A사는 건설부문을 강화·확대하여 신 영역·신 시장 사업전개를 전략적으로 도모하고 있다.

[2] 내 용

① A사는 상사로서 기전사업부문과 건설부·설비부·철공부·건재부로 구성된 건설사업부 등 2개 사업부문으로 건설부문을 강화, 확대하고 있다.

② 현장실태 파악·신속한 납기·공사능력·품질보증·일관된 연휴공사로 종합적인 시공능력이 요구되는 '내진보강공사'에서, 특수내진기구의 활용 등에 의한 높은 시공기술과 일련의 공사를 모두 자사에서 시공하는 시스템에 의한 풍부한 시공실적을 지니고 있다.

③ 설비분야는 환경 분야(태양열 발전 등), 성에너지분야(low cost난방 등), 복지 분야(승강욕조 등 특별욕조) 등 신 시장 진출을 전략적으로 전개하고 있다.

[3] 성과 및 향후의 과제

A사는 이후 상수도·배수·공조소방시설(물에서 공기까지)의 보수 관리와 긴급수리 24시간 연중무휴체제도 계획 중에 있다.

(9) 능력주의 경영에 의한 경영체질 강화

[1] 특 색

공조 및 급배수시설 전문공사업을 하고 있는 D사는 사장·임원·과장·일반사원이라는 4계층이 존재하지 않고 Simple하고 Flat한 조직이 특징이다.

[2] 내 용

① D사는 매일아침 30분간 간부회의가 개최되어 과장이상이 참가하는데, 일반사원들도 자유로이 참가할 수 있다. 경영정보를 얻을 수 있는 만큼 사원의 참가의식을 높이기 위한 방침의 하나로 그 회의실은 문자 그대로 통유리로 설치해 두었다.

② 능력주의·성과주의의 임금체계를 채택하고 정기승급은 없다. 책임자가 경영목표

를 달성하지 못하면 감급되는 경우도 있다. 실제로 감급은 연간 한두 명이 발생하는데 중도채용도 많고 약 420명 직원의 반수가 중도에 입사하여 그 출입이 많아 조직의 활성화로 이어지고 있어 사기에 크게 문제되지는 않는다.

### [3] 성과 및 향후의 방침

능력주의를 채택하더라도 고객의 지지를 얻지 못하면 경영은 성공하지 못하는바, 그 점에서 D사는 10년 전부터 시공 1년 후에 설문조사를 발주담당자에 송부하는 「고객만족도 측정제도」를 실시하고 있다. 그 중에서 실패사항이나 주의해야 할 포인트 등은 매월 '실패보고서(fail report)'로 발표하고 있어 정보공유화를 도모하고 있다.

## (10) 협력회사 평가제도의 운용으로 발주의 공정화를 기하다

### [1] 특 색

대형 종합건설회사인 K사는 전국 건설현장에서 모든 협력회사의 시공결과를 평가하는 동시에 외부기관으로부터 각종 정보를 입수한 평가제도를 운용, 평가결과에 기초한 발주를 하여 공정화를 추진하고 있다.

### [2] 내 용

① K건설회사는 평가제도를 실시함에 있어 유력한 협력회사 다수회사에 인터넷을 통하여 협력회사 평가에 대한 요청사항을 접수하고 품질·비용·공기·안전·환경의 자주관리, 기술개발 조직, 기술자·기능공의 인재육성, 경영기반의 안정도 등을 평가하게 된다.

② 협력회사 평가는 모든 협력회사를 대상으로 한 시공결과평가와 특정 협력회사를 대상으로 한 K건설에 의한 기업방문평가를 가지고, 외부조사기관에 의뢰 객관적 평가와 동시에 종합적인 평가를 한다. 또 협력회사의 자주노력을 지원하기 위해 평가결과를 당해기업에 공포하여 경영측면에서 참고정보로 제공되고 있다.

### [3] 성과 및 향후의 방침

K건설사는 평가제도의 응용을 통해서 공헌도가 높은 직원(기능공)에 대하여 일정의 포상금제도를 시행하고 있고, 이후에도 협력회사의 자주노력에 대하여 지원과 함께 평가결과에 기초한 공정한 발주를 하여 가격에 걸맞는 품질의 실현을 추구하고 있다.

## (11) 재택 여성설계자를 활용

### [1] 특 색

K기업은 「Home CAD Mate」라 부르는 재택 여성설계자를 육성·활용하고 있다.

### [2] 내 용

① K기업은 기존사원이나 일반응모 여성을 재택설계자로 채용하고, 「홈CAD메이트」라 명칭을 부여하고 이를 육성·활용하고 있다. 채용을 함에 있어서는 퍼스널컴퓨터의 기본조작이 가능한 것을 조건으로 하고 있는데, CAD의 조작에 있어서는 경험이 없어도 받아주고 있다. 「홈CAD메이트」는 채용 후 1주일 정도 초기교육을 받은 후 재택에서 업무를 수행한다.

② 현재 10명 정도가 「홈CAD메이트」로서 국내를 시작으로 해외에도 적을 두고 활약하고 있다. 여성의 감성을 활용한 설계는 기존의 관념과는 달리 참신하고, 설계품질 향상에도 기여하고 있다. 또한, 인터넷으로 도면을 주고받고 있어 비용절감과 생산성 향상에도 도움을 주고 있다.

### [3] 성과 및 향후의 방침

K기업은 이후에도 재택여성을 활용하여 설계관련 네트워크를 넓혀가고 있다.

# 06 전문건설업의 혁신 전략

## 1. 경쟁과 혁신의 시대

건설산업은 외주비율이(하도급 평균비율) 1995년 46.69%에서 2002년 53.64%로 매년 증가하고 있고, 전문공사업자가 건설생산의 프로세스 가운데에서 중추적인 역할을 담당하고 있다. 그러나 신규건설투자의 둔화가 예상되어 경영체질이 허약한 전문건설업체로서는 비용절감(cost down)의 요청이 강해 39,000여 모든 업자가 생존하기에는 불가능한 실정이다. 따라서 오늘날을 생존과 도태의 시대로 인식, 자조노력에 의해 '선택과 집중'(selecting & concentrating)을 위한 기업전략의 추진 등의 문제제기는 전문공사업에서도 생존의 문제와 직결되게 되어있다.

또한 태생적으로 원도급업자에게 의존체질이 강한 입장에서 벗어나 자립의 기업으로 지향하기위해 자기개혁의 노력을 통해 이러한 냉엄한 시장 환경에 견디어 갈 수 있는 전문공사업자가 필요하게 되었다. 더욱이 최근 현저하게 강화된 품질확보나 환경기준 또는 노동조건에 지장을 주지 않고 적정가격으로 수주하기 위해서는 건설산업전체가 자구책을 모색하여야 하는 실정에 있는데, 전문건설업체가 지향해야할 주요 생존방향에 대하여 요약하면 다음과 같다.

## 2. 다양한 건설생산·관리 시스템 구축

### (1) 현 상

발주자를 둘러싸고 있는 경제 환경이 급변하고, 원가의식이 높아지고 있는 가운데 전문공사업자의 기술력의 향상과 더불어, 분리발주나 Turn-key 또는 CM방식 등의 요구도 증대되고 있다.

다양한 건설생산·관리시스템의 형성노력, 증가하고 있는 기술과 경영에서 뛰어난 전문공사업자에게는 활약의 장을 증가시킬 수 있는 사업기회이다. 그러나 원도급자로서는 그 때문에 큰 책임과 리스크를 부담할 각오를 하여야 할 것이다.

### (2) 다양한 발주방식

이제 전문건설업자도 성장과 더불어 종합건설업자로부터 의존적 위치에서 벗어나 다양한 생산방식으로 건설프로젝트에 참여할 수 있다. 1건의 건설공사를 공종마다 분리하여 직접전문공사업자를 원도급으로 발주하는 분리발주방식과, 종합건설업자와 전문건설업자, 또는 다른 업종의 전문공사업자와 Joint Venture 등으로 참여하는 이업종 JV방식, 그리고 CM방식 등을 고려할 수 있다.

| | |
|---|---|
| 분리발주 | • 분리발주에서 발주자에게 선택되기 위해서는 비용절감의 효과, 시공관리의 효율성을 명확히 하여 발주자가 보다 선택하기 쉬운 환경을 만들어가야 함. |
| 이업종 JV | • 일괄도급(발주)방식에 비해 비용의 투명화, VE제안의 촉진 등의 발주자로 보아 장점이 있음.<br>• 고려되는 대상공사, 대상업종, 책임관계, 계약형태 등에 대하여 검토할 필요가 있음. |
| CM방식 | • 비용구성이 투명화 되기 때문에 이로 인해 원·하도급관계의 합리화, 전문공사업자의 기술제안능력이 생기는 등 장점이 있음.<br>• CM방식이 건설생산·관리시스템의 변혁과 생산효율의 향상에 기여하는 영향이 큼. |

## 3. 경영력·시공력을 강화해야

### (1) 현 상

하도급업자의 세계에는 원도급·하도급의 협력회사적인 의존관계가 강하고, 경영력·

시공력의 향상이나 생산성향상을 위하여 경영혁신에 몰두하거나, 차별화에 신경을 쓰는 경우가 적다.

## (2) 방 안

### ① 경쟁력강화(비용절감 및 차별화·고부가가치화의 추진)

| 방 안 | 주 요 내 용 |
|---|---|
| ① 비용관리 능력 강화 | • 종합적인 코스트 관리능력의 육성이 필요함 |
| ② 차별화·고부가 가치화 추진 | • 신공법 개발, 품질향상, 제안력 강화 등의 차별화 및 경쟁력의 강화가 필요함<br>• 제휴에 의한 기술, 공법 등의 연구개발도 적극적으로 이행하여야 함 |
| ③ 전문공사업자 평가시스템 확립 | • 원도급이나 소비자에 대하여 전문공사업자의 기술력, 품질 등을 적정하게 평가할 수 있는 시스템의 확립이 필요 |
| ④ 경영자 의식 개혁 | • 경영자의 장기적 전망이나 원가의식 철저, 기업발전을 위한 창조성과 의욕이 부족함 |
| ⑤ 전문공사업의 국제화 | • 해외건설시장 진출이나 해외로부터 기자재의 조달에 따른 비용절감 |
| ⑥ 적정한 경쟁 확보 | • 과도한 지역제한요건의 설정 등을 시정하거나 불량·부적격업자의 배제가 필요함 |
| ⑦ 안전 확보 | • 안전교육추진 등의 조직이 필요 |

### ② 경쟁력 강화를 위한 새로운 조직방향

| 방 안 | 방 안 내 용 |
|---|---|
| ① 다양한 연휴 | • 거래선(영업지역)을 확대하기 위한 연합제휴<br>• 공사에 있어 상호의 특성을 활용하기 위한 연휴<br>• 기술개발을 위한 연휴 등 "이업종 연휴"를 포함하여 다양한 목적의 연합제휴의 모색이 필요 |
| ② 종합화와 중점화 | • 종래의 업종구분을 초월하여 주변업종과 혼화하여 광범위한 업종을 일괄수주 할 수 있는 종합화의 길을 모색<br>• 반대로 자신 있는 분야에 중점화를 도모하고, Number One(No 1), Only One을 지향하여야 할 것임 |

## (3) 신 분야 진출

① 다양한 신 분야 진출기회의 확대

- 앞으로 약세의 시장에서 지속적인 성장을 하기위해서는 적극적으로 신 분야·틈새분야에 진출을 검토하는 것이 필요함.

⇩

- 환경, 복지, Reform, 유지관리, Recycle분에 등에 전문공사업자도 다양한 비즈니스찬스의 가능성이 있으며,
- 시공계획·시공관리 등에 진출할 가능성도 있음.

② 특히 Reform-Maintenance 시장에 진출

- Reform시장은 그 장래성에서 다양한 산업의 참여가 예상됨.
- Reform의 「전국시대」에서 전문공사업자가 살아남는가의 여부는 시장에서 소비자의 신뢰를 얻을 수 있는가의 여부에 달려있음.

⇩

- 소비자의 접근이 쉬운 Reform시장의 구축, 시공 후에도 안심이 되는 체제 구축(After Service의 확보).
- 전문공사업계의 Reform조직은 초기단계로서 금후 구체적인 조직이 필요함.

## (4) 전문공사업에서의 정보기술(IT)의 활용

- 정보기술의 도입·활용을 위한 조직이 미흡하고, 이에 적극적으로 대처하기에는 아직 성숙되지 않은 상황임.

⇩

- 금후 전문공사업계에서도 기술과 경영에 우수한 기업으로 지향하기 위하여 정보기술의 활용을 추진하여야 할 것임.
- 사내에서 정보의 전자화, 고객정보 등의 데이터베이스화, 견적·도면 등의 전자정보화, Reform시장 등에서의 소비자에 정보제공 등 다양한 가능성.
- 기업스스로 정보기술의 활용에 조속한 대응을 위해서는 인재육성이 필요함.

## (5) 협회·조합 등 사업자단체의 새로운 역할

- 사업자단체는 회원의 이익을 대변하며 도와주는 역할에 중점을 두어야 함.

⇩

- 사업자단체 리-더의 기획력, 선견성이 매우 중요. 업계단체가 주도적인 역할을 해야 함.
- 앞으로 사업자단체의 정보관리 및 조정기능이 중요.
- 사업자단체의 제휴, 사무소 공동화, 혹은 통합 등 사업자단체조직의 효율화도 필요함.

## 4. 원도급 · 하도급관계의 적정화

### (1) 현 상

종합공사업자와 전문공사업자의 관계는 하나의 일을 분담하여 만들어가는 파트너임에도 불구하고 현실적으로는 대등한 관계로 인정되고 있지 못한 실정이다. 또한 원도급, 하도급을 불문하고 건설업자는 극심한 수주환경에 직면해 있고, 원가율이 나쁜 공사수주는 결국 하도급업자에 경영압박으로 작용하고 있다.

따라서 전문건설업자도 시공력 · 경영력을 강화하고 자발적인 판단, 행동을 통해 새로운 원 · 하도급관계를 구축하는 계기로 삼아야 할 것이다. 이것은 곧 오늘날 최대의 화두로 회자되는 '공정사회'를 이룩하는 길이기도 하다.

### (2) 방 안

| 리스크관리철저 | • 능력범위를 벗어나는 일은 수주를 거부함 |
|---|---|
| 쌍무적인 위상 정립 | • 원도급·하도급간의 쌍무적인 계약체결<br>• 시공관리의 확인철저를 위한 시공체제확인 매뉴얼의 수립 등 구체적인 방법강구 |

## 5. 인재확보 · 육성

### (1) 현 상

장기적으로는 노령화사회에서 노동인구의 감소에 수반하여, 경우에 따라서는 기능인력의 부족현상이 발생하고 원활한 기술 · 기능의 승계가 곤란할 가능성이 있다.

또한, 인재육성에는 많은 시간과 비용을 요하고 우수한 기능공 등을 포함한 하도급업자에 대한 사회적·제도적인 평가가 충분하지 않고 기술·기능의 승계의 방법이 소위 도제(徒弟)적인 요소가 많은 것 등의 문제점이 있다.

### (2) 방안

**표 7-8. 인재의 확보 및 육성방안**

| 방안 | 방안내용 |
|---|---|
| ① 전략적 인재 육성추진 | • 인재확보·육성에 관한 장기적인 경영방침이 필요<br>• 각 기업은 조직적·체계적인 인재육성추진방법에 대하여 검토가 필요 |
| ② 다기능공의 확보 및 육성 | • 다기능공에 대한 기업경영상 위상에 맞는 대우를 하는 방안, 사회적인 평가체제의 방향을 검토할 필요 |
| ③ Skill Inventory | • 기술·기능의 DB화, 매뉴얼화가 필요 |
| ④ 우수한 인재확보 | • 교육기관과의 제휴나 매스컴을 통한 PR 등<br>• 신규분야에서는 인재육성과 효과적인 교육·훈련의 충실 등 |
| ⑤ 정보기술을 활용한 인재육성 | • 정보기술을 유효하게 활용하는 인재의 육성 |

## 6. 전문건설업 이노베이션 전략

건설환경의 변화는 현재 그대로 모든 업자가 다 살아남기는 현실적으로 불가능 실정이다. 따라서 언제까지 종합건설업자만 바라보고 살아갈 수는 없는 입장으로서 정보기술을 유효하게 활용하는 인재의 육성은 물론, 전문공사업자의 장래전략의 길로서 업종·규모에 관계없이 기존의 관행에서 벗어나 과감한 경영혁신과 자기개혁(Self-Innovation)만이 치열한 경쟁의 싸움에서 생존할 수 있을 것이다.

## 7. 결론

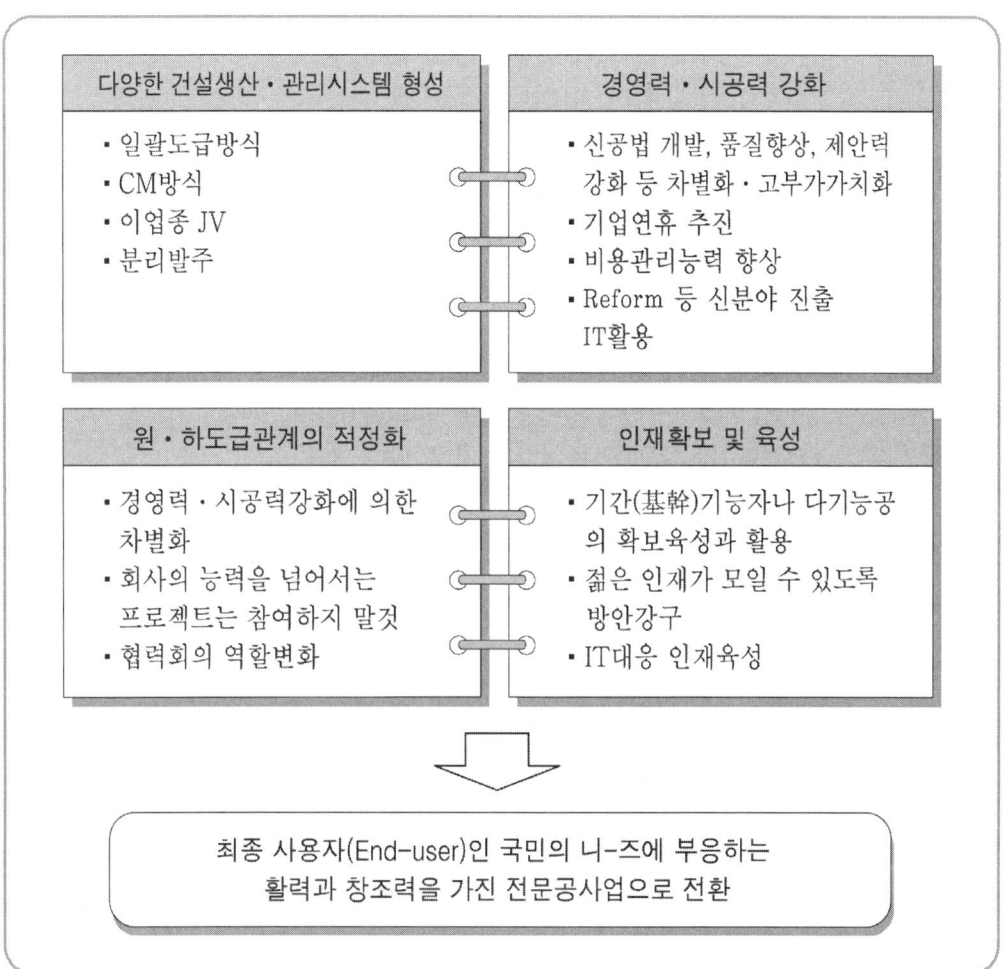

그림 7-11. 전문건설업의 육성전략

▶ 2018.12.31. 건설산업기본법이 개정되면서 전문업체의 복합공사 시장 진출과 종합업체의 단일공사 시장진출을 단계적으로 허용하게 되었다. 따라서 기존의 종합과 전문업체 간의 업역의 문제보다는 어떤 분야에 강점을 가지고 특화된 경쟁력을 보유하느냐가 관건이 될 것이다. 우리회사는 어떤 상황에 처해있는가?

# 07 기업경영과 사회적 책임

## 1. 기업의 사회적 책임(CSR)이란?

기업의 사회적 책임에 대한 논의가 시작된 것은 1930년대 초 미국에서 인데, 일본과 한국에서는 1970년대에 들어와서 활발히 논의되기 시작했다. 한국은 1960년대의 산업 공해문제, 1970년대의 오일 쇼크나 기업에 의한 매점·매석 등 기업의 반사회적 행위가 사회의 비판적이고 회사의 책임을 묻는 계기가 되었다.

최근에는 기업의 사회적 책임에 대하여 관심이 높아지고 있다. 산업이 성장·발전하여 거대해지면 널리 주주·경영자·종업원·소비자·지역사회·중소기업 등과 관계를 가지게 되어 사회적 영향력이 커지는 동시에 사회의 일정한 기능을 담당하게 된다. 이러한 상태에 도달한 기업은 독선적인 경영이나 일방적인 이익추구가 허용되지 않을 뿐 아니라 사회에 대하여 일정한 행동을 취해야 할 책임이 부과되는데, 이를 기업의 사회적 책임(Corporate Social Responsibility, 이하 "CSR"이라 한다)이라 한다. 즉 기업이 사업과 관련된 활동들을 하면서 법률을 준수하는 것을 넘어서, 사업 활동에 따른 부작용을 최소화하여 사회가 기업에 대해 거는 기대에 부응하려는 활동을 하는 것을 의미한다.

출자자(주주), 고객, 사원 등의 이해관계자를 시작으로 하여 다른 환경주체와도 상호작용하기 때문에 주체성으로 하여금 사회적 제도인 기업시스템을 제도적 기업(institutionalized businessfirm)이라 부른다.[29] 산업사회에서 기업의 영향력이 확대되고 기업자체가 사회에서 다른 사람의 행동을 규제하는 힘을 지니게 된다. 그렇기 때문에 기업행동에 있어서 정당성을 가지는데 있어서 CSR이 문제가 되는 것이다.

---

[29] M.Friedman, The Social Responsibility of Business is to make Profit, in Issues in Business and Society, (2d ed., 1997), pp.34~37 ; 최인철, "기업의 사회적 책임, 현황과 과제", 경영계, 2005. 6.

## 2. 기업의 사회적 책임영역

현대 경영학의 아버지로 불리는 피터 드러커(Peter, F Drucker)는 "기업에 사회적 책임을 요구하는 것은 옳지 못하다"고 했다. 오늘날 한국 기업들은 경영학 대가의 충고에 관심에 없는 것일까. '기업의 사회적 책임(CSR)'이라는 말이 유행처럼 번지고 있다. 많은 기업이 전담부서를 설치하고 이런저런 봉사활동에 바쁘다.

"기업은 선행이나 기부행위를 하는 조직이 아니라 주어진 여건에서 이윤을 극대화하면 그뿐이다"라는 것이 고전적 기업윤리라면, "기업도 사회의 중요한 구성원이므로 의무와 책임을 다해야 하며, 이를 통해 기업의 명성을 높이는 것이 소비자와 투자자 및 임직원을 모두 만족시킬 수 있다"는 것이 근래 기업의 사회적 책임을 주장하는 측의 의견이다. 결론적으로 말하면 기업이 사회에 공헌하면 긍정적인 경우가 많다는 것이다.

이와 같이 기업이 사회적으로 부담하고 있는 책임의 영역으로는 기본책임 영역, 의무책임 영역 및 지원책임 영역의 3가지로 분류하고 있다.[30]

### (1) 기본책임

기업 활동의 근간인 비즈니스 거래에서 쌍방이 납득하고 합의에 의하여 공정한 거래를 행하지 않으면 안 되는 기업본래의 의무로서 본업에서의 사회적 책임을 의미한다. 이는 자기이익의 동기에 따라 상호 동의를 통해 가치교환을 추진하는 것이다.

### (2) 의무책임

속임수나 불공정한 거래 등을 행하지 않을 의무로 내부불경제를 배제하는 것이다. 고객이나 주주 등이 필요로 하는 때에는 정보개시, 설명을 구하는 때에는 이해할 수 있도록 명확하게 답하고 또는 자료 등을 제공하는 의무 등이다. 난개발 등으로 환경파괴, 대기오염이나 유해물질 발생 및 폐기물의 불법투기에 의한 공해, 동식물의 남획 등을 하지 않을 의무로 외부불경제(外部不經濟)를 배제하는 것이다.

---

30) 慶応義塾大學의 鳥口充輝 교수는 기업의 사회적 책임영역에 대하여 기본책임, 의무책임 및 지원책임의 3가지 영역으로 구분하여 설명하고 있다.

아울러 남녀, 인종, 연령, 출신지, 출신계층, 학력, 용모, 장애 등을 초월하여 고용기회를 제공하는 의무와 함께 국가나 지방자치단체에의 납세의무도 포함된다.

### (3) 지원의무

문화시설, 스포츠, 영화, 연극, 음악 등의 문화 활동에 대한 지원의무(이를 Mecenat라 한다), 환경보존, 국제교류, 지역, 복지, 교육, 학술연구 등의 사회활동(이를 Philanthropy라 한다)에의 지원 및 발전도상국에의 경제원조 등 보다 장기적인 기업의 사회적 존속투자를 의미한다.

이와 같은 3층의 사회적 책임을 착실히 이행한 결과로 장기적으로 응분의 사회적 문제해결에 공헌하게 된다.

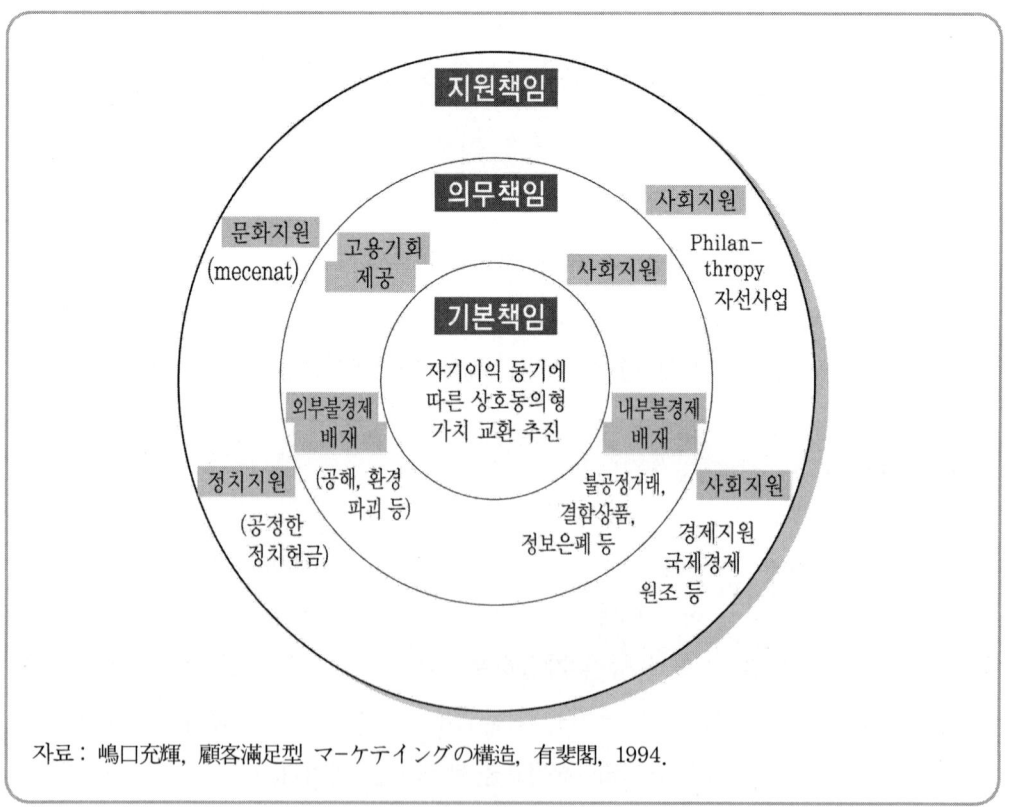

그림 7-12. 기업의 사회적 책임의 영역

## 3. 컴플라이언스의 개념

근래의 불상사의 대부분은 위법 또는 불법행위에 의한 것이 많기 때문에 컴플라이언스라는 말이 비즈니스업계에서는 유행처럼 쓰이고 있다. 그러나 본래는 의미가 다르게 사용되는데 광의로 해석되어 Risk Management와 혼동하는 경우도 있다. 컴플라이언스(Compliance)란 원래 '따르다', '수락하다'의 의미이다. 그러나 최근에는 경영현장에서 사용되고 있는데, 본래 법령에 따르는 것이지만 경영윤리를 포함하는 의미로 사용되고 있다.

미국의 대기업의 다수가 Compliance Manual을 갖추고 있다. 최근 점증되고 있는 컴플라이언스는 법, 시행령, 시행규칙 등의 법적 규범이 그 첫째이고, 경영윤리나 윤리규범이 둘째이고, 양자 간에 기업고유의 사규·사칙이나 업무매뉴얼 등의 사내규범이라는 것이 그 셋째의 뿌리에 해당한다. 매뉴얼에 업무수행에 따른 행동원칙을 상세하게 설정해두면 불상사가 발각되었을 때의 책임을 명확하게 할 수 있기 때문이다. 이를 그림으로 나타내면 다음과 같다.

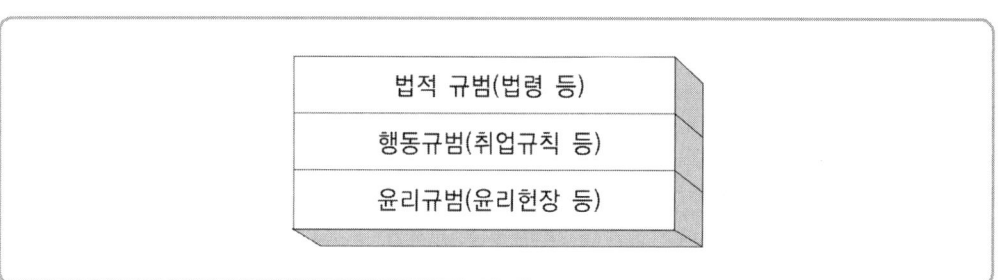

그림 7-13. 컴플라이언스의 구조

## 4. 컴플라이언스와 기업윤리

지속적으로 발전하는 기업, 관공서, 병원 등에서 불상사가 발생할 경우 경영의 자세나 조직의 원점에서 반성이 요구된다. 최근에는 특히 건설공사와 관련된 부정비리, 증수뢰 문제와 함께, 기타 식중독사건, 상품결함에 따른 리콜(recall)은폐, 병원에서의 의료사고 등의 불상사가 빈번하게 발생함에 따라 기업, 관공서 또는 법원 등을 바라보는 시각이 엄격해지고 있다. 그리하여 불상사를 미연에 방지하기 위한 컴플라이언스(법령

준수)나 경영윤리가 어느 때보다도 더욱 세간의 주목을 받게 되었다.

## 5. 리스크 처리방법(Risk Control)31)

리스크를 처리하는 방법으로서는 회피, 제거, 예방, 분산, 집중, 이전, 저감, 보유 등 다양한 방법을 선택할 수 있다. '회피'는 예상되는 위기에 직면하지 않았기 때문에, 그 위기에 관한 활동을 하지 않는 것이다. 예컨대, 비행기 사고를 당하지 않기 위해서는 탑승하지 않는 것과 같은 것이다. 또한 큰 이익이 예상되는 영업기회가 있어도 리스크 회피의 관점에서 그 거래를 하지 않는다. 이는 소극적인 수단이다.

다음으로 '제거'이다. 이것은 극히 세분화로 '위기방지 · 분산 · 결합 · 제한'으로 나누어진다. '방지'란 위기발생의 확률이나 그 빈도를 감소하게 되는 '예방'과 위기의 손해를 감소하는 '경감'이 있다. 전자는 건물을 튼튼하게 하거나 요원을 늘리는 것 등이다. 후자의 경감은 위기발생시 손해 최소화에 구체적인 수단을 강구하는 것이다. 다양한 방재설비 등을 정비하는 것이 방지이다.

위기의 '분산'은 공공시설, 건물, 재고 등 1개소에 집중되는 위험을 회피하고, 다수의 지구에 분산하여 피해를 확대하지 않는 것이다.

위기의 '결합'은 예컨대, 업계에서 다수의 기업이 상호 협정 등을 맺어, 위기를 공동으로 피하는 것이다. 이를 통해 위기발생시 손해액을 최소화하는 시도이다.

위기의 '제한'은 불특정다수의 사용자(user)나 고객(customer)에 대하여 업계는 위험부담을 억제하여 잠재 리스크를 억제하는 말이다.

그 외에 리스크파이넌스(Risk Finance)로 보험이 있다. 제거되지 않는 리스크에 있어서 재무적인 '전가(transfer)'의 전형이 보험이다. 또한 유사하다고 생각되는 수단으로서는 공제제도나 기금제도 등이 있다.

또 '상쇄'라는 것도 있다. 예컨대, 상품선물거래 등에서 가격변동의 리스크를 상쇄하거나 상쇄라는 시도가 전형이다. 현장과 선물과의 손익상쇄가 목적이다.

---

31) 藤江俊彦, 實踐危機管理讀本, 日本Consultant Group, 2004. pp.61~62

# 08 건설산업의 윤리문제를 생각한다

## 1. 건설업의 이미지

> - 최근 한 건설사가 파주 신도시 ○○○센터 입찰 심사위원에게 금품을 제공한 것으로 드러나면서 불법 로비가 다시 도마에 올랐다. … "공사 따게 도와주면 최소 한 장" 은밀한 유혹(공공공사 입찰 로비 실태, 2009.8.24. 중앙일보)
> - "토건사회의 그늘 건설 – 투전판" 건설·주택(551.1%, 권력)·인척(19.6%), 인사·교육(11.3%), 세무·감세(4.3%), 대출·주가(3.7%), 병무·국방(3.3%), 연예·유흥(2.7%) : 분야별 부패실태(경실련 1993~2008년 언론보도 사건 분석)
> - "건설업 이미지 낙제점" (한국건설문화원 포럼, 2005.4.12)

위에서 살펴본 기업의 사회적인 책임을 논함에 있어 그렇다면 건설산업의 경우는 어떨까? 비록 신문기사의 내용이 아니더라도 거의 매일 건설산업과 건설기업에 대한 부정적인 내용이 매스컴을 장식하고 있는 실정이다. 국토연구원과 한국건설문화원이 주최한 건설문화포럼에서 발표한 내용에 따르면 "국민들은 부정·부패연루, 부실공사와 관련한 기업의 신뢰성 상실 등 건설산업과 건설기업에 대한 인식이 부정적인 것으로 조사되었고, 건설문화 역시 '노가다'문화에 안주하고 있는 것으로 나타났다"고 밝히고 있다.

건설산업이 국민경제에 이바지하고 있는 비중은 전술한 바와 같이 GDP의 10% 내외를 차지하고 있음에도 불구하고 건설업의 이미지가 부정적인 것은 매우 안타까운 현실이다. 따라서 건설산업은 앞으로 수요자의 신뢰를 받는 시스템구축과 함께 부조리·부패·부실공사 등의 관행을 척결해야 함은 물론, 건설산업직업 비전과 매력도 제고에 힘을 쏟아야 할 것이다. 그리하여 건설산업에 유능한 인력을 유입토록 촉진하고 건설산업이 역동적으로 발전적이며 꿈을 실현할 수 있는 새로운 3C산업으로 변신해야 할 것이다.

## 2. 왜, 부정적인가?

예로부터 건설업은 위험하고, 어렵고 그리고 더럽다는 소위 3D산업으로 인식되어 왔다. 따라서 건설업에 대한 인상이 처음부터 곱지 못해 젊고 패기 있는 젊은이 들이 기피하는 업종으로 전략하고 있다. 경영적인 측면에서도 감(感)과 경험 그리고 배짱으로 관리(KKD관리)하는 비과학적인 요소가 많이 있었다.

아울러 '91. 3. 26의 팔당대교 붕괴,' 92. 7. 31 신행주대교 붕괴, '94. 10. 21 성수대교붕괴 '95. 4. 28 대구지하철공사장 가스폭발사고 및 '95. 6. 29 삼풍백화점 붕괴사고 등은 결정적으로 부실공사에 대한 부정적인 이미지를 각인시키는데 결정적인 요인으로 작용되게 되었다.

한편, 건설프로젝트를 발주 및 집행 과정에서 야기되는 소위 관민유착, 담합, 금품수수[收賂], 향응 등의 세간의 비상식인 불법행위가 업계의 상식으로 통하여 '건설은 태생적으로 어쩔 수 없다'라고 자기합리화를 하는 경향이 작용을 하게 되었다.

## 3. 윤리경영과 건설업

윤리란 무엇인가? 이는 매우 철학적이고 관념적인 것이어서 정의하기는 쉽지 않다. 윤리를 의미하는 「ethics」의 어원은 그리스어의 「ethicos」(품성, 인격)로서, 기업의 인격, 품성을 나타내는 말이다.

사전적 의미에서 윤리란 "사람으로서 마땅히 행하거나 지켜야 할 도리" 또는 "실제 도덕의 규범 등의 원리"로서, 따라서 기업을 조직인격으로 보고, 경영윤리란 "기업이나 조직에서의 도리 또는 기업 혹은 조직에서 행하는 도리"이다.

미국의 경영학자 Donaldson은 "윤리란 도덕철학(moral philosophy) 또는 그 밖의 관련활동, 제도 혹은 방법 및 신조에 관한 도덕적(윤리적) 제 문제의 체계적 연구에 있다"면서 기업과 도덕적 제 문제의 관련을 말하고 있다.

또 Nash는 "기업윤리란 개인의 도덕규범을 영리기업의 활동이나 목표에 어떻게 적용하는 가를 연구하는 것이다. 경영윤리는 특수한 도덕기준에는 없고 비즈니스의 상황이 기업의 집행인으로서 활동하는 도덕적 인간에 대하여, 기업 활동에 특수한 문제를 어떻게 부과하는가를 연구하는 것"이라면서 경영활동에 있어 윤리의 필요성을 기술하고 있다.32)

두말할 필요도 없이 기업이 궁극적으로 추구하는 모습은 고객으로부터의 무조건의 신뢰에 바탕을 두고, 진정한 경쟁력을 확보해서 영속적인 기업으로 성장·발전하는 것이다. 이러한 고객으로부터의 무조건의 신뢰와 진정한 경쟁력은 '정직·공정'의 건전한 문화를 가진 기업에서만이 가능할 수 있고 이는 기업윤리 경영을 통해서 가능할 것이다. 이것이야 말로 기업이 21세기 비전을 실현할 수 있는 기본토양이 된다.

따라서 기업에서는 '정직·공정'의 건전한 기업문화를 조성하기 위해 기본방향을 설정하고, 구체적인 실행방향을 수립하여 적극적으로 추진해 나가야 할 것이다. 그리하여 건설산업이 지니고 있는 기존의 인상에서 탈피해야만 보다 고객에게 가까워 질 수 있을 것으로 생각된다.

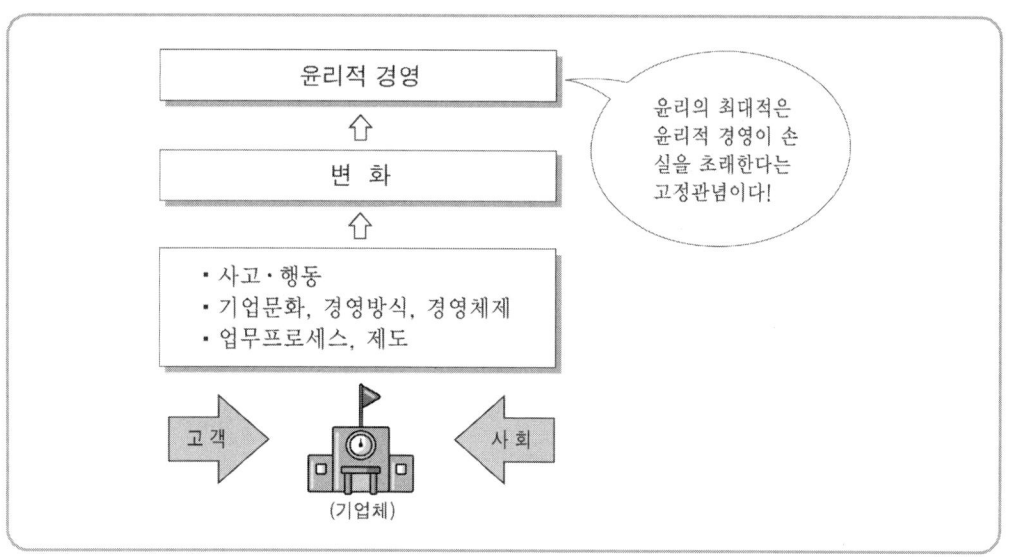

그림 7-14. 윤리적 경영의 필요성과 영향

---

32) Donaldson, T, "The Ethics of International Business, Oxford University Press, 1989 ; Nash, L.L" Good Intentions Aside, 1990.

## 4. 왜, 윤리경영인가?

윤리경영의 중요성은 '사회적 정당성이 낮은 조직은 소멸의 위험성이 항상 내재하고 있다'는 전제로부터 출발한다. 따라서 윤리적 경영은
① 기업의 존재가치에 대한 사회적 정당성을 획득하는 기반이 된다.
② 장기적인 측면에서 기업 및 국가의 경쟁력을 향상시킨다.
③ 행동에 대한 올바른 기준을 제시함으로서 구성원간의 마찰과 갈등을 해소시켜 준다.
따라서 윤리적 경영은 그 필요성과 실현을 위해서는 다음과 같은 모델을 그릴 수 있다.

## 5. 윤리경영의 실천방안

### (1) 윤리의식 개혁

21세기 지식경영시대 기업이 국제경쟁력을 가지기 위해서는 먼저 최고경영자의 윤리의식이 확고해야 한다. 한 회사의 기업윤리수준은 그 회사의 최고경영자의 윤리수준이 표준이 된다. 최고경영자는 기업윤리를 새로운 경쟁력이라는 확신과 신념을 가지고 전사적으로 실천할 수 있도록 표명해야 한다. 기업윤리는 기업의 이익과 직결되는 것이며, 기업윤리수준은 그 자체가 기업의 이미지와 고객의 신용도를 나타내고 있기 때문에 부가가치를 높여주게 된다. 따라서 최고경영자의 윤리의식의 개혁은 기업경쟁력 원천의 기본이 된다.
이와 함께 윤리적 가치에 대하여 조직구성원이 공유하고 '당연한 행동으로 인식' 될 수 있고 자연스런 습관화가 될 수 있도록 지속적인 의식개혁이 요구된다.

### (2) 기업윤리강령의 제정

기업의 윤리강령(Codes of Ethics) 제정은 종업원들에게 윤리적으로 옳고 그른 판단 기준을 제공하고 동시에 해야 할 일과 해서는 안 될 일을 구별하는 기준이 된다. 이것을 통해서 종업원들이 윤리적 문제를 객관적으로 판단할 여지를 갖게 되는데 이 기준이 바로 기업윤리강령이다. 따라서 기업윤리강령을 제정하는 것은 최고경영자 및 종업원의 윤리적·도덕적 신념과 수준을 대내외적으로 천명하기 위한 것이다.

이러한 기업윤리강령에서 추구하는 가치이념은 경쟁자와 공정한 경쟁을 위한 가치이념, 고객을 위한 성실과 신의, 투자자를 위한 공평과 형평, 종업원을 위한 인간의 존엄성, 기업시민을 위한 지역사회의 이익, 정부의 준법정신, 지구환경을 위한 환경 친화적 모색 등이 천명되어야 한다.

### (3) 윤리경영의 실천시스템 구축

윤리경영(Moral Management)의 실천시스템 구축은 두 가지 측면에서 이루어져야 한다. 첫째는 효율적인 조직의 구축이고, 둘째는 윤리경영의 관리운영이다. 기업윤리강령이 이미 제정되어 있으나 새로이 개정·보완하는 기업, 그리고 신규로 제정되는 기업체는 기업윤리강령을 도입운영하기 위해서 조직을 구축하고 개선하며, 이에 적합한 관리운영을 잘해야 한다.

그리고 기업윤리실천의 내부제도개선에는 비 윤리문제의 제보자 및 내부고발자의 보호제도와 내부 고발자의 입증책임 및 처벌문제 등 제도적 장치도 구축되어야 실효성을 기할 수 있다.

### (4) 윤리경영교육의 실시

윤리경영교육은 기존의 연수원 교육프로그램의 틀에 추가하여 윤리경영관련 과목을 추가하는 방법과, 신규 기업윤리교육 프로그램을 구축하는 방법 등 윤리경영교육 프로그램을 만들어 윤리교육을 실시하는 방법이 있다. 예컨대, 경영자 및 관리자들의 교육에 국제경쟁력과 기업윤리, 부패와 기업윤리, 국제투명성과 Good Company, 21세기 경영관리자의 자격과 조건, 사회적 책임과 기업성장의 좌표 등 윤리교육과목을 설치하여 주기적 또는 지속적으로 교육시키는 방법을 모색해야 한다. 이런 윤리경영교육은 전사적으로 실시하되 경영자, 관리자, 기술자, 기능공 등 전종업원을 대상으로 실시하는 것이 바람직하다.

### (5) 윤리경영평가의 실시

기업윤리 매뉴얼은 최종적으로 각 기업들이 기업윤리를 자체평가 활용하도록 권장하고 있다. 그러나 필요할 때에는 외부평가도 할 수 있다. 기업윤리수준 내용을 업체의 특성에 맞게 새로이 만들어 평가하는 방법도 있다. 윤리경영의 평가내용은 기업자체 내부의 윤리수준평가, 윤리강령에 관한 회사의 방침평가, 종업원 행동준칙평가, 기업윤리의 집행책임 평가, 윤리경영 내용 등의 평가를 하는 방법이다.

윤리경영관리의 세부평가 방법과 평가에 의한 포상 제도를 만들어 내부 우수평가자는 인사고과에 반영하거나 포상금을 수여하는 방법과 외부기관에 최우수기업으로 평가된 경영자나 기업을 선정하여 표창하고 금융, 조세, 행정 등의 평가기준으로 참고하여 추천하는 제도적 조치도 바람직한 방법이다.

"생각이 바뀌면 행동이 바뀌고, 행동이 바뀌면 습관이 바뀌고, 습관이 바뀌면 성격이 바뀌고, 성격이 바뀌면 인생이 바뀐다."는 인식변화의 중요성을 강조한 말을 음미할 필요가 있다. 따라서 윤리적 경영은 경영자의 확고한 실천의지와 솔선수범, 제도 및 시스템의 개선, 교육을 통한 지속적인 의식개혁이 뒷받침 되어야 기업문화로 뿌리를 내릴 수 있을 것이다. 이것은 또한 '공정한 사회'를 추구하는 시대정신과 기업의 사회적 책임

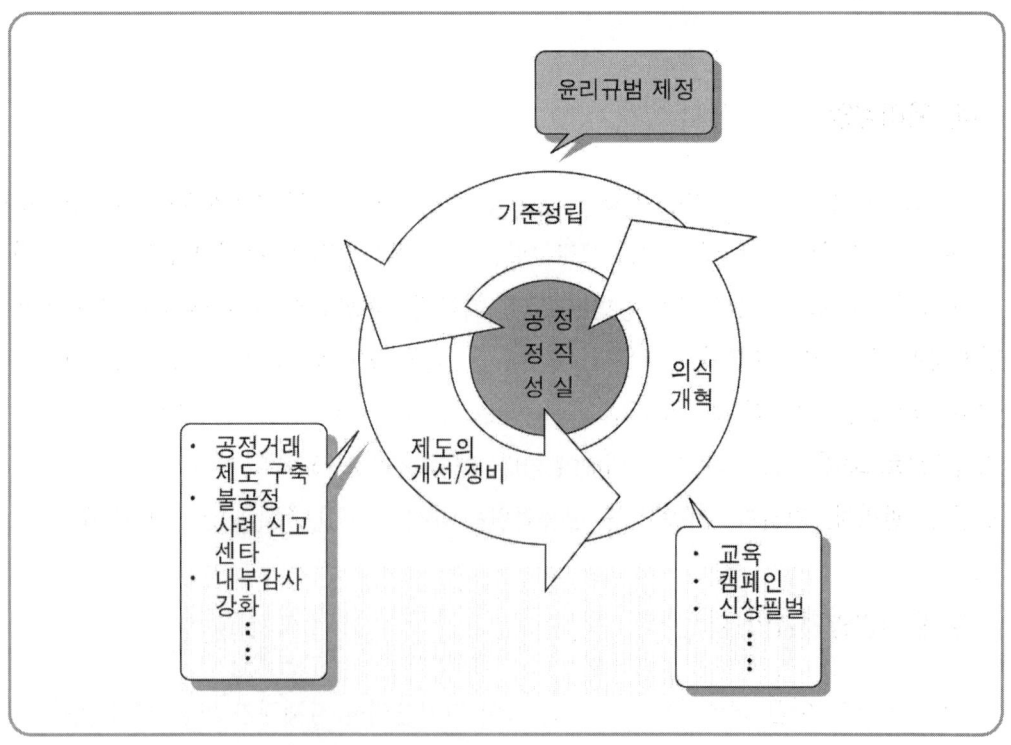

그림 7-15. 윤리적 경영의 실행 운영도

을 완수하는 일이기도 하다.

## 6. 건설기술인의 윤리규정

윤리를 논함에 있어 가장 어려운 문제는 윤리에 대한 보편적인 가치관이 존재하는가에 대한 명쾌한 대답이 쉽지 않다는 것이다. 여기서 말한 '보편적인 가치관'이란 세계 속에서 통용되는 일반적인 사회통념이 개인에 의해 받아들여진 하나의 공통적 가치관을 의미한다.

건설산업의 특성과 기술자들의 역할이 국가와 지역 혹은 시대에 따라 같을 수가 없지만, 이러함에도 불구하고 우리 건설기술인들이 명심하고 지켜야 할 윤리규정, 행동규범 및 실천요강 등을 작성하고 이를 달성하기 위해 노력하고 있다.

### (1) 한국의 기술인 윤리요강

**건설기술인 윤리요강**

현대 국가 경제발전에 중추적 역할을 맡고 있는 건설기술인의 행동지침이 될 윤리요강을 아래와 같이 제정하고, 이를 힘써 지킴으로써 조국의 선진화에 기여할 것을 깊이 명심한다.

① 우리 건설기술인은 건설기술의 창달과 진흥을 통하여 국가경제발전에 이바지한다.
② 우리 건설기술인은 건설기술에 관한 고도의 전문지식과 실무경험에 입각한 기술업무를 행하는 주체자임을 자각한다.
③ 우리 건설기술인은 모든 일을 성실하고 공정하게 처리하며, 명예를 손상시키는 행위를 하지 않는다.
④ 우리 건설기술인은 건설공사 부조리 척결에 앞장서서 부실시공으로 야기되는 불미스러운 전철을 되풀이하지 않도록 배가의 노력을 경주한다.
⑤ 우리 건설기술인은 기술보국의 높은 사명감으로 건설을 통한 사회봉사를 하며 상호간의 유대강화 및 지위 향상에 노력한다.

### (2) 미국의 건설기술인의 윤리요강[33]

미국의 윤리규정은 미국 토목학회(ASCE)가 1977년에 발표한 것으로 현재도 유효하다. 미국의 윤리규정은 몇 년마다 한 번씩 재평가되어 시대에 따라 사회경제 정세에 합치되는 내용으로 수차례 개정작업을 한 것이 특징이다.

**기본원리**

엔지니어는 다음과 같은 사항을 명심하여 엔지니어 직업의 고결함·명예·위엄의 유지증진에 진력한다.
① 지식과 기술을 인류의 복지향상에 사용한다.
② 공정하고 당당한 모습으로 공중·고용자·의뢰자에게 충성심을 가지고 봉사한다.
③ 엔지니어로서의 일의 범위와 특권의 증가에 노력한다.
④ 직업·기술상의 훈련조직을 지원한다.

**기본규범**

① 엔지니어는 직업상의 의무를 완수함으로써 공중의 안전·건강·복지를 최대한 보호·유지하지 않으면 안 된다.
② 엔지니어는 일의 범위 내에 있어서만 오직 봉사해야 한다.
③ 엔지니어는 객관적이고 정직하게 공적인 발언을 해야 한다.
④ 엔지니어는 충실한 수탁자로서 고용자와 의뢰자를 위해 일하고 이해(利害)대립을 피해야 한다.
⑤ 엔지니어는 일의 공적(功績)으로써 직업상의 신용을 만들어야 하고, 타인과 부당하게 경쟁을 해서는 안 된다.
⑥ 엔지니어는 직업의 명예와 고결함과 위엄을 유지하면서 이를 더 높이는 행동을 위하지 않으면 안 된다.
⑦ 엔지니어는 생애를 통해 스스로 직업적인 지식경험의 발전에 힘쓰고, 또 그 감독 하에 다른 엔지니어가 직업적인 지식경험을 발전시킬 기회를 주어야 한다.

---

[33] 이하는 지상욱 역, The Principles of Construction Management, 한림출판사, 1997, pp.412~418 참조.

## (3) 독 일

독일의 윤리규정은 1950년 독일 엔지니어링 협회가 발표한 것으로서 현재도 유효하다.

**윤리규정**

① 엔지니어는 자기직업의 범위 내에서 행동해야만 한다.
② 엔지니어는 사회에 도움이 되는 일을 하며, 모든 사람들의 행동원리인 신용·공정·중립의 원리에 따라야만 한다.
③ 엔지니어는 사람들의 생활을 중요시하여 출신지·사회적 지위·종교 등으로 차별함이 없이 일을 해야 한다.
④ 엔지니어는 권력과 기술을 악용하는 사람에게 굴복하지 말고, 윤리의 문화를 위해 헌신적으로 일하는 사람이 되어야 한다.
⑤ 엔지니어는 동료와 함께 항상 유용한 기술을 발전시켜가야 하며, 동료의 일을 자신이 평가하는 것과 마찬가지로 자신도 평가받아야만 한다.
⑥ 엔지니어는 금전보다도 자신의 일을 중요시해야만 하고 또 자신의 일을 모든 사람들에게 알리는 데에 노력하여야 한다.

위에서 보는 바와 같이 각국의 건설기술인(엔지니어)의 윤리규정은 보면 개별조항과 용어의 차이는 있어도 전반적인 경향은 유사한 점이 많다는 것을 알 수 있다. 윤리규정에서는 엔지니어의 사회적·국가적 책임, 공공복지 향상에 공헌하여야 함과 지구환경문제에 대하여 그 역할과 책임이 중시 및 강조되고 있음을 알 수 있다. 이는 국가나 지역이나 시대를 초월하여 건설업이 다른 산업보다 '공적인 특성'이 있다는 것을 시사하고 있다.

# 09 새로운 건설문화를 창출하자[34]

## 1. 건설업의 현주소

> "100대 건설사 중 23곳 구조조정 중 … 자산 팔아 힘들게 연명"(조선일보 제28744호), "국내 건설수주 2008년 이후 내리막길 … 취업자 수 51.5만 명 줄어"(건설경제2013.5.7), "혹독한 불황 … 엔지니어링업계 '허리'가 무너진다.(건설경제 2013.1.16), 플랜트ENG, 일감 부족에 '보릿고개 따로 없네.(공학데일리, 2013.5.24)

이상은 최근의 건설업계의 현실을 단적으로 나타내는 신문기사의 제목이다. 주택경기 침체, 글로벌 금융위기 등의 영향으로 2008년부터 본격화된 국내 건설경기침체가 최근까지도 지속되며 장기화 되고 있다. 우선 건설경기 선행지표인 국내건설수주가 2008년 이후 침체를 지속하고 있다. 2007년 127.9조원을 기록한 이후 3년 연속 감소세를 보인 국내 건설수주는 2011년에 전년 대비 7.2% 증가했지만, 2012년 다시 8.3% 감소함에 따라 더 심한 침체를 보였다. 2012년 국내건설수주액 101.5조원은 2005년의 99.4조원 이후 7년 만에 최저치다. 건설경기 침체전인 2007년에 비해 무려 26.4조원이나 감소한 수치다. 더욱이 물가상승률을 제외한 2005년 불변금액으로는 73.9조원에 불과해 외환위기 직후인 1999년의 67.5조원에 근접했다. 결국 국내건설시장의 절대적 규모가 10년 이상 퇴보한 것이다.[35]

이러한 것은 비단 건설업에만 국한 되는 것만은 아니다. 우리나라의 경제 환경 또한

---

34) 본 내용은 대한건설협회 산하 「건설경제」 창간 49주년(2013.3.4)을 맞아 "행복지수를 높이자"라는 특집기사의 내용을 일부 인용·수정·보완하여 작성한 것이다. 이 내용은 한국건설산업연구원의 윤영선·이승우·이양승 연구원이 공동으로 집필한 보고서 "문화지체에 빠진 건설산업"을 토대로 기사화 된 것이다.
35) 건설경제, 2013.5.7. 기사 참조.

고도성장을 지나 일본식의 저성장의 늪으로 향하는 형국을 뛰게 되고, 과거 10%를 넘나들던 경제성장률이 3%대로 낮아지고 있으며, 고도 성장기에 건설산업의 양적인 성장을 뒷받침했던 공공인프라시설, 주택, 오피스 등의 건설수요는 더 이상 크게 증가하기 어려운 것이 사실이다. 따라서 GDP에서 차지하는 건설투자 비중이 감소해 2012년에는 13.01%로 사상 최저까지 떨어졌다. 그리하여 내수시장의 한계에 부딪친 건설업계는 해외시장 진출을 통한 성정전략을 찾고 있으나 현재 우리나라 건설산업의 시장질서와 패러다임을 그대로 유지한 채 옮겨갈 수 있는 간단한 시장이 아니라는 것이 경험을 통해 증명되고 있다.

## 2. 부정적인 건설업의 이미지

건설산업의 위기는 크게 두 방향에서 다가오고 있다. 당장 보이는 것이 성장 둔화다. 건설수주와 건설투자가 주춤하다 못해 점점 위축돼 간다. 이와는 별도로 다른 한쪽에서는 건설문화가 곪아터지고 있다. 이른바 "21세기 건설 환경에서, 20세기 건설인들이, 19세기 건설문화로 살아간다."는 자조적인 말이 나온다. 세상은 변했는데 건설문화만 제자리걸음이다. 문화는 제도와 의식의 총합이다. 건설제도는 부분적으로 수차례 혁신을 시도했지만 큰 틀에선 여전히 과거의 굴레를 벗어나지 못했다. 건설종사자들의 의식도 과도한 업적주의와 정부 의존주의, 수직적 주종주의 문화를 탈피하지 못하고 있다.

시장과 문화의 위기는 곧 이미지의 위기로 퍼졌다. '건설'하면 떠오르는 국민들의 이미지는 부정적인 측면이 적지 않다. 대표적인 이미지가 부정, 부실, 부패를 뜻하는 '3不産業'이다. 이와 함께 '토건족·삽질경제'이니 '3D(Dirty, Dangerous, Difficult)산업' 또는 발주물량을 스스로 창출하기 보다는 정부나 발주관서에 의존하는 '천수답 산업'이라는 이미지가 남아있다. 이미지가 곧 경쟁력인 시대에서 이미지가 나쁜 산업은 안정적·지속적으로 성장하기 어렵다. 어디서부터 실마리를 찾아야 할까? 변화된 시장에 제대로 대응하지 못하는 문화적 적응력 부족, 이른바 '문화 지체' 문제부터 풀어내야 한다. 새로운 시대를 맞아 변신에 둔감한, 또는 변신을 거부하는 과거 지향적 문화 행태이다.

## 3. 건설 문화적 측면에서 어떤 문제점이 있나?

### (1) 뿌리 깊은 "甲·乙"문화

한국의 건설문화는 수직적 주종주의, 연고주의, 배타적 평등주의, 결과 지향적 도전주의, 규제 과잉형 건설제도를 특징으로 한다. 1990년대 이전까지는 이 같은 문화가 건설산업 발전에 긍정적인 기여를 해왔지만, 2000년대 새로운 건설환경에서는 산업전반의 경쟁력 약화와 업체 간 갈등만 심화시켰다.

건설업계에서는 갑을관계, 즉 수직적 주종의식(主從意識)이 뿌리 깊게 자리 잡고 있다. 발주자이자 규제자인 정부는 갑이 되고 건설업체는 을이 된다. 이런 관계는 건설생산의 하위 단계로 파급돼 원도급자는 갑이 되고 하도급자는 을이 되는 관계를 형성한다. 또 다른 표현은 상명하복(上命下腹)이다. 대체로 1980년대까지 상명하복의 군대문화를 견지해왔다. 이러한 관계는 건설업계 내부에서도 원도급자는 명령하고 하도급자는 지시에 따르는 관계로 이어졌다. 이런 문화가 상당기간 건설생산의 효율성을 높이는데 기여한 것은 사실이다. 열악한 건설현장에서 저비용으로 일사불란하게 공기단축을 실현하는데 상명하복이 큰 기여를 한 것 또한 사실이다.

그러나 1990년대 이후 이 같은 상명하복 문화는 빠르게 사라지기 시작했다. 다만 겉으로는 사라지는 것처럼 보이지만 실제로는 내부 의식 속에 잠재되어 있으며 그것들이 건설산업의 미래 지향적 발전을 가로막는 요인이 되고 있다.

### (2) 연고주의

건설산업의 연고주의(緣故主義)도 심각하고 뿌리 깊다. 이는 비단 건설업만의 문제라기보다는 한국사회 전체가 안고 있는 숙제이다. 소위 지연, 학연, 혈연으로 대표되는 연고주의는 한국사회의 선진화를 저해하는 요인으로 작용하고 있다. 특히 건설업계에서 談合이나 지역 연고권 등과 같은 공인된 형태의 연고주의는 거의 사라졌지만 내적으로는 여전히 은밀하고도 공공연한 관행처럼 깊고 넓게 펴져 있다.

### (3) 정부 의존적 성장

배타적 평등주의 역시 강력한 힘을 발휘하고 있다. 이는 면허(등록)를 근간으로 하는 업역제도와 지역중소업체 보호제도를 중심으로 거의 고착화된 양상이다. 업역 간 기득권이 전향적인 제도 개선을 어렵게 하고 있다. 제도적인 업역보호는 낮은 경쟁력을 초래하게 되고 자체적인 생존경쟁력을 키워 가는데 장애요인으로 작용하게 되는 결과를 초래하게 되었다.

### (4) 결과 지향적 도전주의

결과 지향적 도전주의는 가장 많이 도전받고 있는 문화이다. 선도적 건설기업들을 중심으로 과정의 합리성을 추구하고 협의를 통한 문제해결을 선호하는 풍토가 확산되고 있다. 하지만 전체 건설업계 차원에서 보면 결과 지향적 도전주의 문화는 여전히 뿌리 깊다. 이러한 문화는 결과를 위해 합법적인 절차를 무시하거나 경시하여 결과만 좋으면 된다는 비정상적인 사고를 낳고 이는 결과적으로 건설산업을 발전시키는데 장애적인 요인으로 작용하게 되었다. 또한 내실을 키우기보다는 단기적인 승부에 치중하는 경영관행을 탈피하지 못하고 있는 것이다.

### (5) 규제 과잉형 건설제도

아직도 규제 과잉형 건설제도도 좀처럼 개선되지 않고 있다. 규제 완화의 필요성에 대해서는 모두가 공감하면서도 규제적 관행에 익숙한 건설문화를 시장형으로 변화시키는 데는 한계가 있다. 규제 과잉형 건설제도는 정부 내지 제도에 지나치게 의존하는 타율적 건설문화를 유발하는 고질적 문제를 낳고 있다.

산업구조가 가장 비슷한 조선업이 정부로부터 벗어나 국제 경쟁력을 쌓아가는 동안 가장 안정적인 발주처(정부)를 보유한 건설업은 내수용으로 길들여졌다는 것이다.

## 4. 어떻게 해야 할 것인가?

### (1) 낡은 제도와 문화, 그리고 나를 바꾼다

모든 위기에는 탈출구가 있다. "불길이 무섭게 타올라도 끄는 방법이 있고, 물결이 하늘을 뒤덮어도 막는 방법이 있다"는 말이 있다. 똑 같은 위기에서도 쓰러지는 기업이 있는가 하면 안정적인 성장을 지속하는 기업도 있다. 위기를 대하는 자세, 즉 대응력이 다르기 때문이다. 건설산업이 문화 지체에 하루 빨리 탈출해야 하는 이유이다.

건설 물량이 급속도로 줄어들자 생존의 시대로 접어들면서 업계 문화도 점점 각박해지고 있다. 당장의 건설 경기가 살아나면 행복지수도 지금보다야 높아지겠지만 그것이 모든 문제를 해결할 수 있는 것은 아니다. 가장 시급한 문제는 문화다. 업계 간에 높아지는 불신의 벽은 허물어야 하고 내부 소통 창구는 넓혀야 한다. 아울러 이제 까지 거부감 없이 익숙해 있던 사고와 낡은 제도의 틀을 벗어나야 하고 이를 위해서는 선결적으로 나 스스로 바꿔야 한다.

### (2) 정부의 의존주의와 갑·을 관계를 탈피해야 한다

가장 먼저 수술할 대상으로는 '갑·을 관계'의 개선이다. '슈퍼 갑'으로 군림하는 발주기관들은 주무부처 담당공무원에 쩔쩔 매고, 도급사들은 발주기관이 휘둘리고, 하도급사들은 원도급사 눈치를 보고, 자재·장비 업체의 건설 근로자들은 하도급사 횡포에 신음하는 다단계의 주종관계를 청산하는 게 행복지수를 올릴 전제조건이다. 이러한 개혁은 스스로의 기득권을 내려놓는 것부터 시작해야 한다. 갑에게 당한 것을 병에게 답습하는 악순환의 고리를 끊는 첫걸음은 바로 병에 대한 배려와 관계복원이기 때문이다.

'천수답 건설'이라는 것은 정부와 발주처에 사업물량을 전적으로 의존하고 있음을 나타내고 있다. 따라서 건설문화의 중추에는 기본에 충실한다는 '忠於根本'의 정신이 필요하다. 세상을 하루가 다르게 급변하는데 우리의 건설문화는 제자리걸음이다. 위에서 언급한 건설업에 대한 부정적인 이미지는 지속적인 성장이 어렵다. 따라서 낡은 관습을 버려야 위기탈출의 실마리를 찾아야 한다. 참고로 「민간공사표준도급계약서」는 2017.12.29.자로 기존의 "갑"을 "도급인"으로, "을"을 "수급인"으로 개정한바 있다.

### (3) '좋은 기업'에서 '위대한 기업'으로 나아가야 한다

기업의 사명도 이제 좋은 기업(Good Company)을 넘어 위대한 기업(Great Company)으로의 항해를 시작해 할 때이다. 일하기 좋은 기업(Great Work Place)은 기업문화가 뛰어난 곳을 말한다. 전 직원이 상사와 경영진을 신뢰하고, 자신이 맡은 업무에 자부심을 가지며, 동료와 즐겁게 일할 수 있는 일터. '일하기 좋은 기업'은 서로가 신로하고, 직원 스스로 본인이 하고 있는 일에 자부심을 가지며, 자기가 하고 있는 일을 즐긴다는 세 가지 요건을 가지고 있다. 따라서 기업체마다 효율적 소통체계로 조직능력을 극대화하고 있고 아울러 직원의 미래에 투자하는 교육지원을 강화하고 있다. 아울러 부서와 직급·연령 등의 '칸막이'를 허무는 유대관계 형성이 필요하다.

### (4) '규제 과잉형' 건설제도를 정비해야

건설산업이 성숙기로 접어들면서 새 변화가 요구되는 반면, 과거의 주종주의, 결과지향적 도전주의, 규제과잉형 건설제도 등의 기존 문화에 매몰돼 제자리걸음만 한 결과이다. 위에 언급한 문제점들을 제자리로 돌려야 가능하다.

아울러 문화지체에 빠진 건설산업 현실을 타개할 대안으로 건설산업에 대한 자긍심 복원, 공생발전을 화두로 한 경쟁·협력 제도, 신뢰의 사회자본 구축, 열린 소통 등으로 거론되고 있다.

### (5) 사라져야 할 건설문화 잔재들

위에서 언급한 바와 같이 오늘날의 불건전한 관행과 가치관으로 인한 총체적 경쟁력 상실의 위기를 극복하기 위해선 정부의 정책이나 제도에 지나치게 의존하는 타율적 문화를 탈피해야 한다. 그리고 결과만을 중시하는 목표지상주의 문화도 벗어나야 한다. 이러한 목표지상주의는 폭증한 1980년대 이후 건설인들의 '빨리빨리', '대충대충'이라는 날림공사로 이어지면서 상풍백화점 붕괴, 성수대교붕괴 등의 부실공사와 입찰비리, 금품수수, 정경유착 등의 부정적 문화를 심화시켰다.

한편 '노가다'로 통하는 근로자의 관점에서 본 건설문화는 멸시와 천대의 대명사이자,

전근대적·가부장적인 질서 아래 모두가 기피하는 3D업종으로 인식했다. 따라서 이러한 문제점들을 버려야 한다. 부실시공을 부르는 빨리빨리와 대충대충주의와 함께 폐쇄적 상명하복과 연고주의도 버려야 할 폐습중의 하나이다.

### (6) 새로운 건설문화를 창출하기 위해서 …

이상의 내용을 총체적으로 정리하면 우리의 건설업 속에 뿌리 깊게 자리 잡고 있는 부정적인 문화를 척결하고, 이미지가 곧 경쟁력인 사회에서 안정적이고 지속적인 성장을 위해서는 부정, 부실, 부패로 대변되는 부정적인 이미지를 탈피하여 서로 신뢰하고 일에 자부심을 가질 수 있도록 [그림 7-16]과 같이 새로운 건설문화를 정착시켜 가야 할 것이다.

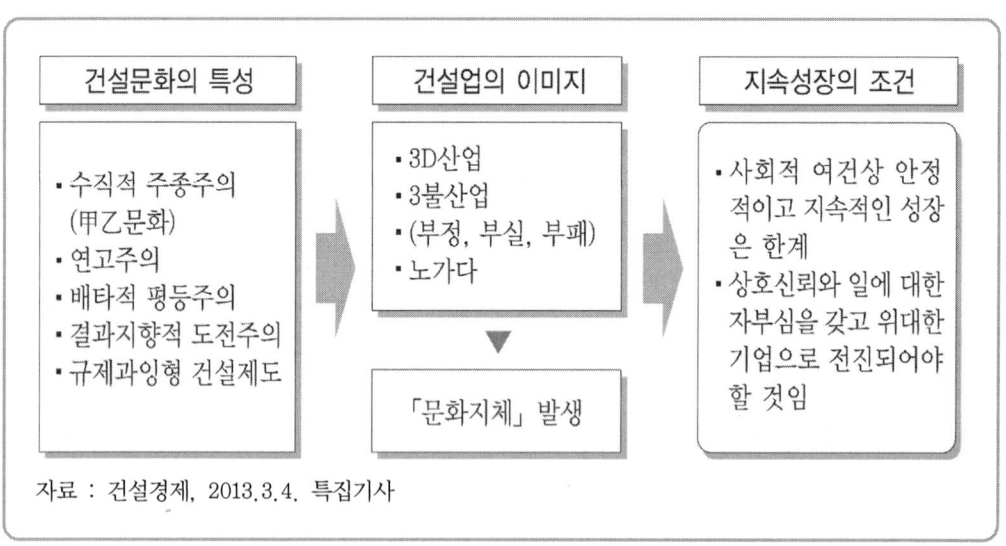

그림 7-16. 새로운 건설문화를 창출하기 위한 방안

> ▶ "21세기 건설 환경에서, 20세기 건설인들이, 19세기 건설문화로 살아간다."는 자조적인 말이 나온다. 세상은 변했는데 건설문화만 제자리걸음이다. 건설종사자들의 의식도 과도한 업적주의와 정부 의존주의, 수직적 주종주의 문화를 탈피하지 못하고 있다. 그렇다면 과연 우리는 건설업에 대하여 어떤 이미지를 가지고 있는지를 스스로 평가해보자.

# 참고문헌

강부필, 건설경영의 이론과 실제, 태림문화사, 2004.
김전한·조경순, M&A몰입에 관한 연구, 한국노동연구원, 2003.
김흥수김경래, 건설업역 구조변화에 관한 연구, 한국건설산업연구원, 2003.
남진권, 건설산업기본법 해설, 도서출판 금호, 2013.
남진권, 건설경영 이렇게 하라, 도서출판 금호, 2005.
노재범, 2005년 선진기업의 경영동향, 삼성경제연구소, 2005.
안영일, 부실채권방지와 거래처관리 전략, 2005.
장위상·유한열·박명준, 기업진단과 경영혁신기법, 새로운 제안, 2001.
진 현, 일류 중견기업의 성공요인, 삼성경제연구소, 2005.
짐 콜린스·윌리엄 레지어(임정재 옮김), 짐 콜린스의 경영전략, 위즈덤하우스, 2002.
최인철, "기업의 사회적 책임, 현황과 과제", 경영계, 2005.6.
쇼오지 미키오, 건설 매니지먼트 원론, 일본토목학회, 1994.
국가경쟁력강화위원회, 건설산업 선진화 방안, 2009.
과학기술처, 엔지니어링기업의 생산성 향상, 1996.
기업신용정보(주)컨설팅사업부, 신용평점관리와 경영혁신, 세로운 제안, 2007.
대한건설협회, 2011. 상반기 건설업 경영분석, 2012.
대한건설협회서울특별시회, 미래 건설업 환경변화와 경영혁신전략, 1995.
대한토목학회, 한국 건설산업의 21세기 비전, 2001.
럭키금성경제연구소, 2000년대를 향한 신경영조류, 1994.
삼성경제연구소, 일류 중견기업의 성공요인, 2005.
서울대학교 대학원 건축학과 건설기술연구실, 건설경영개론, 태림문화사, 1996.
한국건설기술연구원, 2004년CM분야 산·학·연의 진단과 미래 발전, 2004.
한국건설산업연구원, Post IMF시대의 건설시장 및 산업구조 전망과 대응과제, 1998.
한국능률협회, 경영관리기법사전, 2003.
LG그룹, 문제해결을 위한 Skill 개발활동-Manual, 1997.
高塚猛, New Grand Management, 企業再生の經營哲學, 綜合コニコム, 2005.
藤江俊彦, 實踐 危機管理讀本, 日本Consultant Group, 2004.
上田和勇, "企業價値創造型 Risk Management" 白桃書房, 2003.
外池泰之, 建設業界, 東洋經濟新報社, 2000.
伊藤秀史, 日本企業の變革期の選擇, 東洋經濟新報社, 2005.
村田修造, 米日經濟比較, 大學教育出版社, 2002.

上野治男, 現場で生かすリスクマネジメント, ダイヤモンド社, 2005.
上山信一, 行政の經營革新, 第一法規, 2004.
石尾和哉, 企業再建の進め方, 東洋經濟, 2003.
伊吹英子, SCR經營戰略, 東洋經濟, 2005.
長谷部俊治, チャンスを活力せ! 建設業, 淸文社, 2009.
淸水秀晃, 企業再生の人事戰略, (社)金融財政事情硏究所, 2005.
建設業經營硏究所(CML), 經營再建の基礎知識, 日刊建設工業新聞社, 2004.
日經コンストラ編, 今すぐできる建設業の原價低減, 日經BP社, 2009.
(社)中小企業診斷協會, 中小企業の再生支援, 同友館, 2005.
專門工事業將來戰略硏究會, 專門工事業戰略, 大成出版社, 2000.
21世紀建設業問題硏究會, 建設業21世紀への發展のために, 大成出版社, 1993.
建設産業ビジョン硏究會, 21世紀建設産業ビジョン, 大成出版社, 1987.
淸水建設, 建設業の未來戰略, 1996.

Anthony Walker, *Project Management in Construction*, Blackwell Science Ltd, 1996.
D. Langford, M. R. Hancock, *Human Resources Management in Construction*, Longman Group Limited, 1995.
Donaldson, T, "*The Ethics of International Business*", Oxford University Press, 1989
Edward R. Fisk, *Construction Project Administration*, Prentice Hall, 2000.
John R. Adams, *The Principles of Project Management*, The Principles of Project Management Institute, 1997.
M. Friedman, *The Social Responsibility of Business is to make Profit*, in Issues in Business and Society,(2d ed., 1997),
Paul R. Niven, *Balanced Scorecard step by step*, John Wiley & Sons, Inc., 2004.
Robert Rubin, *Construction Claims Prevention and Resolution*, Van Nostrand Reinhold, 1992.
Vijay K.Verma, *Human Resource Skills for the Project Manager*, Project Management, 2006.
Construction Management Association of America, CM Certification Program Capstone Course, 1995.
PMI Standards Committee, *A Guide to the Project Management Body of Knowledge*, Project Management Institute, 1996.

## 저 자 남진권

영남대학교법학과 졸업
연세대학교행정대학원 졸업
단국대학교대학원 졸업(법학박사)
대한건설협회 근무
LG건설주식회사 이사
대한상사중재원 중재인
한국건설감리협회 본부장
성균관대학교 겸임교수
서울특별시 건설기술심의위원
제주도국제자유도시개발센터(JDC)설계자문위원
한국공항공사조달분야(공사,구매,용역)자문위원
국토교통부/서울시인재개발원 강사
경영지도사(제7016호, 중소벤처기업부장관)
(현)건설경영법제연구소 대표
E-mail:jknam123@hanmail.net/mobile 010-2267-6176

## 저 서

건설업법 해설('79, '85, '96)
건설산업기본법 해설('97, '98, '01~'22)
건설공사 클레임과 분쟁('02)
건설공사 클레임과 분쟁실무('03)
건설경영 이렇게 하라('05)
기술사를 위한 계약의 이해('07, 공저)
건설클레임 핸드북('08, 역서)
정부공사 계약조건실무해설('10)
건설경영전략('11)
신건설경영방법론('18)

---

## 실무중심 「건설경영 이렇게 하라」

2020년 4월 20일   초판 발행
2022년 4월 10일   개정증보 2판 인쇄
2022년 4월 15일   개정증보 2판 발행
저 자  남 진 권
발행자  성 대 준
발행처  도서출판 금 호
        서울특별시 성동구 성수2가 333-15 한라시그마밸리 512호
전 화  02) 498-4816, 02) 498-9385
팩 스  02) 462-1426
등 록  303-2004-000005

※ 본서 내용의 무단전제 및 복제를 금함            정가 35,000원